가시설물 설계기준(KDS 21 00 00)에 따른 개정판

# 실무자를 위한
# 흙막이 가설구조의 설계

Design of Earth retaining Structures

가시설물 설계기준(KDS 21 00 00)에 따른 개정판

# 실무자를 위한
# 흙막이 가설구조의 설계
## Design of Earth retaining Structures

책자로 만들어진 설계기준이 2006년 건설기준 코드체계 전환에 따라 코드화로 통합·정비하면서 산재해 있던 가시설과 관련된 기준이 가시설물 설계기준(KDS 21 00 00)으로 통합되었다. 이 기준에는 가시설물 설계 일반사항(KDS 21 10 00), 가설흙막이 설계기준(KDS 21 30 00), 가설교량 및 노면복공 설계기준(KDS 21 45 00)과 표준시방서에 가설흙막이 공사(KCS 21 30 00)이 포함되어 있으며, 최근 2024년 개정된 내용을 기준으로 종래의 기준과 비교 및 분석하여 흙막이 구조를 설계하는 데 실무적인 도움을 주고자 한다.

황 승 현 저

APUB
에이퍼브

# 머리말

이 책을 집필하게 된 이유는 간단하다. 필자가 가설구조와 관련된 프로그램을 기획하기 위하여 국내외의 가설구조와 관련된 설계기준 관련 서적을 정리하면서부터이다. 실무에 30년 넘게 종사하면서 늘 가까이했던 것이 설계기준이다. 그러나 가설구조와 관련된 설계기준이나 지침, 참고서적을 정리하면서 실무에서는 느낄 수 없었던 설계기준의 부족함에 고민을 하지 않을 수 없었는데, 이러한 고민을 해결한 것이 건설 기준의 통합 작업으로 종전의 책자로 만들어진 다양한 기준을 '가설공사 표준시방서(2002년 제정)'를 기본으로 하여 2016년 건설기준 코드체계 전환에 따라 코드화로 통합 정비하면서 산재해 있던 기준을 '가시설물 설계기준(KDS 21 00 00)'에 가시설물 설계 일반사항(KDS 21 10 00), 가설흙막이 설계기준(KDS 21 30 00), 가설교량 및 노면복공 설계기준(KDS 21 45 00)과 표준시방서에 가설흙막이 공사(KCS 21 30 00) 기준을 통합하여 현재에 이르고 있는데, 통합 작업을 통하여 각기 다른 기준의 상세한 규정이 통일될 것으로 기대하였지만, 아쉽게도 큰 틀의 항목만 코드화로 통합하는 데 그쳐, 세부 내용은 여전히 예전의 설계기준을 참고하여 설계하는 실정에 이르고 있다.

가설구조는 흙, 강재, 콘크리트, 철근, 나무, 물 등 건설에서 사용하는 재료 대부분이 다양한 구조와 형태로 이루어진 복합구조물로 주거 밀집 지역, 산악지역, 도로, 하천, 바다 등의 시공 장소와 본체 구조물의 형식, 지반 조건, 주변 환경 등에 따라 형식과 구조가 다양하게 사용된다. 이렇게 복잡하고 다양성을 지닌 가설 분야가 너무 무관심 속에 있으며, 학문으로서의 위치는 고사하더라도 최소한의 주된 공정으로 인정받지 못하는 것이 현실이다. 발주자 처지에서는 본 구조물에 목적을 두고 있으므로 임시구조물인 가설구조에 대한 공사비 부담을 줄이기 위해서, 설계자와 시공자 처지에서는 임시로 설치하였다가 해체하는 구조물이기 때문에 본 구조물에 비하여 상대적으로 소홀히 대하는 경향이 있다.

특히 가설구조는 설계회사에서 회사별로 다르겠지만 담당하는 부서가 지정되어 있지 않고 구조, 지반부서에서 주로 취급하지만, 기타 부서에서도 가설구조를 다루고 있는데, 특화해서 전문적으로 다루는 부서가 없는 것이 현실이다.

특히 설계기준이나 지침 등이 너무 빈약하거나 다양한 설계 목적에 부합되도록 구성되어 있지 않아 각 설계 성과물에 오류가 발생하여도 점검할 최소한의 규정조차 없는 것이 현실이다.

경제 성장과 함께 도심지에서의 건물은 대형화되면서 가설구조도 더 넓게, 더 깊게 대형화되어가고 있으며, 토목구조물이 대형화하면서 하천이나 바다에 가설되는 구조물에 맞추어 가설구조도 대형화되고 있다. 이에 발맞추어 가설구조의 설계기준도 전문화되어야 하는 것이 당연하다고 하겠다.

가설구조의 설계결함이나 시공 잘못에 의한 피해는 본체 구조물보다도 더 큰 피해를 주기 때문에 관행처럼 사용되던 계산식 하나라도 다시 한번 체크해 볼 수 있는 전문화된 시방서나 설계기준이 필요한 시점이라고 생각되어 이 책을 출판하게 되었다.

이 책에서는 국내외의 설계기준이나 지침, 참고도서를 총망라하여 각 설계기준이나 지침에 없는 내용과 오류, 항목만 있고 상세한 내용이 없는 것, 설계 실무자들이 관행적으로 잘못 알고 있는 사항, 반드시 검토할 사항 등 흙막이 구조 전반에 걸쳐서 설계 종사자들이 알아야 할 사항을 국내 기준은 물론이고 일본 기준을 동시에 비교 분석함으로써 올바른 흙막이 구조를 설계하는 데 조금이나마 보탬이 되었으면 한다.

책을 집필하는 데 기존의 설계기준이나 지침, 문헌, 참고도서 등에 의존하다 보니 내용 중에 필자의 실수로 원본과 다른 오류가 있을 수 있으며, 일본어의 번역이 미숙하여 내용이 제대로 전달되지 못한 점이 있다면 너그럽게 용서하기를 바라고 정정할 수 있도록 지적을 기대하면서 이런 부분과 의문 사항은 storkbill@gmail.com으로 메일을 보내주시면 성심성의껏 답변해 드리겠습니다.

끝으로 원고를 작성하느라 배려해 준 항상 필자의 곁을 지켜주는 아내와 늘 아빠를 걱정하는 딸들, 공부하는 아들에게 이 책을 전하며, 이 책이 출판되도록 힘을 써주신 도서출판 씨아이알의 김성배 대표님께 감사드립니다.

2024년 12월

**황 승 현**

# 목 차

## 제5장 굴착바닥면의 안정검토

## 제6장  흙막이의 지지력

## 제7장  흙막이벽의 설계

| 제8장 | 지보재의 설계 |
|---|---|

# 제 1 장

## 설계기준의 정리

# 제1장
# 설계기준의 정리

## 1. 흙막이와 관련된 설계기준

한국에서 흙막이와 관련된 설계기준이나 지침 등은 설계 주체와 설계 대상, 사용 목적에 따라서 여러 종류의 기준이 제정되어 사용되었다. 그동안 사용하였던 대표적인 설계기준을 정리하면 표 1.1.1과 같다. 이 표에서는 대표적인 설계기준만을 정리한 것으로, 각 공사 주체별로 별도의 설계기준을 만들어 특정 공사에만 적용하도록 하는 등의 설계기준을 포함하면 수십 종에 이른다.

설계기준이나 지침 등의 내용을 살펴보면 대동소이하거나 전혀 다른 경우 등 설계자로서는 어느 기준을 선택하여 설계해야 하는지? 기준에 수록되지 않는 내용일 경우에는 어떤 기준을 참고로 해야 하는지? 고민해 본 경우가 있을 것이다.

이렇게 여러 종류의 설계기준이 존재한다는 것은 목적과 사용성, 성격별로 흙막이를 특정 목적에 적합하도록 설계를 전문화하여 적용한다는 것에 대해서는 바람직하겠지만, 설계기준에 일부 항목에 관한 내용이 없어서 어떠한 방법으로 어떤 계산식을 적용해야 하는지, 그 계산식을 사용해도 되는지에 대하여 설계자로서는 혼란스럽기만 하다.

이러한 논란을 잠재우기 위하여 종전의 책자로 만들어진 기준인 '가설공사 표준시방서(2002년 제정)'를 2016년 건설기준 코드체계 전환에 따라 코드화로 통합 정비하면서 가시설 설계기준(KDS 21 00 00) 내에 가시설물 설계 일반사항(KDS 21 10 00), 가설흙막이 설계기준(KDS 21 30 00), 가설교량 및 노면복공 설계기준(KDS 21 45 00)이 2016년에 제정되어 2024년 9월에 새롭게 개정되었다. 각각 운영되던 기준들을 통폐합하여 기준간 중복·상충 부분을 정비하고 개정이 쉽도록 코드화를 추진하였지만, 종전의 설계기준이나 시방서에 포함되어 있던 해설이 없어 설계하는 실무자로서는 설계기준 적용에 어려움이 많아, 통합된 설계기준에 없는 내용은 구 설계기준을 참고하여 설계에 반영하고 있다.

한국의 설계기준이 여러 개 존재하는 것은 일본의 영향을 받은 부분이 있는데, 일본의 경우

**표 1.1.2** 한국의 대표적인 흙막이 설계기준

| 기준 명 | 제정일 | 발행처 | 주된 내용 |
|---|---|---|---|
| 가시설 설계기준(KDS 21 00 00) | 2024. 09 | 국토교통부 | 흙막이 |
| 구조물기초설계기준·해설 | 2014. 05 | (사)한국지반공학회 | 흙막이 |
| 도로설계요령 제3권 교량 | 2001. 12 | 한국도로공사 | 흙막이, 물막이 |
| 철도설계기준(노반편) | 2004. 12 | (사) 대한토목학회 | 흙막이 |
| 고속철도설계기준(노반편) | 2005. 09 | 한국철도시설공단 | 흙막이 |
| 호남고속철도설계지침(노반편) | 2007. 09 | 한국철도시설공단 | 흙막이 |
| 가설공사 표준시방서 | 2014. 08 | (사) 한국건설가설협회 | 흙막이 |
| 지하철설계기준 | － | 각 지방자치단체별 | 흙막이 |
| 시설물설계·시공 및 유지관리편람 (옹벽 및 흙막이공) | 2001. 11 | 서울특별시 | 흙막이 |

주) 2024년 8월 현재까지 조사한 자료이므로 이후에 발행된 자료는 추가하지 않았음

에 토목 분야의 흙막이 기준을 보면 일본도로협회(日本道路協会)가 발행한 『도로토공-가설구조물공지침(道路土工ー假設構造物工指針)』(2002년 2월)이 있다. 건축 분야에서는 일본건축학회(日本建築学会)가 발행한 『흙막이설계지침(山留め設計指針)』(2017년 11월)이 있다. 이 두 개의 기준은 토목과 건축 분야를 대표하는 지침서로 별도의 독립된 책자에 의하여 방대한 양의 가설구조와 관련된 상세한 내용을 수록하고 있다.

일본가설지침에는 흙막이뿐만 아니라 물막이에 대해서도 기준으로 정해져 있는데, 이것은 토목 분야가 흙막이와 더불어 하천이나 바다에서도 가시설이 시공되므로 흙막이와 물막이를 기준으로 정하여 수록하였다. 건축의 흙막이 설계지침은 건축 분야는 주로 도심에서 이루어지는 관계로 주로 흙막이 위주로 기재되어 있다. 이 두 개의 기준은 각각 378쪽, 429쪽에 이르는 양으로 가설구조와 관련된 모든 내용이 상세하게 기재되어 있어, 설계자로서는 더없이 좋은 기준이다. 이 두 개의 기준에 의하여 기관별로 공사의 특성에 맞추어 해당 분야에 적용할 수 있도록 기준이 제정되었는데, 표 1.1.2가 일본에서 가설구조와 관련된 설계기준을 정리한 것이다.

그러나 종전의 한국 설계기준을 보면 별도의 책자로 만들어진 기준서가 없을 뿐만 아니라 내용도 가설구조 전반에 걸쳐 수록된 것이 없고 상당히 적은 양의 기준이 기재되어 있어 설계자 입장에서는 다른 참고문헌, 가설구조와 관련된 책자에 의존하거나, 관행처럼 되어버린, 기존에 설계된 자료에 의존하여 그대로 설계하고 있다.

문제는 설계기준서의 양이 많고 적은 것이 아니라, 그 내용에 어떤 항목이 어떤 식으로 계산해야 하는지에 대한 구체적인 언급이 없다는 것이다. 시중에 가설구조와 관련된 프로그램이 시판되고 있는데, 이 프로그램에서 사용하는 계산 방법이라든지, 적용 식 등이 서로 다르게

사용하는 경우가 있다. 그 이유는 당연히 설계기준에 분명하게 명시되어 있지 않은 경우와 여러 개의 적용 식을 나열함으로써 프로그램을 만들기 난해하기 때문이며, 관행적으로 사용하던 표 계산 프로그램(Excel) 등에 의존하던 것을 그대로 프로그램으로 만들어 사용하기 때문이라고 생각된다.

이런 문제점들은 가설구조를 임시구조물로 생각하여 등한시해 왔기 때문에 누구도 문제점을 도출하여 공론화하지 못했기 때문이라고 생각된다. 따라서 이 책에서는 대표적인 각 기준의 내용을 상세히 비교·분석함으로써 문제점을 제시하여 설계자들에게 판단의 폭을 넓혀서 시공현장의 특성에 맞도록 가설구조를 설계할 수 있도록 기획하였다.

각 설계기준이나 지침의 내용 중에 오류 부분이나 설계자들이 관행적으로 잘못 알고 있거나 사용하고 있는 부분 등에 대하여 상세하게 비교·분석하여 올바른 가설구조를 설계할 수 있도

**표 1.1.3** 일본의 대표적인 흙막이 설계기준 및 지침

| 기준명 | 발행일 | 발행처 | 비고 |
|---|---|---|---|
| 道路土工─仮設構造物工指針<br>도로토공-가설구조물공지침 | 1999. 03.<br>(1977. 01.) | 日本道路協会<br>(일본도로협회) | 도로 |
| トンネル標準示方書 開削工法·同解説<br>터널표준시방서 개착공법·동해설 | 2006. 07.<br>(1977. 01.) | 日本土木学会<br>(일본토목학회) | 일반 |
| 首都高速道路 仮設構造物設計要領<br>수도고속도로 가설구조물설계요령 | 2003. 05.<br>(1972. 09.) | 首都高速道路厚生会<br>(수도고속도로 후생회) | 도로 |
| 共同溝設計指針<br>공동구 설계지침 | 1986. 03.<br>(1980. 04.) | 日本道路協会<br>(일본도로협회) | 도로 |
| 山留め設計指針(山留め設計施工指針)<br>흙막이설계지침(흙막이설계시공지침) | 2017. 11.<br>(1974. 11.) | 日本建築学会<br>(일본건축학회) | 건축 |
| 大深度土留め設計·施工指針(案)<br>대심도 흙막이설계·시공지침(안) | 1994. 10. | 先端建設技術センター<br>(선단건설기술센터) | 일반 |
| 仮設構造物設計指針(案)<br>가설구조물설계지침(안) | 1978. 03.<br>(1974. 08.) | 地下鐵技術協議会<br>(지하철기술협의회) | 철도 |
| 構造物設計指針 仮設構造物<br>구조물설계지침 가설구조물 | 1998. 06.<br>(1976. 04.) | 日本下水道事業団<br>(일본하수도사업단) | 하수도 |
| 設計要領 第二集 橋梁建設編<br>설계요령 제2집 교량건설편 | 2006. 04.<br>(1977. 11.) | 東,中,西日本高速道路株式会社<br>(동일본, 중일본, 서일본 고속도로 주식회사) | 도로 |
| 深い掘削土留工設計法<br>깊은 굴착 흙막이 설계법 | 1996. 06.<br>(1993. 09.) | 日本鉄道技術協会<br>(일본철도기술협회) | 철도 |
| 鉄道構造物設計標準·同解説開削トンネル<br>철도구조물등 설계표준·동해설 개착터널 | 2001. 03.<br>(1979. 12.) | 鉄道綜合技術研究所<br>(철도종합기술연구소) | 철도 |

주) 발행일의 ( )는 각 기준이 최초로 발행된 날짜이다.

록 하였다. 가설구조라고 하면 넓은 의미에서는 무척 많은 것을 포함할 수 있는데, "구조물을 축조하기 위해 지반을 굴착하여 임시로 설치하는 구조물"이라고 말할 수 있다. 흙막이, 물막이, 노면복공, 가교 등이 포함된다. 이 책에서는 이 중에서 가장 많이 사용하고 있는 흙막이에 대하여 다루도록 한다. 한국의 가설구조와 관련된 기준에도 주로 흙막이 위주로 작성되어 있으므로 가시설물 설계기준(KDS 21 10 00)를 기준으로 하되, 표 1.1.1의 각 기준을 대상으로 하여 일본 기준과 함께 비교·분석하기로 한다. 비교의 의미는 단순히 어떤 기준에는 어떤 것을 사용하는 것보다는 비교표와 더불어 실제의 계산 예를 들어 수치를 비교해 볼 수 있도록 하였으며, 또한 가시설물 설계기준(KDS 21 10 00)에서 관련 기준으로 규정한 것은 다음과 같다.

- KDS 11 00 00 지반설계기준
- KDS 14 20 00 콘크리트구조설계(강도설계법)
- KDS 14 30 00 강구조설계(허용응력설계법)
- KDS 17 10 00 내진설계 일반
- KDS 24 00 00 교량설계기준
- KDS 41 00 00 건축구조기준
- KDS 47 00 00 철도설계기준
- KDS 14 30 05 강구조 설계 일반사항(허용응력설계법)
- KDS 24 12 21 교량설계하중(한계상태설계법)
- KDS 41 12 00 건축물 설계하중
- KCS 21 30 00 가설흙막이 공사

코드화에 따라 종래 책자에 수록된 내용을 관련 규정으로 분산시켜 구성하였는데, 실무자 처지에서는 다소 번거롭게 느껴질 수 있다. 현재 국가건설기준센터에서 규정된 설계법이 한계상태설계법, 강도설계법, 허용응력설계법이 혼재해 있어 허용응력설계법을 적용하는 가시설 설계에서는 혼란스러운 부분이 존재한다. 특히 가시설물 설계 일반사항(KDS 21 00 00)의 '적용 범위'에는 다음과 같이 규정하고 있다.

(1) 이 기준은 가시설물의 설계 시 일반적이고, 기본적인 요구사항을 규정한 것이다.
(2) 가시설물의 설계는 KDS 11 00 00 또는 KDS 14 20 00 또는 KDS 14 30 00에 따른다. 단, 가시설물별 특성을 고려하여 KDS 21 00 00의 각 하위 기준에서 제안한 별도의 설계법을 따를 수 있다.
(3) KDS 21 00 00에 규정되어 있지 않은 사항에 대해서는 국토교통부 제정 관련 설계기준 등에 따른다.
(4) 이 기준에서 규정된 사항과 관련 법에서 규정한 사항이 서로 다른 경우에는 상위 기준을 우선 따른다.

여기서 가시설물 설계기준(KDS 21 10 00) 외에 다른 기준의 적용 범위 기준은 KDS 11 00 00는 '지반설계기준'이며, KDS 14 20 00는 '콘크리트구조설계(강도설계법)', KDS 14 30 00 는 '강구조설계(허용응력설계법)'이다.

또한 (3)항에는 여기서 규정되지 않은 사항은 **'국토교통부 제정 관련 설계기준'**에 따르도록 규정하고 있으므로 앞에서 언급한 표 1.1.1에 게시한 한국의 대표적인 흙막이 설계기준을 참고 로 책에 기재하였다.

(4)항은 앞에서 정한 규정이 서로 다를 때는 상위 기준을 우선으로 하고 있으므로 '지반설계 기준 > 콘크리트구조설계 > 강구조설계 > 가시설물 설계기준 > 국토교통부 제정 관련 설계기 준' 순서로 기준에 우선순위를 두고 나머지는 참고 자료로 제시하도록 한다.

통합된 가시설 설계기준(KDS 21 00 00)에는 물막이에 대한 기준이 없고, 구 설계기준 중에 도로설계요령이 유일하다. 도로설계요령에는 주로 하천에서 교량이나 구조물을 시공하기 위한 버팀식 단일물막이와 2중물막이 가설구조가 수록되어 있으며, 자립식 단일물막이나 자립식 2 열물막이에 대한 규정은 없어, 주로 일본의 기준을 적용하여 설계하는 실정이다. 그러다 보니 설계회사마다 적용하는 방식이 조금씩 달라 앞으로 풀어야 할 숙제이다. 또한 도로공사에서는 2005년도에 "흙막이 가시설 세부설계기준, 2005년 4월"을 설계처에서 만들어 배포하였는데, 기존의 도로설계요령과는 다르게 내용을 일부 수정한 흙막이 설계 내용을 담고 있다. 이것은 2009년에 한국도로공사에서 "고속도로 설계실무지침서(II)"를 발행하였는데, 이 지침서의 제 12장에 이 내용이 그대로 포함되어 있다.

이 외에도 가설구조라고 하면 주로 터파기 굴착에 의한 것만 생각하는 경우가 대부분인데, 성토 가설구조에 관한 규정이 없다. 즉, 원지반을 굴착하지 않고 성토 구간에 가설구조를 설치 하는 경우의 설계 방법은 굴착에 의한 가설구조와는 다르므로, 이에 대한 설계기준의 제정도 필요하다고 본다. 대표적인 성토 가설구조는 1열 및 2열구조의 자립식이 있으며, 도로공사나 하천공사에서 옹벽 대신에 엄지말뚝(흙막이판)이나 강널말뚝 등의 흙막이 구조로 시공하는 경 우가 해당한다. 특히 성토 가설구조는 일반 흙 구조물(옹벽 등)과는 설계 방식이 다르므로 하루 빨리 설계기준이나 설계 방법이 제정되었으면 한다.

## 2. 용어의 정리

앞에서 언급한 설계기준이나 시방서 등을 살펴보면 서두에 "용어의 정의"라는 항목이 나온다. 해당 설계기준에 쓰이는 용어에 대한 정의를 먼저 기술한 것인데, 각 설계기준에는 용어의 정의를 기술한 기준이 있는 경우도 있지만 용어를 정의하지 않은 기준도 있다. 그런데 각 기준을 보면 용어를 다르게 사용하는 경우가 많아서 이 용어부터 정리해 보기로 한다. 다만, 국가건설기준센터에서 2022년 4월에 『국가건설용어집(개정증보판)』을 배포하였는데, 여기에 가설흙막이와 관련한 용어가 포함되어 있지만, 실무에서는 옛날 용어를 사용하고 있으므로 이 책에서는 아래의 용어를 사용하는 것으로 하자. 참고로 국가건설기준센터 홈페이지의 기술자료에서 『국가건설용어집』을 다운로드할 수 있으니 참고하기를 바란다.

먼저 우리가 「가시설」이란 용어부터 알아보자. 각 기준서나 가설구조와 관련된 책의 제목에서 보듯이 '가설 흙막이 구조물', '가설구조물', '가시설 설계기준', '가설토류벽' 등 여러 가지로 사용한다. 이렇듯 가설구조에 대한 제목부터 다르므로 통일된 용어로 불리면 좋겠다는 생각이 들어 각 기준에서 사용하는 용어를 정리하였다.

필자가 가설구조와 관련된 프로그램을 만들면서 가장 고민을 많이 한 부분이 어떤 계산식을 적용하는 것보다도 바로 이 용어이다. 예를 들면 「도로설계요령」으로 고속도로를 설계한다면 당연히 도로설계요령에서 사용하는 용어로 설계하여 Output을 만들어 내는 것이 당연한데, 프로그램 특성상 한 가지 용어를 여러 가지로 달리 사용하도록 하는 것은 무척이나 번거롭다. 그래서 프로그램을 만들면서 번거롭고 고민을 많이 한 용어를 기준별로 표 1.2.1과 같이 정리하여 이 책에서는 통일된 용어를 사용하는 것으로 하였다. 또한 이 책에서는 「가시설」이란 용어 대신에 「가설흙막이」란 용어를 사용하기로 한다. 이 책에서 사용하는 용어의 정의는 다음과 같다.

### (1) 가설구조물공(temporary structure)

지반을 굴착하여 구조물을 구축 및 되메우기를 하기까지의 사이에 노면하중, 토압, 수압 등을 지지하여 굴착지반 및 주변 지반의 안정을 확보하기 위하여 임시로 설치하는 구조물을 말한다. 위에서 설명한 것처럼 현재는 여러 가지 용어로 사용되고 있다.

### (2) 흙막이(earth retaining)

개착공법으로 굴착을 할 때는 주변 토사의 붕괴를 방지하는 것. 또 차수를 목적으로 설치하는 가설구조물을 말한다. 흙막이벽과 지보공으로 이루어져 있다. 흙막이벽에는 엄지말뚝+흙막이판 벽, 강널말뚝 벽, 강관널말뚝 벽, 주열식연속벽, 지하연속벽 등이 있다. 일부 책에서는 토류벽이라는 용어를 사용하는데 이 말은 일본에서 土留め(도도메)라고 하는 표현을 한글로 직역하여 사용하기 때문에 붙여진 용어라고 생각된다.

**표 1.2.1** 기준별 용어의 정리

| | 가설흙막이<br>설계기준 | 구조물<br>기초설계기준 | 도로설계요령 | 철도<br>설계기준 | 가설공사<br>표준시방서 | 이 책에서<br>사용하는 용어 | 비고 |
|---|---|---|---|---|---|---|---|
| ① | 가시설물 | 가설흙막이<br>구조물 | 가설구조 | 가설토류벽,<br>가시설 | 가설흙막이공 | 가설구조물 | |
| ② | 가설흙막이 | 가설흙막이 | 흙막이 | 토류벽 | 가설흙막이 | 가설흙막이 | |

1. 벽체

| | | | | | | | |
|---|---|---|---|---|---|---|---|
| ③ | 엄지말뚝 | 엄지말뚝 | H말뚝,<br>흙막이말뚝 | 엄지말뚝 | 엄지말뚝 | 엄지말뚝 | |
| ④ | 강널말뚝 | 강널말뚝 | 강널말뚝 | — | 강널말뚝 | 강널말뚝 | |
| ⑤ | 소일시멘트벽 | 소일시멘트벽 | — | | 쏘일시멘트벽 | SCW벽 | |
| ⑥ | 지하연속벽 | 지하연속벽 | — | 지중연속벽 | 지하연속벽 | 지하연속벽 | |
| ⑦ | 흙막이판 | 흙막이판<br>또는 토류판 | 흙막이판 | 토류판 | 흙막이판 | 흙막이판 | |

2. 지지구조 형식

| | | | | | | | |
|---|---|---|---|---|---|---|---|
| ⑧ | 띠장 | 띠장 | 띠장 | 띠장 | 띠장 | 띠장 | |
| ⑨ | 버팀대 또는<br>버팀대 | 버팀보 또는<br>버팀대 | 버팀보 | 버팀보 | 버팀보 | 버팀대 | |
| ⑩ | 사보강재 | — | 경사보강재 | 사보강재 | 까치발 | 사보강재 | |
| ⑪ | 경사고임대 | 레이커 | — | — | — | 레이커 | |
| ⑫ | 지반앵커 | 지반앵커 | 그라운드앵커 | 흙막이앵커 | 지반앵커 | 흙막이앵커 | |
| ⑬ | 소일네일 | 소일네일 | — | — | 쏘일네일 | 소일네일 | |
| ⑭ | 록볼트 | 록볼트 | — | — | 록볼트 | 록볼트 | |
| ⑮ | 중간말뚝 | — | 중간말뚝 | 중간말뚝 | — | 중간말뚝 | |

(3) 엄지말뚝(soldier pile)

　흙막이벽 시공 때에 수평으로 나무나 콘크리트판을 끼울 수 있도록 일정 간격으로 설치하여 벽체를 형성할 수 있게 사용한 'H' 모양의 강재를 말한다. 이 용어도 일본에서는 '親抗'이라고 사용하는데, 이것을 그대로 번역하여 엄지말뚝으로 사용하고 있다.

(4) 널말뚝(sheet pile)

　토사의 붕괴와 지하수의 흐름을 막기 위하여 굴착면에 설치한 말뚝으로 재질에 따라서 강널말뚝(steel sheet pile)과 콘크리트널말뚝(concrete sheet pile) 등이 있다. 지하수위가 높은 곳에서 차수를 겸해서 사용한다. 널말뚝은 판 형태로 이루어져 있어 수평력에 취약한데 이것을 보완하기 위하여 강관의 이음새를 용접하여 서로 연결할 수 있도록 한 널말뚝인 강관널말뚝(steel pipe sheet pile)이 있다. 다른 벽체에 비하여 수평저항력이 매우 커서 대심도의 굴착이나 해상의 파압 등 수평력이 크게 작용하는 곳에서 사용한다.

### (5) SCW벽(soil cement wall)

원지반을 고화재로 치환 또는 원지반과 고화재를 혼합하여 H형강 등 심재(응력재)를 삽입하여 구축하는 주열식연속벽의 하나이다. 엄지말뚝이나 강널말뚝 벽에 비하여 강성이 크기 때문에 지반 변형에 문제가 되는 곳에 사용한다. 기준에는 소일시멘트벽 또는 쏘일시멘트벽으로 사용되고 있다.

### (6) 지하연속벽(slurry wall, diaphragm wall)

안정액을 사용하여 벽체 모양으로 굴착한 사각형 안에 철근망을 조립하고, 콘크리트를 타설하여 구축하는 연속 흙막이벽을 말한다. 지중연속벽이라고도 한다. 지하연속벽은 지하구조물의 외벽을 겸해서 사용하기도 한다.

### (7) 흙막이판(lagging board, sheathing board)

굴착 시 토압에 저항하기 위하여 엄지말뚝 등의 흙막이 말뚝 사이에 설치하는 판을 말하는데, 나무와 콘크리트, 경량강재 등이 사용된다. 토류판이라는 용어를 사용하기도 한다.

### (8) 지보공(supporting, timbering)

띠장, 버팀대, 흙막이앵커(네일), 보강재 및 사보강재 등의 부재로 된 흙막이벽을 지지하는 가설구조물을 말하는데, 지지구조 또는 지보재라는 용어로 사용된다.

### (9) 띠장(wale)

흙막이벽을 지지하는 지보재의 하나로, 벽면에 따라 적당한 깊이마다 수평으로 설치한 부재. 흙막이 벽체에 작용하는 토압을 버팀대나 흙막이앵커 등에 전달하는 휨부재이다.

### (10) 버팀대(strut)

흙막이벽에 작용하는 토압이나 수압 등의 외력을 직접 받는 벽체나 띠장을 지지하는 수평부재이다. 버팀대라고 사용하였는데, 『국가건설용어집』과 가설흙막이 설계기준(KDS 21 30 00)에서는 버팀대로 사용하고 있으므로 이 기준에 따른다. 또한 버팀대는 H형강이 주류를 이루고 있었지만, 최근에는 원형을 비롯하여 다양한 형상의 버팀대를 사용하고 있다.

### (11) 사보강재(bracing)

버팀대에 사용되는 부재로 띠장의 유효 폭을 작게 하여 휨모멘트를 감소시키는 역할을 한다. 사보강재는 버팀대에 사용하는 버팀대용 사보강재와 코너부의 띠장과 띠장에 설치하는 코너사보강재로 구분된다. 다중으로 설치하는 경우가 많은데, 그래서 일부 기준에서는 까치발 또는 경사보강재라고도 한다.

### (12) 레이커(raker)

지보재의 하나로 굴착 바닥면에 설치하여 경사지게 흙막이벽을 지지하는 방식이다.

### (13) 흙막이앵커(ground anchor, earth anchor)

지보재의 하나로 흙막이 배면 지반에 고강도 강선 또는 강봉을 사용하여 정착시켜 토압 및 수압을 지지하는 구조이다. 어스앵커, 지반앵커 또는 그라운드앵커라고도 한다.

### (14) 소일네일(soil nail)

지보재의 하나로 흙막이앵커와 지지구조는 유사하나 보강재(철근)를 사용한다는 것이 다르다.

### (15) 타이로드(tie-rod)

이 공법은 비교적 양호한 지반에서 낮은 굴착에 적합한 공법으로 흙막이 배면 지반에 H형강이나 널말뚝 등의 대기말뚝을 설치하고, 흙막이벽과 타이로드로 연결하여 지반의 저항으로 흙막이벽을 지지하는 공법이다.

### (16) 록볼트(rock bolt)

록볼트는 대규모 굴착을 할 경우에 단단한 암이 있는 곳에 사용하는 지보재이다. 주로 굴착 배면 암반 내의 불연속면을 봉합하기 위하여 암반 내에 삽입하고 적절한 방법으로 암반과 접착하는 볼트를 말한다.

### (17) 중간말뚝(middle pile)

중간말뚝은 굴착 폭이 넓어 버팀대가 길어져 좌굴이 발생할 때는 벽과 벽 사이에 설치하여 버팀대의 좌굴을 방지하기 위하여 설치하는 말뚝이다.

상기 외에도 가설구조에 사용하는 용어 중에서 여러 가지를 사용하는 경우가 많은데, 「벽체」라는 용어를 보면 '측벽', '말뚝', '파일(pile)' 등 여러 가지 용어로 표기하고 있다. 「과재하중」도 상재하중이라는 용어로 사용되기도 한다. 이 책에서는 「과재하중」으로 표기하도록 한다. 또한 이 책에서는 토압 및 수압을 통틀어 **「측압」**이라는 용어로 사용하는데, 상세한 내용은 제3장의 "4. 흙막이에 작용하는 측압"을 참조하기를 바란다.

그리고 근입깊이라는 용어가 있다. 흙막이 말뚝을 지중에 근입시키는 길이를 말하는데, 기준에 보면 **「근입깊이」** 또는 「근입길이」라는 용어로 사용한다. 국어사전에서 깊이는 "위에서 밑바닥까지 또는 겉에서 속까지의 거리"로 표현하고 있다. 반면 길이는 "한끝에서 다른 한끝까지의 거리≒장(長)"이라고 쓰여 있다. 따라서 이 책에서는 근입깊이라는 용어를 사용하기로 한다. 따라서 상기 외에 이 책에서 사용하는 용어를 정리하면 다음과 같다.

### (18) 관용계산법(usage method)

버팀대 축력의 측정값 등에서 통계적으로 정리하여 구한 겉보기측압(토압, 수압 등)을 사용하여 버팀대나 가상지지점을 지점으로 한 단순보나 연속보로 가정하여 흙막이벽의 단면력을 산정하는 방법이다.

### (19) 탄소성법(elasto plasticity method)

흙막이벽을 유한길이의 보, 굴착측 지반을 탄소성판, 버팀대 등을 탄성받침으로 가정하여 흙막이벽의 단면력과 변형량을 산정하는 방법이다.

### (20) 개착공법(open cut method)

지표면에서 흙막이를 시공하면서 소정의 위치까지 굴착을 하여 굴착면이 노출된 상태에서 구조물을 시공하는 공법이다.

### (21) 굴착 흙막이공(excavation earth retaining)

개착공법에 따라 배면의 측압을 저항하는 벽의 총칭으로 엄지말뚝, 널말뚝, 연속벽 등으로 분류된다.

### (22) 자립식 흙막이공법(self-supported earth retaining wall method)

굴착부 주변에 흙막이벽을 설치, 근입부의 수동저항과 흙막이벽의 강성으로 측압을 지지하는 공법이다.

### (23) 버팀식(strut type) 흙막이공법

흙막이벽에 작용하는 측압을 버팀대·띠장 등의 지보공으로 밸런스를 맞추어 지지하면서 굴착을 진행하는 공법으로 일반적으로 가장 많이 사용하는 공법이다.

### (24) 케이블식(cable type)(앵커, 네일, 타이로드)공법

흙막이벽 근입부의 수동저항과 함께 배면의 안정된 지반에 케이블(앵커, 네일, 타이로드 등), 띠장 등의 지보공에 의하여 측압을 지지하면서 굴착하는 공법이다.

### (25) 아일랜드(island)공법

흙막이벽이 자립할 수 있도록 경사면을 굴착한 후에, 중앙부에 구조물을 구축하고, 남아있는 사면부분을 굴착한 후에 나머지 구조물을 축조하는 부분굴착공법이다.

### (26) 트렌치 컷(trench cut)공법

흙막이벽을 굴착 주위에 2중으로 설치하고, 그 사이를 개착한 후에 바깥쪽 구조물을 축조하고 나서, 이 구조물을 흙막이벽으로 이용하면서 내부를 굴착한 후에 구조물을 축조하는 부분굴착공법이다.

### (27) 보조공법

개착공사에 있어서 지반이 불안정하여 굴착이 곤란한 경우 혹은 굴착에 따라 주변 지반이나 구조물에 영향을 미칠 때 흙막이공과 함께 사용하는 공법으로 지반개량공법, 지하수위저하공법 등을 말한다.

### (28) 노면복공(load decking)

도로를 개착할 때 굴착한 도로에 차량이나 사람의 통행을 위하여 씌우는 것으로 복공판, 주형, 주형지지보 등의 부재로 구성된 가설구조물을 말한다.

### (29) 굴착바닥면의 안정

흙막이를 단계별로 굴착해 가면서 토질의 상황에 따라서 굴착바닥면에 보일링, 히빙, 파이핑, 라이징 등의 현상이 발생할 가능성이 있는 경우에 하는 안정검토를 말한다.

### (30) 보일링(boiling)

사질토지반에서 굴착바닥면과 흙막이벽 배면의 수위 차이가 큰 경우에 굴착면에 상향의 침투력이 생겨 유효중량을 초과하면 모래 입자가 솟아오르는 현상을 말한다.

### (31) 파이핑(piping)

흙막이벽 부근이나 중간말뚝에 흙과 콘크리트 또는 강재 등 약한 곳에 세립분의 침투류에 의하여 씻겨 흐르면서 물길이 생기는 현상으로 물길이 확대되면 보일링 형태의 파괴에 이른다.

### (32) 히빙(heaving)

점성토지반에서 굴착 배면의 흙 중량이 지지력보다 크게 되면 지반 내의 흙이 활동을 일으켜 굴착바닥면이 부풀어 오르는 현상으로 팽상이라고도 한다.

### (33) 라이징(Rising)

굴착바닥면 아래에 불투수층이 존재하고, 그 아래에 피압대수층이 있는 경우에 피압수압이 피압대수면에서 위쪽방향의 저항력보다 커지게 되면 굴착바닥면이 솟아올라 보일링현상이 발생하는 것을 말하는데, 보일링현상은 사질토지반에서 발생하지만 라이징은 점성토지반에서도 발생하기 때문에 구분하여 라이징이라 한다. 양압력이라고도 한다.

### (34) 불투수층(impervious)

지하수가 침투하기 어려운 지층으로, 구성하는 입자 간의 간극이 작아 투수계수가 작은 지층을 말한다. 점토층 및 실트층이 여기에 해당이 된다.

### (35) 피압대수층(confined/artesian/pressure aquifer)

지하수가 불투수층 사이에 끼어서 대기압보다 큰 압력을 받는 대수층, 즉 불투수층 아래 대수층 중의 지하수의 수두가 불투수층 아래쪽 경계면보다 높은 상태에 있는 투수층을 말한다.

### (36) 토압(earth pressure)

지반의 내부 혹은 지반과 구조물과의 경계면에 작용하는 압력을 말한다. 전자는 지중 토압, 후자는 벽면 토압이라 한다. 벽체의 변위에 따라서 정지토압, 주동토압, 수동토압으로 구분한다.

### (37) 토압계수(coefficient of earth pressure)

임의 면에 작용하는 토압과 그 지점에서의 연직토압과의 비. 일반적으로 지반속의 연직토압은 그 지점의 유효토괴압에 상재하중에 의한 압력을 더한 값으로 한다.

### (38) 수압(water pressure)

지하수에 의한 압력을 말한다.

### (39) 전상재압(total vertical pressure)

지하수위 위쪽은 습윤단위중량에 층 두께를 곱하고, 지하수위 아래는 포화단위중량에 층 두께를 곱해서 얻은 임의 지점에서의 연직방향 압력의 총합계를 말한다.

### (40) 유효상재압(effective vertical pressure)

지하수위 위쪽은 습윤단위중량에 층 두께를 곱하고, 지하수위 아래는 포화단위중량에 층 두께를 곱한 것에서 얻은 임의 점에서의 연직방향 압력의 총합계를 말한다.

### (41) 유효주동측압(effective active lateral pressure)

탄소성법의 계산에 사용하는 측압으로 배면의 주동측압에서 평형측압을 뺀 측압을 말한다.

### (42) 유효수동측압(effective passive lateral pressure)

탄소성법의 계산에 사용하는 측압으로 굴착면측의 수동토압에서 평형측압을 뺀 측압을 말한다.

### (43) 평형측압(equilibrium lateral pressure)

탄소성법의 계산에 사용하는 측압으로 벽체의 변형에 기여하지 않는 측압을 말한다.

### (44) 탄성반력(elasticity reaction)

굴착면측의 탄성영역에 있어서 흙막이벽의 변위에 비례하여 작용하는 지반반력이다.

### (45) 탄성영역(elastic domain)

굴착면측에 있어서 평형측압과 탄성반력의 합이 극한수동측압보다 작아지는 부분을 말한다.

### (46) 소성영역(plastic domain)

굴착면측에 있어서 평형측압과 탄성반력의 합이 극한수동측압보다 커지는 부분을 말한다.

(47) 선행변위(preceling displacement)

버팀대를 설치할 때 설치지점에 있어서 이미 발생한 흙막이벽의 수평변위를 말한다.

(48) 근입깊이(embedment depth)

최종굴착바닥면에서부터 아래쪽 방향의 흙막이벽 길이이다.

(49) 버팀대 프리로드(strut pre-load)

버팀대 설치 후, 굴착을 하기 전에 버팀대에 미리 도입하는 축력이다.

(50) 토압의 재분포

토압의 형태가 초기의 굴착단계에서는 캔틸레버보의 변형 패턴을 보이지만, 그 이후에는 굴착의 진행에 따라서 점차 활모양의 형태로 변한다. 이 현상을 토압의 재분포라 부른다.

(51) 극한평형법(limit equilibrium method)

극한평형법은 흙막이 말뚝이 전방으로 변위가 발생하여 지반이 완전히 소성화한 것으로 가정하고, 흙막이 말뚝의 배면에는 주동토압, 근입부의 전면에는 수동토압을 작용시켜 해석하는 방법을 말한다.

(52) 앵커체(anchor body)

PC강재의 인장력을 지반에 전달하기 위하여 주입재를 주입하여 지반에 조성하는 앵커의 저항부분을 말한다.

(53) 앵커두부(anchor head zone)

앵커두부는 흙막이 구조에서의 힘을 인장부에 전달하기 위한 부분을 말하는데 정착구, 지압판, 좌대 등으로 구성된다.

(54) 앵커정착장(fixed anchor length)

앵커의 힘이 지반에 유효하게 전달되도록 하기 위한 앵커체의 길이를 말한다.

(55) 앵커자유장(free anchor length)

구조물 및 지반에 대하여 프리스트레스를 유효하게 가할 수 있도록 가공된 앵커의 일부로 주변지반에 대하여 부착에 의한 힘이 전달되지 않는 부분의 길이를 말한다.

(56) 앵커길이(anchor length)

실제로 사용하고 있는 앵커의 길이를 말하는데 자유장, 정착장, 여유장을 더한 길이를 말한다.

(57) 긴장력(prestressed force)

인장재에 인장력으로서 주어지는 힘을 말한다.

### (58) 초기긴장력(initial prestressed force)

인장재를 인장하여 정착하기 위하여 초기에 인장재에 가하는 인장력을 말한다.

### (59) 겉보기토압(apparent earth pressure)

본래 부정정구조물인 흙막이 구조를 정정구조물로 치환하여 토압분포 형태를 구하는 것을 공학적으로는 겉보기토압이라고 한다.

### (60) 웰포인트공법(well point method)

지하수위 저하공법의 하나로 흙막이벽을 따라 pipe를 1~2m 간격으로 설치하고 선단에 부착한 well point를 사용하여 펌프로 진공 흡입하여 배수하는 공법이다.

### (61) 깊은우물공법(deep well method)

지하수위 저하공법의 하나로 지반을 굴착하고 casing strainer를 삽입, filter재를 충진하여 deep well의 중력에 의하여 지하수를 모아, 수중펌프 등을 사용하여 양수하는 공법이다.

### (62) 심층혼합처리공법(deep chemical mixing method)

이 공법은 고압분사 주입공법이라고도 하는데 굴삭방법에 따라 분사교반방식과 기계교반방식이 있다. 이 공법은 주로 지반의 강도 증가나 지반의 지수성 증가를 목적으로 사용한다.

### (63) 생석회말뚝공법(chemical pile method)

지중에 생석회를 적당한 간격으로 타입하여 생석회에 의한 수분의 흡수 및 팽창압에 의해 주변지반을 압밀하여 지반의 강도를 증가시키거나 간극수의 탈수를 목적으로 하는 공법이다.

### (64) 약액주입공법(chemical feeding grouting)

주입재(약액)를 지반 속에 압력으로 주입하여 토입자의 간극이나 지반 속의 균열에 충진하여 지반의 지수성의 증가나 강도증가를 도모하는 공법이다.

### (65) 동결공법(freezing method)

지중에 매설한 강관 속에 냉각액을 순환시켜 동토벽을 조성하는 공법으로 직접법(저온액화가스방식)과 간접법(브라인(brine)방식)이 있다.

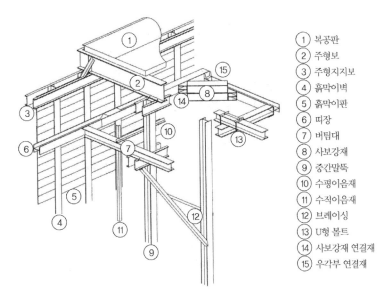

① 복공판
② 주형보
③ 주형지지보
④ 흙막이벽
⑤ 흙막이판
⑥ 띠장
⑦ 버팀대
⑧ 사보강재
⑨ 중간말뚝
⑩ 수평이음재
⑪ 수직이음재
⑫ 브레이싱
⑬ U형 볼트
⑭ 사보강재 연결재
⑮ 우각부 연결재

**그림 1.2.1 엄지말뚝 흙막이 및 노면복공 명칭**

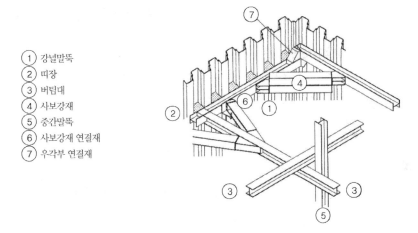

① 강널말뚝
② 띠장
③ 버팀대
④ 사보강재
⑤ 중간말뚝
⑥ 사보강재 연결재
⑦ 우각부 연결재

**그림 1.2.2 강널말뚝 흙막이의 명칭**

① 복공판
② 주형
③ 주형지지보
④ 가설교량 말뚝
⑤ 브레이싱
⑥ 난간

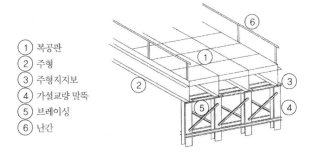

**그림 1.2.3 가교의 명칭**

# 3. 책의 구성

이 책은 새로운 가설구조의 이론이나 계산식을 제안하는 것은 아니다. 앞에서 언급하였지만, 가시설물 설계기준(KDS 21 10 00)으로 기준이 통합되어 운영되고 있지만, 설계와 관련하여 상당한 부분이 포함되지 않아서 부득이 구 설계기준을 참고로 하였다. 또한 각 설계기준이나 지침의 내용 중에 오류나 설계자들이 관행적으로 잘못 알고 있거나 사용하는 부분 등에 대하여 상세하게 비교·분석하여 올바른 가설흙막이를 설계할 수 있도록 제공한다.

이 책에서는 앞에서 흙막이와 관련된 설계기준이나 지침을 살펴보았지만, 각 설계 주체별로 8가지의 기준에 대하여 표 1.3.1에 표시한 기준을 대상으로 항목별로 흙막이의 설계에 사용하는 각종 기준을 비교하였다.

철도설계기준의 경우에는 3가지의 기준을 하나로 묶어, 비교 대상이 되는 항목 중에서 가장 최근의 기준(호남고속철도설계지침)을 기준으로 하여 내용이 없는 것은 각 기준에서 발췌하여 비교하였다.

**표 1.3.1** 비교 대상의 설계기준

| No. | 기준명 | 페이지 | 최종 개정일 | 이 책에서의 약칭 |
|---|---|---|---|---|
| 1 | 가시설 설계 일반사항((KDS 21 10 00) : 2024<br>가설흙막이 설계기준((KDS 21 30 00) : 2024<br>가설교량 및 노면복공 설계기준(KDS 21 45 00)<br>가설흙막이 공사(KCS 21 30 00) : 2024 | 1~5<br>1~19<br>1~7<br>1~29 | 2024. 09. | 가설흙막이 설계기준 |
| 2 | 구조물기초설계기준 해설<br>제7장 가설 흙막이 구조물 | 519~611 | 2009. 03. | 구조물기초 설계기준 |
| 3 | 도로설계요령 제3권 교량<br>제8-4편 가설구조물 | 619~728 | 2001. 12. | 도로설계요령 |
| 4 | 철도설계기준(노반편) 제4편 지하구조물<br>제3장 가시설 구조물 설계 | 191~217 | 2004. 12. | 철도설계기준 |
| | 고속철도설계기준(노반편) 제5장 토류구조물 | 299~317 | 2005. 09. | |
| | 호남고속철도설계지침(노반편) 제5장 토류구조물 | 5-82~5-100 | 2007. 09. | |
| 5 | 가설공사 표준시방서 제6장 가설흙막이공 | 131~219 | 2006. 12. | 가설공사 표준시방서 |
| 6 | 지하철설계기준 | | — | 지하철설계기준 |
| 7 | 도로토공-가설구조물공지침<br>(道路土工─仮設構造物工指針) | 1~378 | 1999. 03. | 일본가설지침 |
| 8 | 흙막이설계지침<br>(山留め設計指針) | 1~429 | 2017. 11. | 일본건축설계기준 |
| 9 | 터널표준시방서 개착공법·동해설<br>(トンネル標準示方書 開削工法·同解説) | 121~227 | 2006. 07. | 일본토목설계기준 |
| 10 | 철도구조물 등 설계표준·동해설 개착터널<br>(鉄道構造物設計標準·同解説開削トンネル) | 141~291<br>363~456 | 2001. 03. | 일본철도설계기준 |

표에서 일본 기준이 4가지가 들어 있는데, 이것은 일본을 대표하는 4개의 기관인 도로협회, 건축학회, 토목학회, 철도연구소에서 발행한 기준을 대상으로 한국의 기준과 비교하기 위해서 이다. 이 책에서는 표에서 표기한 약칭으로 각 기준을 표기하기로 한다.

이 책에서 다루는 부분은 가설구조 중에서 굴착 흙막이에만 아래와 같이 10개의 항목에 대하여 각 설계기준을 기본으로 하여 비교 및 분석하였다.

1. **설계기준의 정리** : 설계기준의 종류와 각 기준에서 사용하는 용어에 대한 비교와 이 책에서 사용하는 용어를 정리하였다.

2. **흙막이의 계획** : 흙막이를 설계하기 전에 어떻게 계획하여야 하는지에 대하여 정리하였으며 흙막이공법, 지보재, 보조공법에는 어떤 것이 있는지 정리하였다.

3. **설계에 관한 일반사항** : 각 설계기준에서 다루는 흙막이에 관한 일반사항을 정리하여 기준별로 무엇이 다른지를 비교하였다.

4. **흙막이 해석 이론** : 일반적으로 사용하고 있는 흙막이 해석 이론이 어떻게 구성되어 있는지, 어떤 가정 조건으로 이루어졌는지에 대하여 원래 발표 논문을 기재하였다.

5. **굴착바닥면의 안정검토** : 굴착이 진행되면서 발생할 가능성이 있는 보일링, 히빙, 파이핑, 라이징 등에 대한 안정검토 방법을 비교 및 분석하였다.

6. **흙막이의 지지력** : 흙막이 벽체 및 중간말뚝에 대한 지지력 계산 방법을 비교 및 분석하였다.

7. **흙막이벽의 설계** : 자립식, 관용계산법, 탄소성법에 의한 흙막이벽의 설계 방법을 비교 및 분석하였으며, 각 흙막이벽에 따라 상세한 단면 계산 방법을 기재하였다.

8. **지보재의 설계** : 흙막이에 사용하는 각 지보재에 대하여 설계기준별로 비교 및 분석하였고, 각 지보재의 올바른 하중 계산이나 지간의 계산 방법을 제시하였다.

9. **주변 지반의 영향검토** : 굴착에 따른 주변 지반의 영향검토에는 어떤 것이 있는지, 어떻게 판정하는지에 대하여 설명하였다.

10. **설계 참고 자료** : 이 장에서는 흙막이 설계에서 꼭 알아야 할 사항, 설계기준에서 취급하지 못한 자료, 관행적으로 잘못 알고 있는 사항, 흙막이에서 고려하여야 할 사항 등에 대하여 기재하였다.

# 제 2 장

## 흙막이의 계획

# 제 **2** 장
# 흙막이의 계획

흙막이공은 본체 구조물을 축조하기 위하여 지하를 굴착할 때 주변 지반의 붕괴를 방지하기 위하여 토압, 수압 및 기타 하중을 받는 흙막이벽과 그것을 지지하는 지보공으로 구성된 것을 일시적으로 설치하기 위한 가설구조물을 말한다. 최근의 흙막이공은 작업공간이 협소하거나 대규모, 지하 매설물이 복잡한 곳에서의 공사가 많으며, 주변 환경에 대한 규제가 매우 엄격해지는 등 제약조건이 점점 강화되고 있다. 이런 제약조건과 구조물의 대형화에 의한 공사비의 증가로 인하여 흙막이공이 차지하는 위치는 안전보다는 경제성이 우선 요구되고 있는 것이 현실이다. 이러한 건설 환경의 정서 속에서 최소의 공사비로 최대의 안전성을 확보하기 위한 흙막이를 설계하기 위해서는 계획을 세우는 것이 가장 중요한 사항이다. 가시설물 설계 일반사항에도 '안전성을 확보'하는 것을 목적으로 하고 있으므로 이 장에서는 합리적인 공사비로 최적의 안전성을 확보하기 위해서는 어떻게 흙막이를 계획하여야 하는지 알아본다.


## 1. 조사

흙막이 가설구조를 설계하기 전에 본체 구조물을 안전하게 시공하기 위해 최소의 공사비로 최대의 효과를 확보하기 위한 사전 조사는 매우 중요한 사항인데, 조사 사항은 많지만, 대표적인 조사는 다음과 같다.

    (1) 지형 및 지반의 조사
    (2) 시공 환경의 조사

가설구조물을 안전하고 경제적으로 계획, 설계, 시공하기 위해서는 각 단계에서 적절한 조사가 필요하게 된다. 시공의 안전성과 정확성이 충분히 고려된 계획과 설계를 위해서는 시공에 필요한 사항을 정밀하게 조사할 필요가 있다. 시공 단계에서는 계획, 설계단계에서 실시한 각종 조사 결과를 충분히 이해하여 공사를 할 수 있지만, 필요에 따라서 임시, 보충 조사를 시행한다. 또, 시공 중에는 시공관리를 위해서 다양한 조사를 하여야 한다.

## 1.1 지형 및 지반조사

흙막이의 계획, 설계, 시공에 필요한 지반조사는 반드시 결정해야 할 일정한 단계가 있는 것은 아니지만 일반적으로 ① 예비조사 ② 본 조사 ③ 추가 조사 등의 3단계로 분류할 수 있다. 중요한 시설물이나 대규모 공사 등의 경우에는 이와 같은 일련의 단계를 거쳐 각 조사가 이루어지는데, 일반적인 공사에서는 이와 같은 단계를 구별하지 않고 ② 본 조사에 해당하는 조사가 '지반조사'로 실시되는 경우가 많다. 그래서 본 조사 후의 설계변경에서 추가 조사가 필요한 경우나 본 조사의 결과에서 지반 상황이 특수 혹은 복잡하게 되어 있어 시공할 때 문제가 될 소지가 발생할 가능성이 있는 때에만 관련된 조사가 추가되고 있다.

흙막이 계획을 위한 조사에서 중요한 것은 본체 구조물을 설계하기 위한 지반조사와 가설구조인 흙막이를 설계하기 위한 지반조사의 정보가 서로 다르다는 점이다. 따라서 본래는 흙막이 설계를 위해서 독자적인 지반조사를 하는 것이 원칙이다.

그러나 현실은 흙막이 설계를 위한 지반조사를 따로 시행하는 경우는 매우 적고, 지하구조나 기초구조의 계획과 설계를 위한 지반조사 결과로 흙막이 설계에 이용하는 경우가 대부분이다. 본체 구조설계를 위한 지반조사는 설계자가 기초형식이나 내력을 결정하기 위해, 필요한 데이터를 얻는 것을 목적으로 하여 실시되기 때문에 이것만으로는 흙막이 설계에 필요한 정보로서 충분하지 않다는 것이다.

이점에 관해서 토목공사와 건축공사의 경우에 다소 사정이 다르다. 토목공사에서는 설계자 혹은 발주자가 흙막이의 기본계획을 제시하는 경우가 대부분이지만, 건축공사의 경우에는 발주자(건물소유자)에 의한 계획보다는 시공자에 의하여 계획되는 경우가 대부분이다.

### 1.1.1 예비조사

예비조사는 현장의 지반에 대한 개략적인 상황을 파악하여 예상되는 흙막이공법의 검토에 필요한 본조사의 계획을 세우기 위해서 하는 조사이다. 예비조사의 방법은 기존의 문헌 등에 의한 자료조사와 실제로 기술자가 현장을 답사하는 현지 조사가 있다.

자료조사 중에서 가장 중요한 것은 현장 부근에 대한 지반 및 지하수에 관한 기록이 있는 조사보고서나 공사기록이다. 특히 주변의 공사기록은 지반을 개략적으로 파악할 뿐만 아니라 흙막이공법을 예상할 수 있는 중요한 자료이다. 기타 자료로써는 해당 지역의 지질도나 지형도, 재해기록, 고문서 등도 참고로 한다.

표 2.1.1 흙막이 설계와 지반정보

| 흙막이 설계에서 지반과 관련이 있는 항목 | | 필요한 지반정보 |
|---|---|---|
| 흙막이벽 및 지보재의 설계 | • 배면측 측압<br>• 굴착바닥면 쪽 초기측압<br>• 굴착바닥면 쪽 수동측압<br>• 근입깊이<br>• 흙막이벽 및 중간말뚝의 연직지지력 | 단위중량<br>내부마찰각<br>점착력<br>N값<br>일축압축강도<br>지하수위, 간극수압<br>변형계수 |
| 굴착바닥면의 안정 | • 보일링<br>• 파이핑<br>• 히빙<br>• 라이징<br>• 흙막이 전체의 안정(사면안정) | 단위중량<br>비배수전단강도<br>일축압축강도<br>지하수위, 간극수압<br>탄성계수 |
| 지하수의 처리 | • 불투수층의 확인<br>• 양수량<br>• 침투 수량 | 단위중량<br>투수계수<br>투수량계수<br>저유계수<br>지하수위, 간극수압 |
| 주변 지반의 영향 | • 양수에 의한 지하수 저하량 및 지하수 저하 범위 영향<br>• 흙막이벽의 변형에 의한 영향 | 단위중량<br>점착력<br>내부마찰각<br>포아송비<br>e-log P곡선<br>압밀항복응력<br>압밀계수<br>압축지수<br>체적압축지수(지반탄성계수) |

현지 조사에서는 실제로 현지에서 지형이나 지표면의 상황을 관찰하고, 때에 따라서는 현장 내에서 시험굴착을 한다.

## 1.1.2 본 조사

본 조사는 예비조사에서 파악된 지반의 개략적인 상황을 기준으로 하여 굴착공법, 흙막이공법, 흙막이벽의 종류를 선정하기 위하여 어떤 정보가 필요한지 충분히 검토하여 상세한 조사방법을 결정하여 실시한다. 기본적으로는 현장에서의 시추 조사, 채취한 시료의 토질시험 및 지하수조사가 중요하며, 각각 지층구성, 지반의 물리적 성질, 역학적 성질 및 지하수위나 투수성에 관한 지하수의 성질을 파악하는 것을 목적으로 한다.

조사의 범위, 위치, 심도, 내용, 방법, 개수 등은 예비조사 결과와 공사의 규모, 난이도에 따라서 결정한다. 즉, 굴착 면적이나 굴착 심도와 같은 공사 규모에 관한 조건, 지반의 성질과 형상, 지하수위 위치, 지층 경사의 유무와 같은 지반 고유의 조건, 현장에 충분한 여유가 있는지 혹은 도심지에 있어서 근접시공과 같은 주변 조건을 고려하여 필요로 하는 지반정보를 얻을 수 있도록 조사한다.

### 1.1.3 시추 조사

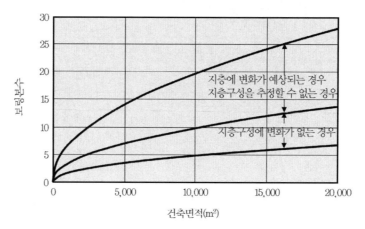

**그림 2.1.1** 시추 조사 개수(山留め設計指針, 14쪽)

시추 조사공의 개수를 몇 개로 할 것인지에 대해선 중요 구조물이나 대규모 공사와 같이 별도의 시방서에 의하여 개수를 지정하여 실시하는 경우가 있지만, 일반적인 공사에서는 개수를 몇 개로 할 것인지에 관한 규정이 없다. 따라서 일본의 흙막이 설계지침(2017년)에 보면 건축면적에 따라 시추 조사 개수를 정하는 방법이 있는데 다음과 같다.

그림 2.1.1과 같이 기본적으로는 건축면적의 넓이에 따라 정해지게 되어 있는데, 다만 지층이 택지 내에서 경사져 있는 경우에는 시추 개수를 늘려서 조사하고, 공사의 난이도나 주변 조건을 고려하여 결정하도록 하고 있다. 건축면적이 5,000 $m^2$ 전후에서 지층구성에 변화가 없는 경우에는 1,000 $m^2$마다 1개소, 변화가 있다고 예상될 때는 500 $m^2$에 1개소 정도로 한다. 최소 시추 개수는 지층구성에 변화가 없는 것이 명확한 경우나 소규모공사를 제외하고 2개소 이상으로 한다.

지반조사 KDS 11 10 10 : 2021 기준에는 기본 및 실시설계 시 시추 조사 참고 기준이 규정되어 있는데 다음과 같다.

① 시추는 NX규격 이중 코어배럴이나 NX에 상응하는 규격을 사용하여 연직으로 시행하며, 풍화대나 파쇄대 등에서는 삼중 코어배럴 등을 사용하여 코어의 회수율을 높인다.

② 지층구성 파악을 위한 시추간격 및 심도는 구조물의 종류 및 범위, 요구되는 지반조사 자료의 정밀도에 따라 지반분야 책임기술자 판단에 의거 결정한다.

③ 시추는 수직시추뿐만 아니라 단층 순폭 평가를 위한 경우 수평 및 경사시추를 실시한다.

④ 단층이나 파쇄대와 같이 공사에 장애가 되는 구간이나 지층이 불규칙한 경우에는 시추 간격을 축소 조정한다.

⑤ 시추공의 지하수위 측정은 시추 종료 후 24, 48, 72시간 경과 시마다 지하수위를 측정

한다.

⑥ 터널 입·출구부 및 저토피 구간에서는 탄성파탐사를 수행하여 지층변화를 상세히 파악한 후 시추 위치를 선정한다.

⑦ 시추 조사 시 정확한 시추 조사 위치 파악을 위하여 GPS 장비 등을 활용할 수 있다.

⑧ 시추 조사 후 드론으로 조사 부지를 촬영하여 시추조사를 수행한 위치정보를 수집하고 활용할 수 있다.

**표 2.1.2 기본설계 시 시추 조사 참고기준**

| 구분 | | 시추 간격 | 시추 심도 |
|------|------|-----------|-----------|
| 건축 | | 구조물 규모에 따라 50~100m 간격 | 기반암 3m 이상[1] |
| 교량[2] | | 연장 100m 이상 교량 3공 이상<br>연장 100m 미만 교량 최소 각 교대 | 기반암 3m 이상 |
| 박스 | | 개소당 1공 | 풍화대 50/30 이하 3회 연속 확인 |
| 터널 | 산악<br>(NATM, TBM) | 3공 이상(입출구부 포함)<br>계곡부/저토피 구간 1공 이상 | 터널 바닥고 하부 0.5~1.0D(D: 터널 최대 직경)<br>(기반암이 확인되지 않은 경우 터널 바닥고 하 1.0~2.0D) |
| | 도심지<br>(개착) | 200~500m 간격, 주요 구조물(수직구, 정거장, 집수정, 환기구 등)은 개소당 1공 | 계획고 하부 3m 이상(기반암이 확인되지 않은 경우 계획고 하부 0.5B, B: 굴착 계획 폭)<br>주요 구조물에는 기반암 3m 이상 |
| 깎기비탈면 | | 개소당 1공 이상<br>(연장 200m 이상 시 1공 추가)<br>깎기높이 20m 이상일 경우 2공 이상<br>(시험굴조사 : 1~2개소) | 계획고 하부 2m(단, 1개소에서 2공 이상 계획 시 비탈면 중간부에서는 계획고 위에서 경암 출현하는 경우 경암 2m 이상 확인)<br>(시험굴조사: 1~3m) |
| 쌓기<br>비탈면 | 일반 | 500m 간격<br>(핸드오거 300m 간격) | 풍화토 N=30 이상 3회 연속 또는 풍화암 확인<br>(핸드오거는 가능 심도까지) |
| | 연약 | 100~200m 간격<br>(핸드오거 200m 간격) | 연약지반 통과 후 견고한 지층 3~5m 확인<br>(핸드오거는 가능 심도까지) |
| 댐 | | 20~30m 격자 | 댐 형식 및 높이와 하부지반조건을 고려하여 결정 |
| 제방 | | 200m 간격 | 제방높이 3배, 최소 10m 이상 |
| 공항 | | 상기 구분별 간격 | 상기 구분별 심도 |

주 1) 기반암이 출현하지 않는 토사지반의 경우 예상되는 기초의 심도와 구조물의 하중에 따른 영향심도를 고려하여 충분히 깊은 심도까지 조사하여야 한다.
2) 교량구간 시추심도는 연암 3m 또는 경암 1m, 기반암이 출현하지 않을 때는 풍화암 10m, 토사지반인 경우 주 1)을 따른다.
3) 토취장 조사는 개소당 시추는 2개소 이상, 심도는 경암 5m까지 수행하며, 시험굴은 5개소 이상 실시한다.
4) 지하철의 경우 각 해당 구조물 구분을 따른다.
5) 단선병렬 터널의 경우, 두 터널 중심 간의 거리가 5B(터널 폭) 이상 이격되었을 경우, 각각의 터널로 지반조사를 수행한다.
6) 위 기준은 최소 권장사항이며, 사업규모 및 특성에 따라 수량 및 심도를 증가하여 정밀조사를 실시한다.

*출처 : 지반조사 KDS 11 10 10 : 2021 표 2.2-1

**표 2.1.3 실시설계 시 시추 조사 참고기준**

| 구분 | | 시추 간격 | 시추 심도 |
|---|---|---|---|
| 건축 | | 구조물 규모에 따라 30~50m 간격 | 기반암 3m 이상[1] |
| 교량[2] | | 교대 및 교각마다 1개소 | 기반암 3m 이상 |
| 박스 | | 개소당 1공 | 풍화대 50/30 이하 3회 연속 확인 |
| 터널 | 산악 (NATM, TBM) | 50~200m 간격(입출구부 포함) 계곡부/저토피 구간 1공 이상 (200m마다 1개소 추가) | 터널 바닥고 하부 0.5~1.0D(D: 터널 최대 직경) (기반암이 확인되지 않은 경우 터널 바닥고 하 1.0~2.0D) |
| | 도심지 (개착) | 100m 간격, 주요 구조물(수직구, 정거장, 집수정, 환기구 등)은 개소당 1공 | 계획고 하부 3m 이상(기반암이 확인되지 않은 경우 계획고 하부 0.5B, B: 굴착 계획 폭) 주요 구조물에는 기반암 3m 이상 |
| 깎기비탈면 | | 개소당 2공 이상 (연장 100m 이상 시 1공 추가) 깎기높이 20m 이상일 경우 2공 이상 (시험굴조사 : 1~2개소) | 계획고 하부 2m(단, 1개소에서 2공 이상 계획 시 비탈면 중간부에서는 계획고 위에서 경암 출현하는 경우 경암 2m 이상 확인) (시험굴조사: 1m~3m) |
| 쌓기 비탈면 | 일반 | 500m 간격 (핸드오거 300m 간격) | 풍화토 N=30 이상 3회 연속 또는 풍화암 확인 (핸드오거는 가능 심도까지) |
| | 연약 | 50~100m 간격 (핸드오거 200m 간격) | 연약지반 통과 후 견고한 지층 3~5m 확인 (핸드오거는 가능 심도까지) |
| 댐 | | 20~30m 격자 | 댐 형식 및 높이와 하부지반조건을 고려하여 결정 |
| 제방 | | 100m 간격 | 제방높이 3배, 최소 10m 이상 |
| 공항 | | 상기 구분별 간격 | 상기 구분별 심도 |

주 1) 기반암이 출현하지 않는 토사지반의 경우 예상되는 기초의 심도와 구조물의 하중에 따른 영향심도를 고려하여 충분히 깊은 심도까지 조사하여야 한다.
2) 교량구간 시추심도는 연암 3m 또는 경암 1m, 기반암이 출현하지 않을 때는 풍화암 10m, 토사지반인 경우 주 1)을 따른다.
3) 철도 산악터널의 경우, 시추조사 간격은 50~100m로 적용한다.
4) 토취장 조사는 개소 당 시추는 2개소 이상, 심도는 경암 5m까지 수행하며, 시험굴은 5개소 이상 실시한다.
5) 단선병렬 터널의 경우, 두 터널 중심 간의 거리가 5B(터널 폭) 이상 이격되었을 경우, 각각의 터널로 지반조사를 수행한다.
6) 지하철의 경우 각 해당 구조물 구분을 따른다.
7) 위 기준은 최소 권장사항이며, 사업규모 및 특성에 따라 수량 및 심도를 증가하여 정밀조사를 실시한다.

*출처 : 지반조사 KDS 11 10 10 : 2021 표 2.2-2

### 1.1.4 추가 조사

발주자나 설계회사에서 제시한 지반조사에서 흙막이 설계를 위한 정보가 불충분한 경우에는 당연히 추가 조사가 필요한데, 이럴 때 본 조사에 해당하는 사양으로 조사를 시행한다. 이렇게 한 후에도 흙막이 시공에 중요한 문제가 있다거나 시공 도중에 흙막이의 안정성에 대하여 확신할 수 있는 판정을 내릴 수 없는 경우에는 지반조사나 토질시험을 추가하여 실시한다.

## 1.2 시공 환경의 조사

흙막이 계획에 있어서 현장 내외의 주변 상황에 대한 조사가 필요하다. 조사 항목은 표 2.1.4에 표시한 것처럼 많은 것이 있는데, 본체 구조물 설계를 위한 조사와 겹치는 부분이 많다.

각 흙막이공법에는 각각 시공이 가능한 근접거리나 적용 한계가 있으므로 현장 경계선의 위치나 지상, 지하의 장애물 여부가 흙막이 계획이나 공법 선정을 좌우한다. 이것을 이설이나 일시적으로 철거할 때 관계기관이나 소유자 등의 인허가를 요 하는 경우가 있다.

현장 부근의 주민에 대한 조사도 중요하다. 인접 주민과의 분쟁을 피하고자 흙막이 계획 및 공법에 대하여 사전 설명회를 개최하는 때도 있다. 현장 부근에 병원이나 교육기관 등의 입지 상황이나 공장 등과 같은 지역산업의 특성도 파악하여야 한다.

또한 흙막이공법에 관계되는 법적 규제, 상하수도 공급능력, 도로교통, 기상 등에 대해서도 조사가 필요하다.

**표 2.1.4 시공 환경의 조사**

| 조사 항목 | 조사 내용 | 조사 결과의 기록 |
|---|---|---|
| 현장 위치의 조사 | 소재지, 이용하는 교통기관, 용도지구의 종류, 도시계획 및 도로 계획의 관계, 의료 및 경찰 등 피해 발생 때의 연락 기관과의 관계 | 안내도, 통보기관 위치도 |
| 현장 내의 상황조사 | 경계선(관계자에 의한 경계 설정 입회), 현장의 기준 표고와 내외의 고저 차, 부동점, 방위 등 | 경계 말뚝의 설정·벤치마크 (기준고)의 설정 |
| 현장 내 매설물 조사 (지장물) | 잔존구조물(지하실, 기초말뚝, 정화조 등)의 위치와 크기 및 깊이, 우물, 상하수도, 공동 등 | 지장물도, 지장물 철거 계획도 |
| 현장 내외의 지상물 조사 | 공작물(전화 부스, 화재경보기, 소화전, 전주, 우편함, 교통표식, 신호, 가로등, 전기 및 전화 설비, 가드레일 등), 가로수 | 지상물건 현황도, 철거 및 이설, 복구도 |
| 인접 구조물 조사 | 위치(경계와의 관계), 형상, 크기, 높이, 구조, 기초 (지하실), 중량구조물의 상황(침하, 경사, 균열, 파손, 누수, 노후도 등) 사용 현황, 특수구조물(석축, 옹벽, 철도, 교량, 고속도로 등) | 인접 구조물 상호위치도, 인접 구조물 조사도 |
| 현장 주변의 매설물 | 상하수도관, 전신·전화·전기 케이블, 공동구, 가스관, 급유관, 맨홀, 지하철 등의 치수·구조·깊이·위치·매설 상황·용량·사용 현황, 상하수도·전기·가스의 스톱밸브 | 매설물조사도, 매설물 이설계획도, 긴급 시 처리계획도 |
| 현장 부근의 상황조사 | 호우 시의 유수의 흐름이나 하수도·소하천·제방의 상황, 지반침하 부근의 다른 지하 공사의 상황, 도로 (포장)의 상황, 일상의 소음·진동 | 소음·진동 측정기록 |
| 현장 부근 거주민의 조사 | 최근 타 공사에서의 주민과의 분쟁, 주민의 활동 상황(생활, 영업, 취미활동), 주민운동, 주민의 사회적 의식 등 | |

## 2. 기본방침

흙막이의 계획에는 지반 조건, 시공도건 등의 조사 결과를 바탕으로 시공법, 공사 기간, 공사비에 대하여 종합적인 관점에서 검토한다. 환경 보전이나 자연재해 등에 의한 피해 방지, 도로 통행 기능의 확보를 고려하여야 한다. 따라서 계획을 세울 때에는 굴착에 따른 여러 가지의 시공법을 조합하여 지반의 상황, 주변의 환경조건, 시공 조건 및 공사 규모에 따른 합리적인 시공이 되도록 계획을 세워야 한다.

특히 연약지반, 시가지, 산악지역의 고저 차가 심한 곳이나, 기존 구조물에 근접하여 시공하는 경우, 대심도, 대규모 가설구조물을 시공할 때 있어서는 그 시공 환경에 따라 계획을 세울 필요가 있다.

이렇듯 흙막이 가설구조물은 일반구조물과는 다르게 검토할 항목이 목적, 장소 등에 따라서 다양하고 복잡하다. 이 같은 다양성을 가지고 있는 가설구조물을 효과적으로 설계하기 위해서는 먼저 목적에 맞는 기본방침을 확실히 세워야 한다.

### (1) 설계 목적을 명확히 한다.

일반구조물을 설계할 때 형식 비교 안을 만들어 비교검토를 함으로써 가장 이상적인 구조물을 선정하는데 주로 경제성, 안전성, 시공성 등을 주체로 비교한다. 근래에는 주변 환경과의 조화에 대하여 큰 비중을 두고 있다.

하지만 흙막이를 설계할 때는 형식 비교 안을 흙막이벽에 국한하여 비교하는 경우가 대부분이다. 흙막이의 형식을 비교하기 전에 먼저 본 구조물의 성격과 목적을 명확하게 파악할 필요가 있으며, 특히 임시구조물인지 영구구조물인지를 먼저 파악하여 경제성에 초점을 맞출 것인가, 안정성에 초점을 맞출 것인가, 아니면 시공성에 초점을 맞출 것인가 등 설계 목적을 어디에 두고 검토할 것인지를 명확히 정하여야 한다.

### (2) 지반 조건 등에 관한 검토

흙막이의 구조형식, 굴착 방법, 보조공법 등의 선정에서는 시공 지점의 토질 상황, 지형, 지층구성, 지하수의 분포 등을 고려하여 검토하여야 한다. 일반적인 지반조사는 수직적인 조사가 대부분이지만, 가설구조에서는 지반의 상황을 수직뿐만 아니라 수평적인 조건에 대해서도 검토하여야 한다.

### (3) 주변 환경 및 주변 구조물에 관한 검토

계획지점의 입지 조건 및 지장물 등의 조사와 주변 구조물, 지하매설물, 교통량 등 주변의 환경조건을 고려하여 조건에 적합한 계획을 세운다. 도심지에서의 가설구조는 그 목적을 어디에 두느냐에 따라 다르지만, 일반적으로 안전성에 초점을 맞추어 계획하는 것이 바람직한데, 이를 위해서는 시공 장소의 주변에 대한 검토를 상세하게 할 필요가 있다.

## (4) 환경보존, 안전성 및 경제성에 대한 검토

주변 환경을 보존하기 위해서는 지반 및 지하수의 영향이나 소음, 진동의 정도를 파악하여 영향이 있는 경우에는 그 대책을 검토하여야 한다. 또 공사에 의하여 발생하는 건설부산물의 처리 방법, 처리장 소의 확보와 운반계획에 대해서도 검토하여야 한다.

안전성 확보와 방재를 확보하기 위해서는 인근지역의 사람, 그 지역을 이용하는 시민, 작업 관계자 등에 대한 배려와 원활한 도로 통행 기능을 확보할 수 있는 계획이 필요하다.

특히 주변 환경조건이나 경제성 등의 이유에 의하여 가설구조를 평행사변형 모양이나 다각형 모양 등의 굴착 평면 형상으로 하는 것은 가설구조가 불안정한 구조가 되기 쉬우므로 될 수 있으면 사각형 형상으로 하는 것이 바람직하다.

## (5) 시공 조건의 검토

작업공간이나 작업시간의 제약, 시공기계에 대한 제약, 지하수위 저하의 여부, 굴착 방법, 본체 구조물의 구축 방법, 공사 기간 등에 대하여 지보공의 설치·해체·매설까지의 시공 과정을 검토하여 시공에 지장이 없는 계획을 세운다.

또한 가설구조의 평면 위치 계획은 시공 시에 흙막이벽의 수직 정밀도와 변형량을 고려할 필요가 있으며, 특히 흙막이벽을 지하 외벽 등 본체 구조물로 이용할 때는 소요의 내공이 확보될 수 있도록 검토할 필요가 있다.

## (6) 내진에 대한 안정성 향상 검토

가설구조물은 일반적으로 설치기간이 짧은 일시적인 구조물이거나, 가연성이 많은 구조물이기 때문에 내진성이 뛰어나다고 하는 점과 지금까지 가설구조물에 대한 지진 피해가 보고되지 않는 등의 이유에 의하여 설계계산에서 내진에 대한 검토를 하지 않았다.

그러나 가설구조물이 피해를 볼 경우에 그 사회적인 영향이 크다고 생각되는 곳이나, 액상화 및 유동화가 발생하면 피해가 크다고 생각되는 지역, 기타 필요하다고 생각될 때는 내진에 견디도록 설계하여야 한다.

근래에는 가설구조물의 규모가 대형화되면서 공사 기간도 길어져 임시구조물의 개념보다는 하나의 영구구조물로 설계하는 경우가 늘어나기 시작하였다. 따라서 이와 같은 사례에서는 반드시 내진설계를 검토하여 안정성을 확보하여야 한다.

이상과 같이 가설구조물을 계획할 때 검토할 사항을 알아보았는데, 흙막이를 계획하면서 가장 어려운 부분이 최소의 비용으로 최대의 안정성을 확보하는 것이다. 그러기 위해서는 위에 쓴 검토 항목을 상세하게 검토함으로써 합리적인 공사비로 적절한 안정성을 확보하도록 계획하여야 한다. 그림 2.2.1은 흙막이를 계획할 때의 일반적인 흐름을 나타낸 것이다. 각 설계기준이나 지침 등에는 계획단계에서의 설계 순서를 규정하고 있지 않기 때문에, 흙막이 대상지점에 대한 특성을 잘 파악할 수 있도록 계획단계에서 검토를 소홀히 해서는 안 될 것이다.

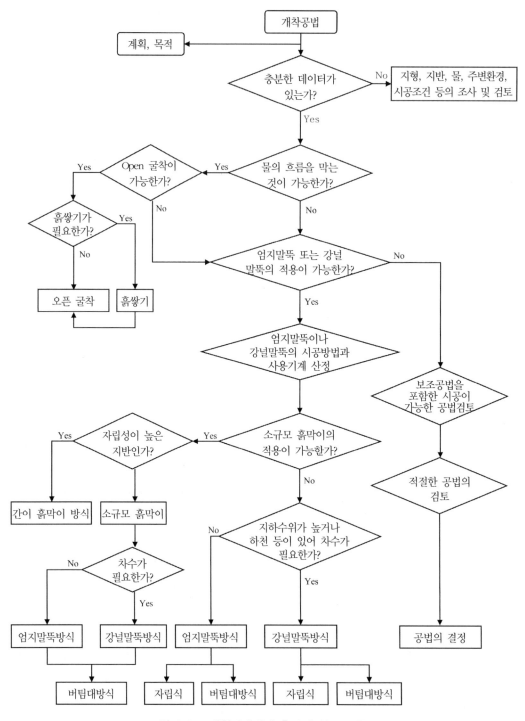

그림 2.2.1 계획단계에서 흙막이 검토 흐름도

# 3. 공법의 종류와 선정

## 3.1 굴착공법의 종류와 선정

굴착공법과 흙막이공법을 조합하여 분류하면 그림 2.3.1과 같다. 이 공법 중에서 점선으로 표시한 부분이 주로 이 책에서 다룰 공법이다.

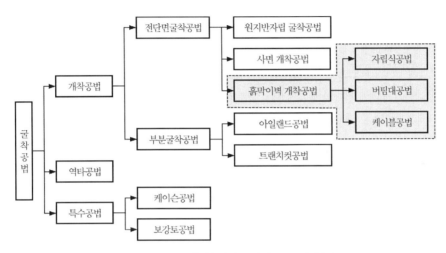

**그림 2.3.1 굴착 흙막이공법의 종류와 분류**

### (1) 원지반 자립 굴착공법

이 공법은 흙막이벽을 설치하지 않고 소정의 깊이까지 원지반을 뚫는 방법으로 굴착깊이는 흙이 자립할 수 있는 깊이까지로 한정되어 있으므로 얕은 굴착에 사용한다. 특히 흙 표면의 풍화 등에 주의하여야 한다.

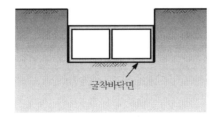

**그림 2.3.2 원지반 자립 굴착공법**

### (2) 사면 개착공법

주변에 안전한 경사의 사면을 설치하여 안정을 유지하면서 굴착하는 공법으로 적용성과 특징은 다음과 같다.

- 흙막이 지보공이 필요하지 않기 때문에 지하 구체의 시공성이 좋다.
- 사면을 형성하므로 굴착토사량, 되메우기량이 많아진다.
- 사면을 형성하므로 넓은 공간이 필요하다.
- 비교적 넓은 굴착 평면에 얕은 굴착 공사에 적합하다.
- 사면의 세굴 현상에 주의한다.
- 사면의 안정, 양생에 대한 검토가 필요하다.

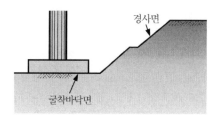

그림 2.3.3 사면 개착공법

### (3) 자립식공법

굴착부 주변에 흙막이벽을 설치, 근입부의 수동저항과 흙막이벽의 강성으로 측압을 지지하는 공법이다.

- 흙막이 지보공이 필요 없으므로 굴착 등의 작업성이 좋다.
- 비교적 양호한 지반에서 얕은 굴착에 적합하다.
- 흙막이벽의 변형이 크다.
- 지반 조건이 양호하여도 굴착깊이는 얕은 경우에 한한다.
- 흙막이벽의 근입깊이를 충분히 확보하여야 한다.
- 흙막이벽 근입 부분의 지반을 느슨하지 않게 하는 것이 중요하다.

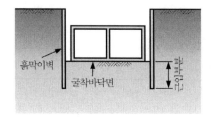

그림 2.3.4 자립식공법

### (4) 버팀공법

흙막이벽에 작용하는 측압을 버팀대·띠장 등의 지보공으로 균형을 맞추어 지지하면서 굴착을 진행하는 공법으로 일반적으로 가장 많이 사용하는 공법이다.

- 시공 실적이 많아 신뢰성이 높다.
- 현장 상황에 따라 지보재의 개수, 배치 등의 변경이 가능하다.
- 지반 조건이나 굴착깊이에 제한이 없어 모든 경우에 적용이 가능하다.
- 굴착 평면이 복잡하고 부정형인 경우, 지간이 큰 경우, 부지에 큰 고저 차가 있는 경우에는 적용이 곤란하다.
- 부재에 이음이 많아서 느슨해지는 것에 주의하여야 한다.
- 기계 굴착, 구체 구조물을 시공할 때 지보공이 장애가 되기 쉽다.
- 굴착 면적이 넓은 경우 지보공 및 중간말뚝이 증가하여 변위가 크게 발생하는 경향이 있다.

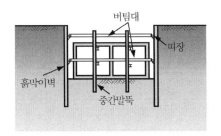

**그림 2.3.5 버팀공법**

## (5) 케이블(앵커, 네일, 타이로드)공법

흙막이벽 근입부의 수동저항과 함께 배면의 안정된 지반에 케이블(앵커, 네일, 타이로드 등), 띠장 등의 지보공에 의하여 측압을 지지하면서 굴착하는 공법이다.

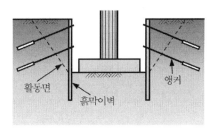

**그림 2.3.6 케이블공법**

- 굴착 내부에는 버팀대에 의한 지보공이 필요 없으므로 굴착 공사의 작업성이 좋다.
- 중간말뚝이 필요 없으므로 구체의 말뚝 구멍에 대한 보수가 필요 없다.
- 복잡한 평면형 상이나 지간이 긴 경우와 같이 굴착 면적이 넓은 경우에 유리하다.
- 부지 좌우의 고저 차나 편토압이 작용할 때 유리하다.
- 케이블이 택지 외측에 시공될 때 택지소유자와의 협의가 필요하며, 제거식 앵커를 사용함으로써 공사비가 늘어난다.

• 케이블의 정착 지반이 깊은 경우에는 케이블 길이가 늘어나 비경제적이다.

### (6) 아일랜드(island)공법

흙막이벽이 자립할 수 있도록 경사면을 굴착한 후에 중앙부에 구조물을 구축하고, 남아있는 사면 부분을 굴착한 후에 나머지 구조물을 축조하는 부분굴착공법이다.

• 비교적 얕고 굴착 면적이 넓은 경우에 적합하다.
• 중앙부에 버팀대가 필요 없으므로 작업성(기계 시공)이 좋다.
• 공사를 2단계로 나누어서 하므로 공기가 길어지며, 구체에 이음이 발생한다.
• 연약지반일 때에는 사면의 안정성에 문제가 발생하기 쉽다.

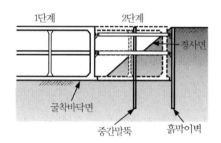

**그림 2.3.7 아일랜드공법**

### (7) 트렌치 컷(trench cut)공법

흙막이벽을 굴착 주위에 이중으로 설치하고 그사이를 개착한 후에 바깥쪽 구조물을 먼저 축조하고, 이 구조물을 흙막이벽으로 이용하면서 내부를 굴착한 후에 구조물을 축조하는 부분굴착공법이다.

• 내부의 굴착작업이 양호하다.
• 공사가 2단계로 이루어져 공사 기간이 길어지고 복잡하다.
• 굴착 부분이 넓고 얕은 경우에 적용이 가능하다.
• 구조물을 2단계로 나누어 시공하므로 구체에 이음이 발생한다.

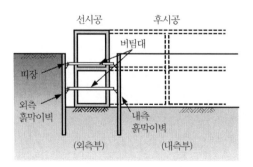

**그림 2.3.8 트렌치 컷 공법**

## (8) 역타(top down)공법

굴착과 병행하여 본체 구조물을 위에서 아래쪽으로 순차적으로 시공하여 이것을 버팀대 대신에 이용하면서 흙막이벽을 지지하는 공법이다.

- 버팀공법에 비하여 강성이 대단히 크고, 연약지반에 대해서 흙막이벽의 변형을 작게 할 수 있다.
- 1개 층의 슬래브를 작업대로 이용할 수 있으므로 가설구대 등의 가설공사비가 절감된다.
- 연약지반에서의 공사나 대심도, 대규모 공사에서 버팀공법으로는 변형이 크게 발생하는 곳에 적용한다.
- 기둥이나 벽 등에 콘크리트 타설 이음이 발생한다.
- 슬래브 아래에서 작업이 이루어지므로 작업공간이 협소하여 시공성이 떨어진다.
- 본체 구조물인 슬래브와 보 등의 하중 지지를 위한 현장타설말뚝이 필요하다.

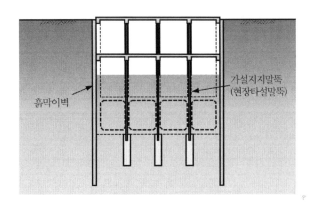

**그림 2.3.9 역타공법**

표 2.3.1은 위에서 설명한 각 굴착 흙막이공법에 대하여 조건에 따른 비교를 한 것이다.

## 3.2 흙막이벽의 종류와 선정

흙막이벽의 구조형식 선정에 있어서는 흙막이벽의 차수성이나 시공성, 지보재의 강성이나 시공성 등의 특징을 잘 파악하여 각종 형식이나 시공법을 조합시켜 공사의 규모, 토질이나 지하수 등의 지반 조건, 시공도건, 주변 환경조건 및 안전성, 방재성 등에 따른 적절한 형식과 공법을 선정한다.

흙막이는 흙막이벽과 그것을 지지하는 지보공을 부재로 구성된다. 흙막이벽의 목적은 토압이나 수압 등의 측압 하중을 직접 받아서 그것을 지보공에 전달하고, 근입 시에 흙막이 구조의 안정을 도모하는 것으로 주변 지반 및 구조물에 유해한 영향이 미치지 않도록 하여야 한다. 흙막이벽에 대한 선정에서 고려할 주요한 항목은 다음과 같은 것이 있다.

표 2.3.1 굴착 흙막이공법의 선정 기준

| 조건<br>공법의 종류 | 공사 규모 | | | | | 시공조건 | | 입지조건 | | | | 지반조건 | | 주변환경 | |
| --- | --- | --- | --- | --- | --- | --- | --- | --- | --- | --- | --- | --- | --- | --- | --- |
| | 굴착깊이 | | 평면형상·규모 | | | 공사<br>기간 | 공사<br>비 | 주변 공간 | | 고저차 | | 연약<br>지반 | 지하<br>수위<br>높음 | 주변<br>침하 | 소음<br>진동 |
| | 깊다 | 얕다 | 좁다 | 넓다 | 부정<br>형 | | | 유 | 무 | 유 | 무 | | | | |
| 원지반 자립 굴착공법 | ◎ | △ | ○ | ○ | ◎ | ◎ | ◎ | ◎ | △ | ○ | ○ | △ | △ | △ | ○ |
| 사면개착공법 | ◎ | △ | △ | ◎ | ○ | ◎ | ◎ | ◎ | ○ | ○ | ○ | △ | △ | ○ | ○ |
| 흙막이벽<br>개착공법 — 자립식공법 | ◎ | △ | ◎ | ◎ | ○ | ○ | ◎ | ◎ | ○ | ◎ | △ | △ | △ | △ | ○ |
| 흙막이벽<br>개착공법 — 버팀대공법 | ○ | ◎ | ○ | ○ | ○ | ○ | ○ | ◎ | ◎ | △ | ◎ | ◎ | ○ | ○ | ○ |
| 흙막이벽<br>개착공법 — 케이블공법 | ○ | ○ | ○ | ○ | ○ | ○ | ○ | ○ | △ | ◎ | ○ | ○ | △ | ◎ | △ |
| 아일랜드공법 | ○ | △ | ○ | ◎ | ○ | △ | ○ | ○ | ○ | ○ | ○ | ○ | ○ | ○ | ○ |
| 트랜치컷공법 | ○ | △ | △ | ◎ | ○ | ○ | ○ | ○ | ○ | ○ | ○ | ○ | ○ | ○ | ○ |
| 역타공법 | △ | ◎ | △ | ◎ | ◎ | ◎ | △ | ○ | ○ | ○ | ○ | ◎ | ◎ | ◎ | ○ |

주) ◎: 유리, ○: 보통, △: 불리

*출처 : 흙막이설계지침(山留め設計指針(2017)), 표 3.2.2(28쪽)

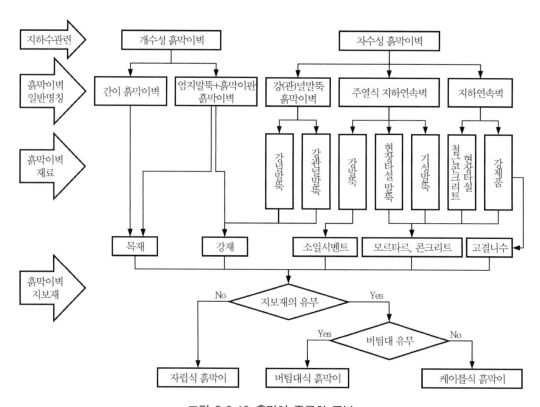

그림 2.3.10 흙막이 종류와 구분

- 개수성(開水性)인가 차수성(遮水性)인가?

  : 지하수의 유무 및 지하수 저하의 유무 등 지반 조건에 대한 고려

- 요구사항(기준 사항)에 적합한가?

  : 굴착 심도, 강성, 허용변위량, 주변 환경 등 시공 조건 및 주변의 환경조건에 대한 고려

- 경제성은 고려되어 있는가?

  : 최소의 비용으로 최대의 안전성을 확보할 수 있는지 고려

따라서 위의 3가지 항목에 대하여 염두에 두고 종합적으로 검토한다.

현재 사용되고 있는 흙막이벽 공법의 종류는 다양하고 많은데, 공법과 지지방식별로 구분하면 그림 2.3.10과 같다. 이 중에서 대표적인 흙막이벽에 대하여 설명하도록 한다.

## (1) 엄지말뚝(Soldier Pile) 벽

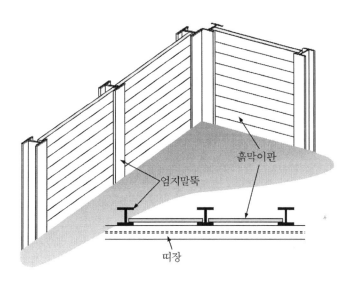

**그림 2.3.11** 엄지말뚝 벽

국내에서 가장 많이 사용하는 공법으로 H형강 등의 엄지말뚝을 1~2m 간격으로 지중에 타입 또는 압입하여 설치한 후에 굴착을 진행하면서 엄지말뚝 사이에 흙막이판을 끼워서 구축하는 흙막이벽이다. 흙막이판은 목재, 콘크리트, 경량강널판 등이 사용되며, 근래에는 강판을 사용한 흙막이판도 시공되고 있다.

- 시공이 비교적 간단하고 쉽다.
- 공기가 짧고 경제적이다.
- 엄지말뚝의 반복 사용이 가능하다.
- 지중에 매설된 소규모 지장물은 엄지말뚝 간격으로 조정이 가능하다.
- 차수가 되지 않아 지하수와 토사가 유출되기 쉽다.

- 흙막이판과 지반 사이에 공극이 생기기 쉬워서 원지반의 변형이 커진다.
- 지하수위가 높은 곳이나 연약지반에서는 별도의 보조공법이 필요하다.

## (2) 널말뚝(Sheet pile) 벽

U형, Z형, H형, 직선형 등의 단면을 가진 널말뚝을 이음부가 서로 맞물리게 하여 지중에 연속적으로 구축하는 흙막이벽으로 지하수위가 높은 곳이나, 하천이나 바다에서 차수를 목적으로 많이 사용되고 있다. 널말뚝의 재질은 강재와 콘크리트가 있다.

- 근입부의 연속성이 유지되기 때문에 지하수위가 높은 지반, 연약지반에 적용성이 좋다.
- 차수성이 뛰어나다.
- 수밀성이 좋아 지하수나 토사의 유출을 방지할 수 있다.
- 강널말뚝은 반복해서 사용이 가능하다.
- 다양한 단면을 사용할 수 있고, 각 단면을 조합하여 강성이 큰 벽체를 만들 수 있다.
- 비교적 강성이 작아 벽체의 변형이 크다.
- 항타 및 인발 시에 소음과 진동이 심하다(도심에서는 별도의 저소음, 저진동 공법을 적용한다).
- 길이가 긴 널말뚝은 수직 정밀도의 확보가 어렵다.

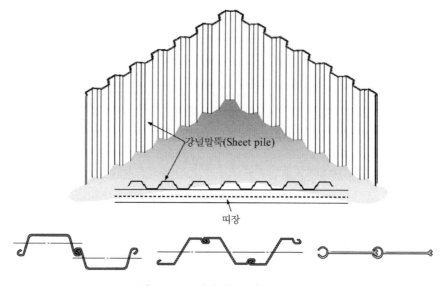

강널말뚝(Sheet pile)

띠장

**그림 2.3.12** 강널말뚝 벽(Sheet Pile)

## (3) 강관널말뚝(Steel Pipe Sheet Pile) 벽

강관널말뚝의 이음부를 서로 맞물리게 하여 지중에 연속적으로 구축하는 흙막이벽으로 한국에서는 흙막이나 물막이에서 거의 사용하지 않고 있다. 또한 설계기준에도 강관널말뚝에 대한 공법이 없는 실정이다.

- 차수성이 뛰어나다.
- 본체 구조물이나 기초로 그대로 이용이 가능하다.
- 강성이 커서 배면 하중이 크게 작용하거나 지반변형이 문제가 될 때 적합하다.
- 연직지지력이 크다.
- 항타 및 인발 시에 소음과 진동이 심하다(도심에서는 별도의 저소음, 저진동 공법을 적용한다).
- 공사비가 비교적 고가이다.
- 인발이 곤란하여 그대로 두는 경우가 많다.

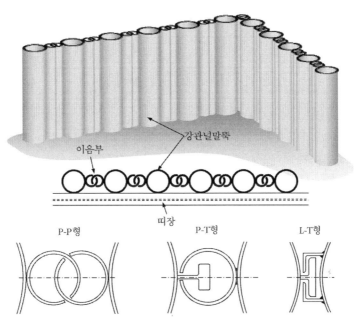

그림 2.3.13 강관널말뚝 벽

## (4) 주열식연속벽

### 1) CIP(Cast-In-Placed Concrete Pile) 벽

CIP는 원지반을 천공 장비로 천공한 후에 철근망을 삽입하고 콘크리트를 타설하면서 연속적으로 흙막이벽을 형성하는 주열식연속벽의 일종으로 콘크리트말뚝 2~3본 사이에 H형강을 삽입하는 방식으로 복합적인 재료를 사용하는 것이 특징이다. 일종의 현장타설말뚝과 같은 형상이지만 직경이 400~450mm를 많이 사용한다.

- 장비가 소형이기 때문에 협소한 장소나 인접 구조물이 있는 경우에도 적용이 가능하다.
- 엄지말뚝이나 강널말뚝에 비해 강성이 크기 때문에 지반변형이 문제가 될 때 적합하다.
- 소음 및 진동이 작다.
- 지하연속벽에 비하여 시공이 쉽다.

- 엄지말뚝, 강널말뚝에 비하여 공사비가 고가이다.
- 100mm 이상의 호박돌이 있거나 모래자갈층 및 암반층에는 적용이 곤란하다.
- 말뚝과 말뚝 사이의 이음부가 취약하다.
- 중첩시공이 어려워 지하수위가 높은 곳에서는 별도의 차수 공법이 필요하다.
- 심재(보강재)로 사용하는 형강 등의 인발이 어렵다.
- 현장 시공이 주체이므로 시공관리에 어려움이 많다.

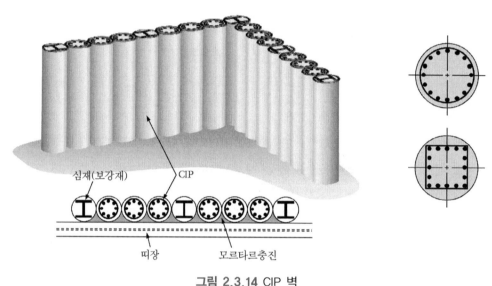

**그림 2.3.14** CIP 벽

## 2) SCW(Soil Cement Wall)벽

지반과 시멘트밀크를 혼합시킨 소일시멘트로 말뚝을 만들고 형강 등의 심재(보강재)를 삽입하여 지중에 연속으로 구축하는 주열식연속벽의 일종이다.

- 말뚝끼리 중첩할 때는 차수성이 뛰어나지만, 그렇지 않으면 차수에 필요한 별도의 보조 공법이 필요하다.
- 엄지말뚝이나 강널말뚝에 비해 강성이 크기 때문에 지반변형(주변 시설물)이 문제가 될 때 적합하다.
- 장비가 소형이기 때문에 협소한 장소나 인접 구조물이 있는 경우에도 적용이 가능하다.
- 소음 및 진동이 작다.
- 소일시멘트는 지반의 종류에 따라 성능에 차이가 생기기 때문에 주의가 필요하다. 특히 유기질토에서는 강도를 기대할 수 없는 때도 있다.
- 심재(보강재)로 사용하는 형강 등의 인발이 어렵다.
- 현장 시공이 주체이므로 시공관리에 어려움이 많다.

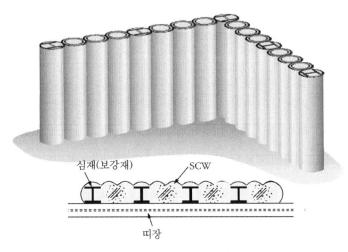

그림 2.3.15 SCW벽

## (5) 지하연속벽

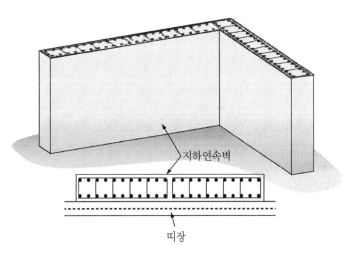

그림 2.3.16 지하연속벽

지하연속벽은 안정액을 사용하여 벽체 모양으로 굴착한 후에 철근망을 삽입하고 콘크리트를 타설하여 구축하는 흙막이벽이다.

- 차수성이 뛰어나다.
- 강성이 커서 배면 하중이 크게 작용하거나 지반 변형이 문제가 되는 곳에 적합하다.
- 본체 구조물로 이용이 가능하다.
- 소음과 진동이 작다.
- 적용 지반의 범위가 넓고 적절한 굴착 기계를 선정하면 연암에도 적용이 가능하다.
- 시공 심도의 변화에 대하여 적응성이 크다.

## 표 2.3.2 흙막이벽의 비교

| 특성 | | | 벽의 종류 | 엄지말뚝 | 강널말뚝 | 강관널말뚝 | 지하연속벽 | 주열식연속벽 SCW | 주열식연속벽 CIP |
|---|---|---|---|---|---|---|---|---|---|
| 지질 및 굴착깊이 조건 | 연약지반 N≤5 C≤2 | 굴착깊이(m) | 2~5 | ○ | ◎ | — | — | — | — |
| | | | 5~10 | × | ◎ | — | — | — | — |
| | | | 10~15 | — | ○ | ○ | ○ | ◎ | ◎ |
| | | | 15~20 | — | × | ◎ | ◎ | ◎ | ◎ |
| | | | 20~25 | — | — | ◎ | ◎ | △ | △ |
| | | | 25~30 | — | — | — | ○ | × | × |
| | 보통 지반 5<N≤20 2<C≤3 | 굴착깊이(m) | 2~5 | ◎ | ○ | — | — | — | — |
| | | | 5~10 | ◎ | ◎ | — | — | — | — |
| | | | 10~15 | ○ | ◎ | × | ○ | ○ | ○ |
| | | | 15~20 | × | ○ | ○ | ◎ | ◎ | ◎ |
| | | | 20~25 | — | × | ○ | ◎ | ◎ | ◎ |
| | | | 25~30 | — | — | — | ◎ | ○ | ○ |
| | 단단한 지반 N>20 C>3 | 굴착깊이(m) | 2~5 | ◎ | ○ | — | — | — | — |
| | | | 5~10 | ◎ | ○ | — | — | — | — |
| | | | 10~15 | ○ | ○ | — | ○ | ○ | ○ |
| | | | 15~20 | ○ | ○ | — | ○ | ◎ | ○ |
| | | | 20~25 | — | — | — | ◎ | ◎ | ◎ |
| | | | 25~30 | — | — | — | ◎ | × | × |
| | 호박돌층 | | | △ | × | △ | ◎ | △ | △ |
| | 암반층 | | | △ | × | × | ○ | △ | △ |
| | 지하수위가 높다(차수성) | | | × | ◎ | ◎ | ◎ | ○ | △ |
| 시공조건 | 폭과 깊이 | | 좁고 낮다 | ◎ | ◎ | × | × | × | × |
| | | | 좁고 깊다 | × | × | ◎ | ○ | ○ | ○ |
| | | | 넓고 낮다 | ◎ | ◎ | × | × | × | × |
| | | | 넓고 깊다 | × | × | ◎ | ◎ | ◎ | ◎ |
| 환경조건 | 지하매설물 | | | 적합 | 부적합 | 부적합 | 부적합 | 부적합 | 부적합 |
| | 인접 구조물 | | | 부적합 | 부적합 | 적합 | 적합 | 적합 | 적합 |
| | 소음, 진동 | | | 보통 | 보통 | 보통 | 작다 | 작다 | 작다 |
| | 주변지반침하 | | | 크다 | 크다 | 보통 | 작다 | 보통 | 보통 |
| 기타 | 휨 강성 | | | 작다 | 작다 | 보통 | 크다 | 보통 | 보통 |
| | 건설기계의 반입 | | | 적다 | 적다 | 보통 | 많다 | 많다 | 많다 |
| | 작업관리 | | | 용이 | 용이 | 어렵다 | 어렵다 | 보통 | 보통 |
| | 공사비 | | | 1 | 2 | 3 | 6 | 4 | 5 |
| | 공시 기간 | | | ◎ | ◎ | ○ | × | ○ | △ |

주) ◎: 유리, ○: 보통, △: 보통~불리, ×: 불리

- 철거할 수 없다.
- 타 공법에 비하여 공사비가 고가이다.
- 이수 처리시설이 필요하므로 넓은 시공 공간이 필요하다.
- 지하수 유속이 3m/분 이상이면 적용성이 낮다.
- 연약지반에는 굴착 벽이 붕괴하기 쉬우므로 주의가 필요하다.
- 공사 기간이 비교적 길다.
- 현장 시공이 주체이므로 시공관리에 어려움이 많다.

이상과 같이 흙막이벽의 종류에 대하여 알아보았다. 이외에도 많은 공법이 개발되어 있는데 주열식연속벽에 기성콘크리트 말뚝을 사용하는 공법이 있으며, 말뚝에 철근을 사용하지 않고 모르타르만을 사용하는 모르타르 주열벽도 있다. 또한 지하연속벽에는 일반적으로 많이 사용하는 현장타설 콘크리트벽 외에 벤토나이트 용액을 사용하여 굴착한 트렌치 안에 H형강, 강널말뚝, 프리캐스트 판 등을 삽입하고 안정액에 고화재를 혼합하여 고화시키는 이수고결 벽이 있으며, 벤토나이트 용액을 사용하여 굴착한 트렌치 안에 공장에서 제작한 이음을 할 수 있는 형강을 삽입하고 콘크리트를 타설하는 강제(鋼製)벽이 있다. 표 2.3.2는 각 흙막이벽을 지반조건, 시공 조건, 환경조건에 따라 비교한 것이다.

## 3.3 흙막이 지보공의 종류와 선정

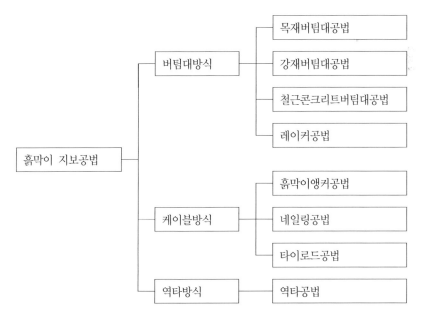

그림 2.3.17 흙막이 지보공의 종류

### (1) 목재 버팀공법

소규모 굴착과 작용하는 축력이 작은 곳에 사용하는 공법으로 근래에는 거의 사용되지 않고 있다. 특징은 다음과 같다.

- 현장 가공이 쉬우며 취급이 쉽다.
- 재료의 균질성에 문제가 있어, 과대한 단면을 사용할 수밖에 없다.

### (2) 강재 버팀공법

흙막이 지보공 중에서 가장 많이 사용하는 공법으로 띠장, 버팀대, 사보강재, 중간말뚝 등으로 구성되어 있다. 어떤 지반 조건, 흙막이벽의 종류에 상관없이 적용할 수 있는 공법으로 굴착 규모가 크고 큰 축력이 작용할 때 적용할 수 있다. 근래에는 강재버팀대의 경우에 H형강뿐만 아니라 강관, 사각 등 다양한 형상의 버팀대도 사용되고 있다.

- 지반 조건, 흙막이벽의 종류에 상관없이 적용할 수 있는 범용성이 높은 공법이다.
- 재료의 신뢰도가 높고 가설과 철거가 쉽다.
- 가공과 조립이 비교적 쉽다.
- 현장의 상황에 따라서 지보재의 본수나 배치 등의 변경이 가능하다.
- 평면 형상이 복잡한 굴착에서는 버팀대를 가설할 수 없을 수가 있다.
- 기계 굴착에서 지보재가 장애가 되기 쉽다.
- 좌우 지반 높이가 다른 경우나 편토압이 작용할 때 유의하여야 한다.
- 많은 버팀의 설치로 인하여 굴착면 내의 작업공간이 협소하다.
- 굴착 면적이 넓은 경우, 지보재가 증가한다.

### (3) 철근콘크리트 버팀공법

강재버팀대 대신에 RC(철근콘크리트)를 사용하는 방법으로써, 단면과 조립 형상을 자유자재로 할 수 있어 굴착 평면 형상이 불규칙한 경우에 적용성이 좋다. 또한 굴착 면적이 넓거나, 강재버팀대의 안정성과 전체 안정성의 향상을 목적으로 보강할 때 사용되기도 한다.

- 단면, 형상에 제약이 없다.
- 강재에 비하여 느슨해지는 것이 작다.
- 경화 및 수축으로 인하여 흙막이벽의 변형이 커진다.
- 해체가 번거로우며, 조립과 해체에 공사 기간과 공사비가 많이 소요된다.

### (4) 레이커공법

레이커공법은 버팀대를 설치할 수 없을 때 키커블록과 레이커를 이용하여 흙막이벽을 경사지게 지지하면서 굴착하는 버팀식 공법의 일종이다.

- 버팀대를 설치할 수 없는 경우나 낮은 굴착에 사용하기에 적합하다.
- 평면굴착이 넓어 버팀대 설치가 곤란한 경우에 사용된다.

- 지반이 연약한 경우에 변형이 크다.
- 굴착깊이가 깊은 경우에는 비경제적이다.

### (5) 흙막이앵커공법

굴착배면지반 안에 정착시킨 흙막이앵커와 지반의 저항에 따라 흙막이벽을 지지하는 공법이다. 적용 조건은 아래와 같다.

- 굴착 폭이 넓고, 앵커 정착을 위한 양호한 지층이 얕은 위치에 있는 경우
- 지하수위가 낮거나, 시공 시에 지하수와 토사의 역류가 없는 토질
- 평면형상이 복잡 또는 지표면의 경사 등으로 편토압을 받는 경우
- 굴착면 내에 장애물이 있거나, 버팀대를 관통시킬 수 없는 경우

흙막이앵커의 장단점은 다음과 같다.

- 굴착 내부의 공간이 개방되어 있어 대형굴착기계로 굴착이 가능하며, 본체 구조물의 시공이 쉽다.
- 복잡한 평면형 상이나 좌우 고저 차가 있는 지반 조건에서도 적용이 가능하다.
- 앵커 정착이 가능한 견고한 지반이 존재하지 않으면 적용하기에 곤란하다.
- 현장 기술의 의존도가 높아 품질이 균일하지 못하다.
- 사질토지반에서 지하수위가 높은 곳에서는 천공 중에 지하수, 토사의 유출이 생겨 극단적일 때에는 지표면이 함몰되기 쉽다.
- 앵커가 택지 외측에 시공될 때 택지소유자와의 협의가 필요하며, 제거식앵커를 사용함으로써 공사비가 늘어난다.

### (6) 네일링공법

네일링공법은 비교적 양호한 지반에서 굴착깊이가 낮은 곳에 적합한 공법으로 벽체 공법을 따로 시공하지 않고 굴착과 동시에 벽체를 숏크리트와 네일로 안정시키면서 역타방식으로 시공하는 공법이다. 장단점은 다음과 같다.

- 원지반을 흙막이벽으로 이용하기 때문에 안정성이 높은 흙막이벽을 구축할 수 있다.
- 시공 장비가 소형이므로 협소한 곳이나 경사가 심한 곳에서도 작업이 가능하다.
- 역타 방식이므로 현장 여건 및 토질별 적용성이 좋다.
- 소음, 진동이 작고 시공이 간단하다.
- 변위가 많이 발생한다.
- 지하수위가 높은 곳에서는 사용하기 어렵다.

### (7) 타이로드공법

이 공법은 비교적 양호한 지반에서 낮은 굴착에 적합한 공법으로 흙막이 배면지반에 H형강이나 널말뚝 등의 대기말뚝을 설치한 후에 흙막이벽과 타이로드로 연결하여 지반의 저항에

따라 흙막이벽을 지지하는 공법이다. 장단점은 다음과 같다.

- 비교적 양호한 지반에서 얕은 굴착에 적합하다.
- 자립식 흙막이에서 변형이 크게 발생할 때 사용한다.
- 굴착 내부에 버팀대 등의 지보재가 없어 기계 굴착이 쉽다.
- 앵커식 흙막이에 비하여 경제적이다.
- 굴착 배면에 대기말뚝 및 타이로드를 설치하기 위한 별도의 공간이 필요하다.

## (8) SPS공법(strut as permanent system method)

이 공법은 지지공법 중 버팀방식의 공법 중에 하나로, 흙막이벽을 먼저 시공한 후에 터파기 공사 전에 천공기를 이용하여 정확하게 수직으로 기둥을 설치한 다음, 층마다 구조물을 설치하고 이 구조물을 이용하여 토압을 지지하면서 목표 깊이까지 파고들어 간다. 그런 다음 본 구조물의 기초를 타설한 후에 지상과 지하 골조공사를 동시에 진행하는 공법이다.

## (9) IPS공법(innovative prestressed scaffolding)

이 공법은 기존에 버팀대를 사용하는 공법을 개선한 방법으로 버팀대를 사용하는 대신에 H형강 받침대, 띠장, 강선으로 구성된 것을 흙막이벽에 거치하고 강선에 긴장력을 주어 측압을 지지하는 공법이다.

IPS공법은 굴착지반에 가해지는 프리스트레스를 통하여 버팀대의 간격을 기존보다 늘릴 수 있어 버팀대의 개수를 대폭 줄임으로써 보다 넓은 작업공간을 제공할 수 있다.

근래에는 가설흙막이 분야에 다양한 지보공이 개발되어 사용하고 있는데, 사용하기 전에 안전성을 충분히 검토한 후에 적용한다.

# 4. 보조공법

## 4.1 보조공법의 종류

흙막이공의 설계에 있어서 지반 조건, 환경조건 등에서 흙막이만의 계획보다는 보조공법을 병행하는 것을 전제로 계획하는 것이 경제적이고 안정된 흙막이공이 되는 경우가 많다. 굴착깊이에 대하여 지하수위가 높은 경우, 굴착바닥면 아래쪽에 피압지하수가 존재하는 경우, 지반이 연약한 경우 등에서는 흙막이벽이나 굴착바닥면의 안정을 얻을 수 없다거나 굴착작업의 능률이 저하되는 것을 예상할 수 있다. 또, 주변에 구조물이나 지하매설물이 있는 경우에는 지반의 변위 등에 의하여 구조물에 영향을 줄 수 있다. 이런 경우에 흙막이공법만으로 대처하는 것보다도 보조공법을 병행하는 것이 안전하고 경제적으로 되는 예도 있으므로, 보조공법의 효과를 충분히 검토하여 설계하는 것이 좋다. 보조공법을 사용하는 목적은 여러 가지를 들 수 있는데, 대표적인 것은 다음과 같다.

- 지하수위 저하
- 투수계수의 개선
- 지반의 강도 증대
- 차수벽의 구축
- 불투수층의 조성
- 측압의 조정(수압의 저감 및 수동토압의 증대 등)
- 함수비의 저하

이와 같이 보조공법은 여러 가지 목적에 사용되는데, 국내의 설계기준에는 주로 지반개량공법(그라우팅공법) 위주로 기술되어 있다. 이것은 위의 목적 중에서 주로 차수를 목적으로 하기 때문이다. 하지만 보조공법을 사용하는 이유는 흙막이의 안전한 시공을 위한 것이기 때문에 그 효과가 발휘되기 위해서는 아래의 같은 현상이 발생할 가능성이 있는 곳에서는 이 현상에 적합한 보조공법으로 설계가 이루어져야 한다.

- 굴착바닥면의 안정 현상 방지(보일링, 히빙, 파이핑, 라이징 등)
- 흙막이벽의 응력 및 변형의 저감
- 지수 및 차수
- 인접구조물의 영향방지
- 흙막이벽의 결손부 방호
- 굴착 토사의 작업성 개선(워커빌리티, 트래피커빌리티, 컨시스턴시 등)

따라서 다양한 목적에 따라 효과를 발휘할 수 있는 보조공법의 종류와 선정 방법에 대하여 알아보도록 한다.

### 4.1.1 지하수위 저하공법

#### (1) 웰포인트공법(well point method)

이 공법은 흙막이벽을 따라 pipe를 1~2 m 간격으로 설치하고 선단에 부착한 well point를 사용하여 펌프로 진공 흡입하여 배수하는 공법이다.

- 비교적 투수계수가 큰 모래층에서 투수계수가 낮은 모래질 실트까지 넓은 범위의 지반에 적용이 가능
- 배수할 수 있는 깊이는 6 m 정도가 적합
- 히빙이나 보일링 현상이 발생할 가능성이 있는 곳에 사용
- 공사 기간 단축과 공비 절감
- 압밀침하로 인하여 주변 지반 및 도로 균열이 발생
- filter 재료는 원지반보다 투수성이 큰 재료를 사용

#### (2) 깊은우물공법(deep well method)

지반을 굴착하고 casing strainer를 삽입, filter재를 충진하여 deep well의 중력에 의하여 지하수를 모아, 수중펌프 등을 사용하여 양수하는 공법으로 용수량이 많아 well point 공법의 적용이 어려운 곳에 사용한다. 특징은 다음과 같다.

- 용수량이 많은 곳과 비교적 투수성이 좋은 지반에 적용(모래층, 자갈층)
- well point 공법과 비교하여 준비 작업이 복잡하고 공사비도 고가
- 히빙이나 보일링 현상이 발생할 가능성이 있는 곳에 사용

### 4.1.2 지반개량공법

#### (1) 심층혼합처리공법(deep chemical mixing method)

이 공법은 고압 분사 주입공법이라고도 하는데 굴착 방법에 따라 분사교반방식과 기계교반방식이 있다. 이 공법은 주로 지반의 강도 증가나 지반의 지수성 증가를 목적으로 사용한다.

#### 1) 분사교반방식

이 방식은 20,000~60,000 kN/m²의 고압 제트에 의하여 지반을 절삭하여 흙과 고화재를 교반·혼합하거나, 절삭에 따라 생긴 공극에 고화재를 충진하여 지반을 개량하는 공법이다. 흙의 절삭 방법에는 고화재를 고압으로 분사하는 방법, 고화재와 공기를 고압으로 분사하는 방법 및 고압수와 압축공기를 분사하여 공극을 만들어 고화재를 충진하는 방법이 있다.

- 모래지반을 제외하고 모든 지반에 적용이 가능
- 완전한 겹침이 가능하므로 불투수층의 조성이 가능
- 대구경의 개량체 조성이 가능

### 2) 기계교반방식

기계교반방식은 교반날개 또는 오거를 회전시키면서 소정의 깊이까지 관입시켜 시멘트나 석회 계통의 고화재를 압송하여 원위치 흙과 혼합 교반하여 개량체를 형성하는 공법이다.

- 모래지반을 제외하고 모든 지반에 적용이 가능하며, 기계교반공법에 비하여 고강도의 개량이 가능
- 완전한 겹침 시공이 곤란하므로 고압분사공법과 병용하여 사용하기도 함
- 시공기계는 3점 지지식 항타기 또는 백호우 타입을 사용
- 시공기계는 기본적으로 소형인 보링머신을 사용
- 기계교반공법에 비하여 고가

### (2) 생석회말뚝공법(chemico pile method)

지중에 생석회를 적당한 간격으로 타입하여 생석회에 의한 수분의 흡수 및 팽창압에 의해 주변지반을 압밀하여 지반의 강도를 증가시키거나 간극수의 탈수를 목적으로 하는 공법이다.

- 연약한 점토지반에 사용
- 물이 연속적으로 공급되는 대수모래층 등에는 효과를 기대할 수 없음
- 근접시공인 경우는 지반융기 등에 주의하고, 배토식 타설 기계를 이용하거나 완충 구멍에 의한 대책이 필요
- 개량 효과가 충분히 발휘되기 위해서는 4주 정도의 시간이 필요
- 케이싱의 압입이나 팽창압에 의하여 흙막이벽에 영향을 주는 경우가 있으므로 타입 간격, 벽체와의 거리 등에 대하여 검토가 필요
- 생석회는 위험물로 지정되어 있으므로 취급에 충분한 주의가 필요

### (3) 약액주입공법

주입재(약액)를 지반 속에 압력으로 주입하여 토입자의 간극이나 지반 속의 균열에 충진하여 지반의 지수성 증가나 강도 증가를 도모하는 공법이다. 약액주입공법은 다양한 종류가 있지만 S.G.R(Space Grouting Rocket)공법과 L.W(Labiles Waterglass)공법이 많이 사용되고 있다.

- 기본적으로 사질토지반에 사용
- 목적에 따라 주입재, 주입공법이 다르므로 대상지반과 목적에 적합한 주입계획이 필요
- 반드시 주입효과의 확인이 필요
- 기존 구조물의 융기, 이동, 균열, 주입재의 유입 등을 방지하기 위하여 철저한 시공관리가 필요
- 주변 환경의 영향에 대하여 주의가 필요

## (4) 동결공법

지중에 매설한 강관 속에 냉각액을 순환시켜 동토벽을 조성하는 공법으로 직접법(저온액화가스방식)과 간접법(브라인(brine) 방식)이 있다.

- 직접법은 현장에 냉동설비가 필요 없으므로 급속 동결이 가능하지만, 간접법에 비하여 동결대상토량이 많은 경우에 공사비가 고가
- 간접법은 설비가 대규모임
- 동토벽의 형성에는 비교적 장기간이 소요
- 동결에 의한 지반의 융기에 대하여 완충 구멍 등에 의한 대책이 필요

## 4.2 보조공법의 선정

보조공법의 선정에 있어서는 사용목적, 지반조건, 환경조건 등을 고려한 것 중에서 안정성, 신뢰성, 경제성 및 공정 등을 검토하여 적절한 공법을 적용한다. 표 2.4.1은 보조공법의 사용목적과 적용공법의 예를 나타낸 것이며, 그림 2.4.1은 보조공법의 적용 예이다.

**표 2.4.1 보조공법의 사용 목적과 적용공법 예**

| 보조공법의 사용 목적 | 적용할 수 있는 보조공법 | 보조공법의 효과 | 대상지반 |
|---|---|---|---|
| 히빙현상 방지 | 생석회말뚝공법<br>심층혼합처리공법 | 지반의 강도 증가 | 점성토 |
| 보일링현상 방지 | 약액주입공법<br>심층혼합처리공법 | 투수계수의 개선 | 사질토 |
| | 지하수저하공법 | 사용 수압의 저감 | 사질토 |
| 라이징현상 방지 | 약액주입공법<br>심층혼합처리공법 | 불투수층의 조성<br>흙막이벽과의 부착력 증가 | 점성토,<br>사질토 |
| | 지하수저하공법 | 사용 수압의 저감 | 사질토 |
| 흙막이벽의 응력 및 변형 저감 | 생석회말뚝공법<br>심층혼합처리공법 | 수동토압의 증가<br>지반반력계수의 증가 | 점성토,<br>사질토 |
| 흙막이벽 손실부 방호 | 약액주입공법<br>심층혼합처리공법<br>동결공법 | 대체 벽의 조성 | 점성토,<br>사질토 |
| 지수, 차수 | 약액주입공법<br>심층혼합처리공법<br>동결공법 | 불투수층의 조성 | 사질토 |
| 기존 구조물의 변형 등 방호 | 심층혼합처리공법<br>강널말뚝공법 | 완충벽의 조성<br>차단벽의 구축 | 점성토,<br>사질토 |
| 굴착 시의 워커빌리티(workability),<br>트래피커빌리티(trafficability)의 향상 | 생석회말뚝공법<br>심층혼합처리공법 | 지반의 강도 증가<br>굴착토사의 함수비 저하 | 점성토 |
| 굴착토사의 Consistency 개선 | | 함수비의 저하 | 점성토 |

① 지하수위 저하공법

● 보일링의 방지

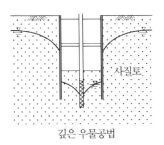

깊은 우물공법

● 보일링의 방지

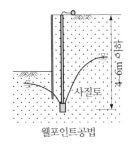

웰포인트공법

● 라이징의 방지
(피압대수층의 감압)

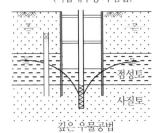

깊은 우물공법

② 약액주입공법

● 보일링의 방지

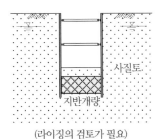

(라이징의 검토가 필요)

● 라이징의 방지

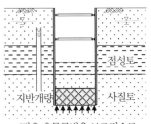

(깊은 우물공법을 보조적으로
사용하는 경우가 있다)

● 흙막이벽 결합부 지수처리

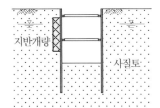

(흙막이벽이나 기존구조물의 주입압에
대한 주의가 필요)

③ 심층혼합처리공법

● 히빙의 방지
(굴착저면지반 개량)

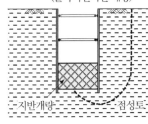

● 라이징의 방지
(굴착바닥면지반 지수개량)

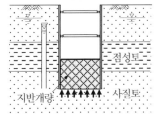

● 수동저항의 증강
(선행지중보)

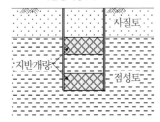

④ 생성회말뚝공법
● 수동저항의 증강
● 히빙의 방지
● 트래퍼커빌리티의 향상

그림 2.4.1 보조공법의 적용 예

## 제3장
# 설계에 관한 일반사항

# 제**3**장
# 설계에 관한 일반사항

    구조계산서를 작성할 때 가장 먼저 하는 것이 '설계조건'을 시작으로 설계가 이루어지는데, 간혹 조건을 잘못 적용하는 경우가 있거나 형식적으로 정하는 경우가 있다. 따라서 이 장에서는 설계기준에 기재되어 있는 '설계조건'인 일반사항에 대하여 알아보고 기준별로 사용 목적이나 시공 환경, 공사 형태나 규모 등 여러 가지 조건에서 '설계조건'을 어떻게 정해야 하는지 알아보기로 한다.

    '설계조건'을 정할 때 가장 먼저 해야 할 것은 대상구조에 대한 설계 흐름을 먼저 파악하는 일이 필요하다. 일반적으로 설계를 할 때에 컴퓨터 프로그램을 이용하여 설계하는데, 대부분은 이 설계 흐름을 무시하고 설계하는 경우가 많다. 설계 흐름을 먼저 파악하여 해당하는 항목을 축출한 다음에 그 해당 항목에 대한 설계조건을 정하는 것이 순서일 것이다.

    따라서 전체적인 흐름을 먼저 파악하는 설계기술이 중요한데, 한국에서의 설계는 분야별로 구분하여 설계하므로 전체적인 흐름을 파악하기가 어렵다. 예를 들면 가설구조는 설계회사별로 취급하는 부서가 다른데, 구조부서에서 설계하는 경우, 지반부서에서 설계하는 경우, 또는 지반부서에서는 지반이 관련된 업무만 수행하고 구조부에서는 구조계산에 관련된 업무만 수행하는 등 여러 가지 형태로 설계가 이루어지고 있다. 설계 업무가 분업화되면서 구조부에서는 지반 쪽이 취약해지고, 지반부서에서는 구조 쪽이 취약해지는 결과를 초래하면서 흙막이와 같이 복합적으로 이루어져 있는 구조물에서는 전체적인 설계 흐름이 무시되어 결과적으로 완벽한 설계가 이루어지지 않는 경우가 발생하기 쉽다. 이런 맥락에서 어느 부서에서 흙막이를 취급하든지 전체적인 흐름을 잘 파악하여 설계기준을 명확히 정하여 설계하는 것이 설계 오류를 방지할 수 있을 것이다.

    개정된 설계기준에서는 '1.7 설계조건' 항목이 있는데 내용은 주로 하중과 관련된 내용으로 구성되어 있고 상세한 내용이 빠져 있다. 따라서 여기서는 설계기준에 따른 내용을 포함하여 구 설계기준에 있는 내용을 포함하여 설명한다.

# 1. 설계의 기본

최근에 개정된 설계기준을 분석한다는 것이 적절한 표현이 아닐지 모르지만, 기술자의 한 사람으로 설계기준을 명확히 판단하여 설계하는 것은 당연한 이치다. 하지만 설계기준을 살펴보면 필요한 항목이 빠져 있거나, 간혹 계산식의 표현 방법이라든지, 오타 등에 의하여 왜곡된 경우가 있다. 통합된 설계기준은 항목별로 별도의 기준을 참조하도록 되어 있어 관련 기준을 찾아보거나, 기준에 없는 내용은 구 설계기준에서 찾아야 하는 번거로움을 조금이나마 해소하기 위하여 산재한 기준을 항목별로 찾아서 표시하도록 한다.

가설구조를 설계할 때는 대부분이 소프트웨어(Software)를 사용하게 된다. 이 소프트웨어도 결국은 설계기준서의 내용을 근거로 만들었을 것이다. 그런데 기준의 오류나 오기를 바로잡지 않고 프로그램에 그대로 사용한다면? 하는 상상을 해보지만, 지금까지 가설구조에 대한 큰 문제가 발생하지 않았기 때문에 주목받지 않았다고 본다. 따라서 개정된 지 오래되어 현재의 설계 상황과 맞지 않아서, 문제가 발생하기 전에 미리 각 기준서의 내용을 파악하여 서로 비교를 해봄으로써 문제점을 도출해 나가는 것은 나쁘지 않다고 판단된다.

흙막이는 시공의 진행에 따라서 하중과 구조계가 변하여 응력 상태가 매우 복잡해진다. 따라서 흙막이는 가정한 작용하중에 대하여 충분한 강도를 가지고 있으면서, 주변에 지장을 줄 정도의 해로운 변형이 생기지 않도록 할 필요가 있다. 흙막이의 굴착은 그 규모의 크기와 관계없이 주변 환경에 영향을 미치기 때문에 소음, 진동, 지하수위의 변동 및 지반변형 등에 의한 영향에 대하여 검토하여 주변의 환경조건에 적합하도록 고려하여야 한다. 특히 시가지에서의 시공은 주변 환경에 미치는 영향이 크기 때문에, 주변 환경에 대한 영향의 범위나 정도, 굴착바닥면의 안정성이 중요한 문제가 된다. 그러므로 흙막이 구조물은 각 시공 단계에 있어서 다음 항목에 대하여 안전하게 설계하여야 한다.

## (1) 근입부의 토압 및 수압에 대한 안정

흙막이벽의 근입깊이는 벽체에 작용하는 배면측 측압에 대하여 굴착측의 측압이 저항할 수 있도록 결정하여야 한다.

## (2) 굴착바닥면의 안정

굴착바닥면의 안정에서는 지반의 토질에 따라 보일링(boiling), 히빙(heaving), 파이핑(piping), 라이징(rising) 등에 대하여 안전한지를 검토한다.

## (3) 흙막이벽의 응력 및 변위

흙막이벽의 단면 설계에서는 토압이나 수압에 대하여 벽 자체가 소요의 강도를 갖는 것으로 벽에 과대한 변형이 생겨 주변 지반이 침하하지 않도록 설계한다.

## (4) 흙막이 지보재의 응력

지보재의 단면 설계에서는 작용하중에 대하여 소요의 강도를 갖도록 설계한다.

## (5) 흙막이벽, 중간말뚝의 연직지지력

노면복공의 하중 또는 흙막이 케이블(앵커, 네일 등) 긴장력의 연직성분 등에 의한 연직하중, 말뚝에 매달기 등 지장물이 있는 경우의 하중 등이 작용하는 것을 검토한다.

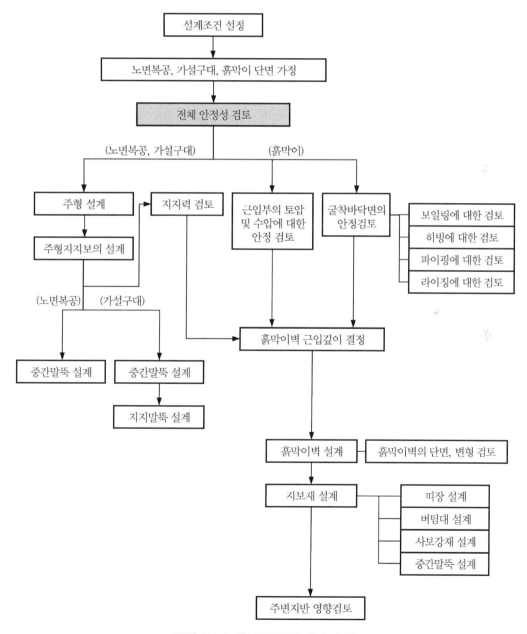

**그림 3.1.1** 가설구조물의 설계 순서

### (6) 복공주형보, 주형지지보의 변위 및 응력

노면복공은 재하되는 하중에 대하여 각 부재가 충분한 강도와 강성을 유지할 수 있도록 설계한다.

그림 3.1.1은 가설구조물 설계의 기본적인 설계 순서를 나타낸 것이다. 일반적으로 기준에 보면 설계 순서가 수록되어 있는데, 대부분이 흙막이 설계에만 국한하여 설계 순서를 표시하고 있지만, 노면복공이나 가설구대 등과 같이 시공되는 예도 있으므로 여기서는 전체적인 설계 순서를 표시하였다.

그림 중에서 「전체 안정성의 검토」 항목이 있는데, 이 부분은 우리나라 설계기준에는 잘 명시되어 있지 않은 부분이기도 하다. 흙막이를 설계할 때 주변 지반의 상황을 고려하게 되는데,

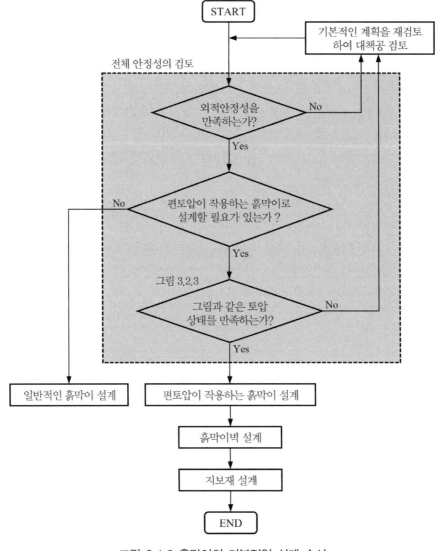

**그림 3.1.2** 흙막이의 기본적인 설계 순서

한국 기준에는 주로 주변 지반의 침하에 관한 규정만 수록되어 있다. 그러나 전체적인 안정성 측면에서 보면 주변 지반의 침하뿐만 아니라, 편토압이 작용할 때 주변 상황도 반드시 고려하여야 한다.

즉, 경사면에 설치하는 경우나 한쪽에 하천이 있는 경우, 좌우 지층이 다른 경우 등 편토압이 작용하는 경우 등 사면에 대한 안정이 얼마든지 발생할 가능성이 있는 곳에서는 이것을 포함한 전체 지반에 대한 안정성을 검토하며 이것으로 부족한 경우에는 기본적인 계획을 재검토하거나 대책공법 등을 추가하여야 한다. 그림 3.1.2의 경우가 전체적인 흙막이의 기본적인 설계 흐름을 나타낸 것이다. 이 그림에서와 같이 외적 안정성과 편토압이 작용하는 상태에서의 검토를 먼저 시행한 후에 일반적인 흙막이 설계를 하는 것이 순서일 것이다.

그림 3.1.3은 편토압이 작용하는 상태를 나타낸 것인데 한쪽에 성토 하중이 있거나, 다른 한쪽에 하천 등이 있어 측압의 형태가 서로 다른 경우가 대표적인 편토압의 상태이다.

이와 같이 편토압이 작용하는 흙막이에서는 서로 마주 보는 면(흙막이벽)의 조건이 같다고 가정한 기존의 설계법으로는 그 거동을 정확히 예측할 수 없으며, 과대한 변위나 응력의 발생 등 위험한 상황이 발생할 수 있으므로 편토압의 정도에 따라서 이것을 고려한 설계를 할 필요가 있다. 현재 국내에서 사용하는 설계법(탄소성법)은 대부분이 양쪽이 같다고 가정한 조건으로 해석되기 때문에 양쪽의 조건이 다른 경우에는 이것을 고려할 수 있는 설계법을 사용하여 설계하여야 할 것이다.

이 책에서는 편토압이 작용하는 경우에서의 흙막이 해석방법을 제4장에 수록하였으며, 제10장에는 양벽일체해석에 의한 설계 방법과 단벽해석과 양벽일체해석에 대한 비교자료를 수록하였으니 참조하기를 바란다.

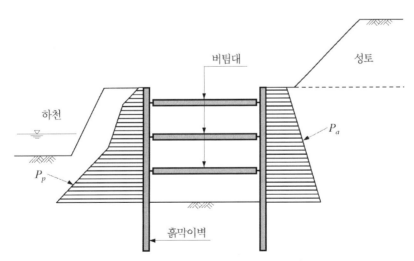

$P_a$ : 하중이 큰 쪽의 벽 배면에 재하하는 주동토압(kN)
$P_p$ : 하중이 작은 쪽의 벽 배면이 받는 수동토압(kN)

**그림 3.1.3 편토압의 상태**

## 2. 하중

가설흙막이 설계기준에서의 하중을 그림으로 정리하면 다음과 같이 규정되어 있는데, 가시설에서 발생이 가능한 모든 하중이 포함되어 있다.

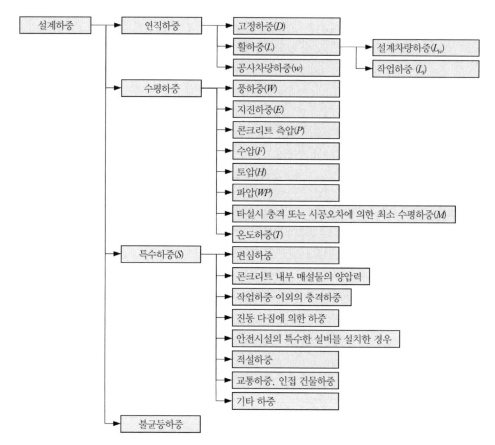

**그림 3.2.1 가설흙막이 설계기준의 설계하중**

지금까지 흙막이 구조물의 설계에서 일반적으로 고려해야 하는 하중의 종류를 열거하면 다음과 같은데, 가설구조의 종류나 시공 장소에서의 제반 조건을 고려하여 가설흙막이 설계기준에서 제시한 하중을 적절히 선택하여 설계한다.

- 고정하중
- 활하중(충격 포함)
- 측압(토압 및 수압)
- 온도변화의 영향
- 기타 하중

'가시설물 설계 일반사항'에는 가시설물 설계 시에는 시공 중 또는 사용기간 중에 작용할 것으로 예상되는 하중들을 각 하중의 발생 특성에 따라 합리적으로 조합하여 검토하도록 되어 있다. 가설흙막이의 하중조합은 KDS 21 30 00에 따르도록 기재되어 있지만 기준에는 하중조합이 존재하지 않고 가설 교량 및 노면복공의 하중조합은 다음과 같이 규정되어 있다.

**표 3.2.1 가설교량 및 노면복공의 하중조합 및 허용응력 증가계수**

| CASE | 하중조합 | 허용응력 증가계수 |
|---|---|---|
| 1 | $D+L_w$ | 1.00 |
| 2 | $D+L_w+I$ | 1.25 |
| 3 | $D+L_w+W+T$ | 1.25 |
| 4 | $D+L_w+I+F+H+W+T$ | 1.50 |
| 5 | $D+w(이동 시)+I+F+W+T$ | 1.50 |
| 6 | $D+w(작업 시)+F+W+T$ | 1.50 |

주) 단, 재사용 강재일 경우 각 CASE별 허용응력 증가계수에 허용응력 감소계수 0.9를 곱하여 사용한다.

*출처 : 가시설물 설계 일반사항 KDS 21 00 00, 2024

구조물기초설계기준에는 하중에 대한 기재 사항이 없고, 도로설계요령에는 표 3.2.2, 철도설계기준에는 하중조합을 표 3.2.3과 같이 규정하고 있는데, 하중의 종류에서 온도 하중에 관한 규정이 누락되어 있다. 또 가설공사표준시방서에는 하중조합에 관한 규정이 없다. 흙막이를 설계할 때의 하중조합은 가장 불리한 조합조건을 찾아 설계하여야 한다. 따라서 여러 기준을 종합하여 세분화하여 표 3.2.4와 같이 정리하였다.

**표 3.2.2 도로설계요령의 하중조합**

| 구분 | | | 고정 하중 | 활하중 | 충격 | 토압 | 수압 | 온도 하중 |
|---|---|---|---|---|---|---|---|---|
| 버팀대방식 H말뚝 | 흙막이 말뚝 | 근입길이 | ○ | ○ | ○ | ○ | – | – |
| | | 단면 | ○ | ○ | ○ | ○ | – | – |
| | 중간말뚝 | 근입길이 | ○ | ○ | ○ | – | – | – |
| | | 단면 | ○ | ○ | ○ | – | – | – |
| | 버팀대·띠장 | | – | – | – | – | – | ○ |
| 널말뚝방식 흙막이 | 널말뚝 | 근입길이 | – | ○ | ○ | ○ | ○ | – |
| | | 단면 | – | ○ | ○ | ○ | ○ | – |
| | 중간말뚝 | 근입길이 | ○ | ○ | ○ | – | – | – |
| | | 단면 | ○ | ○ | ○ | – | – | – |
| | 버팀대·띠장 | | – | – | – | ○ | ○ | ○ |

*출처 : 도로설계요령 〈표 3.1〉 가설구조물의 사용하중(636쪽)

### 표 3.2.3 철도설계기준의 하중조합

| 하중의 종류 | 노면복공 | | 흙막이공 | | | 중간말뚝 | | 버팀대 | 띠장 |
|---|---|---|---|---|---|---|---|---|---|
| | 처짐 | 단면 | 근입장 | 지지력 | 단면 | 지지력 | 단면 | 단면 | 단면 |
| 고정하중 | – | ○ | – | ○ | ○ | ○ | ○ | ○ | – |
| 활하중 | ○ | ○ | ○ | ○ | ○ | ○ | ○ | – | – |
| 충격 | – | ○ | – | ○ | ○ | ○ | ○ | – | – |
| 토압 및 수압 | – | – | ○ | – | ○ | – | – | ○ | ○ |

*출처 : 철도설계기준 표 3.2.1 하중의 조합(192쪽)

### 표 3.2.4 흙막이 가설구조에서 제안하는 하중조합

| 구분 | | | 고정하중 | 활하중 | 충격 | 재하하중 | 토압 | 수압 | 온도하중 |
|---|---|---|---|---|---|---|---|---|---|
| 차수를 목적으로 하지 않는 흙막이벽 | 근입깊이 | | | | | ○ | ○ | | |
| | 지지력 | 복공 있음 | ○ | ○ | ○ | ○ | | | |
| | | 복공 없음 | | | | | | | |
| | 단면 | 복공 있음 | ○ | ○ | ○ | ○ | ○ | | |
| | | 복공 없음 | | | | ○ | ○ | | |
| 차수를 목적으로 하는 흙막이벽 | 근입깊이 | | | | | ○ | ○ | ○ | |
| | 지지력 | 복공 있음 | ○ | ○ | ○ | | | | |
| | | 복공 없음 | | | | | | | |
| | 단면 | 복공 있음 | ○ | ○ | ○ | ○ | ○ | ○ | |
| | | 복공 없음 | | | | ○ | ○ | ○ | |
| 중간말뚝 | 지지력 | 복공 있음 | ○ | ○ | ○ | | | | |
| | | 복공 없음 | ○ | | | | | | |
| | 단면 | 복공 있음 | ○ | ○ | ○ | | | | |
| | | 복공 없음 | ○ | | | | | | |
| 띠장 | 단면 | | | | | ○ | ○ | ○ | ○ |
| 버팀대 | 단면 | | | | | ○ | ○ | ○ | ○ |
| 사보강재 | 단면 | | | | | ○ | ○ | ○ | ○ |
| 노면복공 | 복공판 | 처짐 | | | ○ | | | | |
| | | 단면 | ○ | ○ | ○ | | | | |
| | 주형 | 처짐 | | | ○ | | | | |
| | | 단면 | ○ | ○ | ○ | | | | |
| | 주형지지보 | 단면 | ○ | ○ | ○ | | | | |

주) 필요에 따라 기타 하중(건물하중, 열차하중, 지진하중, 설하중, 프리로드하중, 앵커의 연직성분 등)을 고려한다.

## 2.1 고정하중

고정하중은 교량 설계하중(KDS 24 12 21)의 '표 4.2-1'에 수록된 것을 사용하도록 '가설교량 및 노면복공 설계기준'에 기재되어 있다. 구 설계기준에 수록된 단위체적중량도 아래의 표와 같이 참고로 하여 표시하였다.

**표 3.2.5 재료의 단위체적중량 [kN/m³(kgf/m³)]**

| 재료 | | KDS 24 12 21 | 도로교설계기준 | 구조물기초설계기준 | 철도설계기준 |
|---|---|---|---|---|---|
| 강, 주강, 단강 | | 77.0 | 77.0(7,850) | 78.5(7,850) | 77.0(7,850) |
| 주철, 주물강재 | | 77.0 | 71.0(7,250) | 72.5(7,250) | 71.0(7,250) |
| 철근콘크리트 | | 24.5 | 24.5(2,500) | 25.0(2,500) | 24.5(2,500) |
| 콘크리트 | | 23.0 | 23.0(2,350) | 23.0(2,350) | 23.0(2,350) |
| 시멘트모르타르 | | 21.0 | 21.0(2,150) | 21.5(2,150) | 21.0(2,150) |
| 목재 | 단단한 것 | 9.4 | 8.0(800) | 8.0(800) | 8.0(800) |
| | 무른 것 | 7.8 | | | |
| 역청재 | | 11.0 | 11.0(1,100) | 11.0(1,100) | 11.0(1,100) |
| 아스팔트 포장재 | | 22.6 | 22.5(2,300) | 23.0(2,300) | 23.0(2,300) |
| 자갈, 부순돌 | | 16~20 | 19.0(1,900) | 19.0(1,900) | 19.0(1,900) |

**표 3.2.6 궤도의 2차 고정하중**

| 레일(kN/m) | 침목(kN/m) | | 도상(kN/m³) | | |
|---|---|---|---|---|---|
| | 일반 | 고속 | 자갈 | 콘크리트 | 보조 도상 |
| 1.5 | 4.1 | 5.0 | 19.0 | 24.5 | 16.0 |

**표 3.2.7 복공판의 단위중량**

| 종류 | 단위중량 (kN/m³) | |
|---|---|---|
| | 지간 2m | 지간 3m |
| 강제품 | 2.15 | 2.15 |
| 강재(미끄럼방지 가공품) | 2.30 | 2.30 |
| 강재+아스팔트 가공제품 | 3.00 | 3.00 |
| 강재+모르타르 가공제품 | 3.00 | 3.30 |

*출처 : トンネル標準示方書 開削工法·同解説 「해설 표 3.2(124쪽)」

고정하중의 단위가 SI 단위로 되어 있는 기준도 있고, 종래 단위(CGS)로 되어 있는 것도 있어 혼재하여 표기하였다.

궤도에 대한 단위중량은 표 3.2.6과 같은데, 교량 설계하중(KDS 24 12 21)에 있는 내용을 표시한 것이다. 복공판의 단위중량은 지간 2.0 m의 경우에 2.0 kN/m³을 사용하는데, 표 3.2.7은 일본토목기준에 있는 내용을 표기한 것이다.

## 2.2 활하중

흙막이 가설구조물에 작용하는 활하중으로서는 자동차 하중, 군집 하중, 건설용 중기 등의 하중을 고려하는 것이 일반적이다. 또, 이외에 도로에서의 공사에서는 환산 자동차 하중으로써 가설구조물 범위 외에 과재하중을 고려할 필요가 있다. 활하중의 일반적인 재하 상황은 그림 3.2.2와 같은데 이것은 노면복공을 설치하는 경우이다. 노면복공이 없는 경우에는 일반적으로 지표면의 과재하중만을 고려한다.

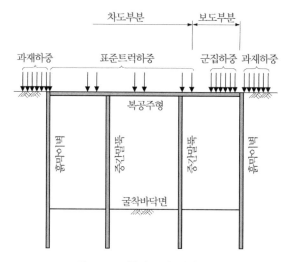

**그림 3.2.2 활하중의 재하 상태**

### 2.2.1 자동차 하중

가설흙막이에 복공이 있으면 노면에 작용하는 차량 활하중을 재하하는데, 이에 대한 규정은 「도로교설계기준 공통편」에 규정되어 있는 트럭하중(DB 하중)을 사용하였다. 그러나 개정된 「가설교량 및 노면복공 설계기준」의 '1.7 설계하중 (3) 하중에 대한 값은 기본적으로 KDS 24 12 21에 따른다'로 규정되어 있다. 이 기준에서 종래의 DB 하중에서 'KL-510'으로 명명된 설계 차량 활하중을 적용하게 되어 있는데, 현재 대부분의 설계에서는 종래의 DB 하중을 사용하고 있지만 흙막이 구조에서도 이 하중을 사용하여야 하므로, 노면에 복공을 설치할 때는 그림 3.2.3과 같이 재하한다. 표준트럭하중은 재하차로 수에 따라 다차로 재하 계수를 고려하여 설계하게 되어 있으며, 재하차로 내에서 횡 방향으로 3,000mm의 폭을 점유하는 것으로 가정한다. 종래의 DB 하중은 3축이지만 표준트럭하중은 4축으로 구성되어 있는데, 후륜 하중의 경우는 96.0 kN, 전륜 하중은 24.0 kN으로 종래와 수치는 같다. 또한 교량설계에서는 차선하중(표준차로하중)을 동시에 고려하여 설계하지만, 가설흙막이에서는 주형의 지간이 짧아 표준트럭하중만을 고려한다. 단, 지간길이가 상당히 클 때(15m보다 큰 경우)는 표준차로하중을 고려하여야 한다.

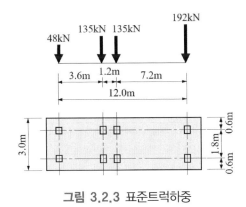

그림 3.2.3 표준트럭하중

또한 자동차 하중은 도로관리자로부터 특별히 지시가 있는 경우나, 특히 중차량이 많이 통행할 때는 연행하중의 영향을 고려하기 위해 설계 차량 활하중으로 산출한 단면력(휨모멘트, 전단력, 반력, 변형)에 부재의 지간길이에 따라 표 3.2.8에 표시한 계수를 곱하여 사용한다. 단, 이 계수는 1.5를 초과하지 않은 것으로 한다. 여기서 말하는 지간길이는 자동차 주행 방향과 평행한 부재의 지간길이이다.

**표 3.2.8** 연행하중의 영향을 고려하기 위한 할증계수

| 부재의 지간길이 $L$(m) | $L \leq 4$ | $4 < L$ |
|---|---|---|
| 계수 | 1.0 | $\dfrac{L}{32} + \dfrac{7}{8}$ |

*출처 : トンネル標準示方書 [開削工法]·同解説, 해설 표 3.7(139쪽)

## (1) 복공 주형이 차량 진행 방향과 평행인 경우

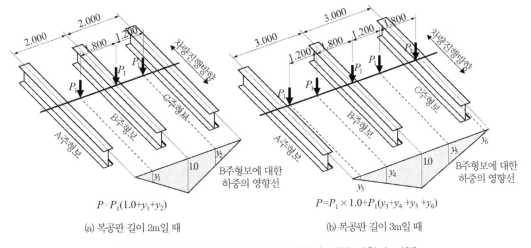

(a) 복공판 길이 2m일 때      (b) 복공판 길이 3m일 때

그림 3.2.4 표준트럭하중 재하 방법(차량 진행 방향과 평행)

복공 주형이 차량 진행 방향과 평행하게 설치되었을 때 활하중 재하 방법은 그림 3.2.4와 같이 복공판 길이에 따라 표준트럭하중을 복공판에 재하하고 각 하중에 의한 복공 주형보의 영향을 고려한다.

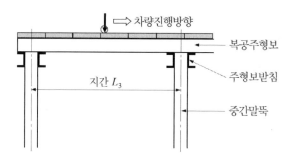

**그림 3.2.5 차량 진행 방향과 평행일 때의 지간**

(2) 복공 주형이 차량 진행 방향과 직각인 경우

가설흙막이 설계에서 노면복공을 설치할 때 주로 복공 주형이 차량 진행 방향과 직각인 경우가 대부분이다. 그런데 노면복공이 다차로일 때 재하하는 방법이 기준에 규정되지 않아서 설계에서 혼란을 초래하고 있다.

그림 3.2.6은 일본의 가설흙막이 설계기준에 대부분이 규정하고 있는 차량 진행 방향과 직각일 때의 재하 방법을 표시한 것이다. 이 규정에 따르면, 존치 동안 대형자동차의 교통상황에 따라서 재하 방법을 제시하고 있다.

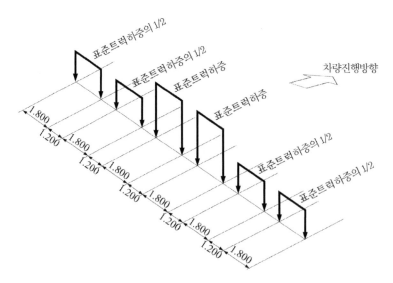

**그림 3.2.6 표준트럭하중 재하 방법(차량 진행 방향과 직각)**

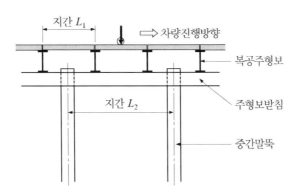

**그림 3.2.7** 차량 진행 방향과 직각일 때의 지간

## 2.2.2 충격

가설교량 및 노면복공 설계기준에는 설계차량하중에 적용하는 충격계수는 KDS 24 12 21의 '4.4 충격하중'을 따르도록 규정하고 있다. 다만, 복공판에 대해서는 1.7.1(6)에 따라 0.3을 적용한다.

**표 3.2.9** 충격하중계수

| 성분 | | 하중충격계수(IM) |
|---|---|---|
| 바닥판 신축이음장치를 제외한 모든 다른 부재 | 피로한계상태를 제외한 모든 한계상태 | 25% |
| | 피로한계상태 | 15% |

*출처 : 교량설계하중 KDS 24 12 21, 표 4.4-1

지금까지 충격계수에는 $i = 20 / (40 + L)$의 계산식을 사용하였는데, 산출된 부재의 응력에 큰 차이가 없고, 실질적으로 구조물에 주는 영향이 적기 때문에 0.3을 사용하였다. 기준별 충격계수를 정리하면 표 3.2.10과 같다.

**표 3.2.10** 충격계수 $i$값

| 기준별 | 주형설계 시 | | 복공판 설계 시 |
|---|---|---|---|
| | 계산식 | 최댓값 | |
| 도로설계요령 | $i = 15 / (40 + L)$ | 0.3 | – |
| 철도설계기준 | $i = 15 / (40 + L)$ | 0.3 | 0.4 |

## 2.2.3 군집 하중

군집 하중은 「도로교설계기준 공통편」에 의하여 $5.0 \text{ kN/m}^2$ ($500 \text{ kgf/m}^2$)를 등분포하중으로 보도부에 재하하는 것으로 한다. 대부분 기준에도 $5.0 \text{ kN/m}^2$로 규정되어 있다.

### 2.2.4 과재하중에 의한 측압

흙막이 설계에서 지표면에 재하 되는 하중을 측압으로 고려하여야 하는데, 지표면 재하 하중, 자동차 하중, 열차하중, 건설용 중기하중, 건물(구조물)하중 등이 있다.

#### (1) 지표면 재하 하중

흙막이 설계에 있어서는 가설구조의 범위 외에 원칙적으로 $10 \text{ kN/m}^2$의 과재하중을 고려한다. 철도기준에서는 과재하중을 등분포하중 $15 \text{ kN/m}^2$를 재하 하도록 규정되어 있다.

표 3.2.11 지표면 재하 하중($\text{kN/m}^2$)

| 구분 | 도로설계요령 | 철도설계기준 | 비고 |
|---|---|---|---|
| 과재하중 | 10 | 15 | |

표 3.2.12 중장비에 의한 추가 과재하중

| 장비중량 ton (kN) | 띠하중 P' [kN/m² (tf/m²)] | | 띠하중의 폭 b (m) |
|---|---|---|---|
| | 거리 0.6m 미만 | 거리 0.6m 이상 | |
| 10(100) | 50.0(5.0) | 20.0(2.0) | 1.50 |
| 30(300) | 110.0(11.0) | 40.0(4.0) | 2.00 |
| 50(500) | 140.0(14.0) | 50.0(5.0) | 2.50 |
| 70(700) | 150.0(15.0) | 60.0(6.0) | 3.00 |

*출처 : 호남고속철도설계지침(2007) 표 5.7.5(5~85쪽)

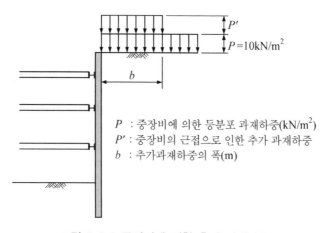

$P$ : 중장비에 의한 등분포 과재하중($\text{kN/m}^2$)
$P'$ : 중장비의 근접으로 인한 추가 과재하중
$b$ : 추가과재하중의 폭(m)

그림 3.2.8 중장비에 의한 추가 과재하중

## (2) 건설용 중기하중

가설용 중기에 대해서는 시공 장소나 방법에 따라 시공계획의 시점에서 충분히 검토하여야 한다. 트럭크레인의 경우는 버팀목을 매달아 올리는 때도 있으므로 하중을 한쪽에만 재하하는 등의 검토가 필요하다. 건설용 중장비는 $10 \text{ kN/m}^2(1.0 \text{ tf/m}^2)$인 등분포 과재하중으로 되어 있는데, 표 3.2.12와 그림 3.2.8은 철도설계기준에 기재되어 있는 것으로 중장비의 근접으로 인한 추가 과재하중을 나타낸 것이며, 표 3.2.13은 SUNEX 프로그램에 있는 중기하중을 참고로 표시하였으며, 표 3.2.14~17에 하중 예를 표시하였다.

**표 3.2.13** 중기하중 참고(단위 : kN)

| 하중 종류 | 자중 | 적재중량 | 합계중량 | 집중하중률 | 비고 |
|---|---|---|---|---|---|
| 크롤러크레인 | 220 | 30 | 250 | 0.9 | |
| | 200 | 89 | 289 | 0.9 | |
| | 280 | 220 | 500 | 0.9 | |
| 트럭크레인 | 132 | 49 | 181 | 0.7 | |
| | 155 | 10 | 265 | 0.7 | |
| | 230 | 130 | 360 | 0.7 | |
| 덤프트럭 | 95 | 100 | 195 | 0.4 | |
| | 132 | 255 | 387 | 0.4 | |
| 레미콘트럭 | 115 | 138 | 253 | 0.4 | |
| | 146 | 207 | 352 | 0.4 | |
| 백호우 | 185 | 100 | 285 | 0.9 | |
| | 295 | 180 | 475 | 0.9 | |
| DB24 | 240 | 192 | 432 | 0.4 | |
| DB18 | 180 | 144 | 324 | 0.4 | |
| DB13 | 135 | 108 | 243 | 0.4 | |
| 펌프카 | 110 | 20 | 130 | 0.7 | |
| | 280 | 20 | 300 | 0.7 | |
| | 320 | 20 | 340 | 0.7 | |
| | 390 | 20 | 410 | 0.7 | |
| | 400 | 20 | 420 | 0.7 | |

주) 집중하중률은 바퀴 한 개가 최대로 부담하는 하중 비율

## 표 3.2.14 작업기계에 의한 하중분포 예

| 하중 종류 | 차량중량 (kN) | 전체중량 (kN) | 하중 배치 |
|---|---|---|---|
| 레미콘트럭 (3m³) | 75 | 144 | 19.6kN  53.0kN / 19.6kN  53.0kN / 1.08 / 4.20 |
| 레미콘트럭 (5m³) | 84 | 216 | 24.5kN 53.9kN 29.4kN / 24.5kN 53.9kN 29.4kN / 1.93 / 1.88 / 1.88 / 4.10 |
| 덤프트럭 | 91 | 189 | 33.3kN 61.8kN / 33.3kN 61.8kN / 1.90 / 4.00 |
| 크람셸 | 216 | 245 | 183.4kN / 61.8kN / 0.6 / 0.6 / 2.34 / 2.88 |
| 크롤러크레인 | - | 588 | 441.3kN / 147.1kN / 0.76 / 0.76 / 3.51 / 5.20 |
| 트럭크레인 | 314 | 529 | 4.43 / 2.90 / 1.53 / 아웃리거 1600cm² / 198.6kN 198.6kN / 66.2kN 66.2kN / 1.65 / 1.90 / 4.20 / 4.10 |

*출처 : 가설구조물(鹿島出版会, 2020), 표 4-5(276쪽)

## 표 3.2.15 트럭크레인의 하중분포 예

| 일본도로협회 | 일본건축학회 |
|---|---|

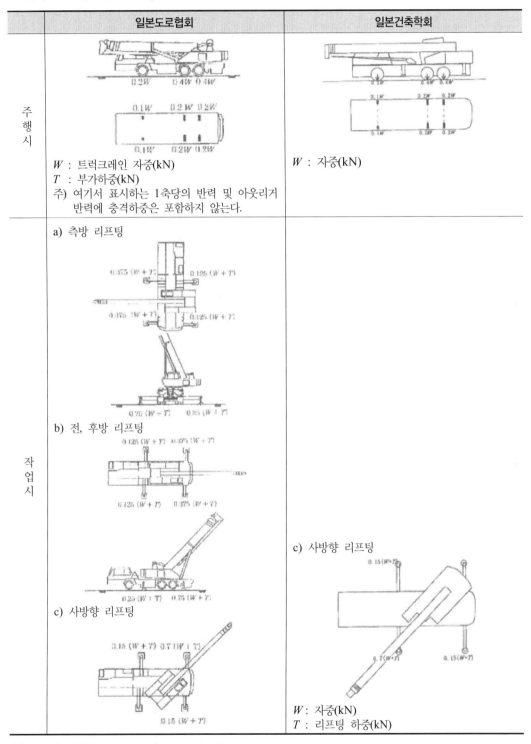

**주행시**

W : 트럭크레인 자중(kN)
T : 부가하중(kN)
주) 여기서 표시하는 1축당의 반력 및 아웃리거 반력에 충격하중은 포함하지 않는다.

W : 자중(kN)

**작업시**

a) 측방 리프팅

b) 전, 후방 리프팅

c) 사방향 리프팅

c) 사방향 리프팅

W : 자중(kN)
T : 리프팅 하중(kN)

*출처 : 가설구조물(鹿島出版会, 2020), 표 4-6(277쪽)

### 표 3.2.16 라프타크레인의 하중분포 예

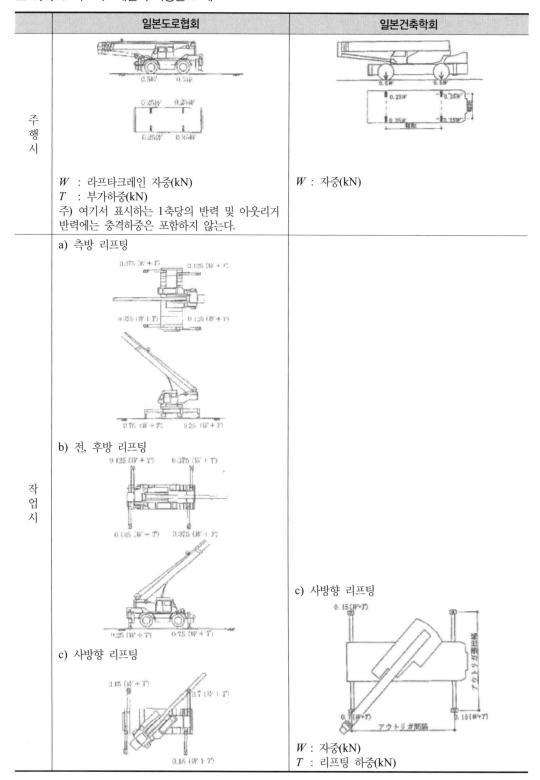

| | 일본도로협회 | 일본건축학회 |
|---|---|---|
| 주행시 | $W$ : 라프타크레인 자중(kN)<br>$T$ : 부가하중(kN)<br>주) 여기서 표시하는 1축당의 반력 및 아웃리거 반력에는 충격하중은 포함하지 않는다. | $W$ : 자중(kN) |
| 작업시 | a) 측방 리프팅<br>b) 전, 후방 리프팅<br>c) 사방향 리프팅 | c) 사방향 리프팅<br>$W$ : 자중(kN)<br>$T$ : 리프팅 하중(kN) |

*출처 : 가설구조물(鹿島出版会, 2020), 표 4-7(278쪽)

## 표 3.2.17 크롤러크레인의 하중분포 예

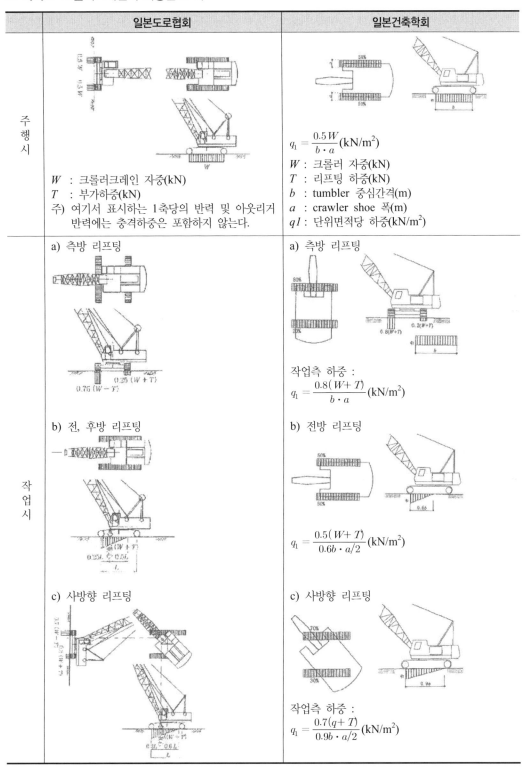

| 일본도로협회 | 일본건축학회 |
|---|---|

**주행시**

$W$ : 크롤러크레인 자중(kN)
$T$ : 부가하중(kN)
주) 여기서 표시하는 1축당의 반력 및 아웃리거
반력에는 충격하중은 포함하지 않는다.

$$q_1 = \frac{0.5\,W}{b \cdot a}\,(\text{kN/m}^2)$$

$W$ : 크롤러 자중(kN)
$T$ : 리프팅 하중(kN)
$b$ : tumbler 중심간격(m)
$a$ : crawler shoe 폭(m)
$q1$ : 단위면적당 하중(kN/m²)

**작업시**

a) 측방 리프팅

$0.25\,(W+T)$
$0.75\,(W-T)$

b) 전, 후방 리프팅

c) 사방향 리프팅

a) 측방 리프팅

작업측 하중 :
$$q_1 = \frac{0.8(W+T)}{b \cdot a}\,(\text{kN/m}^2)$$

b) 전방 리프팅

$$q_1 = \frac{0.5(W+T)}{0.6b \cdot a/2}\,(\text{kN/m}^2)$$

c) 사방향 리프팅

작업측 하중 :
$$q_1 = \frac{0.7(q+T)}{0.9b \cdot a/2}\,(\text{kN/m}^2)$$

*출처 : 가설구조물(鹿島出版会, 2020), 표 4-8(279쪽)

### (3) 열차하중

지표면 재하 하중에 포함되지 않은 하중 중에서 설계상 고려해야 할 하중 중에서 흙막이와 인접하여 철도가 있는 경우에는 철도하중을 고려한다. 철도하중에는 궤도하중(고정하중)과 열차하중(활하중)이 있다. 궤도하중은 일반적으로 $10 \text{ kN/m}^2$의 하중을 고려한다.

#### 1) 철도설계기준에 의한 열차하중

① 열차의 주행 방향과 흙막이벽 방향이 평행한 경우

a) 일반의 경우 $(B \geq 2.0\text{m})$

$$\text{궤도사하중(도상 포함)} : q_1 = 1.0 \text{ t/m}^2 \tag{3.2.1}$$

$$\text{활하중(LS하중)} : \quad q_2 = 3.5 \text{ t/m}^2 \tag{3.2.2}$$

$$\text{NP하중} : \quad q_2' = 2.0 \text{ t/m}^2 \tag{3.2.3}$$

$$q_3 = \frac{HL하중}{축거 \times 2B} = \frac{25}{1.6 \times 2B} = \frac{7.8}{B} = \frac{8.0}{B} (\text{t/m}^2) \tag{3.2.4}$$

b) 흙막이벽이 궤도 중심에 근접한 경우 $(B < 2.0\text{m})$

$$q_3' = \frac{NP하중}{축거 \times 2B} = \frac{17}{2.2 \times 2B} = \frac{4}{B} (\text{t/m}^2) \tag{3.2.5}$$

② 열차의 주행방향과 흙막이벽의 방향이 직각인 경우

$$q = \frac{p}{a \times b} (\text{t/m}^2) \tag{3.2.6}$$

여기서,    $q$ : 열차하중에 의한 과재하중 $(\text{kN/m}^2)$

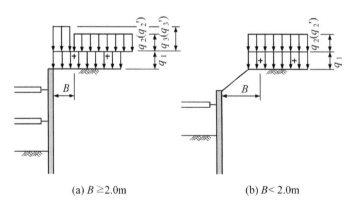

(a) $B \geq 2.0\text{m}$            (b) $B < 2.0\text{m}$

**그림 3.2.9 열차에 의한 재하하중**

$p$ : 열차하중의 축하중 (kN)

$a$ : 축간의 거리 (m)

$b$ : 열차하중의 횡방향 분포 폭 (m)

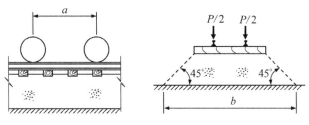

**그림 3.2.10 과재하중의 분포도**

열차하중에 대하여 철도설계기준에서는 과재하중으로 정의하여 고려하게 되어 있지만, 일본의 철도설계기준에서는 열차하중을 측압으로 고려하고 있는데, 그 내용은 다음과 같다.

### 2) 일본 철도설계기준에 의한 열차하중

① 열차의 주행방향과 흙막이벽의 방향이 평행한 경우

a) 열차하중에 의한 과재하중

$$q_t = \frac{P}{a \cdot B_0} \tag{3.2.7}$$

여기서,　$P$ : 열차하중의 축하중 (kN) (단, 복선인 경우는 2중 축하중으로 한다)

　　　　$a$ : 축간의 거리 (m)

　　　　$B_0$ : 열차하중의 분포 폭 (m)으로 표 3.2.18에 의한다.

**표 3.2.18 열차하중의 분포 폭**

| 구분 | 분포 폭 $B_0$ (m) | |
| --- | --- | --- |
| | 단선재하 | 복선재하 |
| 재래선 | 3.8 | 7.6 |
| 신간선 | 4.3 | 8.6 |

b) 열차하중에 의한 측압의 작용 위치

$$\left.\begin{array}{l} \text{측압의작용시점}: Z_u = (X - B_0) \geq 0 \\ \text{측압의작용종점}: Z_1 = (X + B_0) \leq 3B_0 \end{array}\right\} \tag{3.2.8}$$

여기서,　$Z_u$ : 흙막이벽 상단에서 측압의 작용 시점까지의 깊이 (m)

$Z_l$ : 흙막이벽 상단에서 측압의 작용 종점까지의 깊이 (m)

$X$ : 흙막이벽에서 열차하중 분포 폭 중심까지의 거리 (m)

$B_0$ : 열차하중의 분포 폭 (m)

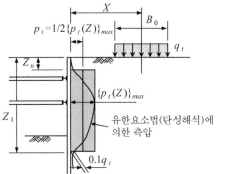

$p_t$ : 열차하중에 의한 측압
$q_t$ : 열차하중에 의한 과재하중
$B_0$ : 열차하중 분포 폭
$X$ : 흙막이벽에서 열차하중 분포 폭 중심까지의 거리
$Z_u$ : 흙막이벽 상단에서 측압 작용 시점까지의 깊이
$Z_l$ : 흙막이벽 상단에서 측압 작용 종점까지의 깊이

**그림 3.2.11 열차하중에 의한 측압의 모식도**

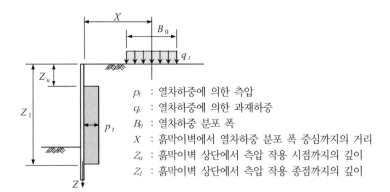

$p_t$ : 열차하중에 의한 측압
$q_t$ : 열차하중에 의한 과재하중
$B_0$ : 열차하중 분포 폭
$X$ : 흙막이벽에서 열차하중 분포 폭 중심까지의 거리
$Z_u$ : 흙막이벽 상단에서 측압 작용 시점까지의 깊이
$Z_l$ : 흙막이벽 상단에서 측압 작용 종점까지의 깊이

**그림 3.2.12 열차하중에 의한 측압(평행 방향)**

열차하중에 의한 측압은 점성토지반(포아송비 $v = 0.45$) 및 사질토지반(포아송비 $v = 0.3$)을 가정하고, 열차하중의 재하 위치를 변화시켜 유한요소법에 의한 탄성해석의 결과에서 얻어진 값을 통계적으로 처리하여 얻어진 것이다.

 c) 열차하중에 의한 측압

$$p_t = \frac{0.2B_0 \cdot q_t}{X} \tag{3.2.9}$$

여기서,  $p_t$ : 열차하중에 의한 측압 (kN/m$^2$)

  $B_0$ : 열차하중의 분포 폭 (m)

$q_t$ : 열차하중에 의한 과재하중 (kN/m²)

$X$ : 흙막이벽에서 열차하중 분포 폭 중심까지의 거리 (m)

② 열차의 주행방향과 흙막이벽의 방향이 직각인 경우

a) 열차하중에 의한 과재하중

열차의 주행방향과 흙막이벽의 방향이 평행한 경우와 마찬가지로 (3.2.7)식에 의한다.

b) 열차하중에 의한 과재하중의 작용 위치

열차하중에 의한 과재하중의 작용 범위는 버팀대 지점과 흙막이벽의 위치 관계, 단선
·복선의 구별, 선간 거리, 흙막이공의 구조형식 등을 충분히 고려하여 설정한다.

c) 열차하중에 의한 측압

$$p_t = K_s \cdot q_t \tag{3.2.10}$$

여기서,    $p_t$ : 열차하중에 의한 측압(토압) (kN/m²)

$q_t$ : 열차하중에 의한 과재하중 (kN/m²)

$K_s$ : 열차하중에 의한 과재하중의 측압(토압)계수 $K_s=K_a$

$K_a$ : 주동측압(토압)계수

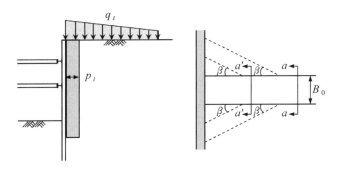

**그림 3.2.13** 흙막이벽에 직각 방향의 열차하중에 의한 측압

## (4) 건물(구조물)하중

건물의 위치·규모는 외관이 명확한 것은 비교적 쉽기 때문에 건물하중은 표 3.2.19를 사용
하여 계산할 수 있다. 또한 모든 구조물은 기초가 지중에 있으므로 재하되는 면은 지표면 아래에
있다. 말뚝으로 지지된 구조물의 경우에는 말뚝과 근입깊이의 관계 및 말뚝의 지지 형태에 따라
서 그림 3.2.14와 같이 재하면을 고려한다. 단, 하중작용면이 굴착바닥면보다 아래일 때에는 건물
하중을 고려하지 않는다. 대부분의 설계기준에는 건물하중에 대한 구체적인 방법이 기재되어 있
지 않으므로 일본의 건축학회가 발행한 흙막이설계지침에 기재되어 있는 사항을 기준으로 하여
그림 3.2.15와 같이 고려한다. 그림에서 q값은 표 3.2.19의 값을 참조하여 적용한다.

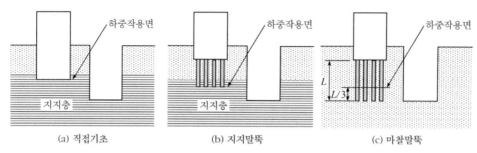

그림 3.2.14 기초구조물의 하중작용면 위치

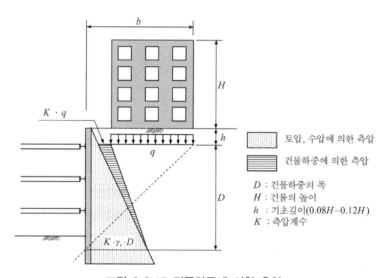

그림 3.2.15 건물하중에 의한 측압

표 3.2.19 단위면적당 건물하중의 개략 값

| 용도 | 주택 | | 사무실 | | | |
|---|---|---|---|---|---|---|
| 구조별 | RC조 | SRC조 | S조 | RC조 | SRC조 | 기둥 SRC조 보 S조 |
| 최상층[*1] | 13.2 7.7~18.7 | 15.8 10.7~20.9 | 10.4 5.5~15.3 | 16.0 11.7~20.3 | 16.0 10.5~21.5 | 13.6 10.1~17.1 |
| 일반층[*1] | 12.8 10.7~14.9 | 13.3 11.1~15.5 | 7.3 5.7~8.9 | 13.6 11.2~16.0 | 12.8 10.8~14.8 | 10.1 8.4~11.8 |
| 1층[*1] | 16.1 10.2~22.0 | 17.9 12.5~23.3 | 12.9 3.6~22.2 | 14.4 11.1~17.7 | 16.8 11.2~22.4 | 13.4 8.3~18.5 |
| 지하층[*1] | 32.6 9.1~55.6 | 27.9 14.8~41.0 | 25.6 14.7~36.5 | 29.8 3.8~55.8 | 22.8 13.5~32.1 | 33.4 11.3~55.5 |
| 기초[*2] | H≤10m까지 10, 10<H≤15m까지 15, H≤20m까지 20(여기서, H는 건물 높이) | | | | | |

주) 표에서 상단은 평균값, 하단은 ±1배 표준편차 영역의 범위(단위 : kN/m²)

[*1] : 建築物荷重指針·同解説(일본건축학회)

[*2] : 개략 값(말뚝하중은 포함하지 않는다)

## 2.3 측압(토압 및 수압)

흙막이벽에 작용하는 토압과 수압을 통틀어 측압이라고 한다. 흙막이의 안정성에 가장 큰 영향을 미치는 중요한 하중 중에 하나로써, 흙막이벽에 작용하는 측압은 매우 다양하며 그 크기는 토질, 흙막이벽의 변형 형상, 변형량, 시공 방법 등에 의해 큰 영향을 미치므로 이론적으로 구하는 것은 매우 곤란하지만, 현재까지 이론식과 검토 방법이 다양하게 있으므로 측압에 대해서는 "3. 흙막이에 작용하는 측압"에서 별도로 상세하게 설명하기로 한다.

## 2.4 온도변화의 영향

직사광선을 받는 강재 버팀대는 온도의 상승에 따라서 압축응력이 증가하기 때문에 응력을 검토할 필요가 있다. 버팀대의 양단은 완전하게 고정되어 있지 않으므로 축력의 증가는 열팽창 계수를 사용하여 계산한 값보다도 작아진다. 실측에 따르면 양단을 고정으로 한 경우의 이론적인 값에 대하여 18~19 %에 이르며, 기온이 1°C 상승하면 11.0~12.5 kN 정도의 반력이 증가하는 것으로 보고되어 있다.

하절기와 동절기의 기온 차이에 의한 축력은 흙의 크리프에 의하여 흡수된다고 보고 1일 최고와 최저의 기온 차이를 10 °C 정도로 하면, 축력의 증가량은 약 120 kN 정도이므로 복공판을 설치할 때는 이 정도의 온도변화를 고려하는 것이 좋다.

특히 다단으로 설치하는 버팀 공사에서 버팀대 설치에서 해체까지의 상세한 계측데이터에 의하면 버팀대 고정도의 최댓값은 버팀대 설치 직후의 프리로드 시 및 그 직후의 굴착 시 또는 하단버팀대가 해체된 시점에서 발생한 보고가 있다. 따라서 이 시기의 기온변화를 충분히 조사하여 온도응력을 적용할 필요가 있다.

일본토목학회의 기준을 보면 다음과 같은 내용을 소개하고 있다. 프리로드의 시공에 따른 접합부 느슨함의 감소나 배면 지반이 홍적지반일 때는 배면 지반의 강성증가 등 온도변화에 따른 버팀대 축력의 증가분이 커지게 되는 요인이 늘어나게 되므로 위의 값에 얽매이지 말고 신중하게 평가할 필요가 있다. 일반적으로 버팀대 축력의 증가분 $\Delta P$는 다음 식과 같다.

$$\Delta P = \alpha_t \cdot A \cdot E \cdot \beta \cdot \Delta T_s \tag{3.2.11}$$

여기서,    $\Delta P$ : 온도응력에 의한 버팀대 축력의 증가량 (kN)

$\alpha_t$ : 고정도(흙막이 벽체 및 배면 지반의 강성을 포함한 버팀대 지점의 구속 정도. 단, $0 < \alpha_t \leq 1$)

$$\alpha_t = \frac{\text{버팀대 온도응력}}{\text{버팀대 단부가 완전히 고정되었을 때의 온도응력}} \tag{3.2.12}$$

$A$ : 버팀대 단면적 ($\text{m}^2$)

$E$ : 버팀대의 탄성계수 $(kN/m^2)$

$\beta$ : 버팀대 재료의 선팽창계수 $(1/°C)$

$\Delta T_s$ : 버팀대의 온도변화량 $(°C)$

고정도 $\alpha_i$를 결정하는 요인으로서는 버팀대 접합부의 느슨함, 버팀대 길이, 흙막이벽 및 배면 지반의 강성 등이 있다. 표 3.2.20은 일본건축기준에 기재된 지반에 따른 고정도의 값이다. 기준별 온도하중은 표 3.2.21과 같으며 표 3.2.22는 일본의 온도하중에 대한 기준이다.

**표 3.2.20 고정도**

| 지반 | 고정도 |
|---|---|
| 충적지반 | $0.2 \sim 0.6$ |
| 홍적지반 | $0.4 \sim 0.8$ |

**표 3.2.21 온도하중(kN)**

| 구분 | 구조물기초설계기준 | 도로설계요령 | 철도설계기준 | 가설공사표준시방서 |
|---|---|---|---|---|
| 온도하중 | 120 | 120 | — | — |

**표 3.2.22 일본의 기준별 온도하중(kN)**

| 일본건축학회 | 일본토목학회 | 가설구조물공지침 | 철도기준 | 일본도로공단 |
|---|---|---|---|---|
| (3.2.11) 식으로 산출 | 120 | 150 | 120 | 120 |

가설교량 및 노면 복공 설계기준의 '1.7.8 온도하중'에 보면 "가설교량의 설계를 위한 온도하중은 KDS 24 12 21 (4.11)에 따른다."로 되어 있고 다른 가설흙막이 기준에는 온도하중에 대한 언급이 없다. KDS 24 12 21 (4.11)에 있는 온도변화에 대한 평균온도와 온도경사에 대하여 규정되어 있어 가설흙막이에서는 사용하기에는 적합하지 않지만, 이 기준을 적용한다면 3.2.11식으로 온도하중을 산정하는 것이 바람직하다.

## 2.5 기타 하중

가설구조물의 설계에 있어서 일반적인 하중 이외에 시공 장소, 지형, 지질 및 특수한 시공법의 적용 등에 따라서 적절한 하중을 설정하여 그 영향을 고려하여야 한다. 현장의 상황에 따라서 반드시 고려하여야 하는 하중이 있는데 가시설물 설계 일반사항에는 표 3.2.1처럼 다양한 하중을 고려하도록 기재되어 있다. 여기서는 이 중에서 가설흙막이에 작용하는 대표적인 하중에 대하여 설명한다.

## 2.5.1 지진하중

일반적인 가설구조는 설치기간이 짧고 지중에 시공되며 자중이 가벼운 구조체이기 때문에 지진과 거의 같은 진동을 한다. 그러므로 지진에 큰 영향을 받지 않는 것으로 보기 때문에 원칙적으로는 지진의 영향을 고려하지 않는다. 다만 가설구조의 존치 기간이 긴 경우이거나, 중요 구조물일 때는 도로교설계기준에 준하는 내진설계를 적용한다.

## 2.5.2 적설하중

적설하중을 고려할 필요가 있는 경우에는 충분히 압축된 눈 위를 차량이 통행하는 상태 혹은 적설량이 많아 자동차 통행이 불가능할 때 눈만의 하중으로서 작용하는 상태를 고려하는 것이 좋다. 중간적인 상태, 예를 들면 적설 때문에 자동차의 통행에 어느 정도 제한이 가해질 때도 위의 상태 모두에 대하여 설계하는 것이 안전하다.

전자는 적설이 어느 정도 이상이라면 규정의 활하중이 통행하는 기회는 극히 적어지게 되므로 규정의 활하중 외에 고려하는 설하중으로 일반적으로 1.0 kN/m²(압축된 눈으로 약 15cm 두께) 정도를 보면 충분하다. 후자는 다음 식으로 구해진다.

$$W_s = P \cdot Z_s \tag{3.2.13}$$

여기서, $W_s$ : 설하중 (kN/m²)

$P$ : 눈의 평균단위중량 (kN/m³)

$Z_s$ : 설계 적설깊이 (m)

눈의 평균단위중량은 지방이나 계절 등에 따라 다르지만, 눈이 많이 오는 지역에 있어서는 일반적으로 3.5 kN/m³ 정도를 적용한다. 또, 설계 적설깊이는 기존의 적설 기록 및 적설 상태 등을 고려하여 적절한 값을 설정하여야 하지만, 일반적이면 10년에 상당하는 연간 최대 적설깊이를 적용한다.

## 2.5.3 버팀대 및 흙막이앵커의 선행하중

선행하중은 흙막이벽의 변형을 억제하고 주변의 영향을 줄이는 것을 목적으로 하여 버팀대 및 흙막이앵커를 설치한 후에 즉시 작용하는 선행 축력으로, 지보공의 덜컹거림 방지를 위해 작용시키는 하중과는 그 크기나 목적이 다른 점에 주의해야 한다.

선행하중을 도입할 때의 흙막이 해석방법으로는 표 3.2.23에 표시한 방법이 사용되고 있다. 지반의 하중, 변형 관계는 비선형적 거동을 나타내므로 일반적으로 굴착 시에 탄소성해석과 선행하중시의 탄성바닥 위의 보 해석을 중첩시키는 방법은 정밀함이 떨어진다. 그러나 벽체 강성이 커서 발생 변위를 작게 억제시킬 때는 선형탄성적인 거동에 가깝다고 생각되므로 해석법 I에 표시한 방법으로 계산을 해도 실무적으로 문제는 없다. 그러나 위의 조건이 만족스럽지 않고, 정밀한 해석을 필요로 할 때는 해석법 II를 참고로 설계하는 것이 요구된다.

버팀대나 흙막이앵커에 선행하중을 도입하는 것에 따라 흙막이벽의 변형을 억제할 수 있지만, 과도한 선행하중은 배면토압의 증가, 벽체의 국부적인 휨응력 증가의 원인이 되며, 흙막이의 안전성을 위협할 수 있다. 따라서 선행하중의 크기에 있어서는 벽체의 종류 및 지반의 조건에 따라 다르지만, 버팀대 설계 축력을 함께 설정하는 것이 좋다. 과거의 사례 등에서는 일반적으로 버팀대 설계 축력의 50~80 % 및 설계 앵커력의 50~100 % 정도를 작용시키는 경우가 많다.

**표 3.2.23** 작업기계에 의한 하중분포 예

| 방법 | 해석법 I | 해석법 II |
|------|---------|-----------|
| | 선행하중에 대한 배면지반의 지반반력을 스프링반력으로 평가하는 방법 | 배면지반을 탄소성 스프링으로 평가하는 방법 |
| 내용 | 일반적인 탄소성해석과는 다른 배면지반의 탄성 스프링을 고려한 모델에 선행하중 시의 외력을 작용시켜 중첩시키는 방법이다. | 배면지반과 굴착면측 지반을 등가로 탄소성 스프링을 고려하여, 굴착해석과 선행하중 도입을 동일 모델로 해석하는 것이다. 흙막이벽 배면의 측압은 흙막이벽을 변형시키는 외력이 아니고, 흙막이벽이 변형한 결과로 얻어진다. 굴착면측 지반의 스프링 반력의 상한은 수동토압, 배면지반의 스프링 반력의 하한값은 주동토압이 된다. |
| 평가 | 선행하중 도입에 의한 흙막이벽의 변형은 실용적인 정밀도가 얻어지지만, 굴착 시의 구조계와 선행하중에 대한 구조계가 다르다고 하는 이론적 모순이 있다. | 굴착 시 및 선행하중 시 흙막이벽의 역학적인 거동을 실용상 충분한 정밀도를 얻을 수 있다. |

*출처 : トンネル標準示方書 [開削工法]·同解説, 해설 표 3.15(159쪽)

## 2.5.4 흙막이앵커의 연직성분

지보공으로 흙막이앵커를 사용할 때는 흙막이앵커 축력의 연직성분이 흙막이벽에 작용하기 때문에 흙막이벽의 단면 설계 및 지지력의 계산에서 반드시 고려하여야 한다. 우리나라 설계기준이나 지침에는 이에 대한 규정이 없어서 생략하는 경우가 많은데, 흙막이의 안전을 위하여 설계에서는 반드시 반영하여야 한다. 흙막이앵커의 연직성분에 대한 사항은 제8장 지보재의 설계에 상세하게 기재하였으니 참고하기를 바란다.

# 3. 흙막이에 작용하는 측압

## 3.1 측압의 기본적인 고려방법

### 3.1.1 측압의 정의

흙막이벽에서는 토압이나 수압을 기본으로 흙막이에 인접한 지표면에 놓여 있는 적재물이나 도로를 통행하는 차량 또는 인접하는 구조물의 기초 하중 등에 의한 지중응력의 수평성분이 측방하중으로 작용한다. 이와 같은 **측방하중(Lateral Load)**을 통틀어 '**측압**'이라 한다. 흙막이 벽에 작용하는 측압은 크기, 분포 형상 등을 확실하게 모르는 것이 많고 시공 조건 등의 조그마한 차이로 인해 그 성질과 상태에 차이가 발생한다. 일반적으로 토압이나 수압 등의 하중을 전부 합쳐서 측압으로 취급하고 있다.

흙막이에 작용하는 수평하중을 '측압'이라 정의한 것은 일반적으로 수압을 포함한 경우나 포함하지 않은 경우도 막연히 토압이라고 부르는데, 흙막이벽에 작용하는 외력을 측압으로 주어져 있는 것에 대하여 "토압과 수압을 분리하여 제시하는 것은 현재 상태로는 곤란하다." 여기서 곤란한 것은 토압은 물론이고, 수압에서도 지역이나 지층구성에 따라 각각 양상이 다른 것과 이것을 입증할 수 있는 자료도 없어 현재 상태로는 양쪽을 분리한 형상으로 설계에서의 값을 제시할 수 없다는 의미이다.

일본에서는 1988년도에 개정된 일본건축학회의 '흙막이 설계지침'에도 흙막이용의 외력은 토압과 수압을 포함한 측압으로 규정하고 있다. 용어로써의 측압은 대한토목학회가 발행한 『토목용어사전』(1998년 9월)에는 측압(Lateral Pressure)을 다음과 같이 기재하고 있다.

① 유체, 분체 또는 과립체 등이 이와 접한 측면에 작용하는 압력
② 압축시험에서 압축실에 가해지는 액압

전문용어로는 일반적으로 넓게 인용되거나 개념적으로 정착된 용어는 아니다. 이 토목용어사전에 보면 토압(Earth/Soil Pressure)을 "지반의 내부 혹은 지반과 구조물과의 경계면에 작용하는 응력을 말하며 전자는 지중토압, 후자는 벽면 토압이라 부름"으로 되어 있다. 어떤 의미에서 해석하면 토압은 지반과 경계면에 작용하는 모든 응력을 포함한 것으로 해석할 수 있다.

국내의 가설구조와 관련된 기준에는 대부분이 토압이라는 용어를 사용하고 있는데, 엄밀한 의미에서는 측압이 맞는 용어이지만, 관행적으로 토압이라는 용어를 사용하고 있다. 따라서 이 책에서는 토압과 수압이 동시에 작용하는 경우에는 측압이라는 용어를 사용하는 것으로 한다.

## 3.2 측압의 성분과 그 형상

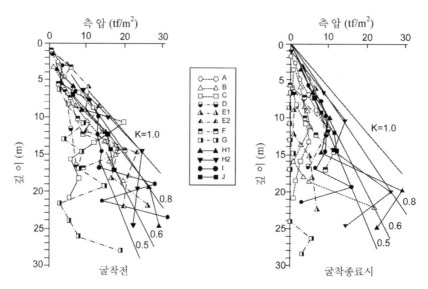

그림 3.3.1 굴착 전후의 측압분포(最新斜面·土留め技術總覽, 712쪽)

그림 3.3.1은 RC 흙막이벽에 설치한 토압계측기에 의하여 실측한 측압분포를 나타낸 것이다. 그림에는 10개소에서의 측정 결과가 정리되어 표시되어 있다. 여기서 알 수 있는 것과 같이 흙막이벽의 배면에 작용하는 측압은 대체로 깊이에 비례하여 증가하는 삼각형 분포를 보인다. 그래서 이 측압은 토압과 수압 즉, 지극히 일반적인 조건에서의 지표면 하중에 따른 지중응력의 수평성분을 포함한 합계 값이며 (3.3.1) 식과 같이 표현할 수 있다.

$$P_{Z1} = K_s \cdot \overline{\gamma}_{ave} \cdot Z_1 + K_w \cdot \gamma_w \cdot Z_2 + \overline{q} \qquad (3.3.1)$$

여기서, 　$P_{z1}$ : 깊이 $Z_1$에 있어서의 측압 (kN/m$^2$)

　　　　$K_s$ : 유효토압에 대해서의 토압계수

　　　　$\overline{\gamma}_{ave}$ : 흙의 평균 유효단위중량 (kN/m$^3$)

　　　　$Z_1$ : 지표면에서의 깊이 (m)

　　　　$K_w$ : 수압계수

　　　　$\gamma_w$ : 물의 단위중량 (kN/m$^3$)

　　　　$Z_2$ : 지하수면에서 $Z_1$까지의 깊이 (m)

　　　　$\overline{q}$ : 일반적인 조건에서 과재하중의 수평성분 (kN/m$^2$)

측압의 각 성분은 꽤 복잡하여 아주 사소한 시공 조건의 차이에도 그 성질과 상태가 다르게 된다. 그 다양성을 우선 측압의 주성분인 토압을 예로 들어 설명한다.

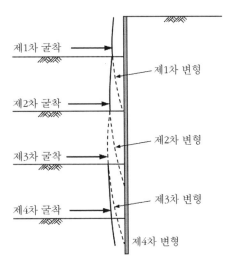

**그림 3.3.2 흙막이벽의 변형 패턴**

　토압은 대상이 되는 구조물의 변위량이나 변형 형상이 다른 것에 따라서 그 성질이 변한다. 즉, 이동 또는 전도와 같이 일체로 움직임을 나타내는 옹벽과, 굴착의 진행에 따라 변위·변형 형상이 변하는 흙막이벽, 거의 변위가 발생하지 않는 건물의 지하 외벽 등에서는 각각에 작용하는 토압의 형태가 다르다.

　흙막이벽의 변형은 지층구성이나 토질, 굴착깊이, 흙막이벽의 강성이나 근입깊이 또는 버팀대의 위치·간격·강성·가설 시기 등 많은 요소에 직접적으로 영향을 받아 그 형태도 일괄적으로 말할 수는 없지만 일반적으로는 그림 3.3.2에 표시한 것과 같은 패턴이 된다. 즉, 초기의 굴착단계에서는 캔틸레버 보의 변형패턴을 보이며, 그 이후에는 굴착의 진행에 따라서 점차 활모양의 형태로 변한다. 이 현상을 토압의 재분포라 부르고 있다(그림 3.3.3 참조). 토압의 재분포 형상은 아칭(Arching)이나 흙막이벽의 연속보 효과에 의한 정성적(定性的)인 것으로 나눌 수 있지만, 정량적(定量的)으로는 나눌 수 없다.

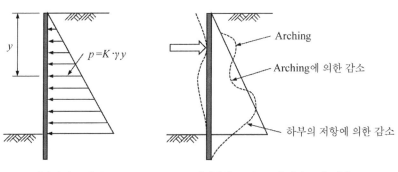

(a) 일반적인 토압분포    (b) 연직방향 Arching에 의한 토압 재분포

**그림 3.3.3 흙막이벽의 변형에 따른 토압의 재분포**

또, 수압에서도 지반의 종류만이 아닌 지하수의 공급량, 굴착 시기와 기간, 흙막이벽의 수밀성 및 배수 방법 등 많은 요인에 의하여 그 형태가 달라지므로 정량적으로 파악되지는 않는다. 그림 3.3.4는 그림 3.3.1에서 소개한 측압 측정에서 수압측정을 동시에 시행한 결과이다. 굴착 전의 수압은 거의 정수압에 가까운, 정수압의 약 50~60 % 정도의 것이다. 이것은 지층구성이나 지하수 공급량 등과 관계가 있다고 할 수 있다. 굴착이 종료된 시점에서의 수압분포는 일률적으로 감소하여 대부분이 정수압의 40 % 정도의 값으로 되어 있다. 그래서 이 수압의 감소가 지하수위의 저하에 수반되는 것은 아니라고 하는 것이 흙막이벽에 작용하는 수압 형태의 큰 특징으로 되어 있다.

측압의 성분을 설명하는 식인 (3.3.1) 식에 "$K_w$ : 수압계수"라고 하는 개념이 이용되는 것도 이러한 현상을 표현하려는 것이다. 이 수압계수라고 하는 개념을 정량적으로 제시하여 얻을 수 없는 것도 흙막이의 외력을 「토압」과 「수압」을 정리하여 **'측압'**으로 취급하는 가장 큰 이유이다.

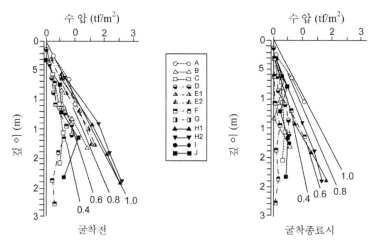

**그림 3.3.4** 굴착 전후의 수압분포(最新斜面·土留め技術總覽, p.713)

## 3.3 측압산출법의 제안

현재 일반적으로 많이 사용되고 있는 측압 산출 방법은 이론식과 실측에 의한 제안식(경험식)을 기본으로 나눌 수 있는데, 아래와 같은 분류를 기본으로 측압의 산출 방법으로써 각각의 제안에 대하여 설명한다.

측압의 산출 방법 ─┬─ 이론식 ── Rankine─Resal 식
　　　　　　　　　└─ 실측에 의한 제안식 ─┬─ 버팀 반력 측정에서의 제안
　　　　　　　　　　　　　　　　　　　　└─ 흙막이벽 측정에서의 제안

### 3.3.1 Rankine−Resal 식

흙막이벽에 작용하는 측압(토압)을 이론적으로 구하는 식 중에서 가장 많이 사용하는 방법으로 Rankine−Resal 식이 있다.

$$P_a = (q + \gamma_t Z)\tan^2(45° - \phi/2) - 2c\tan(45° - \phi/2) \qquad (3.3.2)$$

$$P_p = (q + \gamma_t Z)\tan^2(45° + \phi/2) + 2c\tan(45° + \phi/2) \qquad (3.3.3)$$

여기서,  $P_a$ : 주동측압(토압) $(kN/m^2)$

$P_p$ : 수동측압(토압) $(kN/m^2)$

$q$ : 지표면에서의 과재하중 $(kN/m^2)$

$\gamma_t$ : 흙의 습윤단위중량 $(kN/m^3)$

$Z$ : 지표면에서부터의 깊이 (m)

$\phi$ : 흙의 전단저항각 (°)

$c$ : 흙의 점착력 $(kN/m^2)$

Rankine−Resal 식은 반무한 지반에 있어서 극한 평형상태에서 지반 내의 연직면에 작용하는 Rankine의 토압을 기본으로 하여 Resal이 흙의 점착력을 고려하여 얻어진 것을 확장한 것이다. 기본식이 지반 내의 연직면에 작용하는 토압을 나타내는 것이기 때문에, 흙막이벽에 작용하는 토압(측압) 계산식으로 사용하고 있다. 이 식에서는 흙의 단위중량 $\gamma_t$를 지하수위와 관계없이 습윤단위중량으로 하면 측압이 구해지는데, 지하수면 아래의 지층에서 $\gamma_t$를 수중단위중량으로 하면 측압(토압)을 구할 수 있다.

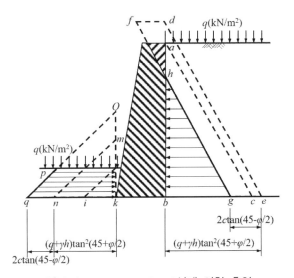

그림 3.3.5 Rankine-Resal식에 의한 측압

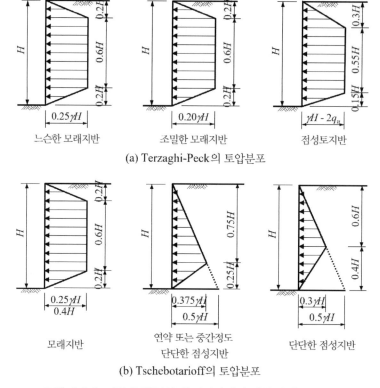

**그림 3.3.6** 버팀대 반력의 측정결과에서 제안된 측압분포

Rankine-Resal 식에서는 주동토압(측압)과 수동토압(측압)을 구하는 식이 주어져 있다. 후술하는 실측 결과에서의 제안은 일반적으로 흙막이벽의 배면에 작용하는 측압, 즉 주동측의 측압에 수동측의 값에서의 제안은 대단히 작다. 따라서 굴착바닥면 아래의 수동측압의 산정에는 일반적으로 Rankine-Resal 식이 사용되고 있다.

### 3.3.2 버팀대 반력 측정에서의 제안

버팀대 반력의 측정 결과에서 제안된 측압 분포형으로는 Terzaghi와 Peck에 의한 제안과 Tschebotarioff에 의한 제안이 널리 알려져 있다(그림 3.3.6 참조). 이 두 가지 방법은 다른 제안이 있기까지 토목, 건축 부분을 불문하고 흙막이 설계에 크게 이바지하였다.

일본에서의 검증 결과에 따르면 이들의 측압 분포형은 모래지반에서는 어느 정도 안전이 확보되지만, 점성토지반에서는 위험 측으로 되는 경향이 있다는 평가를 받고 있다.

그림 3.3.7은 Peck이 1973년도에 다시 제안한 분포 형태이다. 이 수정분포 형태는 버팀대 축력의 추정에 잘 맞고, 대부분이 안전 측에 포함된다는 이유로 사용되고 있다. 그 주요한 수정 사항은 측압계수로서 다음 식으로 나타낼 수 있다.

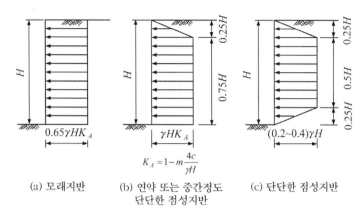

(a) 모래지반    (b) 연약 또는 중간정도    (c) 단단한 점성지반
단단한 점성지반

**그림 3.3.7** Peck의 수정토압분포

$$K_a = 1 - m\frac{4S_u}{\gamma_t H} \tag{3.3.4}$$

여기서,    $K_a$ : 토압계수

$\gamma_t$ : 흙의 습윤단위중량 (kN/m$^3$)

$S_u$ : 흙의 비배수전단강도 (kN/m$^2$)

$H$ : 굴착깊이 (m)

$m$ : 점토의 응력~변형의 성질에 따라서 정해지는 정수

식 중에서 $m$에 대해서는 정규압밀상태의 점토에서 $m=1$, 특히 연약한 점토에서 압밀평형상태에 도달하지 않는 흙의 경우는 $m<1$로 할 수 있다. 또, 이 분포 형태가 주어질 때의 데이터는 대부분이 굴착깊이가 약 8~12m의 범위이며, 현재 일반적으로 사용되고 있는 버팀대에 선행하중을 도입하고 있는 경우의 사례는 포함되지 않는다. 더욱이 이 분포 형태는 흙막이벽에 작용하는 측압과는 어떠한 상이성(相以性)을 가지는 것은 아니므로 흙막이벽에 작용하는 휨모멘트 등은 이 측압을 사용하여 계산한 것보다 상당히 작다고 기술되어 있다.

앞에서 소개한 버팀대 반력의 실측 결과에서 제안된 측압분포형은 본래 부정정구조물인 흙막이 가설구조를 정정구조물로 치환하여 측압 분포 형태를 구하는 것이므로 공학적으로는 「**겉보기측압**」이라고 하는데, 버팀대나 띠장의 단면 계산에 주로 사용한다.

### 3.3.3 흙막이벽 측정에서의 제안

버팀대 반력의 측정 결과에서 추정한 측압의 분포 형태가 이를테면 「겉보기측압」이라는 위치에 있는 것이라면, 흙막이벽에서의 실측 결과를 기준으로 한 제안은 토압계에 의해 흙막이벽에 작용하는 토압이나 수압 등 모든 측압하중을 직접 측정함으로써 실제의 값에 가까운 것이라고 할 수 있다. 앞에서 표시한 그림 3.3.1과 그림 3.3.4가 RC 흙막이벽을 직접 측정하여 얻어진 토압과 수압의 분포도이다. 이 그림에서 알 수 있듯이 흙막이벽에 작용하는 토압과 수압의 합계인 측압은 지반의 종류에 상관없이 대체로 깊이에 비례하여 증가하는 삼각형 분포로 되어 있다. 측압이 삼각형으로 되는 것은 측압의 대부분(60~70%)을 수압이 차지하고 있으므로 수압의 분포 형상을 계승하고 있는 것으로 볼 수 있다. 이상에 의하여 흙막이벽에 작용하는 측압은 다음 식으로 나타낼 수 있다.

$$P_z = K\gamma_t Z \qquad\qquad (3.3.5)$$

여기서,　　$P_z$ : 지표면에서 깊이 $Z$에 대한 측압 (kN/m$^2$)

　　　　　$K$ : 측압계수

　　　　　$\gamma_t$ : 흙의 습윤단위중량 (kN/m$^3$)

　　　　　$Z$ : 지표면에서부터의 깊이 (m)

측압계수는 토질의 조건이나 지하수의 상태에 따라서 다르지만, 일반적으로 $K=0.2~0.8$의 범위 내에 있다. 표 3.3.1은 일본건축학회의 『흙막이 설계지침』(p.87)에 기재되어 있는 측압계수인데, 실용적으로 여기에 표시된 값을 적용하여도 좋다고 본다. 흙막이벽에 작용하는 측압은 굴착에 따라 감소하는 것도 알려진 사실이다. 문헌에 따르면 굴착에 의한 측압은 측압계수에 비례하여 약 20% 정도 감소하는 것을 알 수 있다. 이와 같은 관점에서 보면 표 3.3.1에 주어진 측압계수는 굴착 초기 단계에서의 값이며, 굴착 후반부에서는 이것보다 작은 측압이 작용하는 것으로 볼 수 있다.

## 3.4 각 제안 측압의 적용

흙막이벽에 작용하는 측압을 계산하는 방법으로서 현재 일반적으로 실제 계산에서 적용하고 있는 것을 소개하였지만 각각의 방법에서는 기본적으로 제안할 때의 가정 조건이 있다. 이것은 흙막이 계산법에 직접 관계가 있거나, 공사 방법이나 규모에 관계가 있다. 따라서 당연한 일이기 때문에 사용에도 제약받게 된다. 한편, 흙막이 계산법에도 구조의 모델화에 임하여 가정 조건이 되는 제약조건이 설정되어 있다. 흙막이 설계에 있어서는 이와 같은 배경을 충분히 인식하여 고려하는 것이 필요하다. 일본건축학회 기준에는 이 점에 대해서도 언급되어 있었는데 "어디까지나 일반적인 조건하에서의 표준"으로 한 것으로 적용 측압과 계산법 및 공사의 규모에 있어서 표 3.3.2, 표 3.3.3에 표시한 것과 관련이 있는데, 국내의 설계기준이나 지침, 참고서적을 보면 표 3.3.2, 표 3.3.3이 기재되어 있다.

표 중의 "○"는 바람직한 조합을 의미하고, "×"는 추천하지 않는 조합을 나타내고 있다. 또, "△"는 적극적으로 추천하지는 않지만, 지반이나 공사 조건에 따라서는 양자의 조합도 생각할 수 있다.

## 표 3.3.1 측압계수 표

| 지반 | 조건 | | | 측압계수 | 비고 | |
|---|---|---|---|---|---|---|
| | | | | | N 값 | qu(kN/m²) |
| 사질지반 | 지하수위가 얕은 지반에서 차수성의 흙막이벽을 사용하는 등 높은 수위가 유지된다고 판단되는 경우의 굴착 | 일정한 투수성 지반 | 느슨 | 0.7~0.8 | <10 | |
| | | | 중간 | 0.6~0.7 | 10~25 | |
| | | | 조밀 | 0.5~0.6 | 25< | |
| | | 불투수층을 사이에 두는 등 일정하지 않는 경우 | 느슨 | 0.6~0.7 | <10 | |
| | | | 중간 | 0.4~0.6 | 10~25 | |
| | | | 조밀 | 0.3~0.4 | 25< | |
| | 상기 이외의 굴착 | | 느슨 | 0.3~0.5 | <15 | |
| | | | 중간 | 0.2~0.3 | 15~30 | |
| | | | 조밀 | 0.2 | 30< | |
| 점토질지반 | 층 두께가 큰 정규압밀 정도의 특히 예민한 점토 | 매우 연약한 점토 | | 0.7~0.8 | | <50 |
| | 층 두께가 큰 정규압밀 정도의 예민한 점토 | 연약 점토 | | 0.6~0.7 | | |
| | 정규압밀 정도의 점토 | 연약 점토 | | 0.5~0.6 | | |
| | 과압밀로 판단되는 점토 | 중간 점토 | | 0.4~0.6 | | 50~100 |
| | 안정된 홍적점토 | 단단한 점토 | | 0.3~0.5 | | 100~200 |
| | 단단한 홍적점토 | 매우 단단한 점토 | | 0.2~0.3 | | 200< |

*출처 : 山留め設計指針(2017), 표 4.2.1(87쪽)

## 표 3.3.2 측압의 산정방법과 계산법과의 관련

| 측압산정법 \ 계산법 | 탄성받침보 Engel법 | 분할단순보법 | 가상지점법 | 연속보법 (탄성·탄소성법) |
|---|---|---|---|---|
| Peck 수정방법 | × | ○ | △ | × |
| $P = K\gamma_t Z$ | ○ | × | ○ | ○ |
| Rankine-Resal의 식 | ○ | × | ○ | ○ |

## 표 3.3.3 공사 규모와 측압산정방법, 계산법과의 관련

| 공사규모 \ 측압산정법·계산법 | 측압의 산정법 | | | | 계산법 | | |
|---|---|---|---|---|---|---|---|
| | Peck 수정토압 | $P=K\gamma Z$ | Rankine -Resal식 | 탄성받침보 (Engel법) | 단순보법 (분할법) | 가상지점법 | 탄성, 탄소성법 |
| 자립 | △ | ○ | △ | ○ | × | △ | ○ |
| 소규모 : 10m 이하 | ○ | ○ | ○ | × | ○ | ○ | ○ |
| 중규모 : 15m 이하 | × | ○ | ○ | × | × | ○ | ○ |
| 대규모 : 15m 이상 | × | ○ | ○ | × | × | △ | ○ |

**표 3.3.4** 공사 규모에 대한 산정방법의 적용 범위 기준

| 공사의 규모 | 굴착깊이 기준 (m) | 산정방법 | | |
|---|---|---|---|---|
| | | 보·스프링모델 | 단순보모델 | 자립흙막이의 보·스프링모델 |
| 자립식 | ~5 | ◎ | ― | ○ |
| 중소규모 | ~15 | ◎ | ○ | ― |
| 대규모 | 15~ | ◎ | △ | ― |

주) ◎ : 추천, ○ : 적용 가능, △ : 조건에 따라서 적용 가능

*출처 : 山留め設計施工指針(2002), 표 3.2.1(127쪽)

　그런데 일본건축학회의 『흙막이 설계시공지침』이 2002년에 개정되면서 표 3.3.2의 내용은 삭제되고 표 3.3.3의 내용은 표 3.3.4와 같이 개정하였다. 참고로 국내의 설계기준이나 지침, 참고서적을 보면 표 3.3.2, 표 3.3.3이 기재되어 있는 경우가 많은데, 그 표의 내용을 최근에 개정된 설계지침이라고 소개한다. 그러나 일본건축학회에서 발행한 지침은 2002년에 개정된 것인데, 이 지침에는 표 3.3.4의 내용이 규정되어 있고, 국내의 참고서적에서 말하는 최근의 일본건축학회 기준은 1988년에 제정된 기준이므로 착오가 없기를 바란다. 표 3.3.4의 내용을 보면 굴착깊이에 상관없이 보·스프링모델(탄소성법)을 사용하도록 추천하고 있다.

　그런데 일본건축학회의 「흙막이 설계지침」이 2017년 개정되면서 표 3.3.4의 내용이 표 3.3.5와 같이 변경되었다. 이 표는 공사의 규모에 대한 산정방법의 적용 범위의 목표를 나타낸 것이다. 여기서 공사 규모는 굴착 깊이에 따른 것으로, 예를 들면 단순보 모델의 적용 대상이 되는 중, 소규모에서는 적용성의 검토 결과(사질지반에서 15m, 연약지반에서 8m 정도)를 참고로 굴착 깊이까지 15m 정도까지를 말한다.

**표 3.3.5** 산정방법의 적용 범위 기준

| 지보공 단수 | 굴착깊이 기준 | 산정방법 | | | |
|---|---|---|---|---|---|
| | | 보·스프링모델 | 자립흙막이의 보·스프링모델 | 단순보모델 | 유한요소법 |
| 0단(자립) | 3~6m 정도 | ◎ | ◎ | ― | ○ |
| 1단 | 4~8m 정도 | ◎ | ― | ○ | ○ |
| 2단 | 8~15m 정도 | ◎ | ― | ○ | ○ |
| 3단 이상 | 15m 이상 | ◎ | ― | △ | ○ |

주) ◎ : 추천, ○ : 적용 가능, △ : 조건에 따라서 적용 가능, ― : 적용할 수 없음

*출처 : 山留め設計指針(2017), 표 6.4.1(147쪽)

# 4. 토압 및 수압의 비교

흙막이 구조의 하중에 있어서 가장 비중이 큰 하중은 토압 및 수압이다. 그런데 설계기준에는 토압과 수압에 대하여 상세하게 설명된 것도 있지만, 그렇지 않은 예도 있다. 특히 개정된 가설흙막이 설계기준에서는 토압(측압)을 굴착단계별 토압, 경험토압, 수압 3가지 항목으로 구분하여 규정하고 있다.

가설구조는 시공 상태에 따라 토압과 수압을 달리 적용해야 하는 특수한 구조이기 때문에 그 적용성이 매우 복잡하여 그만큼 많은 계산식이 제안되어 있는데, 설계자 처지에서는 어떤 계산식을 적용해야 하는지 판단하기 곤란한 예도 있다. 특히 흙막이 구조에서 가장 큰 비중을 차지하는 토압과 수압의 적용성은 곧 흙막이 구조 전체를 좌우할 수 있는 것이기 때문에, 정확한 지반조사를 통하여 시공 현장에 가장 적합한 토압과 수압을 적용하여야 한다. 설계기준을 살펴보면 대부분 굴착단계별과 단면계산용 측압으로 구분하여 적용하게 되어 있는데, 여기서는 좀 더 세분화하여 아래와 같이 정리하여 설명하도록 한다.

① 근입깊이 계산용 측압(토압 및 수압)
② 탄소성법에 사용하는 측압(토압 및 수압)
③ 단면계산용 측압(토압 및 수압)

흙막이 구조에 있어서 토압이나 수압을 전부 같은 것을 사용하면 좋겠지만, 근입깊이 계산에서는 극한 평형상태를 가정하고 있는 것에 대하여, 단면 계산에서는 극한 평형상태를 가정하지 않기 때문에 같은 측압을 사용할 수 없다. 따라서 근입깊이 계산용 토압은 삼각형 분포, 굴착이 완료된 후에 단면 계산에 사용하는 토압은 경험토압공식을 사용한다.

또, 지하수위에 있어서는 유효 토압과 간극수압으로 나누어 생각할 수 있는데, 지하수위가 계절에 따라 변하거나, 굴착이나 흙막이벽의 변형에 따라 간극수압의 변화를 정량적으로 파악하는 것이 어려운 경우를 고려하여 설계 수위에서의 정수압 분포를 고려하는 것으로 하고 있다. 이것은 간극수압을 정확히 파악하는 것이 어렵기 때문에 정수압 분포를 사용하는 것으로 좀 더 안전한 값을 얻을 수 있다.

이처럼 다양한 토압과 수압을 각 설계기준에서 설계 측압의 계산 방법이나 취급이 약간씩 다른데, 제1장에 표시한 기준을 대상으로 흙막이의 설계에 사용하는 측압의 계산 방법을 위의 3가지의 측압별로 정리하였다. 표에는 일본기준 4가지가 들어 있는데, 이것은 일본을 대표하는 4개의 기관인 도로협회, 건축학회, 토목학회, 철도연구소에서 발행한 기준을 대상으로 한국의 기준과 비교하기 위해서이다. 여기에서 비교표에 기재된 일부 계산식의 기호가 원문과 다르게 표현한 것이 있는데, 이것은 기준별로 비교를 쉽게 하도록 각기 다르게 표현된 기호를 하나로 통일하여 표기하였다.

## 4.1 근입깊이 계산용 측압

대표적으로 사용하고 있는 근입깊이 계산용 토압은 표 3.4.1, 수압은 표 3.4.2와 같다. 기준별로 토압과 수압에 사용하는 계산식을 분류한 것이 표 3.4.3이다.

가설흙막이 설계기준에는 근입깊이 계산용 측압은 별도로 규정하지 않고 "굴착단계별 토압인 삼각형 토압을 적용하고, 굴착과 지지구조 설치가 완료된 후에는 경험토압을 사용하여야 한다."로 규정하고 있다. 구조물기초설계기준에서는 「7.3.2 연성벽체의 토압」에 "굴착단계별 토압, 근입깊이 결정 및 자립식 널말뚝의 단면계산은 Rankine-Resal, Caguot 및 Kerissel 등의 삼각형분포 토압을 적용할 수 있다."라고 되어 있다. 여기서 아쉬운 점은 위의 3가지 식에 대한 토압분포 그림이나 계산식이 표시되어 있지 않다는 것이다. 또한 수압에 대해서는 「7.3.3 수압 및 상재하중에 의한 토압」 항목이 있는데, 수압을 고려한다고만 기재되어 있고, 구체적으로 어떤 방법의 수압을 고려해야 하는지는 기재되어 있지 않다.

도로설계요령에서는 「3.1.6 토압」에 "흙막이 벽체의 근입깊이와 자립식 널말뚝의 단면을 결정할 경우에는 Rankine-Resal 토압을 사용한다."라고 기재되어 있다. 수압은 기준의 「<그림 3.13> 강널말뚝에 작용하는 수압분포」에 기재되어 있는데 표 3.4.2의 수압②에 해당이 된다.

철도설계기준에서는 「말뚝의 근입깊이」 항목이 있지만, 구체적으로 어떤 계산식을 사용해야 하는지에 대해서는 규정이 없다.

가설흙막이 설계기준에는 근입깊이 계산용 토압에 대해서는 따로 언급되어 있지 않고, 경험토압인 Peck의 수정토압과 Tschebotarioff의 토압이 기재되어 있다. 또한 이 기준에서는 "경험토압 분포는 굴착과 지지구조 설치가 완료된 후에 발생하는 벽체의 변위에 따른 토압 분포로 벽체 배면 지반의 종류, 상태 등에 따라 여러 연구자들이 제안한 경험토압 분포가 있으며, 제안한 연구자가 기술한 제한조건 등을 검토하여 적용하여야 한다."고 되어 있다. 그림 3.4.1은 가설흙막이 설계기준에 수록된 Peck의 수정토압분포도로 지지구조 설치가 완료된 후에 발생하는 토압분포이므로 근입깊이 계산은 단계별 토압분포에 해당하므로 할 수 없다. 따라서 경험토압을 사용하여 근입깊이는 계산할 수 없다.

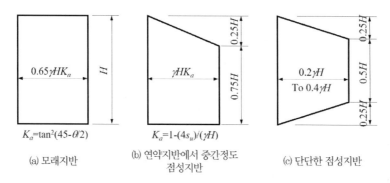

**그림 3.4.1** Peck(1969)의 수정토압분포도

**표 3.4.1** 근입깊이 계산용 토압의 계산방법

| 구분 | 설명도 | 계산식 |
|------|--------|--------|
| 토압 ① | Rankine-Resal의 방법<br> | • 주동토압<br>$P_a = \left\{ \gamma H_1 + \gamma'\left(H_2 + D\right)\right\} K_a - 2c\sqrt{K_a}$<br>$K_a = \tan^2\left(45 - \phi/2\right)$<br>• 수동토압<br>$P_p = \gamma' D K_p + 2c\sqrt{K_p}$<br>$K_p = \tan^2\left(45 + \phi/2\right)$<br><br>여기서, $\gamma$ : 흙의 단위중량<br>$\gamma'$ : 흙의 수중단위중량<br>$\phi$ : 흙의 내부마찰각<br>$c$ : 흙의 점착력 |
| 토압 ② | Coulomb의 방법<br> | • 주동토압<br>$P_a = K_a\left\{ \gamma H_1 + \gamma'\left(H_2 + D\right)\right\}$<br>$K_a = \tan^2\left(45 - \phi/2\right)$ 단, $K_a \geq 0.25$<br>• 수동토압<br>$P_p = K_p \gamma' D$<br>$K_p = \dfrac{\cos^2 \phi}{\left[1 - \sqrt{\dfrac{\sin\left(\phi + \delta\right)\cdot \sin\phi}{\cos\delta}}\right]^2}$<br><br>여기서, $\delta$ : 벽면마찰각($\delta = \phi/2$) |
| 토압 ③ | 측압계수에 의한 방법<br> | • 주동토압<br>$P_a = K\gamma_t\left(H + D\right)$<br>$K$ : 측압계수<br>　- 사질토지반일 경우<br>　　지하수위가 높은 경우 : $K = 0.3\sim0.7$<br>　　지하수위가 낮은 경우 : $K = 0.2\sim0.4$<br>　- 점성토지반일 경우<br>　　연약하다 : $K = 0.5\sim0.8$<br>　　단단하다 : $K = 0.2\sim0.5$<br>• 수동토압<br>$P_p = K_p \cdot \gamma' D + 2c\sqrt{K_p}$<br>$K_p = \tan^2\left(45 + \phi/2\right)$ |

**표 3.4.2** 대표적인 수압의 계산방법

| 수압 ① | 수압 ② | 수압 ③ |
|---|---|---|
| 정수압 | 삼각형 분포(주동측 정수압) | 삼각형 분포(동수구배 고려) |
| $W_a = \gamma_w(H_2 + D)$ $W_p = \gamma_w \cdot D$ | $W_a = \gamma_w \cdot H_2$ | $i = \dfrac{H_2}{H_2 + 2D}$ $K_{w1} = 1 - i$ , $K_{w2} = 1 + i$ |

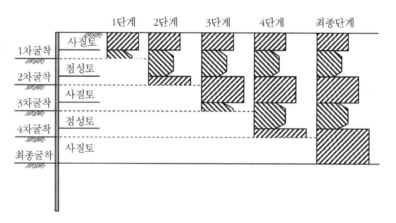

**그림 3.4.2** Peck토압으로 단계별로 굴착하였을 때의 토압분포

Peck과 같은 경험토압 공식을 사용하여 굴착단계별을 해석하는 것은 관용계산법에서는 계산이 비교적 쉬울 수 있으나, 탄소성 해석법에서는 계산이 매우 어렵고 복잡해진다. 사질토에서는 사각형으로 분포하기 때문에 상관이 없지만, 점성토의 경우에는 그림 3.4.1과 같이 변형된 형태의 분포를 보이는데, 지층 구성상 점성토가 중간층에 위치해 있는 경우에는 그림 3.4.2와 같이 이상한 모양의 토압분포가 된다. 이런 형태의 토압분포로 탄소성해석을 한다면 해석 결과가 이상하게 나올 수 있을 것이다. 따라서 단계별 굴착에서 탄소성법으로 해석할 때는 경험토압공식의 적용은 곤란하다고 생각된다. 지하철설계기준에도 같은 맥락으로 설명이 되어 있다.

표 3.4.3 설계기준별 근입깊이 계산방법 분류

| | 기준명 | 사질토 | | | 점성토 | | |
|---|---|---|---|---|---|---|---|
| | | 토압식 | 수압식 | 토, 수압 취급 | 토압식 | 수압식 | 토, 수압 취급 |
| 1 | 가설흙막이 설계기준 | - | - | - | - | - | - |
| 2 | 구조물기초설계기준 | 토압① | - | - | - | - | - |
| 3 | 도로설계요령 | 토압① | 수압② | 분리 | 토압① | - | 일체 |
| 4 | 철도설계기준 | Peck | - | - | - | - | - |
| 5 | 고속철도설계기준 | 토압② | 수압① | 분리 | 토압② | - | 일체 |
| 6 | 호남고속철도지침 | 토압① | 수압①② | 분리 | 토압① | - | 일체 |
| 7 | 가설공사표준시방서 | 토압① | 수압③ | 분리 | - | - | - |
| 8 | 일본가설지침 | 토압① | 수압③ | 분리 | 토압① | - | 일체 |
| 9 | 일본건축설계기준 | 토압①③ | 수압① | 분리 | 토압①③ | 수압① | 분리 |
| 10 | 일본토목설계기준 | 토압② | 수압③ | 분리 | 토압③ | - | 일체 |
| 11 | 일본철도설계기준 | 토압① | 수압③ | 분리 | 토압③ | 수압③ | 일체 |

따라서 철도설계기준과 지하철설계기준은 굴착단계별 벽체 및 지보공 설계를 탄소성법이 아닌 관용계산법으로 설계하게 되어 있다고 판단할 수 있다. 또한 고속철도설계기준에 보면 근입깊이 계산용 토압이 기재되어 있는데, 이것도 관용계산법에 의한 방법이 수록되어 있다. 반면 호남고속철도지침에는 굴착단계별 토압으로 Rankine-Resal식이 기재되어 있다.

위의 설계기준별 분류를 보면 근입깊이 결정에 사용하는 토압은 대부분이 Rankine-Resal식을 사용하고 있지만, 고속철도설계기준과 일본토목학회는 Coulomb 토압을 사용하도록 규정되어 있으며, 가설흙막이 설계기준에서는 언급이 없다. 또한 토압과 수압의 취급을 구분하였는데, 이것은 사질토의 경우에는 토압과 수압을 분리하여 계산하는 것이 가능하지만, 점성토의 경우는 토압과 수압을 분리하여 계산하는 것이 곤란하기 때문이다.

그리고 근입깊이 결정에 사용하는 토압과 수압의 계산식에 어느 것을 사용하는 것도 중요하지만 근입깊이를 결정할 때의 계산 방법의 선택도 중요하다. 국내에서는 대부분 탄소성법으로 설계하므로 근입깊이 계산용 토압이 별도로 필요하지 않을 수 있으나, 즉 탄소성법이냐 아니면 관용계산법이냐를 명확히 구분하여 계산할 필요가 있다.

탄소성법으로 흙막이를 해석할 때는 탄소성법에 의한 근입깊이를, 관용계산법으로 해석하는 경우는 관용계산법에 의한 근입깊이를 계산하는 것이 올바른 해석이라고 할 수 있는데, 각 설계기준이나 지침에는 이에 대한 구분이 명확하지 않기 때문에 혼돈이 올 수 있다. 따라서 관용계산법과 탄소성법의 근입깊이 결정방법이 무엇이 다른지는 제7장에서 상세하게 설명하기로 한다.

## 4.2 탄소성법에 사용하는 측압

탄소성법에 사용하는 측압의 종류는 주동토압, 수동토압, 정지토압, 수압 등이 있으며, 표 3.4.4~표 3.4.7과 같이 여러 종류의 계산식이 제안되어 있다.

**표 3.4.4** 주동토압에 의한 측압의 산정방법

<table>
<tr>
<th colspan="3">방법</th>
<th>주동토압식</th>
</tr>
<tr>
<td rowspan="2">이론식</td>
<td>주동 ①</td>
<td>Rankine-Resal 식</td>
<td>$P_a = K_a(q + \gamma \cdot z - P_w) - 2c\sqrt{K_a} + P_w$<br><br>$K_a = \tan^2(45 - \phi/2)$</td>
</tr>
<tr>
<td>주동 ②</td>
<td>Coulomb 식</td>
<td>$P_a = K_a(q + \gamma \cdot z - P_w) - 2c\sqrt{K_a} + P_w$<br><br>$K_a = \dfrac{\cos^2 \phi}{\left[1 + \sqrt{\dfrac{\sin(\phi + \delta) \cdot \sin \phi}{\cos \delta}}\right]^2}$</td>
</tr>
<tr>
<td rowspan="2">측압계수를 직접 주는 방법</td>
<td>주동 ③</td>
<td>삼각형 분포</td>
<td>

$P_a = K \cdot \gamma \cdot z$

| 지반 | | 측압계수 |
|---|---|---|
| 모래지반 | 지하수위가 얕은 경우 | 0.3~0.7 |
| | 지하수위가 깊은 경우 | 0.2~0.4 |
| 점토지반 | 연약한 점토 | 0.5~0.8 |
| | 단단한 점토 | 0.2~0.5 |

</td>
</tr>
<tr>
<td>주동 ④</td>
<td>일본토목학회식</td>
<td>

• 굴착면보다 얕은 곳 : $P_a = K_{a1}(\gamma \cdot z + q)$
• 굴착면보다 깊은 곳 : $P_a = K_{a1}(\gamma \cdot H + q) + K_{a2} \cdot \gamma(z - H)$

| 점성토 $N$값 | $K_{a1}$ | | $K_{a2}$ |
|---|---|---|---|
| | 추정식 | 최솟값 | |
| $N \geq 8$ | 0.5~0.01h | 0.3 | 0.5 |
| $4 \leq N < 8$ | 0.6~0.01h | 0.4 | 0.6 |
| $2 \leq N < 4$ | 0.7~0.025h | 0.5 | 0.7 |
| $N < 2$ | 0.8~0.025h | 0.6 | 0.8 |

</td>
</tr>
</table>

여기서,　$K_a$ : 임의 지점에 있어서 사질토의 주동토압계수
　　　　$\gamma$ : 흙의 습윤단위중량
　　　　$z$ : 지표면에서 검토 지점까지의 깊이
　　　$P_w$ : 검토 지점에서의 지반의 간극수압
　　　　$q$ : 지표면의 과재하중
　　　　$H$ : 굴착깊이
　　　$K_{a1}$ : 굴착바닥면보다 얕은 곳의 검토 지점에 대하여 점성토의 배면측 토압계수
　　　$K_{a2}$ : 굴착바닥면보다 깊은 곳의 검토 지점에 대하여 점성토의 배면측 토압계수
　　　　$c$ : 검토 지점에 있어서 점성토의 점착력
　　　　$\phi$ : 검토 지점에 있어서 사질토의 내부마찰각

표 3.4.5 수동토압에 의한 측압의 산정방법

| 방법 | | | 수동토압식 |
|---|---|---|---|
| 이론식 | 수동 ① | Rankine-Resal 식 | $P_p = K_p(q + \gamma \cdot z - P_w) + 2c\sqrt{K_p} + P_w$<br><br>$K_p = \tan^2(45 + \phi/2)$ |
| | 수동 ② | Coulomb 식 | $P_p = K_p(q + \gamma \cdot z - P_w) + 2c\sqrt{K_p} + P_w$<br><br>$K_p = \dfrac{\cos^2\phi}{\left[1 - \sqrt{\dfrac{\sin(\phi+\delta)\cdot\sin\phi}{\cos\delta}}\right]^2}$ |

여기서, $K_p$ : 수동토압계수  
$\gamma$ : 흙의 습윤단위중량  
$z$ : 굴착면에서 검토 지점까지의 굴착깊이  
$q$ : 굴착면의 과재하중  

$P_w$ : 검토 지점에서의 지반의 간극수압  
$c$ : 검토 지점에서의 지반의 점착력  
$\phi$ : 검토 지점에서의 사질토의 내부마찰각  
$\delta$ : 흙막이벽과 지반과의 마찰각($\delta = \phi/2$)

표 3.4.6 정지토압에 의한 측압의 산정방법

| 토질 | 방법 | 토압식 | $K_0$를 구하는 방법 |
|---|---|---|---|
| 사질토 | 정지 ① | $P_o = K_o(\gamma \cdot h - P_w) + P_w$ | $K_0 = 1 - \sin\phi$ (Jaky식) |
| | 정지 ② | $P_o = \gamma h$ | — |
| 점성토 | 정지 ③ | $P_o = K_o(q + \gamma h)$ | 점성토 $N$값 · $K_o$<br>$N \geq 8$ · 0.5<br>$4 \leq N < 8$ · 0.6<br>$2 \leq N < 4$ · 0.7<br>$N < 2$ · 0.8 |
| | 정지 ④ | $P_o = K_o(q + \gamma h)$ | 점성토 $N$값 · $K_o$<br>$N \leq 4$ · 0.85<br>$4 < N$ · 0.80 |
| | 정지 ⑤ | 일본수도고속도로공단 식<br><br>$P_o = \left\{ \left(\dfrac{10K_o}{H^2+10}\right) + \left(\dfrac{1.1H^2}{H^2+10}\right)\left(\dfrac{K_o^3 B^2 + 850}{B^2 + 700}\right)\right\}\gamma h$<br><br>$\quad + 6.7(1-K_o)\sqrt{H}\,\dfrac{B^2}{B^2+500}$ | 점성토 $N$값 · $K_o$<br>$N \geq 8$ · 0.5<br>$4 \leq N < 8$ · 0.6<br>$2 \leq N < 4$ · 0.7<br>$N < 2$ · 0.8 |

여기서, $K_0$ : 정지토압계수  
$\gamma$ : 흙의 습윤단위중량  
$h$ : 굴착면에서 검토 지점까지의 굴착깊이  
$P_w$ : 검토 지점에서의 지반의 간극수압  
$q$ : 굴착면의 과재하중

표 3.4.7 수압에 의한 측압의 산정방법

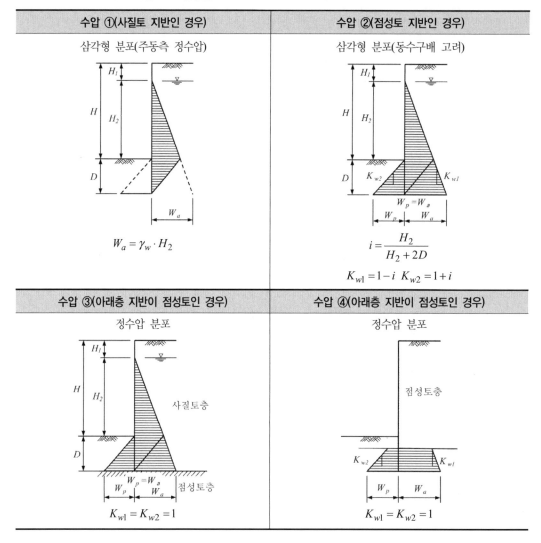

탄소성해석에 사용하는 대표적인 측압계산식을 정리하였는데, 여기서는 주동토압, 수동토압, 정지토압을 분리하여 표시하였다. 이것은 탄소성해석에서는 굴착단계에 따라서 토압이 3가지 유형으로 변하기 때문에 세분화하여 구분하였다. 위의 표 3.4.4~표 3.4.7을 기준별로 정리한 것이 표 3.4.8이다. 표 중에서 내용이 없는 것은 설계기준에 명시가 되어 있지 않거나 해설이 미비하여 구분이 곤란하여 표기하지 않았다.

가설흙막이 설계기준에는 굴착단계별 토압에 삼각형 토압을 적용하도록 기재하고 있으며, 특별히 계산 방법을 특정하지는 않았다. 구조물기초설계기준에는 탄소성법에 대한 언급은 있으나, 구체적인 토압의 분류에 따른 계산방법은 명시되어 있지 않다. 도로설계요령에는 관용계산법에 대한 사항만 기재되어 있고 탄소성법에 대한 규정은 명시되어 있지 않다. 철도설계기준에는 Peck토압을 기준으로 적용한다고 되어 있는데 이것은 관용계산법에 해당된다고 생각되며,

탄소성법은 기재되어 있지 않다. 고속철도설계기준도 마찬가지로 벽체와 지보공의 설계토압이 기재되어 있지만, 이것은 관용계산법에 사용되는 토압으로 탄소성법은 명시되어 있지 않다.

표 3.4.8 각 설계기준별 탄소성계산방법 분류

| | 기준명 | 주동 | 수동 | 정지 | 수압 |
|---|---|---|---|---|---|
| 1 | 가설흙막이설계기준 | | — | — | — |
| 2 | 구조물기초설계기준 | 주동① | 수동① | — | ①②조합 |
| 3 | 도로설계요령 | 탄소성법 없음 | 탄소성법 없음 | 탄소성법 없음 | 탄소성법 없음 |
| 4 | 철도설계기준 | 탄소성법 없음 | 탄소성법 없음 | 탄소성법 없음 | 탄소성법 없음 |
| 5 | 고속철도설계기준 | — | — | — | — |
| 6 | 호남고속철도지침 | 주동① | 수동① | — | ①②조합 |
| 7 | 가설공사표준시방서 | 주동① | 수동① | — | — |
| 8 | 일본가설지침 | 사질토:주동①<br>점성토:주동④ | 수동② | 사질토:정지①<br>점성토:정지③ | ②③④의 조합 |
| 9 | 일본건축설계기준 | 주동① | 수동① | 설계자의 판단 | 설계자의 판단 |
| 10 | 일본토목설계기준 | 사질토:주동①<br>점성토:주동④ | 수동② | 사질토:정지①<br>점성토:정지③ | ②③④의 조합 |
| 11 | 일본철도설계기준 | 사질토:주동①<br>점성토:주동④ | 수동② | 사질토:정지①<br>점성토:정지④ | ②③④의 조합 |

## 4.3 단면계산용 측압

단면계산용 토압은 기준별로 비교적 상세하게 수록되어 있는데, 대부분이 경험토압을 사용하는 것으로 되어 있다. 대표적인 단면계산용 토압은 아래와 같은 것이 있다.

- Peck의 토압
- Peck의 수정토압
- Tschebotarioff의 토압
- 일본토목학회식

### 4.3.1 가설흙막이 설계기준

가설흙막이 설계기준 '1.7.2 토압'에는 경험 토압에 관하여 규정하고 있는데 내용은 다음과 같다.

① 경험토압 분포는 굴착과 지지구조 설치가 완료된 후에 발생하는 벽체의 변위에 따른 토압 분포로 벽체 배면 지반의 종류, 상태 등에 따라 여러 연구자들이 제안한 경험토압 분포가 있으며, 제안한 연구자가 기술한 제한조건 등을 검토하여 적용하여야 한다.

② 경험토압 분포는 벽체 배면의 수압은 고려하지 않으므로 차수를 겸한 가설흙막이 벽체의 경우는 수압을 별도로 고려하여야 한다. 이 토압 분포는 굴착깊이가 6 m 이상이고 굴착폭이 좁은 굴착공사의 가시설 흙막이벽을 버팀대로 지지한 현장에서 계측을 통하여 얻어진 것이다. 지하수위는 최종굴착면 아래에 있으며, 모래질은 간극수가 없고 점토질은 간극수압을 무시한 조건이다. 그림 1.3-1은 Peck(1969)이 제안한 수정토압 분포도이고, 그림 1.3-2는 Tschebotarioff(1973)이 제안한 토압 분포도를 나타낸 것이다. 지하수위가 굴착면 상부에 위치하는 경우 토압 외에 수압을 고려하여 설계하여야 한다.

③ 사질토나 자갈층(투수계수가 큰 지층)에서 흙막이벽이 차수를 겸할 때는 토압 분포에 수압을 별도로 고려하여야 한다.

④ 암반층 등 대심도 굴착 시 토사지반에서의 경험토압을 적용하면 실제보다 과다한 토압이 산정될 수 있으므로 토압산정 시 신중하게 한다.

⑤ 암반층에 뚜렷한 방향성 및 균열 발달과 불연속면이 존재하는 경우 점착력 $C$ 값 및 전단저항각 $\phi$ 를 감소시켜 적용할 수 있다.

**표 3.4.9 가설흙막이 설계기준의 경험토압**

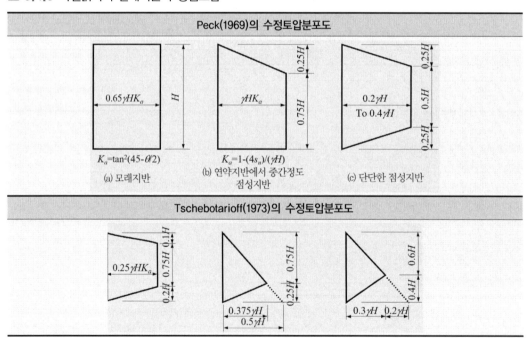

### 4.3.1 구조물기초설계기준

531~536쪽에 굴착 및 버팀구조가 완료된 후의 장기적 안정해석에는 경험토압을 적용하는 것으로 되어 있으며, 해설에서는 "대부분 굴착깊이가 6m 이상이며 폭이 좁은 굴착공사의 가시

설 흙막이벽을 버팀대로 지지하는 경우로서 지하수위가 최종굴착면 아래에 있으며, 모래질은 간극수가 없고, 점토질은 간극수압을 무시한 상태에서의 토압분포이다."로 되어 있다. 내용을 정리하면 표 3.4.10과 같다. 표의 내용은 2003년도 기준을 기재한 것이다(2009년도에 개정된 기준은 내용이 축소되어 표시되었기 때문에 2003년도 기준을 기재하였다).

**표 3.4.10** 구조물기초설계기준의 단면계산용 측압

| 사질토 | 점성토 | |
| --- | --- | --- |
| | 연약 또는 중간 정도의 점성토 | 견고한 점성토 |

Peck의 수정토압

사질토:
• 개수성
$$P_a = 0.65 K_a (\gamma \cdot H + q)$$
$$K_a = \tan^2 (45 - \phi/2)$$
• 차수성
$$P_a' = 0.65 K_a (\gamma' \cdot H + q)$$
$$P_w = H_w \cdot \gamma_w = (H - H_o) \cdot \gamma_w$$
※ 개수성은 토수압 일체, 차수성은 토수압 분리

연약 또는 중간 정도의 점성토:
$$P_a = 1.0 K_a (\gamma \cdot H + q)$$
$$K_a = 1 - m \frac{4 S_u}{\gamma H}$$
$S_u$ : 비배수전단강도
여기서, $K_a \geq 0.4$

견고한 점성토:
$$P_a = 0.2 \sim 0.4 (\gamma \cdot H + q)$$
여기서, $K_a < 0.4$

Tschebotarioff의 토압

사질토:
$$P_a = 0.25 K_a (\gamma \cdot H)$$

연약 또는 중간 정도의 점성토:
$$P_{a1} = 0.375 (\gamma \cdot H)$$
$$P_{a2} = 0.5 (\gamma \cdot H)$$

견고한 점성토:
$$P_a = 0.3 \gamma \cdot H$$
$$P_{a1} = 0.2 \gamma \cdot H$$

### 4.3.2 도로설계요령, 일본가설지침

도로설계요령 「3.1.6 토압」에는 흙막이말뚝, 버팀대, 띠장의 단면계산에는 아래의 표에 있는 측압을 사용하게 되어 있는데, 그 외에도 Peck(1969)의 수정토압, Tschebotarioff의 토압, 일본 토목학회식을 기재하여 현장 여건에 맞는 토압을 산정하도록 규정되어 있다.

**표 3.4.11** 도로설계요령의 단면계산용 측압

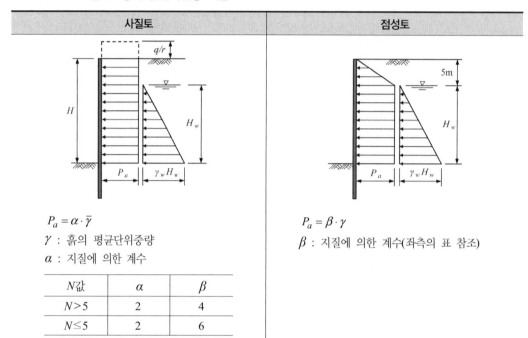

| 사질토 | 점성토 |
| --- | --- |

$P_a = \alpha \cdot \bar{\gamma}$

$\gamma$ : 흙의 평균단위중량

$\alpha$ : 지질에 의한 계수

$P_a = \beta \cdot \gamma$

$\beta$ : 지질에 의한 계수(좌측의 표 참조)

| $N$값 | $\alpha$ | $\beta$ |
| --- | --- | --- |
| $N > 5$ | 2 | 4 |
| $N \leq 5$ | 2 | 6 |

이 식의 적용에 있어서 다음과 같은 사항에 주의하여야 한다.

① 흙이 과도하게 교란된 상태에서는 토압이 매우 커지게 되므로 뒷채움 토사, 매립토 또는 시공 중 교란된다고 생각되는 경우는 별도로 고려한다.

② 점성토와 사질토가 층을 이루고 있는 경우는 점성토의 층 두께 합계가 지표면에서 가상 지지점까지의 두께에 대하여 50% 이상인 경우는 점성토, 50% 미만일 때는 사질토지반 으로 고려한다. 또 지반이 점성토로 판정된 경우는 점성토를 $N$값으로 분류하여 $N \leq 5$ 의 층 두께 합계가 50% 이상인 경우를 연약한 점토, 50% 미만을 단단한 점토로 한다.

③ 재하하중은 각 토층의 평균단위중량에 의하여 $q / \gamma$ (m) 두께의 토층이 지표면에서 위쪽 에 존재하는 것으로 환산하여 적용한다.

④ 평균단위중량은 아래와 같이 계산한다.

$$\bar{\gamma} = \frac{\gamma_1 \ell_1 + \gamma_2 \ell_2 + \gamma_3 \ell_3}{\ell_1 + \ell_2 + \ell_3} \tag{3.4.1}$$

### 4.3.3 철도설계기준, 가설공사표준시방서, 호남고속철도설계지침

철도설계기준 198쪽의 「3.5.2 토류벽에 작용하는 토압」에는 구체적으로 단면계산에 관한 계산식은 없으나 Peck 토압으로 계산하게 되어 있다.

**표 3.4.12** 철도설계기준의 단면계산용 측압

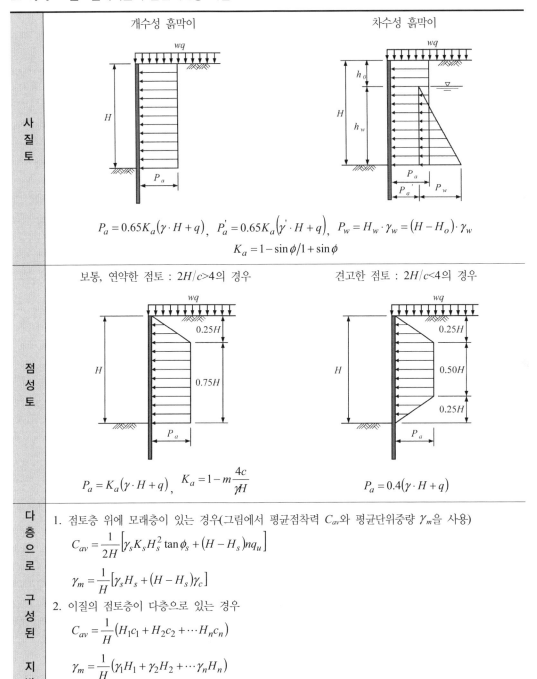

개수성 흙막이 / 차수성 흙막이

$$P_a = 0.65 K_a (\gamma \cdot H + q), \quad P_a' = 0.65 K_a (\gamma' \cdot H + q), \quad P_w = H_w \cdot \gamma_w = (H - H_o) \cdot \gamma_w$$

$$K_a = 1 - \sin\phi / 1 + \sin\phi$$

보통, 연약한 점토 : $2H/c > 4$의 경우 / 견고한 점토 : $2H/c < 4$의 경우

$$P_a = K_a (\gamma \cdot H + q), \quad K_a = 1 - m\frac{4c}{\gamma H} \qquad P_a = 0.4(\gamma \cdot H + q)$$

다층으로 구성된 지반

1. 점토층 위에 모래층이 있는 경우(그림에서 평균점착력 $C_{av}$와 평균단위중량 $\gamma_m$을 사용)

$$C_{av} = \frac{1}{2H} \left[ \gamma_s K_s H_s^2 \tan\phi_s + (H - H_s) n q_u \right]$$

$$\gamma_m = \frac{1}{H} \left[ \gamma_s H_s + (H - H_s) \gamma_c \right]$$

2. 이질의 점토층이 다층으로 있는 경우

$$C_{av} = \frac{1}{H} \left( H_1 c_1 + H_2 c_2 + \cdots H_n c_n \right)$$

$$\gamma_m = \frac{1}{H} \left( \gamma_1 H_1 + \gamma_2 H_2 + \cdots \gamma_n H_n \right)$$

### 4.3.4 고속철도설계기준, 일본철도설계기준

**표 3.4.13** 고속철도설계기준, 일본철도설계기준의 단면계산용 측압

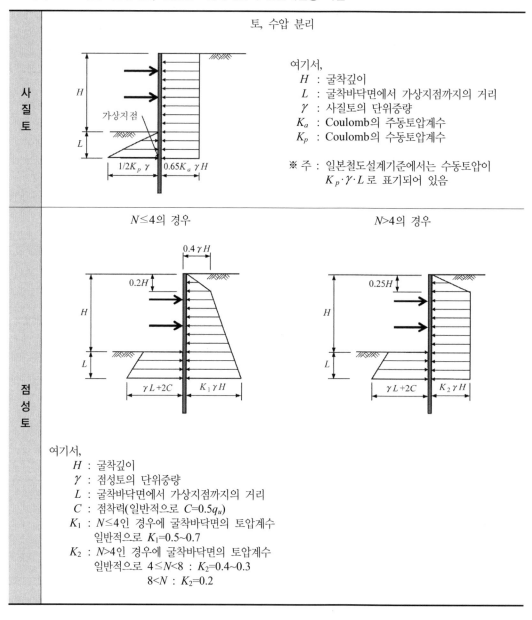

특이한 것은 사질토의 수동토압은 Coulomb에 의한 수동토압의 절반을 취하도록 규정되어 있는데, 일본의 철도설계기준에서도 위의 표와 같은 계산식이 그림으로 표시되어 있는데 이 기준에는 수동토압을 $K_p \cdot \gamma \cdot L$ 로 표기되어 있는 점이 다르다. 점성토의 경우에는 $K_1$ 과 $K_2$ 는 표 3.4.4에 있는 [주동 ④]의 표를 사용하도록 규정되어 있다.

## 4.3.5 일본건축학회

**표 3.4.14** 일본건축학회의 단면계산용 측압

| 극한평형상태의 식에 의한<br>측압분포 | 흙막이벽 토압계 측정에 의한<br>추정측압분포 | 버팀대 축력측정에 의한<br>추정측압분포 |
|---|---|---|
| **사질토지반** 토압, 수압 분리<br><br>$P_a = \left(\gamma H_1 + \gamma' H_2\right)K_a - 2c\sqrt{K_a}$<br>$K_a = \tan^2\left(45 - \phi/2\right)$<br>$\gamma$ : 흙의 단위중량<br>$\gamma'$ : 흙의 수중단위중량<br>$\gamma_w$ : 물의 단위중량<br>$\Psi$ : 흙의 내부마찰각<br>$c$ : 흙의 점착력 | 토압, 수압 일체<br><br>$P_a = K \cdot \gamma_t \cdot H$<br>$\gamma_t$ : 흙의 습윤단위중량<br>$K$ : 측압계수<br>• 사질토지반 지하수위가<br>　높은 경우 : 0.3~0.7<br>　낮은 경우 : 0.2~0.4<br>• 점성토지반<br>연약하다 : 0.5~0.8<br>단단하다 : 0.2~0.5 | 토압, 수압 일체<br><br>$P_a = 0.65K_a \cdot \gamma \cdot H$<br>$K_a = \tan^2\left(45 - \phi/2\right)$<br>$\gamma$ : 흙의 단위중량<br>$\Psi$ : 흙의 내부마찰각 |
| **점성토지반** | | 토압, 수압 일체<br>(연한~중간 정도 단단한 지반)<br><br>$P_a = 1.0K_a \cdot \gamma \cdot H$<br>$K_a = 1 - m\dfrac{4c}{\gamma H}$<br>$m$ : 일반적으로 1.0<br>단, $N = \gamma H/c > 4$로 되면 정규재하의 점토에서는 작아진다.<br>(단단한 점토)<br><br>$P_a = (0.2 \sim 0.4)\gamma \cdot H$ |

## 4.3.6 일본토목학회

### 표 3.4.15 일본토목학회의 단면계산용 측압

| 사질토 | 점성토 |
|---|---|
| 토, 수압 일체 | 토, 수압 일체 |

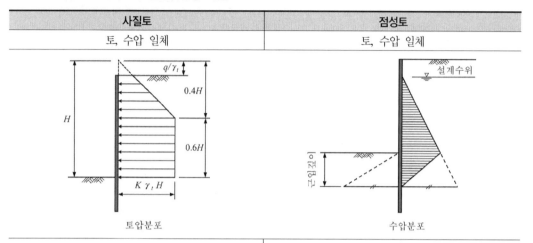

| 토압분포 | 수압분포 |
|---|---|

| | |
|---|---|
| $P_a = K \cdot \gamma_t \cdot H + p_w$ | $P_a = K \cdot \gamma_t \cdot H$ |
| $K$ : 겉보기 토압계수(=0.2~0.3) | $K$ : 겉보기 토압계수 |
| $\gamma_t$ : 흙의 단위중량. 점성토=16kN/m³, |   - 연약한 점토($N{\leq}4$) : 0.4~0.5 |
|     사질토=17kN/m³ |   - 단단한 점토($N{>}4$) : 0.2~0.4 |
| $H$ : 환산굴착깊이(m) | |
| $q$ : 과재하중(kN/m²) | |
| $p_w$ : 검토지점의 정수압 | |

 이상과 같이 기준별 단면계산용 측압을 알아보았는데, 기준별로 서로 다른 계산식을 사용하고 있지만, 대부분이 Peck 토압을 사용하거나 Peck의 수정토압을 사용하고 있다.

 단면계산용 측압은 종류가 다양하여 별도로 비교표를 만들지 않았다.

# 5. 각종 설계 상수

여기서는 각 기준에 기재되어 있는 설계 상수가 흙막이의 사용 목적에 따라서 값을 달리 사용할 때도 있으므로 기준별 비교와 기준에 없는 내용은 참고 자료를 통하여 어떤 값을 사용해야 하는지에 대하여 정리하였다. 각 기준의 재정 시기에 따라 단위가 종래단위(CGS)와 SI단위로 혼재되어 있다. 따라서 여기서는 두 가지의 단위를 같이 표기하였다.

## 5.1 물리상수

### 5.1.1 강재

흙막이 설계에 사용하는 강재의 물리상수 값은 표 3.5.1의 값을 사용한다. 여기서는 각 설계 기준에 내용이 없으므로 강구조 설계 일반사항에 있는 표의 값을 표기하였는데, 단위를 SI단위로 표기하였다. 여기서 강 및 주강에 있어서 일본에서는 종래 단위(CGS)를 사용할 때는 한국과 마찬가지로 $2.1 \times 10^6 (kgf/cm^2)$의 값을 사용하였으나, 단위가 SI로 바뀌면서 200,000(MPa)의 값을 사용하고 있는 것이 다르다.

**표 3.5.1 강재의 탄성계수**

| 종류 | 탄성계수 (MPa) |
|---|---|
| 강, 주강 | 210,000 |
| PS강선, PS강봉 | 205,000 |
| PS강연선 | 195,000 |
| 주철 | 100,000 |
| 철근 | 200,000 |

*출처 : 강구조 설계 일반사항(허용응력설계법) KDS 14 30 05(2019) 표 3.3-6

### 5.1.2 콘크리트

콘크리트의 탄성계수는 별도 규정에 따라 다음 식을 사용한다(크리트구조 해석과 설계원칙 KDS 14 20 10 (2021), 식 4.3-1).

$$Ec = 0.077m_c^{1.5} \sqrt[3]{f_{cm}} \tag{3.5.1}$$

여기서,　　$E_c$ : 콘크리트 할선 탄성계수 (MPa)

　　　　　$m_c$ : 단위용적질량 (kg/cm$^3$)

　　　　　$f_{cm}$ : 콘크리트 평균 압축강도 (MPa)

## 5.2 토질상수

가설구조물의 설계에 있어서 토질상수의 설정이 작용 토압이나 저항 토압 혹은 굴착바닥면의 안정 등에 크게 영향을 미친다. 따라서 토질상수의 설정에 있어서는 원칙적으로 지반조사 및 토질시험을 실시하여 그 결과를 종합적으로 판단하여 정하여야 한다.

흙막이 설계에 사용하는 토압의 산정에 있어서는 사질토 및 점성토에 대하여 각각 다른 산출방법을 사용하고 있다. 따라서 세립토분(입경이 75 $\mu m$ 이하)의 함유율 등을 고려하여 적절히 사질토와 점성토를 구분하여야 한다. 사질토와 점성토의 구분에 관해서는 흙에 포함된 세립분이 대략 30 % 미만인 흙을 사질토로 취급하고, 30 % 이상인 흙을 점성토로 구분하고 있는 보고[1]도 있다.

### 5.2.1 흙의 단위중량

토압이나 하중의 계산에 사용하는 흙의 단위중량은 토질시험에서 얻어진 실제의 중량을 사용하는 것이 원칙이지만, 충분한 자료를 얻을 수 없는 경우에는 표 3.5.3을 참고로 한다.

**표 3.5.3 흙의 단위중량 (kN/m³)**

| 토질 | | 느슨할 경우 | 촘촘할 경우 |
|---|---|---|---|
| 자연지반 | 모래 및 모래질 자갈 | 18 | 20 |
| | 사질토 | 17 | 19 |
| | 점성토 | 14 | 18 |
| 성토 | 모래 및 모래질 자갈 | 20 | |
| | 사질토 | 19 | |
| | 점성토 | 18 | |

*출처 : KDS 24 12 20(2021) 교량설계하중(일반 설계법) 표 4.1-2

관용계산법의 토압계산에 사용하는 흙의 단위중량은 일반적으로 습윤상태의 중량으로 설정하기 때문에 지하수위보다 아래에 있는 흙의 단위중량을 산정할 때는 흙의 포화상태와 습윤상태의 단위중량 차이를 10.0 kN/m³로 가정하여 흙의 습윤단위중량에서 9.0 kN/m³을 공제한 값을 사용한다. 보일링의 검토에서 지반의 유효중량을 계산하는 경우는 물의 단위중량을 $\gamma_w$ = 10.0 kN/m³(단, 해수를 고려하는 경우는 $\gamma_w$ = 10.3 kN/m³)로 하여 습윤단위중량에서 공제한 값으로 한다.

되메우기 흙의 단위중량은 그 재료 및 다짐 방법에 따라 다르지만, 실제의 중량을 사용하는 것을 원칙으로 한다. 토압 계산 시의 기준으로 보면 $\gamma$ = 18.0 kN/m³을 사용하는 경우가 많다. 표 3.5.4는 일본의 철도설계기준에서 규정하는 흙의 단위중량이다.

---

1 倉田藤田 : 모래와 점토 혼합토의 공학적 성질에 관한 연구, 운수기연보고, 제11권 제9호, 1961.10.

**표 3.5.4 흙의 단위중량 (일본철도기준)**

| 토질 | N 값 | 단위중량 (kN/m³) | |
|------|------|------|------|
| | | 일반 | 수중 |
| 사질토 | 50 이상<br>30~50<br>10~30<br>10 미만 | 20<br>19<br>18<br>17 | 10<br>9<br>8<br>7 |
| 점성토 | 30 이상<br>20~30<br>10~20<br>10 미만 | 19<br>17<br>15~17<br>14~16 | 9<br>7<br>5~7<br>4~6 |

*출처 : 鉄道構造物設計標準・同解説 開削トンネル 해설표 4.3.4-1

### 5.2.2 사질토의 강도상수

사질토의 전단저항각 $\phi$을 직접 실내 토질시험에서 구하는 것은 샘플 자체에 문제가 있어 대단히 곤란하므로 사질토의 전단저항각 $\phi$는 N 값에서의 환산 식을 이용하여 구하는 것이 일반적이다. $\phi$와 N 값의 관계에 있어서는 지금까지 많은 계산식이 발표되어 있지만, 일반적으로 다음 식을 사용한다.

$$\phi = \sqrt{15N} + 15 \leq 45° \, (단, N > 5) \tag{3.5.2}$$

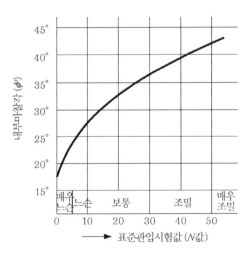

**그림 3.5.1 사질토의 내부마찰각과 N 값과의 관계**

사질토의 점착력은 설계상 무시하는 경우가 많지만, 단단하게 굳은 홍적(洪積) 모래층 및 홍적 모래자갈층의 경우에는 해당 지역의 실험 결과 등을 참고로 하여 점착력을 고려하여야 한다. 그림 3.5.1은 사질토지반에서 N 값과 내부마찰각의 관계를 나타낸 것이다.

일본철도설계기준에는 내부마찰각을 토질시험에서 구할 때는 (3.5.2) 식에 의하여 산정하도록 규정하고 있다.

$$\phi = 1.85 \left( \frac{N}{\sigma_v'/100 + 0.7} \right)^{0.6} + 26 \qquad (3.5.3)$$

여기서,  $\phi$ : 사질토의 내부마찰각 (°)

  $N$ : 표준관입시험의 $N$ 값

  $\sigma_v'$ : 지반조사 시에 해당 위치의 유효상재압 (kN/m²)

  $\sigma_v' = \gamma_t \cdot h_w + (\gamma_t - \gamma_w) \cdot (z - h_w)$. 단, 50 kN/m²를 최소로 한다.

  $\gamma_t$ : 흙의 습윤단위중량 (kN/m³)

  $h_w$ : 지반조사 시에 지표면에서 지하수위까지의 깊이 (m)

  $\gamma_w$ : 물의 습윤단위중량 (kN/m³)

  $z$ : 지반조사 시에 지표면에서 해당 지점까지의 깊이 (m)

참고로 일본수도고속도로공단에서는 다음과 같이 규정하고 있다.

$$\phi = 4.8 \ln N_1 + 21 \ (단, \ N > 5) \qquad (3.5.4)$$

여기서,  $\phi$ : 모래의 전단저항각 (°)

  $N_1$ : 유효상재압 100 kN/m²에 상당하는 $N$ 값. 단 원위치의 $\sigma_v'$가 50 kN/m² 이하인 경우는 $\sigma_v' = 50$ kN/m²로 산출

  $N_1 = \dfrac{170N}{\sigma_v' + 70}$

  $N$ : 표준관입시험의 $N$ 값

  $\sigma_v'$ : 유효상재압 (kN/m²)

  $\sigma_v' = \gamma_{t1} \cdot h_w + \gamma_{t2} \cdot (x - h_w)$

  $\gamma_{t1}$ : 지하수위 위쪽의 흙의 단위중량 (kN/m³)

  $\gamma_{t2}$ : 지하수위 아래쪽의 흙의 단위중량 (kN/m³)

  $x$ : 지표면에서의 깊이 (m)

  $h_w$ : 지표면에서 지하수위까지의 깊이 (m)

### 5.2.3 점성토의 강도상수

점성토의 점착력 $c$ 는 교란되지 않은 시료를 채취하여 비압밀 비배수 상태에서의 삼축압축시험에서 구하는 것이 요구된다. 단, 충적층(沖積層)의 점성토에서는 일반적으로 일축압축시험에

서 구한 일축압축강도 $q_u$를 사용하여 $c = q_u/2$의 관계가 확인되었으므로 그 값을 이용하는 것이 좋다. 실내시험 등을 하지 않아 충분한 자료가 없는 경우에는 표 3.5.5에 표시한 값을 참고로 사용하여도 좋다. 충적층의 점성토 지반에서는 깊이 방향으로 점착력이 증가하기 때문에 설계 상수의 설정에 있어서는 충분히 지반 상황을 파악할 필요가 있다.

**표 3.5.5 점성토의 점착력과 $N$값의 관계**

| 구분 | | 매우 연약 | 연약함 | 중간 | 단단함 | 매우 단단함 | 고결 |
|---|---|---|---|---|---|---|---|
| $N$값 | | 2 이하 | 2~4 | 4~8 | 8~15 | 15~30 | 30 이상 |
| 점착력 $c$ | kN/m² | 12 이하 | 12~25 | 25~50 | 50~100 | 100~200 | 200 이상 |
| | tf/m² | 1.2 이하 | 1.2~2.5 | 2.5~5.0 | 5.0~10.0 | 10.0~20.0 | 20 이상 |

*출처 : 道路土工—仮設構造物工指針, 表2-2-3(30쪽)

### 5.2.4 지반의 변형계수

흙막이 설계 방법에 탄소성법을 사용하는 경우나 자립식 흙막이를 설계할 때는 수평방향 지반반력계수가 필요하게 되는데, 그 때문에 지반의 변형계수를 설정할 필요가 있다. 변형계수는 다음에 표시하는 값이 사용된다.

   ① 공내 수평재하시험에 의한 측정값

   ② 공시체의 일축 또는 삼축압축시험에서 구한 값

   ③ 표준관입시험의 $N$값에 의해 $E_0 = 2800 \cdot N \, (kN/m^2)$으로 추정한 값

일반적인 흙막이에서는 가설구조를 위한 지반조사가 별도로 이루어지지 않고 본체 구조물을 설계하기 위한 지반조사 결과를 사용하므로 ③의 $N$값에 의한 변형계수를 사용한다. 따라서 유한요소법(FEM)으로 해석할 때는 반드시 시험에서 산출한 값을 사용한다.

## 5.3 재료 및 허용응력

가설구조물의 허용응력은 구조물의 중요도, 하중조 건, 재료의 마모, 노후도 등을 고려하여 정할 필요가 있는데, 하나의 개념으로 규정하기에는 문제가 많으므로 상한값을 정하는 경우가 대부분이다. 따라서 설계에 있어서는 이와 같은 조건을 고려하여 허용응력의 상한값을 저감시켜 사용하여야 한다. 강재는 반복 사용된 중고품을 이용하는 경우가 많아 손상, 변형, 재질의 노화, 마모 등에 대해서 잘 점검할 필요가 있다. 가공 재료를 사용할 때는 단면의 결손 등 보수로 인한 단면 성능이 저하되는 것도 고려할 필요가 있으며, 특히 중요한 경우에는 KS규격에 합격한 것 또는 동등한 제품을 사용하는 것이 바람직하다.

가설구조물의 허용응력은 영구구조물의 허용응력에 50%를 할증하여 사용하는 것이 일반적인데, 이 경우의 안전율은 강재의 항복점에 대하여 1.14, 콘크리트의 압축강도에 대하여 2.0(휨

압축)이 된다. 가설구조물로 본체 구조물을 겸할 때는 가설시와 완성시의 하중 상태가 다른 것과, 완성시의 구조물에 해로운 영향을 주지 않는 경우, 또 중요 구조물에 인접하여 시공하는 가설구조물에 대해서도 하중 및 계산 방법을, 안전율을 낮게 고려하여 허용응력을 종합적으로 정할 필요가 있다.

## 5.3.1 강재의 허용응력

### (1) 구조용 강재

일반구조용 압연강재 및 용접구조용 압연강재의 허용응력은 기준별로 규정되어 있지만 내용은 조금씩 다르다. 또한 각 기준에는 강재의 할증계수를 50 % 적용한 값을 기재하고 있는데, 가설구조물에서의 강재 할증은 표 3.5.6과 같이 다르게 사용하기 때문에, 가설흙막이 설계기준을 기준으로 하는 것이 좋다. 여기서, 각 기준에 나와 있는 구조용 강재의 허용응력을 정리하면 표 3.5.8~표 3.5.12와 같은데, 도로교설계기준은 할증을 하지 않은 값이며, 나머지 기준은 50%를 할증한 값이다. 단위는 현재까지 출판된 내용에 따라 그대로 표기하였다.

**표 3.5.6 강재의 할증계수**

| 구분 | 가설흙막이 설계기준 | 구조물기초 설계기준 | 도로설계요령 | 철도설계기준 | 비고 |
|---|---|---|---|---|---|
| 일반 경우 | 1.5(1.3) | 1.5 | 1.5 | 1.5 | ( )은 철도하중 |
| 시공 도중 (반복사용) | 1.25 | 1.3 | 1.25 | 1.25 | |
| 영구시설 | 1.0 | 1.0 | 1.0 | 1.0 | 2년 이상 |

주) 표에 없는 기준은 할증계수가 기재되어 있지 않아서 표기하지 않았음

가설흙막이에 사용되는 강재는 2016년 KS규격이 개정되었지만, 가설흙막이 설계기준에는 종전의 강재 규격이 수록되어 있었다. 가설흙막이 설계기준이 개정되면서 강재의 허용응력이 새로운 KS규격으로 개정되었다. 또한 KS F 4602:2024(강관말뚝)이 개정되면서 버팀대용 강관이 추가되어 가설흙막이 설계기준에도 강관버팀대용 허용응력이 새롭게 추가되었다.

**표 3.5.7 KS F 4602의 종류 및 기호**

| 구분 | 종류의 기호 | 구분 | 종류의 기호 |
|---|---|---|---|
| 기초용 | STP 275 | 버팀대용 | STP 275S |
| | STP 355 | | STP 355S |
| | STP 380 | | STP 450S |
| | STP 450 | | STP 550S |
| | STP 550 | | |

표 3.5.8 강재의 허용응력(도로교설계기준) (MPa)

| 종류 | | SS400, SM400, SMA490 | SM490 |
|---|---|---|---|
| 축방향 인장(순단면) | | 140 | 190 |
| 축방향 압축 (총단면) | | $\ell/r \leq 20 : 140$<br>$20 < \ell/r \leq 93 : 140 - 0.84(\ell/r - 20)$<br>$93 < \ell/r : \dfrac{1,200,000}{6,700 + (\ell/r)^2}$<br>$\ell$ : 부재의 유효좌굴길이(mm)<br>$r$ : 부재 총단면의 단면회전반경(mm) | $\ell/r \leq 15 : 190$<br>$15 < \ell/r \leq 80 : 190 - 1.3(\ell/r - 15)$<br>$80 < \ell/r : \dfrac{1,200,000}{5,000 + (\ell/r)^2}$<br>$\ell$ : 부재의 유효좌굴길이(mm)<br>$r$ : 부재 총단면의 단면회전반경(mm) |
| 휨 | 인장연(순단면) | 140 | 190 |
| | 압축연 (총단면) | $\ell/b \leq 4.5 : 140$<br>$4.5 < \ell/b \leq 30 : 140 - 2.4(\ell/b - 4.5)$<br><br>$\ell$ : 압축플랜지 고정점 간 거리(mm)<br>$b$ : 압축플랜지 폭(mm) | $\ell/b \leq 4.0 : 190$<br>$4.0 < \ell/b \leq 30 : 190 - 3.8(\ell/b - 4.0)$<br><br>$\ell$ : 압축플랜지 고정점 간 거리(mm)<br>$b$ : 압축플랜지 폭(mm) |
| 전단(총단면) | | 80 | 110 |
| 지압응력 | | 210 | 280 |

표 3.5.9 강재의 허용응력(구조물기초설계기준) (MPa)

| 종류 | | SS400, SWS400 | SWS490 |
|---|---|---|---|
| 축방향 인장(순단면) | | 210 | 285 |
| 축방향 압축 (총단면) | | $\ell/r \leq 20 : 210$<br>$20 < \ell/r \leq 93 : 210 - 1.3(\ell/r - 20)$<br>$93 < \ell/r : \dfrac{1,800,000}{6,700 + (\ell/r)^2}$<br>$\ell$ : 부재의 유효좌굴길이(mm)<br>$r$ : 단면 2차반경(mm) | $\ell/r \leq 15 : 285$<br>$15 < \ell/r \leq 80 : 285 - 1.95(\ell/r - 15)$<br>$80 < \ell/r : \dfrac{1,800,000}{5,000 + (\ell/r)^2}$<br>$\ell$ : 부재의 유효좌굴길이(mm)<br>$r$ : 단면 2차반경(mm) |
| 휨 | 인장연(순단면) | 210 | 285 |
| | 압축연 (총단면) | $\ell/\beta \leq 4.5 : 210$<br>$4.5 < \ell/\beta \leq 30 : 210 - 3.6(\ell/\beta - 4.5)$<br>$\ell$ : 플랜지 고정점 간 거리(mm)<br>$\beta$ : 플랜지 폭(mm) | $\ell/\beta \leq 4.0 : 285$<br>$4.0 < \ell/\beta \leq 30 : 295 - 5.7(\ell/\beta - 4.0)$<br>$\ell$ : 플랜지 고정점 간 거리(mm)<br>$\beta$ : 플랜지 폭(mm) |
| 전단(총단면) | | 120 | 165 |
| 지압응력 | | 315 | 420 |
| 용접 강도 | 공장 | 모재의 100% | |
| | 현장 | 모재의 100% | |

### 표 3.5.10 강재의 허용응력(도로설계요령) (kgf/cm²)

| 종류 | | SS400, SM400, SM41 | 비고 |
|---|---|---|---|
| 축방향 인장(순단면) | | 2,100 | |
| 축방향 압축<br>(총단면) | | $\ell/r \leq 20 : 2,100$<br>$20 < \ell/r \leq 93 : \{1,400 - 8.4(\ell/r - 20)\} \times 1.5$<br>$93 < \ell/r : \left\{ \dfrac{12,000,000}{6,700 + (\ell/r)^2} \right\} \times 1.5$ | $\ell$ : 부재의 좌굴길이(mm)<br>$r$ : 단면2차반경(mm) |
| 휨 | 인장연(순단면) | 2,100 | |
| | 압축연<br>(총단면) | $\ell/b \leq 4.5 : 2,100$<br>$4.5 < \ell/b \leq 30 : \{1,400 - 24(\ell/b - 4.5)\} \times 1.5$ | $\ell$ : 플랜지 고정점 간 거리(mm)<br>$b$ : 플랜지 폭(mm) |
| 전단(총단면) | | 1,200 | |
| 볼트전단응력 | | 1,300 | |
| 볼트지압응력 | | 2,900 | |

주 1) 공장용접은 모재와 같은 값을 사용하고 현장용접부는 모재의 90%로 한다.
　2) 볼트의 허용응력은 지압이음용 고장력볼트에 대한 것이며 볼트등급에 따라 허용응력 값은 변경된다.

### 표 3.5.11 강재의 허용응력(철도설계기준–SS400, SM400) (MPa)

| 종류 | | 일반의 경우 | 철도하중을 직접 지지하는 경우 |
|---|---|---|---|
| 축방향 인장(순단면) | | 210 | 185 |
| 축방향 압축<br>(총단면) | | $\ell/r \leq 20 : 210$<br>$20 < \ell/r \leq 93 : 210 - 1.3(\ell/r - 20)$<br>$93 < \ell/r : \dfrac{1,800,000}{6,700 + (\ell/r)^2}$<br>$\ell$ : 부재의 좌굴길이(mm)<br>$r$ : 단면2차반경(mm) | $\ell/r \leq 9 : 175$<br>$9 < \ell/r \leq 130 : 175 - 0.98(\ell/r - 9)$<br>$130 < \ell/r : \dfrac{905,000}{(\ell/r)^2}$<br>$\ell$ : 부재의 좌굴길이(mm)<br>$r$ : 단면2차반경(mm) |
| 휨 | 인장연(순단면) | 210 | 185 |
| | 압축연<br>(총단면) | $A_w/A_c \leq 2$ 인 경우에 사용<br>$\ell/b \leq 4.5 : 210$<br>$4.5 < \ell/b \leq 30 : 210 - 3.6(\ell/b - 4.5)$<br>$\ell$ : 플랜지 고정점 간 거리(mm)<br>$b$ : 플랜지 폭(mm)<br>$A_w$ : 복부판의 총단면적<br>$A_c$ : 압축플랜지의 총단면적 | 강축에 대한 휨 : 위의 세장비 $(\ell/r)$대신에 등가세장비 $(\ell/b)_e$를 사용<br>$(\ell/b)_e = F \cdot \ell/b$<br>I형 단면의 경우 : $F = \sqrt{12 + 2\beta/\alpha}$<br>$\ell$ : 플랜지 고정점 간 거리(mm)<br>$b$ : 플랜지 폭(mm)<br>$\beta$ : 복부판높이$(h)$와 플랜지폭$(b)$의 비$(\ell/b)$<br>$\alpha$ : 플랜지두께$(t_f)$와 복부판두께$(t_w)$의 비 $= t_f/t_w$ |
| 전단(총단면) | | 120 | 105 |
| 지압응력 | | 315 | 260 |
| 용접<br>강도 | 공장 | 모재의 100% | 모재의 100% |
| | 현장 | 모재의 90% | 모재의 90% |

## 표 3.5.12 강재의 허용응력(가설흙막이 설계기준) (MPa)

| 종류 | | SS275, SM275,SHP275(W), STP275S | SM355, SHP355W, STP355S |
|---|---|---|---|
| 축방향 인장<br>(순단면) | | 240<br>(160×1.5=240) | 315<br>(210×1.5=315) |
| 축방향 압축<br>(총단면) | | $L/\gamma \leq 20 : 240$<br>$20 < L/\gamma \leq 90 : 240 - 1.5(L/\gamma - 20)$<br>$90 < \dfrac{L}{\gamma} \leq \left[\dfrac{1,900,000}{6,000 + (L/\gamma)^2}\right]$<br>$L$ : 부재의 유효좌굴길이(mm)<br>$r$ : 단면 2차반경(mm) | $L/\gamma \leq 16 : 315$<br>$16 < L/\gamma \leq 80 : 315 - 2.2(L/\gamma - 16)$<br>$80 < \dfrac{L}{\gamma} \leq \left[\dfrac{1,900,000}{4,500 + (L/\gamma)^2}\right]$<br>$L$ : 부재의 유효좌굴길이(mm)<br>$r$ : 단면 2차반경(mm) |
| 휨 | 인장연(순단면) | 240 | 315 |
| | 압축연<br>(총단면) | $L/b \leq 4.5 : 240$<br>$4.5 < L/b \leq 30 :$<br>$240 - 2.9(L/b - 4.5)$<br>$L$ : 플랜지 고정점간 거리(mm)<br>$b$ : 플랜지 폭(mm) | $L/b \leq 4.0 : 315$<br>$4.0 < L/b \leq 27 :$<br>$315 - 4.3(L/b - 4.0)$<br>$L$ : 플랜지 고정점간 거리(mm)<br>$b$ : 플랜지 폭(mm) |
| 전단응력(총단면) | | 135 | 180 |
| 지압응력 | | 360(강관과 강판) | 465(강관과 강판) |
| 용접<br>강도 | 공장 | 모재의 100% | 모재의 100% |
| | 현장 | 모재의 90% | 모재의 90% |

| 종류 | | SM420 | SHP450W, STP450S |
|---|---|---|---|
| 축방향 인장<br>(순단면) | | 365<br>(245×1.5=365) | 395<br>(265×1.5=395) |
| 축방향 압축<br>(총단면) | | $L/\gamma \leq 15 : 365$<br>$15 < L/\gamma \leq 74 : 365 - 2.6(L/\gamma - 15)$<br>$74 < \dfrac{L}{\gamma} \leq \left[\dfrac{1,900,000}{3,500 + (L/\gamma)^2}\right]$<br>$L$ : 부재의 유효좌굴길이(mm)<br>$r$ : 단면 2차반경(mm) | $L/\gamma \leq 14 : 395$<br>$14 < L/\gamma \leq 72 : 395 - 2.9(L/\gamma - 14)$<br>$72 < \dfrac{L}{\gamma} \leq \left[\dfrac{1,900,000}{3,200 + (L/\gamma)^2}\right]$<br>$L$ : 부재의 유효좌굴길이(mm)<br>$r$ : 단면 2차반경(mm) |
| 휨 | 인장연(순단면) | 365 | 395 |
| | 압축연<br>(총단면) | $L/b \leq 3.6 : 365$<br>$3.6 < L/b \leq 27 :$<br>$365 - 4.6(L/b - 3.6)$<br>$L$ : 플랜지 고정점 간 거리(mm)<br>$b$ : 플랜지 폭(mm) | $L/b \leq 3.5 : 395$<br>$3.5 < L/b \leq 25 :$<br>$395 - 5.5(L/b - 3.5)$<br>$L$ : 플랜지 고정점 간 거리(mm)<br>$b$ : 플랜지 폭(mm) |
| 전단응력(총단면) | | 210 | 225 |
| 지압응력 | | 520(강관과 강판) | 550(강관과 강판) |
| 용접<br>강도 | 공장 | 모재의 100% | 모재의 100% |
| | 현장 | 모재의 90% | 모재의 90% |

| 종류 | | SM460 | STP550S |
|---|---|---|---|
| 축방향 인장<br>(순단면) | | 405<br>(270×1.5=405) | 480<br>(320×1.5=480) |
| 축방향 압축<br>(총단면) | | $L/\gamma \le 14 : 405$<br>$14 < L/\gamma \le 70 : 405 - 3.0(L/\gamma - 14)$<br>$70 < \dfrac{L}{\gamma} \le \left[\dfrac{1,900,000}{3,100 + (L/\gamma)^2}\right]$<br>$L$ : 부재의 유효좌굴길이(mm)<br>$r$ : 단면 2차반경(mm) | $L/\gamma \le 13 : 480$<br>$13 < L/\gamma \le 65 : 480 - 4.0(L/\gamma - 13)$<br>$65 < \dfrac{L}{\gamma} \le \left[\dfrac{1,900,000}{2,800 + (L/\gamma)^2}\right]$<br>$L$ : 부재의 유효좌굴길이(mm)<br>$r$ : 단면 2차반경(mm) |
| 휨 | 인장연(순단면) | 405 | |
| | 압축연<br>(총단면) | $L/b \le 3.5 : 405$<br>$3.5 < L/b \le 25 : 405 - 5.6(L/b - 3.5)$<br>$L$ : 플랜지 고정점 간 거리(mm)<br>$b$ : 플랜지 폭(mm) | |
| 전단응력(총단면) | | 230 | 275 |
| 지압응력 | | 570(강관과 강판) | 690(강관과 강판) |
| 용접<br>강도 | 공장 | 모재의 100% | 모재의 100% |
| | 현장 | 모재의 90% | 모재의 90% |

주 1) 엄지말뚝으로 H형강을 사용할 경우에는 KS F 4603(SHP)의 적합한 제품을 사용(참조 KCS 21 30 00)
　　2) 그 외 강재와 두께에 따른 강도 감소에 대한 허용응력기준은 강구조 설계기준(허용응력설계법)을 참조(KDS 14 30 05)
　　3) 강관(STP)에 작용하는 휨응력의 경우 인장과 압축영역에서의 각 허용응력은 이 표의 축방향인장과 축방향압축 허용값으로 산정

*출처 : 가설흙막이 설계기준(KDS 21 30 00 : 2024), 표 3.3-1

　　가설흙막이 설계기준의 허용응력에는 할증계수가 포함되어 있는데, 표 3.5.6 강재의 할증계수에는 시공 상황에 따라 달리 사용하고 있어 상황에 따라 표 3.5.12의 값을 수정하여 사용해야 한다.

### (2) 강널말뚝의 허용응력

　　가설흙막이 설계기준에는 표 3.5.13과 같이 강널말뚝 허용응력을 규정하고 있다. 구조용 강재와 달리 허용응력 할증에 대한 언급이 없이 표기되어 있는데, 할증계수 1.5를 곱하면 표 3.5.14와 같다.

**표 3.5.13** 강널말뚝(SY 295)의 허용응력(MPa)

| 구분 | SY300, SY300W | SY400, SY400W | 비고 |
|---|---|---|---|
| 휨인장응력 | 180 | 240 | |
| 휨압축응력 | 180 | 240 | Type-W : 용접용 |
| 전단응력 | 100 | 135 | |

*출처 : 가설흙막이 설계기준(2022), 3.3.1 재료의 허용응력

표 3.5.13에 표시한 허용응력은 "(1) 구조용 강재"와 같은 방법에 따른 것으로 강널말뚝은 KS에 표시되어 있는 기준항복점에 보정계수 0.9를 곱한 값을 참고로 표시하였다.

현장용접부의 허용응력 중에 시공하기 전에 강널말뚝을 옆으로 누인 상태에서 하향의 자세로 양호한 시공 조건에서 용접이 가능한 경우에는 허용응력을 모재의 80% 정도로 하였다. 현장 용접에서는 먼저 시공한 널말뚝에 접속하는 널말뚝을 수직으로 세운 상태에서 이음을 용접하므로 비계 및 용접자세의 불량, 상하 강널말뚝의 어긋남, 타입에 의한 말뚝 끝부분의 변형 등의 영향을 고려하여야 하므로 현장용접부의 허용응력을 모재의 50% 정도로 한다. 경량강널말뚝의 재질은 일반적으로 SS400(구강재 표기임)이 사용되므로 모재의 허용휨응력을 210 N/mm$^2$ (2,100 kgf/cm$^2$)로 하고, 현장용접부의 허용응력은 위의 강널말뚝에 준하는 것으로 한다. 철도기준에는 SY30 (SY295) 강재만 기재되어 있고, 도로설계요령에는 표 3.5.14와 같은 내용이 수록되어 있다.

표 3.5.14 강널말뚝의 허용응력(도로설계요령) [MPa(kgf/cm$^2$)]

| 구분 | | | SY295 | SY390 | 경량강널말뚝 |
|---|---|---|---|---|---|
| 모재부 | 허용 휨 인장응력 | | 270(2,700) | 355(3,600) | 210(2,100) |
| | 허용 휨 압축응력 | | 270(2,700) | 355(3,600) | 210(2,100) |
| | 허용전단응력 | | 150 | | |
| 용접부 | 양호한 시공조건에서 용접 | 맞댐용접 인장 | 215(2,200) | 285(2,900) | 165(1,700) |
| | | 맞댐용접 압축 | 215(2,200) | 285(2,900) | 165(1,700) |
| | | 필렛용접 전단 | 125(1,300) | 165(1,700) | 100(1,000) |
| | 현장용접 | 맞댐용접 인장 | 135(1,400) | 180(1,800) | 110(1,100) |
| | | 맞댐용접 압축 | 135(1,400) | 180(1,800) | 110(1,100) |
| | | 필렛용접 전단 | 80(800) | 100(1,000) | 60(600) |

구조물기초설계기준을 포함한 다른 기준에는 강널말뚝에 관한 규정이 없어 표기하지 않았다. 일본의 철도설계기준에 보면 표 3.5.15와 같이 열차하중을 직접 지지할 때 강널말뚝의 허용응력이 규정되어 있다.

표 3.5.15 강널말뚝(SY 295)의 허용응력(MPa)

| 구분 | 일반의 경우 | 열차하중을 직접 지지하는 경우 등 |
|---|---|---|
| 인장 | 270 | 235 |
| 압축 | 270 | 235 |
| 전단 | 150 | 130 |

*출처 : 鉄道構造物設計標準·同解説 開削トンネル 해설표 4.3.2-3(188쪽)

## (3) 강관널말뚝의 허용응력

한국에서는 흙막이 가설구조에 강관널말뚝을 거의 사용하지 않는데, 그렇다 보니 기준 또한 없는 실정이다. 가설구조가 점점 대형화되어 가고 있고, 바다와 같이 수평력이 크게 작용하는 곳에서 강성이 큰 흙막이 말뚝이 요구되는 등 앞으로는 강관널말뚝에 대한 수요도 증가할 것으로 보여 강관널말뚝에 대해서는 표 3.5.16과 같이 일본기준을 참고로 수록하였다.

**표 3.5.16 강관널말뚝의 허용응력(일본 기준) (MPa)**

| 구분 | | 일반의 경우 | | 철도하중을 직접 지지하는 경우 | |
|---|---|---|---|---|---|
| | | SKY400 | SKY490 | SKY400 | SKY490 |
| 모재부 | 인장 | 210 | 280 | 185 | 250 |
| | 압축 | 210 | 280 | 175 | 235 |
| | 전단 | 120 | 160 | 105 | 145 |
| 용접부 | | 공장용접은 모재와 같은 값으로 하고, 현장용접은 시공조건을 고려하여 80%로 한다. | | | |

## (4) 볼트

볼트의 허용응력은 가설흙막이 설계기준에 표 3.5.17과 같이 수록되어 있다. 표 3.5.18은 강교 설계기준(허용응력설계법) KDS 24 14 30 : 2019에 수록되어 있는 것을 참고로 표시하였다.

**표 3.5.17 볼트의 허용응력 (MPa)**

| 볼트의 종류 | 응력 종류 | 허용응력 | 비고 |
|---|---|---|---|
| 보통볼트 | 전단 | 100 | SS275 기준 |
| | 지압 | 220 | |
| 고장력볼트 (F8T) | 전단 | 150 | 모재가 SS275인 경우 |
| | 지압 | 270 | |

주) 표에는 할증을 하지 않은 값임

*출처 : 가설흙막이 설계기준(2024) 표 3.3-4

**표 3.5.18 볼트의 허용응력(MPa)**

| 볼트의 종류 | 응력 종류 | 허용응력 | 비고 |
|---|---|---|---|
| 보통볼트 | 전단 | 90 | SS275 기준 |
| | 지압 | 220 | |
| 고장력볼트 (F8T) | 전단 | 150 | 모재가 SS275인 경우 |
| | 지압 | 250 | |
| 고장력볼트 (F10T) | 전단 | 190 | 모재가 SS275인 경우 |
| | 지압 | 250 | |

주) 표에는 할증을 하지 않은 값임

*출처 : 강교 설계기준(허용응력설계법) KDS 24 14 30 : 2019

**(5) 허용응력의 저감계수**

현장에서 용접할 경우는 공장용접에 대한 허용응력의 저감계수는 0.9를 목표로 한다. 다만, 작업환경이나 시공 조건 등을 고려하여 용접의 방향, 보강판의 유무 등을 고려하여 정한다.

## 5.3.2 축방향 압축력과 휨모멘트를 받는 부재

축방향력과 휨모멘트를 동시에 받는 부재는 응력 외에 안정에 대한 검토가 필요하다. H형강 (SS400)의 경우에는 『도로교설계기준·강교편』의 규정에 의하여 (3.5.5)식 및 (3.5.6)식에 따라 안정검토를 하는 것으로 한다. 일반적으로 두 개의 식 중에서 하나만 검토하는 경우가 대부분 인데, (3.5.5)식은 국부좌굴을 고려하지 않을 때의 검토식이며, (3.5.6)식은 국부좌굴을 고려할 때의 검토식이므로 국부좌굴의 우려가 있는 부재에서는 두 개의 식으로 검토한다.

$$\frac{f_c}{f_{caz}} + \frac{f_{bcy}}{f_{bagy}\left(1 - \frac{f_c}{f_{Ey}}\right)} + \frac{f_{bcz}}{f_{bao}\left(1 - \frac{f_c}{f_{Ez}}\right)} \leq 1 \tag{3.5.5}$$

$$f_c + \frac{f_{bcy}}{\left(1 - \frac{f_c}{f_{Ey}}\right)} + \frac{f_{bcz}}{\left(1 - \frac{f_c}{f_{Ez}}\right)} \leq f_{cal} \tag{3.5.6}$$

여기서,　　$f_c$ : 단면에 작용하는 축방향력에 의한 압축응력 (MPa)

$f_{bcy}, f_{bcz}$ : 각각 강축($y$축) 및 약축($z$축) 둘레에 작용하는 휨모멘트에 의한 휨압축 응력 (MPa)

$f_{caz}$ : 표 3.5.8～표 3.5.12에 의한 약축($z$축)방향의 허용축방향 압축응력 (MPa)

$f_{bagy}$ : 표 3.5.8～표 3.5.12의 국부좌굴을 고려하지 않은 강축($y$축) 둘레의 허용휨압축응력. 단, $2A_c \geq A_w$로 한다. ($A_c$ : 압축플랜지의 총 단면적 (cm$^2$), $A_w$ : 웨브의 총 단면적 (cm$^2$)).

$f_{ba0}$ : 국부좌굴을 고려하지 않은 허용 휨압축응력의 상한값

$f_{cal}$ : 압축응력을 받는 양연지지판, 자유돌출판 및 보강된 판에 대하여 국부 좌굴에 대한 허용응력 (MPa)

$f_{Ey}, f_{Ez}$ : 각각 강축($y$축) 및 약축($z$축)둘레의 오일러 좌굴응력 (MPa)

$$f_{Ey} = \frac{1,200,000}{\left(\ell/r_y\right)^2}, \quad f_{Ez} = \frac{1,200,000}{\left(\ell/r_y\right)^2} \tag{3.5.7}$$

$\ell$ : 재료 양단의 지점조건에 따라 정해지는 유효좌굴길이 (mm)로, 강축 및 약축에서 각각 고려한다.

$$r_y,\ r_z : 각각\ 강축(y축)\ 및\ 약축(z축)둘레의\ 단면$$
$$2차\ 반지름(mm)$$

여기서 위의 (3.5.7)~(3.5.8)식의 오일러 좌굴응력 계산식에 표 3.5.6에 있는 할증을 주어 계산하는 경우가 있는데, 각 기준에서는 표 3.5.8~표 3.5.12에 이미 할증을 주어 계산을 하므로 할증을 하지 않는 것이 올바른 계산이라고 생각된다. 이에 대한 사항은 원래 할증을 하지 않는 상태에서는 상관이 없지만(도로

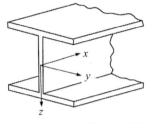

**그림 3.5.2 강축 및 약축**

교설계기준) 가설구조와 같이 할증을 줄 때에는 문제를 초래할 수 있는데, 오일러의 좌굴응력에 할증을 주는 것은 그만큼 안정검토에 불리하게 작용하므로 바람직하지는 않다. 이것은 제10장에서 상세하게 설명하였으니 참조하기를 바란다.

### 5.3.3 PC 강재

가설구조에 사용하는 PC 강재는 주로 흙막이앵커에 많이 사용되고 있는데, 각 공법이나 제조회사에 따라서 사용하는 재료가 다르다. 가설흙막이 공사 기준에서 흙막이앵커는 앵커(KCS 11 60 00 앵커 : 2020)를 사용하도록 규정하고 있다. 이 규정에서 흙막이앵커에 사용하는 강재는 KS D 3505 PC 강봉, KS D 7002 PC 강선 및 PC 강연선을 사용하도록 하고 있다. 상세한 제원은 KS 규격을 참고하기를 바란다.

### 5.3.4 콘크리트 허용응력

흙막이에서 콘크리트를 사용하는 것은 일반적으로 벽체(주열식 지하연속벽, 지하연속벽) 및 콘크리트 흙막이판, 버팀대 등이 있지만, 벽체나 흙막이판은 주로 수중에서 현장타설로 시공되는 경우가 많고, 버팀대 등은 일반적인 대기 중에서 시공되는 경우가 많으므로 가설구조에서의 콘크리트는 크게 대기, 수중, 인공니수(안정액)로 구분할 수 있다.

가설흙막이 설계기준에는 콘크리트의 시공 장소나 사용 목적에 따라서 허용응력을 구분하여 사용하여야 하지만, 구분 없이 허용휨압축응력과 허용전단응력만 기재되어 있어 콘크리트구조설계기준이나 도로교설계기준을 참고로 하는 경우가 많다.

### (1) 대기 중의 콘크리트

가설흙막이 설계기준에서의 허용응력은 다음과 같은데 할증이 없는 값이다.

- 허용휨압축응력 : $f_{ca} = 0.40 f_{ck}$
- 허용전단응력 : $V_a = 0.08\sqrt{f_{ck}}$

(3.5.8)

표 3.5.19는 도로설계요령 "3.3.2 콘크리트"에 기재되어 있는 사항으로 콘크리트구조설계기준이나 도로교설계기준에 기재되어 있는 값과는 차이가 있다. 이것은 가설구조물에서 사용하

는 허용응력을 50 % 할증한 것이다. 참고로 일본의 가설지침에는 대기 중에서 시공하는 콘크리트의 허용응력은 표 3.5.20과 같이 규정되어 있다.

표 3.5.19 콘크리트의 허용응력(도로설계요령)

| 종류 | 철근콘크리트 | 무근콘크리트 |
|---|---|---|
| 허용 휨압축응력(축방향력이 작용하는 경우 포함) | $f_{ck}/2$ | $1.5 \cdot f_{ck}/4$(단, 82.5kgf/cm$^2$ 이하) |
| 허용 휨인장응력(축방향력이 작용하는 경우 포함) | 0 | $1.5 \cdot f_{ck}/7$(단, 4.5kgf/cm$^2$ 이하) |
| 허용 지압응력 | $0.45 \cdot f_{ck}$ | $0.45 \cdot f_{ck}$(단, 90kgf/cm$^2$ 이하) |
| 부착응력 | 24kg/cm$^2$ | — |
| 허용 전단응력 | 10.5kg/cm$^2$ | — |

주) $f_{ck}$ : 콘크리트의 28일 설계기준강도(kgf/cm$^2$)
*출처 : 도로설계요령 (2010) 3.3.2 콘크리트

표 3.5.20 대기 중에서 시공하는 콘크리트의 허용응력(MPa)

| 응력의 종류 | 설계기준강도 | 21 | 24 | 27 | 30 |
|---|---|---|---|---|---|
| 허용압축응력 | 휨압축응력 | 10.5 | 12.0 | 13.5 | 15.0 |
| | 축압축응력 | 8.0 | 9.5 | 11.0 | 12.5 |
| 허용전단응력 | 콘크리트만으로 전단력을 부담하는 경우 | 0.33 | 0.35 | 0.36 | 0.38 |
| | 사인장철근과 같이 전단력을 부담하는 경우 | 2.40 | 2.55 | 2.70 | 2.85 |
| 허용부착응력 | 원형 | 1.05 | 1.20 | 1.27 | 1.35 |
| | 이형 | 2.10 | 2.40 | 2.55 | 2.70 |

*출처 : 道路土工－仮設構造物工指針, 表2-6-6(52쪽)

## (2) 수중콘크리트

국내의 가설구조와 관련된 설계기준에는 수중콘크리트 규정은 없고, 일본의 가설지침은 표 3.5.21과 같이 규정하고 있다.

표 3.5.21 수중에서 시공하는 콘크리트의 허용응력(MPa)

| 콘크리트의 호칭강도 | | 30 | 35 | 40 |
|---|---|---|---|---|
| 수중콘크리트의 설계기준강도 | | 24 | 27 | 30 |
| 압축응력 | 휨압축응력 | 12.0 | 13.5 | 15.0 |
| | 축압축응력 | 9.5 | 11.0 | 12.5 |
| 전단응력 | 콘크리트만으로 전단력을 부담하는 경우 | 0.35 | 0.36 | 0.38 |
| | 사인장철근과 같이 전단력을 부담하는 경우 | 2.55 | 2.70 | 2.85 |
| 부착응력 | 이형봉강 | 1.8 | 1.9 | 2.1 |

*출처 : 道路土工－仮設構造物工指針, 表2-6-7(53쪽)

## (3) 소일시멘트

소일시멘트의 허용응력은 구조물기초설계기준에 유일하게 규정되어 있는데, 허용압축응력
은 소일시멘트의 일축압축강도의 1/2, 허용전단응력은 일축압축강도의 1/3을 고려하고 있다.
일본의 가설지침에는 표 3.5.22와 같이 규정되어 있다.

**표 3.5.22 소일시멘트의 허용응력(MPa)**

| 압축 | 인장 | 전단 |
|:---:|:---:|:---:|
| Fc / 2 | – | Fc / 6 |

주) Fc : 기준강도

*출처 : 道路土工－仮設構造物工指針, 表2-6-8(53쪽)

### 5.3.5 철근의 허용응력

철근의 허용응력은 표 3.5.23의 값에 할증을 주어 사용한다. 참고로 일본의 가설지침에는
표 3.5.24와 같은 값을 사용하게 되어 있다. 이것은 40%를 할증한 값이다.

**표 3.5.23 철근의 허용응력(MPa)**

| 응력, 부재의 종류 | | 철근의 종류 | SD30 | SD35 | SD40 |
|---|---|---|:---:|:---:|:---:|
| 인장응력 | 하중의 조합에 충돌하중 혹은 지진의 영향을 포함하지 않을 경우 | 일반적인 부재 | 150 | 175 | 180 |
| | | 바닥판, 지간 10m 이하의 슬래브교 | 150 | 160 | 160 |
| | | 수중이나 지하수위 이하에 설치하는 부재 | 150 | 160 | 160 |
| | 하중의 조합에 충돌하중 혹은 지진의 영향을 포함하는 경우의 허용응력 기본값 | | 150 | 175 | 180 |
| 압축응력 | | | 150 | 175 | 180 |

*출처 : 강교설계기준(허용응력설계법) KDS 24 14 30 : 2019(표 4.9-2)

**표 3.5.24 철근의 허용응력(MPa)**

| 철근 종류 | SD30 | SD35 | SD40 |
|:---:|:---:|:---:|:---:|
| 인장 | 210 | 270 | 300 |
| 압축 | 210 | 270 | 300 |

다만, 가설흙막이 설계기준에는 다음과 같이 규정하고 있다.

- 허용휨인장응력 : $f_{sa} = 0.45 \sim 0.5 f_y$
- 허용압축응력 : $f_{sa} = 0.4 f_y$

(3.5.9)

위의 값은 할증을 하지 않은 값이므로 가설흙막이 설계기준의 '3.3.1 재료의 허용응력'에서
규정한 값을 곱하여 적용한다.

### 5.3.6 목재의 허용응력

목재는 엄지말뚝의 흙막이판으로 주로 사용되는데 기준마다 조금씩 다른 허용응력을 규정하고 있지만, 가설흙막이 설계기준에서 규정한 표 3.5.25의 값을 사용한다. 목재는 종류, 품질 및 사용 환경에 따라서 강도가 다르며, 지역에 따라서 입수하는 재료가 제한되는 경우가 있다. 또한 목재는 섬유방향에 따라서 강도가 다른데, 이것을 감안하여 현장의 상황에 따라서 적절한 것을 선택하여야 한다. 참고로 구조물기초설계기준에는 표 3.5.26과 같으며, 도로설계요령에는 표 3.5.27과 같이 침엽수에 대한 허용응력만 규정되어 있다.

**표 3.5.25 목재의 허용응력(가설흙막이 설계기준)**

| 목재의 종류 | | 허용응력(MPa) | | |
|---|---|---|---|---|
| | | 휨 | 압축 | 전단 |
| 침엽수 | 소나무, 해송, 낙엽송, 노송나무, 솔송나무, 미송 | 9 | 8 | 0.7 |
| | 삼나무, 가문비나무, 미삼나무, 전나무 | 7 | 6 | 0.5 |
| 활엽수 | 참나무 | 13 | 9 | 1.4 |
| | 밤나무, 느티나무, 졸참나무, 너도밤나무 | 10 | 7 | 1.0 |

**표 3.5.26 목재의 허용응력(구조물기초설계기준)**

| 허용응력의 종류 \ 목재의 종류 | | 침엽수 (MPa) | 활엽수 (MPa) |
|---|---|---|---|
| 인장응력 | 섬유에 평행 | 16.0 | 20.0 |
| 휨응력 | 섬유에 평행 | 18.0 | 22.0 |
| 지압응력 | 섬유에 평행 | 16.0 | 22.0 |
| | 섬유에 직각 | 4.0 | 7.0 |
| 전단응력 | 섬유에 평행 | 1.6 | 2.4 |
| | 섬유에 직각 | 2.4 | 3.6 |
| 축방향압축응력 | 섬유에 평행 | $l/r \leq 100,\ 14-0.096(l/r)$ | $l/r \leq 100,\ 16-0.116(l/r)$ |
| | 섬유에 직각 | $l/r > 100,\ 44,000(l/r)^2$ | $l/r > 100,\ 44,000(l/r)^2$ |

**표 3.5.27 목재의 허용응력(도로설계요령)**

| 목재의 종류 | | 허용응력 (kgf/cm²) | | |
|---|---|---|---|---|
| | | 압축 | 인장, 휨 | 전단 |
| 침엽수 | 육송, 해송, 낙엽송, 노송나무, 솔송 | 120 | 135 | 10.5 |
| | 삼나무, 전나무, 가문비나무, 미삼나무 | 90 | 105 | 7.5 |

철도설계기준, 고속철도설계기준, 호남고속철도설계지침에는 표 3.5.28과 같이 규정되어 있는데, 표에 있는 허용응력의 값은 목재섬유방향의 값이다.

**표 3.5.28** 목재의 허용응력(철도설계기준, 고속철도기준, 호남고속철도지침)

| 목재의 종류 | | 허용응력 [MPa (kgf/cm²)] | | |
|---|---|---|---|---|
| | | 휨 | 압축 | 전단 |
| 침엽수 | 소나무, 해송, 낙엽송, 노송나무, 솔송나무, 미송 | 13.5(135) | 12.0(120) | 1.05(10.5) |
| | 삼나무, 가문비나무, 미삼나무, 전나무 | 10.5(105) | 9.0(90) | 0.75(7.5) |
| 활엽수 | 참나무 | 19.5(195) | 13.5(135) | 2.10(21) |
| | 밤나무, 느티나무, 졸참나무, 너도밤나무 | 15.0(150) | 10.5(105) | 1.50(15) |

주) 철도하중을 직접 지지하는 경우는 표의 값에 1.3/1.5를 곱하여 적용한다.

또한 가설흙막이 설계기준에는 목재 섬유방향의 허용좌굴응력의 값을 다음 식으로 산출한 값 이하가 되도록 규정하고 있다.

$$l_k / r \leq 100인\ 경우 : \quad f_k = f_c(1 - 0.007l_k / r) \tag{3.5.10}$$

$$l_k / r > 100인\ 경우 : \quad f_k = \frac{0.3f_c}{(l_k/100r)^2} \tag{3.5.11}$$

여기서,　　$l_k$ : 지주길이(지주가 수평방향으로 구속되었을 때 구속점 사이의 길이 가운데 최대의 길이) (mm)

　　　　　　$r$ : 지주의 최소단면 2차 반지름 (mm)

　　　　　　$f_c$ : 허용압축응력 (MPa)

　　　　　　$f_k$ : 허용좌굴응력 (MPa)

일본은 한국과 마찬가지로 기준별로 다른 값을 사용하고 있는데, 표 3.5.29와 표 3.5.30의 값이 많이 사용되고 있다.

**표 3.5.29** 목재의 허용응력(일본가설지침)

| 목재의 종류 | | 허용응력 [N/mm² (kgf/cm²)] | | |
|---|---|---|---|---|
| | | 압축 | 인장, 휨 | 전단 |
| 침엽수 | 소나무, 해송, 낙엽송, 노송나무, 솔송나무, 미송 | 12.0(120) | 13.5(135) | 1.05(10.5) |
| | 삼나무, 가문비나무, 미삼나무, 전나무 | 9.0(90) | 10.5(105) | 0.75(7.5) |
| 활엽수 | 참나무 | 13.5(135) | 19.5(195) | 2.1(21) |
| | 밤나무, 느티나무, 졸참나무, 너도밤나무 | 10.5(105) | 15.0(150) | 1.5(15) |
| | 나왕 | 10.5(105) | 13.5(135) | 0.9(9) |

*출처 : 道路土工―仮設構造物工指針(54쪽)

표 3.5.30 목재의 허용응력(일본토목학회)

| 목재의 종류 | | 허용응력(N/mm$^2$) | | |
|---|---|---|---|---|
| | | 압축 | 휨 | 전단 |
| 침엽수 | 소나무, 해송, 낙엽송, 노송나무, 솔송나무, 미송 | 11.8 | 13.2 | 1.0 |
| | 삼나무, 가문비나무, 미삼나무, 전나무 | 8.8 | 10.3 | 0.7 |
| 활엽수 | 참나무 | 13.2 | 19.1 | 2.1 |
| | 밤나무, 느티나무, 졸참나무, 너도밤나무 | 10.3 | 14.7 | 1.5 |

*출처 : トンネル標準示方書 開削工法·同解説(137쪽)

## 5.4 강재의 허용응력 기본식

가설흙막이에 사용되는 강재는 2016년 KS규격이 개정되었으며, KS F 4602:2024(강관말뚝)이 개정되면서 가설흙막이 설계기준이 여기에 맞추어 개정되었는데, 이 기준에는 할증이 포함되어 있고 모든 규격의 강재를 포함하지 않아서 허용응력에 대하여 설명한다. 허용응력의 기본식은 도로교표준시방서에 수록되어 있는데, 허용응력에 대한 해설은 2008년을 끝으로 설계기준에 수록되지 않아서 2008년 설계기준에 있는 강재의 허용응력 내용을 소개한다.

### 5.4.1 허용축방향인장응력 및 허용휨인장응력

허용축방향인장응력 및 허용휨인장응력 규정 시 기준으로 정한 강재의 항복점은 다음과 같다.

표 3.5.31 허용축방향 인장응력 및 허용휨인장응력(MPa)

| 판두께(mm) \ 강종 | SS400, SM400 SMA400 | SM490 | SM490A, SM520 SMA490 | SM570 SMA570 |
|---|---|---|---|---|
| 40 이하 | 140 | 190 | 210 | 260 |
| 40 초과 75 이하 | 130 | 175 | 200 | 250 |
| 75 초과 100 이하 | | | 195 | 245 |

주) 구강재 기준임
*출처 : 도로교설계기준 해설(2008) 해설 표 3.3.1(123쪽)

표 3.5.32 기준항복점 및 안전율 (2008 설계기준)

| 강종 | SS400, SM400 SMA400 | SM490 | SM490A, SM520 SMA490 | SM570 SMA570 |
|---|---|---|---|---|
| 기준항복점(MPa) | 240 | 320 | 360 | 460 |
| 허용축방향인장응력(MPa) | 140 | 190 | 210 | 260 |
| 안전율 | 1.71 | 1.68 | 1.71 | 1.77 |

주) 구강재 기준임
*출처 : 도로교설계기준 해설(2008) 해설 표 3.3.2(128쪽)

허용축방향 인장응력 및 허용휨 인장응력은 기본적으로 위의 표와 같이 기준항복점에 대하여 안전율을 약 1.7로 본 값이다. 그러나 SM570 및 SMA570에 관해서는 인장강도와 항복점의 비가 다른 강재에 비해 작다는 사실을 고려하여 안전율을 약간 높게 취하였다.

설계기준에서는 두께별로 되어 있으나 가설흙막이에는 대부분 40mm 이하만 사용되므로 40mm 이하만 기재하였다. 그런데 2010 설계기준에서는 위의 값이 다음과 같이 개정되었다.

**표 3.5.33** 기준항복점 및 안전율(2010 설계기준)

| 강종 | SS400, SM400 SMA400 | SM490 | SM490A, SM520 SMA490 | SM570 SMA570 |
|---|---|---|---|---|
| 기준항복점(MPa) | 235 | 315 | 355 | 450 |
| 허용축방향인장응력(MPa) | 140 | 190 | 215 | 270 |
| 안전율 | 1.68 | 1.66 | 1.65 | 1.67 |

주) 구강재 기준임

*출처 : 도로교설계기준 해설(2010) 해설 표 3.3.1(3-10쪽)

## 5.4.2 허용축방향압축응력

국부좌굴을 고려하지 않은 허용축방향 압축응력은 압축부재의 불완전성을 고려한 강도곡선(내하력곡선)에 근거하여 정해진 것이다. 압축부재의 불완전성으로 초기변형, 하중 편심, 잔류응력, 부재단면 내에서 항복점의 기복 등을 고려한 강도는 문헌(成岡, 福本, 伊藤 : Europe 鋼構造協會聯合·Ⅷ委員會의 鋼柱座屈曲線에 대하여 : JSSC Vol. 6, No.55, 1970. pp. 56~71)과 같은 방법으로 계산할 수 있다. 이들 불완전성의 여러 가지 조합에 대하여 세장비에 대응하는 강도를 계산한다면 부재단면마다의 강도곡선을 구할 수 있게 된다. 이런 경우 항복점($f_y$)을 기준으로 하고 이 곡선을 무차원으로 표시한다면 강종과 관계없는 강도곡선으로 통일시킬 수 있다.

G. Schulz는 다음의 조건에 기초를 둔 다수의 강도곡선을 계산하고 이의 타당성을 실험으로 확인하고 있다.

① 실제로 발생하는 부재의 초기 변형으로서 부재의 중앙점에서 $f = l/1000$($l$은 부재길이)의 처짐을 갖는 sine 형의 변형을 고려한다.

② 실험으로부터 잔류응력의 분포는 단면형상에 따라 직선형, 혹은 포물선형을 쓰고 잔류응력의 크기는 $f_r = (0.3 \sim 0.7)f_y$ 를 사용한다.

③ 부재 양단은 단순 지점으로 가정하고, 하중은 편심 없이 작용하는 것으로 한다. 부재 끝에서의 구속 혹은 지지 조건을 동시에 고려하면 강도곡선을 구하는 것이 어렵기 때문이다.

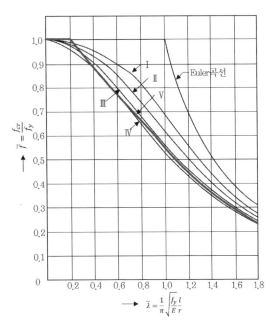

곡선 I　: 잔류응력 $f_r = 0.2f_y$와 편심량 $f = 1/1,000$을 가정한 I형강 강축에 관한 곡선.
이음 없는 강관, 소둔한(annealed) 상자형 단면에도 적용

곡선 II　: $f_r = 0.2f_y$와 $f = 1/1,000$을 가정한 I형강의 약축에 관한 곡선.
상자형 단면, 강축에 관한 각종 I형 단면(압연, 용접) 등 작용범위가 가장 넓음

곡선 III　: $f_r = 0.4f_y$와 $f = 1/1,000$을 가정한 I형강의 약축에 관한 곡선.
약축에 관한 각종 I형강, T형강에도 적용

곡선 IV　: $f_r = 0.5f_y$와 $f = 1/1,000$을 가정한 I형강의 약축에 관한 곡선.
잔류응력이 큰 용접 I형 단면(약축)만 적용

곡선 V　: 설계기준에서 채택한 기준강도곡선

**그림 3.5.3 강도 곡선**

　부재단면으로 실제 많이 사용하고 있는 I형, T형, 상자형, 파이프형 단면에 대해서는 위의 조건 아래에 많은 강도곡선이 구해져 있다. 이러한 강도곡선은 부재의 잔류응력, 단면 형상, 좌굴 축 등에 따라 비교적 큰 차이가 발생한다. 이 현상을 G. Schulz는 그림 3.5.3에서 4개의 곡선으로 나타낼 수 있다고 제안하고 있다. 그림에 보인 바와 같이, 단면 형상이나 좌굴 축 등에 따라 적당한 강도곡선을 사용하면 경제적인 설계가 가능하나, 설계의 간략화를 위해 한 개의 강도 곡선만을 사용하는 것으로 하였다(그림 중에서 V곡선).

　이 설계기준의 허용축방향 압축응력의 기준이 되는 기준 강도 곡선은 그림 3.5.3에 있는 4개의 곡선 중에서 거의 하한값에 해당하는 (3.5.12) 식을 채용한 것이다.

$$\overline{f} = 1.0 \qquad (\overline{\lambda} \le 0.2)$$
$$\overline{f} = 1.109 - 0.545\overline{\lambda} \quad (0.2 \le \overline{\lambda} < 1.0) \qquad (3.5.12)$$
$$\overline{f} = 1.0/(0.773 + \overline{\lambda}^2) \quad (\overline{\lambda} > 1.0)$$

여기서, $\qquad \overline{f} = \dfrac{f_{cr}}{f_y}, \ \overline{\lambda} = \dfrac{1}{\pi}\sqrt{\dfrac{f_y}{E}}\,\dfrac{l}{r}$

(3.5.12) 식은 그림 3.5.3에서 곡선 III 및 IV와 같은 곡선이 된다. 허용축방향 압축응력은 이 기준 강도곡선에 대하여 안전율 1.7을 적용하여 결정한 것이다. SM570S 및 MA570에 대해서는 허용축방향 압축응력의 상한값을 260MPa 로 제한하고 있어, $\overline{\lambda}$가 작은 영역에서 안전율을 1.7보다 큰 값을 취하고 있다(그림 3.5.4 참조).

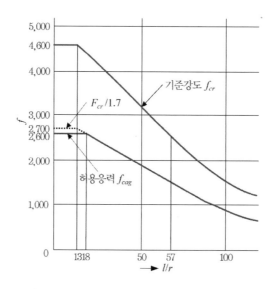

**그림 3.5.4** SM570, SMA570 허용축방향 압측응력

그리고 축방향 압축부재는 일반적으로 자중의 영향을 무시하고 설계하여도 좋으나, $l/r$이 큰 부재에 대해서는 경우에 따라 자중의 영향도 고려해야 할 필요가 있음을 주의해야 한다. 다만 거세트판에 연결된 편심압축력을 받는 L형 또는 T형 단면 부재에 대해서 이 규정을 사용하여 설계하는 경우나 강관부재중, 제조관에 속하는 것에 대해서는 $l/r$에 상관없이 자중의 영향을 무시해도 좋다. 이는 전자의 경우 편심의 영향이 상당히 크기 때문에 자중의 영향을 무시할 수 있다고 생각되며, 후자의 경우에는 허용응력이 제조관을 대상으로 하여 안전한 값을 잡고 있기 때문이다.

그러나 양쪽에 거세트판(연결판)을 설치한 통상적인 중심압축부재로 생각되는 부재이며 $l/r$이 70 정도를 넘는 부재에 대해서는 자중의 영향을 고려하여 설계해야 한다. 이 경우 축방향력 및 휨모멘트를 받는 부재를 사용하여 축방향력 및 휨모멘트를 받는 부재로 설계해도 좋다. 유효좌굴길이 $l$에 대해서는 각 장의 규정을 따라야 하나 규정되어 있지 않은 경우에는 표 3.3.3 (기둥의 유효좌굴길이)을 참고로 $l = \beta L$로 구하면 된다.

3.5.12 식은 위와 같이 산출한 국부좌굴을 고려하지 않은 허용축방향 압축응력 $f_{cag}$ 에 대하여, 다시 부재를 구성하는 판의 국부좌굴 영향을 고려하여 부재로서의 허용축방향 압축응력 $f_{ca}$ 를 준 것이다. 각 규정의 판 및 보강판의 국부좌굴에 대한 허용응력 $f_{cal}$ 이 $f_{cao}$ 와 같을 경우, 즉 국부좌굴의 영향을 고려하지 않아도 되는 경우에는 부재의 허용축방향 압축응력 $f_{ca}$ 는 $f_{cag}$ 를 취해도 좋다. 그러나 $f_{cal}$ 이 $f_{cao}$ 이하인 경우, 즉 국부좌굴의 영향을 고려하지 않을 수 없는 경우에는 기둥으로서의 좌굴과 국부좌굴이 합성되어 부재의 좌굴강도는 두 값 이하가 되는 수가 있다. 이 경우에 부재 좌굴강도가 두 값보다 얼마나 작게 되는가 하는 것은 부재의 강성, 판의 강성에 따라 다르지만 여기서는 안전측을 고려하여 3.5.12 식과 같이 규정하였다.

## 5.4.3 허용휨압축응력

보의 압축연에 대해서는 보의 횡방향 좌굴강도를 기본으로 하여 허용휨압축응력을 정하고 있다. 즉, 횡방향 좌굴에 대해서 보는 압축 플랜지의 고정점에서 단순지지 되어 있고, 양단에 같은 휨모멘트가 작용할 때의 압축연 허용횡방향 좌굴응력에 의해 허용휨 압축응력을 규정하고 있다. 압축플랜지가 직접 콘크리트 바닥판 등에 고정되어 있거나, 상자형, $\pi$형 단면에서는 휨에 의한 횡방향 좌굴이 발생하기 어려우므로 허용휨압축응력을 상한값으로 규정하고 있다.

횡방향 좌굴강도는 $A_w / A_c$ 및 $l / b$의 함수로 근사적으로 표현할 수 있다. 이 설계기준에서 횡좌굴의 기준 강도곡선은 $A_w / A_c$의 크기에 따라 다음과 같은 두 종류의 기본식으로 된다.

$$
\begin{aligned}
f_{cr}/f_y &= 1.0 && (\alpha \le 0.2) \\
f_{cr}/f_y &= 1.0 - 0.412(\alpha - 0.2) && (\alpha > 1.0)
\end{aligned}
\tag{3.5.13}
$$

여기서,
$$
\begin{aligned}
\alpha &= \frac{2}{\pi} k \sqrt{\frac{f_y}{E}} \left( \frac{l}{b} \right) \\
k &= 2 (A_w/A_c \le 2) \\
&= \sqrt{3 + A_w/2A_c} \, (A_w/A_c > 2)
\end{aligned}
$$

이 기준 강도곡선에 대하여 안전율 1.7을 취한 것이 허용휨압축응력이다. 다만, SM570 및 SMA570에 대해서는 허용휨압축응력의 상한값을 260 MPa로 하였으며, $\alpha$가 작은 영역에서는 안전율을 1.7보다 크게 취하고 있다. 휨방향 좌굴에 있어서는 기둥좌굴과는 달리 국부좌굴을 수반하는 경우가 드물지만, 국부좌굴강도가 횡방향 좌굴강도 이하가 되면 강도는 국부좌굴에 의해 결정되기 때문에 규정과 같이 정하였다. 그리고 허용전단응력 및 허용지압응력은 설계기준을 참고하기를 바란다.

# 제4장

## 흙막이 해석이론

# 제 **4** 장
# 흙막이 해석이론

　이 장에서는 흙막이 설계에 사용하고 있는 계산 이론을 소개한다. 가설구조를 설계할 때 사용하는 계산 이론은 크게 관용계산법과 국내에서 많이 사용하고 있는 탄소성법이 있는데, 여기서는 탄소성법에 대하여 어떤 이론이 어떻게 만들어졌는지, 특히 설계자 관점에서 해석 이론의 적용 범위는 타당한지에 대하여 알아본다.

　흙막이의 설계법 또는 계산법에 관해서는 현재까지 여러 가지의 방법이 제안되어 있지만, 그 주요한 주제로 다음의 두 가지를 들 수 있다. 표 4.0.1은 현재까지 제안되어 있는 흙막이의 설계법에 대하여 그 내용 및 장단점을 설명한 것이다. 이 계산법에서 측압의 산정 방법을 열거하면 다음과 같다.

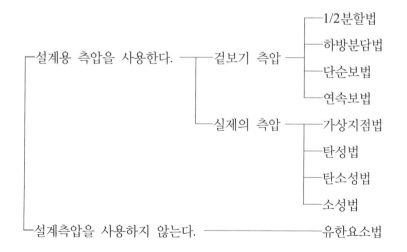

　종래에는 겉보기 측압을 단순보 또는 연속보로 재하하여 흙막이벽의 응력을 산출한 후, 단면을 결정하는 방법(관용계산법이라 부른다)이 주로 사용되었다.

그러나 도심지에서는 굴착공사의 대규모화, 대심도화에 의하여 안전하고 경제적인 흙막이 설계를 할 필요가 있어, 흙막이벽의 변형 및 응력에 대하여 정확한 계산 방법과 주변 지반의 침하나 측방 변형에 대한 설계를 요구하는 경우가 많아졌다. 이와 같은 배경을 반영하여 보다 실제에 가까운 굴착 시의 거동을 계산하는 방법으로 탄소성법과 유한요소법이 개발되어 있으며, 설계기준에도 탄소성법에 기본을 둔 설계 방법이 표준적인 설계 방법으로 수록되어 있다. 또한 흙막이 설계를 컴퓨터에 의존하면서 거의 모든 흙막이 설계를 탄소성법으로 하는 실정이다.

이 장에서는 현재 국내에서 많이 사용하는 탄소성에 대한 설계 방법을 소개할 예정인데 탄소성법에 대한 논문을 소개하는 이유는 표 4.0.1과 같이 각 설계법이 소개된 시점에서 보면 건설 환경과 건설 기술의 발전 등에 따라서 가정 조건이 어떻게 이루어져 있는지를 파악할 수 있다. 그리고 그 기술을 현재의 건설 환경에서 어떻게 적용되어야 하는지에 대한 자료를 제공하기 위해서이며, 흙막이를 설계하거나 시공할 때 어떤 방법을 사용하여 설계가 이루어져 있는지를 파악할 수 있도록 하기 위함이다.

특히, 대부분의 가시설설계를 컴퓨터 프로그램에 의존하기 때문에 본체 구조물의 성격이나, 시공 환경, 지반 조건, 벽체 종류 등에 상관없이 프로그램에 내장된 계산 이론만을 사용함으로써 사용자에게 선택의 폭이 좁아지는 것은 물론이고, 설계의 적정성이나 정확성 등에도 문제가 될 소지가 있다.

이런 의미에서 보면 계산 이론이 만들어진 시점에서 대부분 20~30년이 지났기 때문에, 이것을 바탕으로 현재의 건설 환경에 적합한 이론에 의하여 설계가 가능하게 하는 노력이 필요한 시점이기도 하다.

표 4.0.1에서는 비교를 하지 않았지만, 일본의 구건설성 토목연구소(舊建設省土木硏究所)에서 발표한 양벽일체해석에 의한 탄소성법도 아울러 소개하기로 한다.

이 해석법은 탄소성법의 이론에서는 가장 최신의 방법(1989년)이고, 아직 국내에서는 양벽일체해석에 의한 설계가 이루어지지 않기 때문에 이 기회에 단벽해석과 양벽해석의 차이가 무엇인지에 대하여 알아보기로 한다. 국내에서 많이 사용하는 탄소성법(표 4.0.1의 A, B, C의 방법)과 같이 서로 상대하는 면(벽체)에 대한 조건이 같다고 가정한 설계 방법에서는 양쪽의 조건이 다른 경우에 그 거동을 예측하기 어렵고, 과대한 변위나 응력이 발생할 때는 위험한 상황이 발생할 수 있으므로 편토압의 정도에 따라서 이것을 고려하여 설계할 필요가 있으므로 양벽일체해석에 대하여 살펴보기로 한다.

이 장에서는 논문을 발표할 당시의 원본을 그대로 설명하기 때문에, 용어나 기호 등이 현재 사용하는 것과는 다를 수 있으므로 이 점을 유의하여 주기 바라며 논문에 대한 번역은 필자의 주관적인 시각에서의 번역이므로 애매한 부분이나 이해가 되지 않는 부분은 원본을 참조하기를 바란다.

표 4.0.1 흙막이 계산법의 비교

| 명칭 | | 계산 방법 | 장단점 (○:장점, ▷:단점) |
|---|---|---|---|
| 관용계산법 | | 버팀대 위치 또는 지중의 가상지점을 지점으로 하여 벽체를 단순보 또는 연속보로 하여 계산한다. | ○ 계산이 간단하다.<br>▷ 흙막이벽의 변형을 계산할 수 없다. |
| 가상지점법 | | 벽체를 버팀대 또는 가상지점으로 지지된 단순보로 보고 굴착순서에 따라 순차적으로 계산한다. | 굴착단계별 흙막이벽의 변형, 응력은 그 이전 단계의 값을 순차적으로 부가한다. |
| 탄성법 | | 말뚝의 횡저항에 관한 Chang의 방법을 확장한 것이며, 근입부분의 횡저항은 벽의 변위에 비례하는 것으로 한다. 흙막이벽의 근입은 무한길이, 배면측의 측압은 굴착바닥면보다 깊은 곳은 작용시키지 않는다. 버팀대는 고정지점으로 한다. | ○ 각 굴착단계마다의 흙막이벽의 변형, 응력이 계산된다.<br>▷ 변형이 커지게 되면 지반의 횡저항이 수동저항을 초과해 버린다. |
| 탄소성법 | 탄소성법 A<br>(야마가타방법)<br>(1969년) | 탄성법을 개량하여 근입부의 횡저항은 수동토압을 넘지 않는 것으로 한다. 흙막이벽의 근입길이 및 버팀대 지점은 탄성법과 가정이 같다. 굴착바닥면보다 깊은 곳의 측압은 일정하다. | ○ 각 굴착단계마다의 흙막이벽의 변형, 응력이 계산된다.<br>▷ 주로 일정한 점토지반을 대상으로 하므로 일반성이 없다. |
| | 탄소성법 B<br>(나카무라방법)<br>(1972년) | 탄소성법 A에 범용성을 주어 근입은 유한길이로 하고, 선단지지 조건을 선택할 수 있다. 버팀대 지점의 탄성압축 변위량을 고려한다. 임의의 토층 구성, 측압분포에 적용할 수 있다. | ○ 실제의 토층 모델, 시공굴착과정을 재현할 수 있다. 현재까지는 가장 넓게 적용되고 있다. |
| | 탄소성법 C<br>(모리시게방법)<br>(1975년) | 탄소성법 B에 더욱 범용성을 더하여 강성이 큰 지하연속벽을 주로 대상으로 한다. 굴착전의 정지측압을 기준으로 하여 벽체의 변형에 의한 배면측, 굴착측의 토압 변화를 고려한다. 선행하중을 고려할 수 있다. | ○ 벽 배면측의 지반스프링을 고려할 수 있어 선행하중시의 해석이 가능하다.<br>▷ 탄소성법 B의 정도. 일반적으로 적용성이 떨어진다. |
| 소성법 | | 종래의 앵커가 있는 경우의 프리어스서포트법(Free·Earth·Support)을 응용한 것이며, 탄소성법 A에 가까운 해석법이다. 굴착바닥면보다 깊은 벽체의 휨모멘트 M=0점을 힌지로 하여 응력을 계산한다. | ▷ 탄소성법이 유포되기 전까지의 일시적으로 사용한 변형응력해석이지만, 현재는 거의 적용되지 않는다. |
| 유한요소법 | | 지반 및 흙막이 구조물(벽체, 버팀대)을 유한의 요소로 분할하여 요소 전체의 균형을 고려함으로써 지반변위 및 요소응력을 계산한다. 흙의 응력~변형관계는 탄성, 탄소성, 비선형 등에서 선택할 수 있다. | ○ 복잡한 토층 구성이나 기하 조건을 고려할 수 있다.<br>▷ 올바른 입력 정수의 평가가 곤란하고 계산시간이 많이 소요되어 비경제적이다. |

# 1. 야마가타·요시다·아키노의 방법

표 4.0.1의 탄소성법 중에서 A방법으로 가장 먼저 발표된 탄소성법인데, 일본의 교토공예섬
유대학(京都工芸纖維大学) 건축공예학교실 소속인 야마가타 쿠니오(山肩 邦男)·요시다 요지(吉
田洋次)·아키노 노리유키(秋野矩之)등이 1969년 9월에 발표한 "굴착공사에 있어서 버팀대 흙막이
기구의 고찰(掘削工事における切ばり土留め機構の理論的考察 : On the Lateral Supports is Temporary
Open Cuts)"에 대하여 소개한다.

이 방법은 굴착에 의한 널말뚝의 토압 변동에 대하여 실측하여, 그 결과로 버팀대 흙막이
구조를 이론적으로 정리하여 다단 버팀대를 가진 대심도 굴착의 계산 방법을 제안한 것이다.
지금까지 관용계산법에 의존하던 가시설 분야에서 탄소성법이라는 계산법을 최초로 소개한 방
법이라는 것에 많은 주목을 받았으며, 이후에 발표된 탄소성법의 기초가 되기도 한 방법이다.

이 논문이 탄생하게 된 배경은 굴착공사에 있어서 널말뚝이나 버팀대 등에 의한 흙막이의
문제를 현장에서 실제로 관측된 현상을 기초로 하여

① 널말뚝에 작용하는 배면 토압의 크기 및 분포 형상의 문제

② 배면 토압이 주어진 경우의 널말뚝이나 버팀대 등의 지지구조의 문제로

크게 두 가지로 나누어 이 문제를 이론적으로 고찰하는 것이다.

이 논문이 발표되기 전까지 사용하던 관용계산법에서는 널말뚝 배면의 토압 분포가 주어진
경우, 널말뚝 또는 버팀대의 응력을 산정하는데 버팀대의 모든 지점을 부동점으로 고려하여
계산하였는데, 버팀대 축력의 계산법으로는 아래와 같은 방법이 사용되었다.

A. 1/2분할법 : 각 버팀대 간격 및 최하단 버팀대~굴착바닥면 간격을 이등분하여 각 버팀
　　대의 토압분담면적을 가정하고, 널말뚝의 강성과는 상관없이 축압을 구하는 방법(그림
　　4.1.1(a)).

B. Terzaghi의 방법 : 제1단 버팀대 지점을 제외한 모든 버팀대 지점 및 굴착바닥면 위치에
　　있어서 널말뚝을 힌지로 가정하고, 토압과의 평형에 따라 널말뚝의 강성과는 상관없이
　　축압을 구하는 방법(그림 4.1.1(b)).

C. 연속보법 : 널말뚝을 연속보로 보고, 널말뚝의 탄성방정식으로 지점반력(버팀대 축압)
　　을 구하는 방법(그림 4.1.1(c)).

따라서 논문에서는 실측 결과를 참고하여 버팀대 축압(軸压) 등에 관한 현상을 다음과 같이
지적하였다.

① 실측 축압은 관용계산방법에 의한 결과와 일치하지 않는다.

② 하단버팀대를 설치한 후에는 상단 버팀대의 축압은 거의 변화가 없든가 조금 변동하는
　　것에 지나지 않는다. 즉, 하단버팀대를 설치하기 전의 상단 버팀대의 저항기구가 그 후
　　에도 잔류한다(그림 4.1.2 참조).

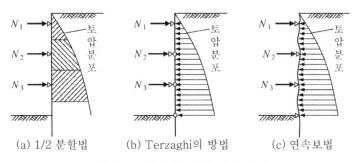

**그림 4.1.1** 관용계산법의 버팀대 축압

③ 하단버팀대 지점보다 위쪽의 널말뚝에 대한 변위는 대부분 하단버팀대를 설치하기 이전에 발생한 변위이다(문헌[9]의 그림-17 참조). 하단버팀대의 강성이 큰 만큼, 이 근사치는 높다고 봐도 좋다.

④ 하단버팀대 지점보다 위쪽의 널말뚝에 대한 휨모멘트도 하단버팀대를 설치하기 이전에 발생한 값의 대부분이 잔류한다(문헌[9]의 그림-31 참조). 또, 널말뚝 전체를 통한 휨모멘트의 분포 형상 및 크기는 상기 계산법에 의한 값과 크게 다르다.

특히 ②에 있어서는 버팀대 축압과 굴착깊이와의 실측에 의한 관계는 개념적으로 그림 4.1.2와 같이 쓸 수 있지만, 이 그림에서 Hatching을 한 부분의 변동은 배면토사 내의 널말뚝 변위에 따른 토압 변동이나 해칭의 형성, 버팀대 자체의 신축이나 지점의 느슨함 등에 의한 지점의

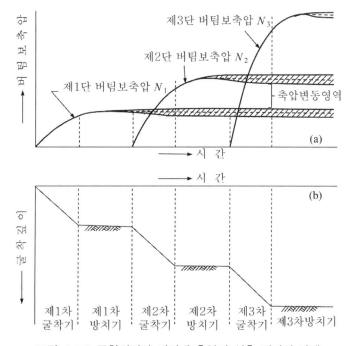

**그림 4.1.2** 굴착깊이와 버팀대 축압의 실측 결과의 관계

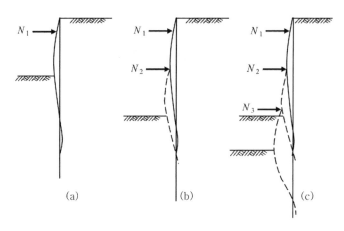

**그림 4.1.3** 굴착 과정과 버팀대 설치 및 널말뚝 변위와의 관계

이동에 대한 영향, 굴착바닥면 아래의 저항 토압의 변동, 널말뚝의 연속성에 따른 영향 등이 요인이 되는 것으로 생각된다. 따라서 근사적으로는 일정치를 유지하는 것이라고 봐도 차이가 없을 것이다.

이와 같이 종래의 계산법이 계산값과 실측값이 다른 것은 굴착바닥면 아래의 저항 토압에 대한 고려가 부족한 것 외에 그림 4.1.3에 표시한 것과 같이 굴착에 따라 버팀대가 상단에서부터 순차적으로 설치되어 간다고 하는 시공 과정이 무시되어 있다고 생각된다. 이 연구에서는 이와 같이 굴착바닥면 아래의 저항 토압 및 시공 과정을 고려하여 이론적인 고찰을 하는 것이다. 그렇지만 모래지반에 있어서는 점토지반과 비교하면 널말뚝 배면 토압에는 아직 부정확한 점이 많다. 따라서 이 연구에서는 점토지반의 경우에 한하여 추론하는 것으로 하였다.

이 연구에서는 연구자들의 「실측 결과에 관한 관찰」[8),9)]을 출발점으로 하고 있으며, 그 후의 「이론적인 고찰」[10),11)]을 통하여 검토하여 보다 더 이론적으로 확충을 한 것이다.

## 1.1 이론식 및 해의 적용법

### 1.1.1 기본적인 가정

우선 이 방법의 가정은 그림 4.1.4와 같은데 기본적인 조건은 다음과 같다.
① 지반은 점토지반으로 가정하고, 널말뚝은 반무한길이의 탄성체로 한다.
② 널말뚝의 배면토압은 굴착면보다 위는 삼각형 분포, 굴착면보다 아래는 직사각형 분포로 한다.
③ 굴착면보다 아래의 널말뚝에 작용하는 횡방향 저항은 널말뚝 변위에 일차적으로 비례하는 것으로 하고, 수동토압의 값을 초과하지 않는 것으로 한다.
④ 버팀대 설치 후의 버팀대 지점은 부동점으로 한다.

⑤ 하단버팀대 설치 후의 상단 버팀대(이미 설치)의 축압 값은 일정하고, 하단버팀대 지점
　보다 위쪽의 널말뚝은 이전의 변위를 유지하는 것으로 한다.

이상의 가장조건 중에서 ②의 삼각형 토압분포는 Tschebotarioff[12),5)]의 연약한 점토에 관한
제창에 의한 것이며, 문헌[9)]의 검토에서도 타당성이 확인되었다. 또, 굴착면보다 아래의 배면토
압을 일정하게 한 것은 Tschebotarioff에 의해 점토인 경우의 주동토압계수 $K_A$는 정지토압계
수 $K_n$과 같아 $K_A = K_n = 0.5$로 봐도 좋으므로, 배면측 토압에서 굴착측의 정지토압(점선)을 뺀
결과에 의한 것이다.[13)] 따라서 ③의 수동토압 값은 일반적으로 말하는 수동토압에서 정지토압
을 뺀 값을 의미한다. ④ 및 ⑤의 가정은 앞에서 말한 것과 같이 버팀대 축압의 실측 결과에서
근사화에 의한 것이기 때문에 널말뚝 총길이를 완전히 탄성체로 하는 이론적인 모순이 있다.
즉, 상단 버팀대의 축압을 일정하게 하면 이후의 굴착과정에 있어서는 상단 버팀대 지점은 엄
밀하게는 부동점이 아니며, 역으로 상단 버팀대 지점을 부동점으로 하면 축압은 다소 변화한
다. 그렇지만 일반적으로 널말뚝은 국부적으로 꽤 큰 휨모멘트를 받는 것이 현 실정이라고 생
각되므로, 널말뚝 전역을 통하여 완전 탄성적으로는 고려하지 않는 것, 또 상단 버팀대 축압을
일정하게 한 경우, 탄성계산에서는 상단 버팀대 지점의 널말뚝은 배면측에 다소 변위가 발생하
지만, 이 부분의 배면토압의 수동적인 증대가 고려되지 않는 것(가정 ②) 등이 있어 이것을
고려한 이론적인 해명은 현실에서는 곤란하다. 따라서 버팀대 축압과 널말뚝 변위에 관한 실측
결과를 중시하여, 이 모순을 무시하는 것으로 하였다. 그렇지만 하단버팀대 지점보다 아래쪽의
널말뚝은 완전 탄성적인 것으로 하였다.

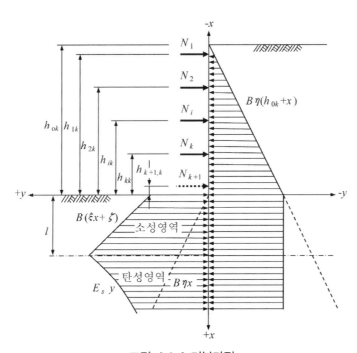

그림 4.1.4 기본가정

### 1.1.2 이론식 및 그 해(解)

그림 4.1.4에 표시한 것처럼 제 $k$차의 굴착과정(제1 ~$k$단 버팀대가 이미 설치)에 있는 것으로 하고 아래의 기호를 사용한다. 아래의 기호는 현재 우리가 사용하는 기호와는 다르므로 이 점을 참고하기를 바란다.

$h_{ik}$ : 제 $k$차 굴착면에서 제 $i$단 버팀대 지점까지의 높이. 단, $h0k$ 는 널말뚝 배면 $GL$까지의 높이, $hk+1,k$는 제 $(k+1)$단 버팀대의 설치예정 높이로 한다.

$N_i$ : 제 $i$단 버팀대 축압

$x$ : 굴착면의 깊이

$y$ : 널말뚝의 변위

$E_s=k_hB$ : 흙의 횡방향 탄성계수

$k_h$ : 지반반력계수

$B$ : 버팀대 수평간격

$l$ : 널말뚝의 굴착측 횡저항의 탄소성 경계 깊이

$E$ : 널말뚝의 탄성계수

$\eta,\ \xi,\ \zeta$ : 상수

$I$ : 폭 $B$ 사이의 널말뚝에 대한 단면2차모멘트

$\delta$ : 특정지점의 널말뚝 변위

$\theta$ : 특정지점의 널말뚝 변형각

여기서 $\zeta$ 는 점토의 점성에 기초를 둔 수동토압 값에 해당되는 것이며, $\xi$ 는 흙 토괴압에 해당하는 것이며, 수동토압 값에서 자연토압 값을 뺀 저항값에 관한 계수에 해당하는 것에 유의하여야 한다. 「1.1.1 기본적인 가정」에 따라서 아래의 식이 성립된다.

A. $k$단 버팀대~굴착면 사이($-h_{kk} \leq x \leq 0$)에 있어서

$$EI\frac{d^2 y_1}{dx^2} = \frac{1}{6}B\eta(h_{0k}+x)^3 - \sum_1^k N_i(h_{ik}+x) \tag{4.1.1}$$

$$\therefore \ \frac{dy_1}{dx} = \frac{B\eta}{24EI}(h_{0k}+x)^4 - \sum_1^k \frac{N_i}{2EI}\times(h_{ik}+x)^2 + C_1 \tag{4.1.2}$$

$$y_1 = \frac{B\eta}{120EI}(h_{0k}+x)^5 - \sum_1^k \frac{N_i}{6EI}\times(h_{ik}+x)^3 + c_1 x + c_2 \tag{4.1.3}$$

B. 굴착면 아래의 소성영역($0 \leq x \leq l$)에 있어서

$$EI\frac{d^2 y_2}{dx^3} = \frac{B\zeta}{6}(h_{0k}+x)^3 - \frac{B}{6}(\eta+\xi)x^3 - \frac{B\xi}{2}x^2 - \sum_1^k N_i(h_{ik}+x) \tag{4.1.4}$$

$$\therefore \quad \frac{dy_2}{dx} = \frac{B\eta}{24EI}(h_{0k}+x)^4 - \frac{B}{24EI}(\eta+\xi)x^4 - \frac{B\zeta}{6EI}x^3 - \sum_1^k \frac{N_i}{2EI} \times (h_{ik}+x)^2 + D_1 \tag{4.1.5}$$

$$y_2 = \frac{dy_2}{dx} = \frac{B\eta}{24EI}(h_{0k}+x)^4 - \frac{B}{24EI}(\eta+\xi)x^4 - \frac{B\zeta}{6EI}x^3 - \sum_1^h \frac{N_i}{2EI} \times (h_{ik}+x)^2 + D_1 \tag{4.1.6}$$

C. 굴착면 아래의 탄성영역($l \leq x$)에 있어서

$$EI\frac{d^4 y_3}{dx^4} + E_s y_3 = B\eta h_{0k} \tag{4.1.7}$$

의 일반해로 경계조건 ($x=\infty$에 있어서 $EIy_3''=0$, $EIy_3'''=0$)을 적용하면 다음 식이 된다.

$$y_3 = e^{-\beta x}(A\cos\beta x + F\sin\beta x) + \frac{1}{E_s}B\eta h_{0k} \tag{4.1.8}$$

$$\frac{dy_3}{dx} = -\beta e^{-\beta x}\{(A-F)\cos\beta x + (A+F)\sin\beta x\} \tag{4.1.9}$$

$$\frac{d^2 y_3}{dx^2} = -2\beta^2 e^{-\beta x}\{F\cos\beta x - A\sin\beta x\} \tag{4.1.10}$$

$$\frac{d^3 y_3}{dx^3} = 2\beta^3 e^{-\beta x}\{(A+F)\cos\beta x - (A-F)\sin\beta x\} \tag{4.1.11}$$

단, $\beta = \sqrt[4]{E_s/4EI}$

위의 식에서 연속조건 ($x=0$에 있어서 $y_1'=y_2'$, $y_1=y_2$) 및 ($x-l$에 있어서 $y_2'=y_3'=\theta_l$, $y_1=y_2=\delta_l$)을 적용하면 각종 계수는 다음과 같이 된다.

$$\left.\begin{aligned}
A &= \{Q_l\cos\beta l + \beta M_l(\cos\beta l + \sin\beta l)\}e^{\beta l}/2EI\beta^3 \\
F &= \{Q_l\sin\beta l - \beta M_l(\cos\beta l - \sin\beta l)\}e^{\beta l}/2EI\beta^3 \\
C_1 &= D_1 = \theta_l - \frac{B\eta}{24EI}(h_{0k}+l)^4 + \frac{B}{24EI}\times(\eta+\xi)l^4 + \frac{B}{6EI}\zeta l^3 + \sum_1^k \frac{N_i}{2EI}\times(h_{ik}+l)^2 \\
C_2 &= D_2 = \delta_l - C_1 l - \frac{B\eta}{120EI}(h_{0k}+l)^5 + \frac{B}{120EI}\times(\eta+\xi)l^5 + \frac{B}{24EI}\zeta l^4 + \sum_1^k \frac{N_i}{6EI}\times(h_{ik}+l)^3
\end{aligned}\right\} \tag{4.1.12}$$

단,

$$\left.\begin{aligned}
M_l &= B\eta(h_{0k}+l)^3/6 - B(\eta+\xi)l^3/6 - B\zeta l^2/2 - \sum_1^k N_i(h_{0k}+l) \\
Q_l &= B\eta(h_{0k}+l)^2/2 - B(\eta+\xi)l^2/2 - B\zeta l - \sum_1^k N_i \\
\theta_l &= -(Q_l + 2\beta M_l)/2EI\beta^2 \\
\delta_l &= (Q_l + \beta M_l)/2EI\beta^3 + B\eta h_{0k}/E_s
\end{aligned}\right\} \tag{4.1.13}$$

다음에 탄소성 경계 깊이 $l$에 있어서,

$$B(\xi l + \zeta) = E_s \delta_l \tag{4.1.14}$$

을 만족하는 조건에서 $N_k$는 다음 식과 같다.

$$
\begin{aligned}
N_k = [&-B\beta^2 \xi l^3/3 + B\beta\{\beta(\eta h_{0k} - \zeta) - \xi\}l^2 \\
&+ \left\{ B\beta\eta h_{0k}(\beta h_{0k} + 2) - 2\beta^2 \sum_1^{k-1} N_i - B(\xi + 2\beta\zeta) \right\}l \\
&+ B\eta\left\{h_{0k}\left(\beta^2 h_{0k}/3 + \beta\right) + 1\right\}h_{0k} - 2\beta^2 \sum_1^{k-1} N_i h_{ik} - 2\beta \sum_1^{k-1} N_i - B\zeta] \\
&/ \left\{2\beta^2 l + 2\beta(\beta h_{kk} + 1)\right\}
\end{aligned}
\tag{4.1.15}
$$

한편, 제 $k$단 버팀대 지점의 변위 $\delta_k$는 제 $(k-1)$차 굴착종료 시에 있어서 (4.1.3) 식에 의하여 구할 수 있지만, 이 식을 $N_b$에 관하여 풀면 다음과 같이 된다.

$$N_k = \frac{A_5 l^5 + A_4 l^4 + A_3 l^3 + A_2 l^2 + A_1 l + A_0}{B_3 l^3 + B_2 l^2 + B_1 l + B_0} \tag{4.1.16}$$

여기서,

$$A_5 = -B\beta^3 \xi/15$$

$$A_4 = B\beta^2\{\beta(3\eta h_{0k} - \xi h_{kk} - 3\zeta) - 4\xi\}/12$$

$$A_3 = B\beta^3 \eta h_{0k}(h_{0k} + h_{kk})/3 - (2/3)\beta^3 \sum_1^{k-1} N_i - B\beta\xi/2 + B\beta^2(\eta h_{0k} - \zeta) - B\beta\xi(1 + 2\beta h_{kk})/6 - B\beta^3 \zeta h_{kk}/3$$

$$
\begin{aligned}
A_2 = &B\beta^3 \eta h_{0k}{}^2(3h_{kk} + h_{0k})/6 - \beta^3 \sum_1^{k-1} N_i(h_{ik} + h_{kk}) + B\beta(\eta h_{0k} - \zeta) - B\xi(1 + \beta h_{kk})/2 \\
&+ B\beta(1 + 2\beta h_{kk})(\eta h_{0k} - \zeta)/2 + B\beta^2 \eta h_{0k}^2 - 2\beta^2 \sum_1^{k-1} N_i
\end{aligned}
$$

$$A_1 = B(1 + \beta h_{kk})\left\{\beta\eta h_{0k}^2(\beta h_{0k}/3 + 1) + (\eta h_{0k} - \zeta)\right\} - 2\beta^2(\beta h_{kk} + 1)\sum_1^{k-1} N_i h_{ik} - 2\beta(1 + \beta h_{kk}) \times \sum_1^{k-1} N_i$$

$$
\begin{aligned}
A_0 = &B\beta^3 \eta \left\{5h_{0k}^4 h_{kk} - h_{0k}^5 + (h_{0k} - h_{kk})^5\right\}/60 - (\beta^3/3)\sum_1^{k-1} N_i\left(3h_{ik}h_{kk}^2 - h_{kk}^3\right) \\
&+ (1 + \beta h_{kk})\left(\beta\eta h_{0k}^2/2 - \sum_1^{k-1} N_i\right) + \beta(1 + 2\beta h_{kk}) \times \left(B\eta h_{0k}^3/6 - \sum_1^{k-1} N_i h_{ik}\right) + 2EI\beta^3\left(\eta B h_{0k}/E_s - \delta_k\right)
\end{aligned}
$$

$$B_3 = 2\beta^3/3$$

$$B_2 = 2\beta^2(\beta h_{kk} + 1)$$

$$B_1 = 2\beta(\beta h_{kk} + 1)^2$$

$$B_0 = 2\beta\, h_{kk}\{\beta\, h_{kk}(\beta\, h_{kk}/3+1)+1\}+1$$

이상에 의하여 (4.1.15) 식과 (4.1.16) 식을 같은 것으로 하면, 제 $(k-1)$단 이상의 버팀대 축압 $N_i$ 및 제 $k$단 버팀대 지점의 변위 $\delta_k$를 이미 알고 있는 경우 $l$이 구해지며, (4.1.15) 식 또는 (4.1.16) 식에서 $N_k$가 구해진다. $l<0$의 경우에는 (4.1.16) 식에서 $l=0$으로 하면 다음과 같이 된다.

$$N_k = A_0/B_0 \tag{4.1.17}$$

### 1.1.3 해의 적용법

1.1.2의 해는 굴착 과정의 순서를 추적하여 다음과 같이 순차적으로 적용하는 것으로 한다.

① 제1차 굴착에 있어서는 제1단 버팀대 지점을 부동, 즉 $\delta_1=0$으로 하여 제1단 버팀대 축압 $N_1$을 1.1.2의 방법으로 구한다. 제1차 굴착 종료 시에 있어서는 $N_1$의 최종값 및 제2단 버팀대 설치 예정 지점의 최종 변위 $\delta_2$를 산정한다.

② 제2차 굴착 중에는 $N_1$ 및 $\delta_2$(전부 ①에서의 최종값)를 일정하게 하고, 1.1.2의 방법으로 $N_2$를 구한다. 제2차 굴착 종료 시에 있어서는 $N_2$의 최종값 및 제3차 버팀대 설치 예정 지점의 최종 변위 $\delta_3$을 산정한다.

③ 제3차 굴착은 $N_1$, $N_2$ 및 $\delta_3$의 값(전부 최종값)을 일정하게 하고, $N_3$을 구한다. 이하 같은 방법을 반복하여 순차적으로 하단으로 이동하는 것으로 한다.

## 1.2 계산값과 실측값의 비교

여기서는 이론식과 실제의 현상이 잘 맞는지를 알아보기 위하여 비교검토를 하였는데 비교검토의 결과를 소개한다. 우선 검토를 위해서는 널말뚝의 토압 및 버팀대 축압에 대한 현장에서의 계측 결과가 필요한데, 그러나 이와 같은 계측결과는 상당히 찾기가 어렵고, 특히 지반이 일정한 점토지반에 관한 계측 결과가 거의 없으므로, 여기에서는 문헌[9]에서 실시한 강관널말뚝에 관한 실험 결과를 사용하여 1.2.1에 그 계산 예를 표시하였다. 또, 1.2.2에는 널말뚝 강성 및 토질상수를 변화시킨 경우의 버팀대 축압 및 널말뚝의 휨모멘트 분포 등의 특성을 검토하기 위하여 4단 버팀대의 계산 예를 표시한 것이다.

### 1.2.1 계산 예 (1)

문헌[9]의 실험에 있어서는 그림 4.1.5에 표시한 2단 버팀대의 흙막이에서 다음에 표시하는 조건을 가진 강관널말뚝을 사용한 예이다.

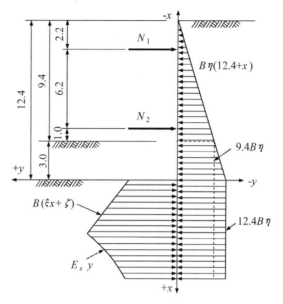

**그림 4.1.5** 계산 예(1)의 버팀대 설치조건

- 강관널말뚝 벽 : $\phi762mm$, $t=7.9mm$, $l=21.0m$
- Junction·pipe : $\phi166mm$, $t=8mm$
- 버팀대 간격 $B=5.0m$
- 단면2차모멘트 : $I=19.52\times10^4$ ($I$형 시험 널말뚝)$+15.52\times10^4\times4$ (일반 강관널말뚝)$=81.6\times10^4$ cm$^4$(5.0m 사이)
- 탄성계수 : $E=2.21\times10^7$ t/m$^2$

지반 조건에 있어서는 다소 모델화를 하여 다음과 같은 토질상수를 적용하는 것으로 한다.

- $E_s=k_hB=1000\times5=5000$ t/m$^2$, $\eta=0.9$ t/m$^3$, $\xi=1.4$ t/m$^3$, $\zeta=5.1$ t/m$^2$

단, 그림 4.1.6의 좌측에 표시한 실트층이 무한으로 연속한 것으로 가정하는 한편 제1차 설치 기간(3월 20일~4월 6일)의 토압 분포에 따라 상수를 정하는 것으로 하였다. 문헌[9])에 표시된 것처럼, 제2차 굴착기에는 굴착면에서의 유수가 현저해져(동 문헌 그림-9 참조), 토압 및 버팀 대 축압 등의 계측 결과에 영향이 나타났기 때문이다. 그림 4.1.6은 그림 4.1.5의 표시에 대응 시킨 널말뚝 배면 및 수동측의 토압분포를 Plot한 것이다. 이 논문에서는 이론값과의 비교검토 를 목적으로 하고 있으므로 널말뚝의 배면토압은 수압을 분리하지 않고, 그림에 의하여 $\eta=0.9$ t/m$^3$을 적용하였다. 수동측에 있어서는 문헌[14])에 의하여 $k_h$를 추정하고 또, $\zeta=2c=$ 5.1 t/m$^2$로 하였다. $\xi$는 하부에 단단한 실트층~모래자갈층의 영향이 있어 하나로 정하기는 어렵지만, 그림 4.1.6 에 표시한 것과 같은 분포로 가정한 결과가 1.4t/m$^3$이다. 또한 그림 4.1.8에서 ②의 계측 위치 는 이미  소성깊이 내에 있으므로 이 분포는 소성값으로 간주하였다.

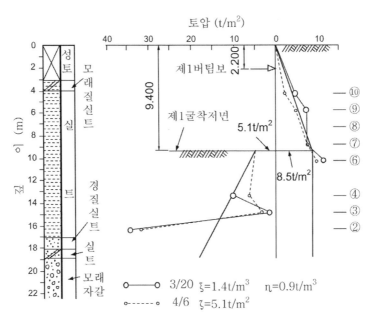

**그림 4.1.6** 계산 예(1)의 널말뚝의 토압 분포

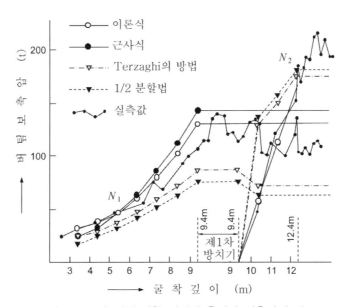

**그림 4.1.7** 각 식에 의한 버팀대 축압과 실측값의 비교

계산 결과는 그림 4.1.7 및 그림 4.1.8과 같다. 이 그림에서는 1/2분할법 및 Terzaghi의 방법에 따른 계산 결과를 함께 적었다. 결과로써 논문에서는 다음과 같은 현상을 지적하였다.

① 그림 4.1.7과 같이 본 이론값과 1/2분할법 및 Terzaghi의 방법에 따른 계산값은 매우 다르게 나타났다. 참고로 버팀대 축압의 실측값을 Plot하였지만, 이 값은 강재 버팀대의

온도변화에 따른 영향 등을 받아 불규칙한 변동을 나타내고 있다. 또 굴착깊이 9.5m 이상의 실측값은 굴착바닥면에서의 유수에 의해 수동측의 저항토압이 저하하는 등의 영향이 들어가 있으므로 이론값과의 직접적인 비교 대상은 되지 않는다고 생각한다. 따라서 $N_1$의 굴착깊이 9.5 m보다 작은 값만을 대상으로 하면, 이론값은 실측값에 비하여 다소 커지지만, 매우 타당성을 가지고 있는 것으로 보인다. 또 수동측 토압이 유수 때문에 감소하여 제2단 버팀대에 의하여 이상의 저항 부담이 걸려 있는 것으로 해석하면 정상적인 상태에서는 $N_2$의 실측값도 감소하므로 이론값에 가까워진다고 봐도 좋을 것이다. 한편 1/2분할법 및 Terzaghi의 방법에서는 $N_1$에 관해서 실측값보다 매우 작은 값이 계산되어 설계상에서는 위험측이 되는 것으로 나타났다.

② 그림 4.1.8과 같이 수동측 토압(정지토압을 감소한 것)의 소성영역 $l$은 제1차 방치 기간에 있어서 약 8.2m에 달하고 있어, 굴착바닥면 이하의 배면토압의 영향이 큰 것으로 나타났다. 소성영역 이하의 수동측 토압은 1단 널말뚝 배면의 사각형 토압의 크기(8.5 t/m²)를 밑돌아, 이후 점차 8.5 t/m²에 가까운 경향을 보였다.

③ 휨모멘트의 이론식(그림 4.1.8)은 굴착바닥면 바로 위에서 최댓값을 나타내는 분포가 되었다. 문헌[9]의 그림−31의 실측값 $M_1$의 분포형태와도 유사하며, 최댓값의 크기도 꽤 근사치에 가깝다고 말할 수 있다(실측값은 널말뚝 1본마다의 것으로 그림 4.1.8의 이론값은 널말뚝 5본분이다).

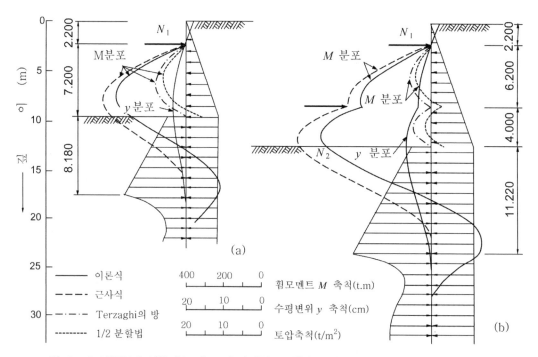

**그림 4.1.8** 이론식에 의한 휨모멘트, 수평변위, 토압분포 및 기타방법에 의한 휨모멘트 분포

종래의 1/2분할법 및 Terzaghi의 방법에서는 제2단 버팀대 지점 및 굴착면에서 휨모멘트가 0에 가깝거나 부(−)의 값이었지만, 분포형 및 최댓값도 현실과는 매우 다르게 나타났다.

**표 4.1.1 케이스별 상수의 사용**

| 조건 | a | b | c | a' | b' | c' |
|---|---|---|---|---|---|---|
| $B$ (m) | 5 | 5 | 5 | 5 | 5 | 5 |
| $E$ (t/m$^2$) | $2.1 \times 10^7$ | $2.1 \times 10^7$ | $2.1 \times 10^7$ | $2.1 \times 10^7$ | $2.1 \times 10^7$ | $2.1 \times 10^7$ |
| $I$ (m$^4$) | $5 \times 10^{-4}$ | $5 \times 10^{-4}$ | $5 \times 10^{-4}$ | $25 \times 10^{-4}$ | $25 \times 10^{-4}$ | $25 \times 10^{-4}$ |
| $k_h = E_s/B$ (t/m$^3$) | 1,000 | 1,500 | 2,000 | 1,000 | 1,500 | 2,000 |
| $\eta$ (t/m$^3$) | 0.9 | 0.9 | 0.9 | 0.9 | 0.9 | 0.9 |
| $\xi$ (t/m$^3$) | 0.9 | 0.9 | 0.9 | 0.9 | 0.9 | 0.9 |
| $\zeta$ (t/m$^2$) | 5 | 10 | 15 | 5 | 10 | 15 |

④ 널말뚝 수평변위량 분포의 이론값을 그림 4.1.8에 표시하였다. 종래의 제2단 버팀대 지점을 부동으로 한 가정과는 매우 다르게 나타났다. 실측 결과(문헌[9]의 그림−17)와 비교하면 이론값 쪽이 작지만, 실측 결과 자체도 그리 정밀도를 기대할 수 없다고 생각한다. 분포의 경향은 유사성이 크다고 말할 수 있다.

이상의 결과에서 본 이론값은 종래의 방법과 비교하여 실제의 현상을 보다 충실히 설명하고, 정량적으로도 더욱 정밀도가 높은 것으로 판단해도 좋을 것이다.

## 1.2.2 계산 예 (2)

더욱 일반적인 계산 예로서 그림 4.1.9와 같이 4단 버팀대의 경우에 대하여 표 4.1.2의 상수를 적용한 예이다. 단, 표 중에서 $k_h$ 및 $\zeta$의 값은 느슨한 점토, 중간 정도의 점토, 단단한 점토의 각각 대표적인 값을 선택, 문헌[14],[15] 등을 참고로 하여 정한 것이다. $\eta$ 및 $\xi$의 값은 consistency의 여하와 관계없이 일정한 값 0.9t/m$^3$을 가지는 것으로 가정한 것이다. 또, 종래의 토압 분포의 값은 consistency의 크기에 따라 다르지만[12],[5] 이 예에서는 전부 그림 4.1.9의 분포형태를 가정하고 있다. 이것은 배면토사 내의 전단저항이 토압분포에 미치는 영향을 무시한 것으로, 실제와는 달라질 우려도 있다. 그러나 정성적(定性的)인 검토를 목적으로 한 가정에서는 그리 영향이 크지 않다고 생각된다. 전자계산기에 의해 구한 계산 결과는 다음의 그림과 같다.

- 조건 (a, b, c) 간 및 조건 (a', b', c') 간의 버팀대 축압∼굴착깊이 곡선의 비교도 : 그림 4.1.10 및 그림 4.1.11
- 조건 (a, a') 간, 조건 (b, b') 간, 조건 (c, c') 간의 버팀대 축압∼굴착깊이 곡선의 비교도 : 그림 4.1.12∼그림 4.1.14
- 조건 (a, a') 간, 조건 (b, b') 간, 조건 (c, c') 간의 널말뚝 휨모멘트·토압 및 수평변위 분포의 비교도 : 그림 4.1.15∼그림 4.1.17

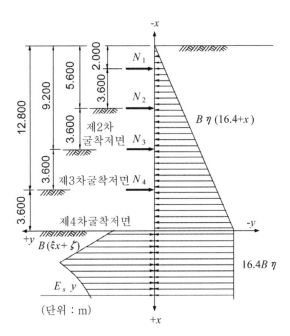

**그림 4.1.9** 계산 예(2)의 버팀대 설치조건

단, 버팀대 축압~굴착깊이 곡선의 각 그림에서는 각각 굴착 종료 후의 방치 기간을 생략하여 도시한 것이다. 이 그림(4.1.10~4.1.17)에서는 아래와 같은 현상을 지적하였다.

① 널말뚝의 강성 $EI$가 일정한 경우, 점토가 단단하면($E_s$ 및 $\zeta$의 크기 정도) 버팀대 축압은 감소한다. 그 감소의 정도는 하단버팀대만큼 크다(그림 4.1.10 및 그림 4.1.11).

② 점토의 토질 조건이 일정한 경우, 널말뚝 강성의 크기만큼 제1단 버팀대의 축압 $N_1$은 다소 커지지만, 제2단 버팀대 축압 $N_2$는 작아지는 경향을 보인다. 또한 이 정도는 토질 조건에 따라서도 거의 차이가 없다. 제3단 이하의 버팀대 축압에서는 널말뚝의 강성은 거의 영향이 없는 것으로 봐도 좋다(그림 4.1.12~그림 4.1.14).

③ 1/2분할법 및 Terzaghi의 방법에 따른 버팀대 축압 값은 본 이론값과 비교하여 매우 낮은 값으로 되어 있다. 저하의 정도는 하단버팀대 만큼이며, 점토가 단단하면 감소하는 것으로 나타났다(그림 4.1.12~그림 4.1.14).

④ 수동측의 저항토압은 제1차 굴착 정도의 빠른 시기에 있어서 전부 소성화를 시작하고 있다. 저항토압의 탄소성 경계 깊이 $l$은 굴착면 저하와 함께 급속히 증대한다. 깊이 $l$ 이하의 탄성영역에 있어서는 깊어짐에 따라 저항토압은 일단 감소한 후 다시 증가해, 차제에 널말뚝 배면의 사각형 토압 값에 점점 가까워지는 것으로 나타났다. $l$ 및 저항토압의 형상은 널말뚝 강성의 대소에 따라 거의 영향을 받지 않는 것으로 봐도 좋다. 그러나 점토의 단단함에 따라 $l$은 급속히 감소하고, 최대토압도 다소 감소한다(그림 4.1.15~그림 4.1.17).

⑤ 널말뚝에 생기는 휨모멘트는 널말뚝 강성의 대소에 대해서는 그리 영향을 받지 않는다.

휨모멘트의 최댓값은 최하단 버팀대 지점 이하에서 나타나지만, 점토의 단단함에 따라 급속히 감소하는 것으로 나타났다(그림 4.1.15~그림 4.1.17).

⑥ 널말뚝 수평 변위량은 널말뚝 강성에 따라서 현저하게 다르다. 또 점토의 단단함에 따라 급속히 감소한다(그림 4.1.15~그림 4.1.17). 그림 4.1.15의 조건 (a, a')의 경우에는 수평 변위량은 극도의 값을 나타내고 있으며, 더욱 큰 강성이 필요한 것을 알 수 있다.

⑦ 1/2분할법 및 Terzaghi의 방법에 따른 경우, 휨모멘트의 값은 본 이론값과 비교하여 현저하게 과소하며, 그 분포 형상도 불합리한 것으로 나타났다(그림 4.1.18).

다음에 수동측의 저항토압에 있어서 이 논문에 의한 탄소성적인 거동을 나타내는 것을 고려한 경우와 완전 탄성적으로 고려하는 경우의 비교를 참고로 하여, 조건 b'에 관한 계산 예를 그림 4.1.19 및 그림 4.1.20에 표시하였다. 이 그림에서 다음과 같은 것을 지적할 수 있다.

⑧ 제1단 버팀대 축압에 있어서는 양자 사이의 차이를 찾을 수 없지만, 제2단 이하의 버팀대 축압에 있어서는 본 이론식에 비하여 탄성식은 작고, 그 정도는 하단버팀대 근처에서 크다(그림 4.1.19).

⑨ ⑧의 현상은 수동측의 탄성식에 의한 저항토압이 본 이론값에 비하여 매우 커지기 때문이며, 그 영향은 휨모멘트 분포 및 수평 변위량 분포에도 크게 나타나고 있는 것을 알 수 있다(그림 4.1.20).

이와 같은 검토에서 저항토압을 탄성적으로 고려하는 것은 설계상 대단히 위험하다는 것을 알 수 있다.

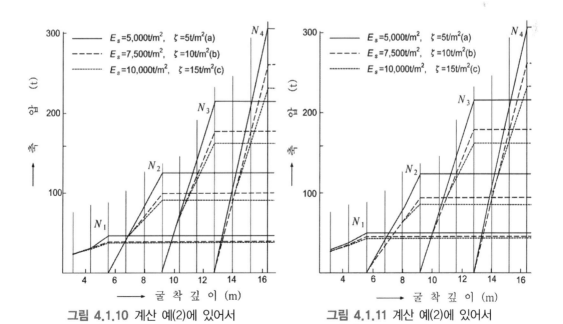

**그림 4.1.10** 계산 예(2)에 있어서 $I=25×10^{-4}m^4$의 경우 축압과 토질상수의 관계

**그림 4.1.11** 계산 예(2)에 있어서 $I=5×10^{-4}m^4$의 경우 축압과 토질상수의 관계

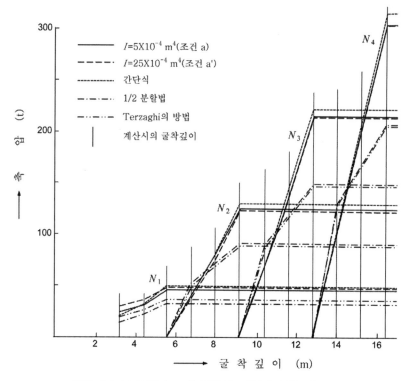

**그림 4.1.12** 조건 (a, a') 경우의 버팀대 축압 비교표

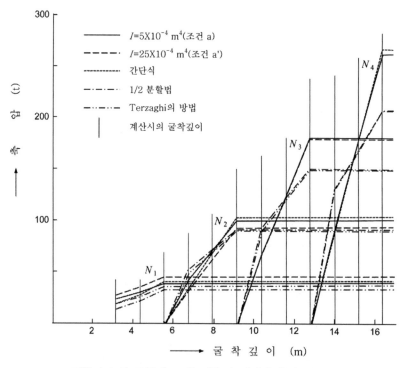

**그림 4.1.13** 조건 (b, b') 경우의 버팀대 축압 비교표

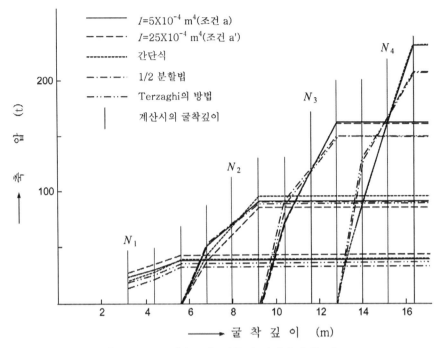

그림 **4.1.14** 조건 (c, c') 경우의 버팀대 축압 비교표

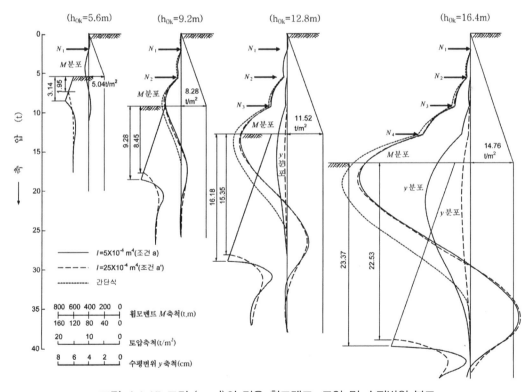

그림 **4.1.15** 조건 (a, a')의 경우 휨모멘트, 토압 및 수평변위 분포

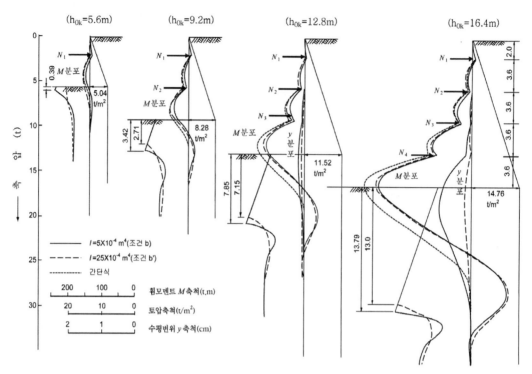

**그림 4.1.16** 조건 (b, b')의 경우 휨모멘트, 토압 및 수평변위 분포

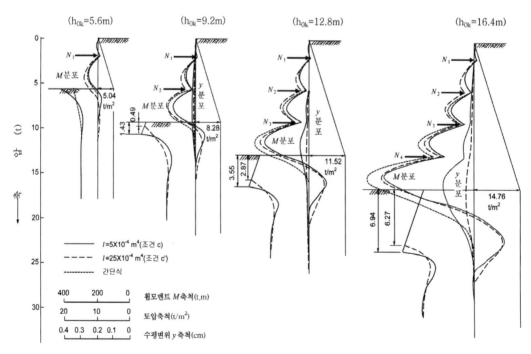

**그림 4.1.17** 조건 (c, c')의 경우 휨모멘트, 토압 및 수평변위 분포

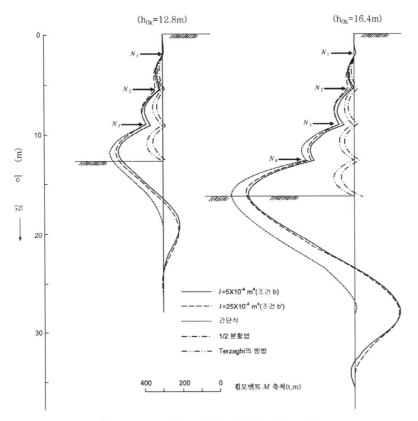

그림 4.1.18 조건 (b, b')의 경우 휨모멘트 비교도

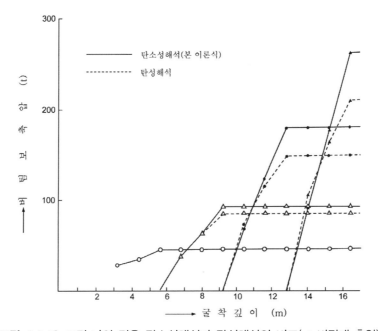

그림 4.1.19 조건 b'의 경우 탄소성해석과 탄성해석의 비교(a: 버팀대 축압)

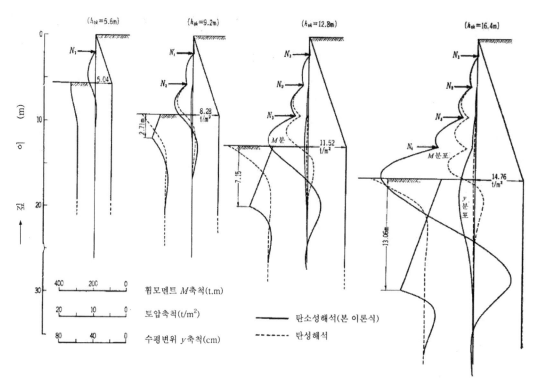

**그림 4.1.20** 조건 b'의 경우 탄소성해석과 탄성해석의 비교(b: 휨모멘트, 토압, 수평변위)

## 1.3 간단식의 제안

1.1의 이론식은 복잡한 모양이지만, 현재는 컴퓨터를 사용하기 때문에 이대로도 사용할 수 있다. 그러나 설계계산용으로는 복잡해지는 감이 있다. 따라서 "1.2 계산값과 실측값의 비교"의 계산 결과를 고려하여 종래의 앵커 널말뚝에 관한 free·earth·support법을 응용하여 아래와 같은 간단식을 제안하였다. 우선 가정은 다음과 같다.

① 본 논문의 기본적인 가정 (1.1.1)은 ③을 제외하고 그대로 성립하는 것으로 한다.

② 굴착측의 저항토압은 수동토압을 취하는 것으로 한다. 단, $B(\xi x + \zeta)$는 수동토압에서 정지토압 $B\eta x$를 제외한 값으로 한다.

③ 굴착면 이하의 널말뚝에 대한 휨모멘트 $M=0$의 점에 힌지를 가정하고, 힌지 이하의 널말뚝에 대한 전단력의 전달을 무시한다.

② 및 ③의 가정은 1.2의 결과에서 보면 굴착깊이가 낮은 경우를 제외하고는 꽤 근사성이 좋다고 생각된다. 그림 4.1.21에 표시한 제$k$차의 굴착 과정에 있어서 굴착면에서 $M=0$점까지의 깊이를 $x_m$으로 하면, 그 이상의 널말뚝에 작용하는 토압 및 버팀대 축압은 아래의 평형식을 만족하지 않으면 안 된다.

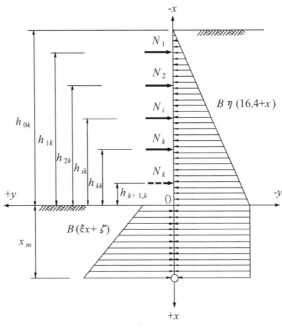

**그림 4.1.21**

- $y$ 방향의 평형식

$$\sum_{1}^{k-1} N_i + N_k + B\zeta\, x_m + \frac{1}{2} B\xi\, x_m^2 - \frac{1}{2} B\eta\, h_{0k}^2 - B h_{0k} x_m = 0 \tag{4.1.18}$$

- $M=0$점에 관한 휨모멘트의 평형식

$$\sum_{1}^{k-1} N_i\left(h_{ik} + x_m\right) + N_k\left(h_{kk} + x_m\right) - \frac{1}{2} B\eta h_{0k}^2 \times \left(\frac{h_{0k}}{3} + x_m\right) - \frac{1}{2} B\eta h_{0k} x_m^2$$
$$+ \frac{1}{2} B\zeta\, x_m^2 + \frac{1}{6} B\xi\, x_m^3 = 0 \tag{4.1.19}$$

단, 이들의 식에서 $N_i(i=1\sim(k-1))$은 이미 알고 있으며, $N_k$ 및 $x_m$ 은 미지수이다. (4.1.18)식 및 (4.1.19)식에서 $N_k$를 소거하면, 다음과 같이 $x_m$ 에 관한 3차식을 얻는다.

$$\frac{1}{3} B\xi\, x_m^3 - \frac{1}{2} B\left(\eta h_{0k} - \zeta - \xi\, h_{kk}\right) x_m^2 - B\left(\eta h_{0k} - \zeta\right) \times h_{kk} x_m$$
$$- \left\{\sum_{1}^{k-1} N_i h_{ik} - h_{kk} \sum_{1}^{k-1} N_i + \frac{1}{2} B\eta h_{0k}^2\left(h_{kk} - \frac{1}{3} h_{0k}\right)\right\} = 0 \tag{4.1.20}$$

(4.1.20)식에 의하여 $x_m$ 을 구해진다. 구체적인 해법으로서는 $x_m$ 에 수치를 대입하여 내삽법에 따라서 구하는 것이 좋을 것이다. 이 $x_m$ 을 (4.1.18)식에 대입하면 $N_k$ 가 구해진다. 이 간단식의 계산순서는 "1.1.3 해의 적용법"에 따른다.

① 제1차 굴착에 있어서는 (4.1.18)식~(4.1.20)식에 있어서 $N_i(i=1\sim(k-1))$으로 하고,

한편 suffix $k=1$로 둔다. (4.1.20)식에 의해 $x_m$을 구하고, (4.1.18)식에 의하여 $N_1$을 계산한다. 제1차 굴착의 종료 시에 있어서 $N_1$의 최종값을 구한다.

② 제2차 굴착 중에는 suffix $k=2$이므로 $N_i$는 $N_1$뿐이며, $N_2$는 미지수이다. $N_1$은 ①의 최종값을 대신하여 일정하고, (4.1.20)식으로 $x_m$을, (4.1.18)식으로 $N_2$를 계산한다. 제2차 굴착의 종료 시에 있어서도 $N_2$의 최종값을 구해둔다.

③ 제3차 굴착 중에는 $N_1$ 및 $N_2$는 각각 최종값을 대신하여 일정할 때, $x_m$ 및 $N_3$을 산정한다. 이하 같은 방식으로 하면 좋다.

널말뚝의 휨모멘트는 제 $k$ 차 굴착의 경우, 다음 식으로 구한다.

A. $-h_{0k} \leq x \leq -h_{1k}$에 있어서 :

$$M = B\eta(h_{0k} + x)^3 / 6 \tag{4.1.21}$$

B. $-h_{1k} \leq x \leq 0$에 있어서 :

$$M = B\eta(h_{0k} + x)^3 / 6 - \sum_1^j N_i(h_{ik} + x) \tag{4.1.22}$$

단, $j$는 $x$점 바로 위의 버팀대 번호로 한다.

C. $x > 0$에 있어서 :

$$M = \frac{1}{2} B\eta h_{0k}^2 \left( \frac{h_{0k}}{3} + x \right) + \frac{B}{2} \left\{ \eta h_{0k} - \zeta - \frac{\xi x}{3} \right\} x^2 - \sum_1^k N_i(h_{ik} + x) \tag{4.1.23}$$

이상의 간단식을 "1.1 이론식 및 해의 적용법"의 식과 일치하는지를 검토하기 위하여 그림 4.1.7, 그림 4.1.8 및 그림 4.1.12~그림 4.1.17에 간단식에 따른 계산 결과를 병기하여 두었다. 이 그림을 보면 다음과 같은 사항을 알 수 있다.

1) 버팀대 축압의 간단식은 일반적으로 이론식보다 다소 웃도는 값을 나타내고 있다. 그러나 1/2분할법 및 Terzaghi의 방법과 비교하면 이론식에 대한 근사성이 좋고, 또한 설계에서는 안전 측이 되는 것으로 나타났다.

2) 간단식에 의한 휨모멘트 분포는 부(−)의 영역을 제외하면 이론식과 유사한 형을 나타내고 있다. 최대 휨모멘트의 값은 이론식보다 1할 정도 과대하며, 또한 $M=0$점이 보다 깊은 위치가 되는 것으로 나타났다. 그렇지만 그림 4.1.18에서 볼 수 있듯이 1/2분할법이나 Terzaghi의 방법에 따른 경우와 비교하면 이론식에 대한 근사성이 좋고, 설계에서는 안전 측이 된다.

이상에 의하여 이 간단식은 실용식으로 충분히 합리성이 있다고 봐도 좋을 것이다.

## 1.4 결론

이상과 같이 널말뚝에 배면토압이 주어졌을 때 버팀대 흙막이의 이론식 및 간단식에 대하여 알아보았다. 이 논문은 종래의 버팀대 축압 측정 결과의 경향을 중시하고, 굴착공사의 시공 과정을 고려하는 것에 있다.

계산 예(1)에서의 검토 결과에서는 1/2분할법이나 Terzaghi의 방법 등 종래의 방법에 비하여 이 이론식은 정성적(定性的)으로도 정량적(定量的)으로도 실측값[9]에 매우 근사함을 나타내었다. 그러나 이 실측값에는 굴착바닥면에서의 유수에도 어느 정도 영향이 들어가 있으므로 이론 값과의 비교 대상을 일부에 한정할 수밖에 없었다. 금후에도 실측 결과와의 대응에 대해 검토를 반복할 필요가 있다고 생각한다. 계산 예(2)에 있어서는 널말뚝의 강성·점토의 단단함 등이 다른 경우에 있어서 흙막이의 정성적인 경향의 이해에 이바지하기 위해 일련의 계산 결과를 표시하였다. 또한 실용적인 방법으로서 free·earth·support법의 고려를 응용한 간단식을 제안 하였다. 이 간단식은 이론식에 대하여 다소 안전측의 값을 주어지지만, 편리하게 사용할 수 있다.

이 논문에서는 버팀대를 설치하고 이후에 이 지점을 부동(고정)으로 가정하였다. 또 배면토 압은 점토의 단단함과 관계없이 삼각형 분포 및 사각형 분포를 가정하여, 배면 토사 내의 전단 저항에 의한 토압의 저감을 고려하지 않았다. 이 가정에서 보면, 이론식은 버팀대의 강성이 충분히 크고 또한 유연한 점토의 경우에 적합성이 높다고 생각한다. 널말뚝 총길이를 통하는 배면 토압의 실태는 점토의 단단함이나 점탄성적인 변형 형상, 널말뚝의 강성 그 외에 많은 인자가 관계되어 있으며, 금후에도 별도로 연구를 진행해야 할 문제이다. 그러므로 본 이론에 의한 적합성 또는 범용성은 금후의 배면 토압에 대하여 파악되는 쪽에도 관계가 있는 것으로 생각한다.

또 본 논문에서는 추론의 편리상 점토지반만을 대상으로 하고 있지만, 모래지반의 경우에도 토압 분포가 주어지면 적용 가능성이 있는 것을 덧붙인다.

# 참 고 문 헌

1. Terzaghi, K., Peck, R.B. : Soil Mechanics in Engineering Practice, John Wiley & Sons. 1967. p.398

2. Terzaghi, K., Peck, R.B. : Soil Mechanics in Engineering Practice, John Wiley & Sons. 1948. p.348

3. Peck, R.B. : Earth Pressure Measurements in Open Cuts, Chicago(III) Subway, Trans. ASCE, 1-108, 1943

4. Tschebotarioff, G.P. : Soil Mechanics, Foundations, and Earth Structures, Mc-Graw-Hill, 1951, p.486

1. 日本建築学会 : 建築基礎構造設計基準・同解説, Nov.1960

5. Endo, M. : Earth Pressure in the Excavation Work of Alluvial Clay Stratum, Proc. ICSMFE, Budapest. Sept. 1963. pp.21~46

6. 上野・関根・畑野・佐衛田・遠藤 : 山止め切張りに加わる土圧力について, 鹿島建設技術研究所, 年報14号, pp.251~260

7. 山肩・中田・福本 : 掘削工事にともなう切バリの土圧変動ならびに背面土の挙動に関する一実測結果, 土と基礎, Vol.14 No.3 Mar. 1966. pp.29~36

8. 山肩邦男・八尾真太郎 : 掘削にともなう鋼管矢板壁の土圧変動(その1, その2) : 土と基礎 Vol.15, No.5, May 1967. pp.29~38 & Vol.15 No.6, June 1967. pp.7~16

9. 山肩邦男・吉田洋次 : 掘削時における切バリ軸圧の一理論解, 土質工学会昭和42年度研究発表会論文集, 昭42. 11. pp.131~136

2. 山肩・吉田・秋野 : 粘土地盤における矢板の支持機構に関する考察, 日本建築学会学術講演梗概集, 昭43.10. pp.645~646

3. Tschebotarioff, G.P. : Soil Mechanics, Foundation, and Earth Pressures, Mc-Graw-Hill, 1951, p.489

10. 石黒 健 : 鋼矢板工法, 山海堂, 昭 38.7

11. 土質工学会 : 土質工学ハンドブック, 昭 40.11, p.430

12. 福岡正巳・宇都一馬 : ボーリング孔を利用した基礎地盤の横方向 K 値測定について, 土と基礎 特集号 No.1, 昭 34.8

# 2. 나카무라 · 나카자와의 방법

나카무라(中村兵次) · 나카자와(中沢章)가 1972년 일본토질공학회 논문집에 발표한 "굴착공사에 있어서 흙막이벽의 응력해석(Stress Calculation of Earth-Retaining structures during construction)"에 대하여 소개한다. 이 방법은 야마가타(山肩) 등의 방법을 기본 바탕으로 하여 좀 더 실용적인 면에서 범용성을 지니게 하는 것을 목적으로 한 방법이다. 국내 대부분의 탄소성과 관련된 흙막이 설계에서는 이 방법을 모태로 하여 사용되고 있다. 이 방법에 대한 설명은 논문에 실린 내용을 그대로 소개하기로 한다.

## 2.1 서론

최근 도시에서의 굴착공사에는 소음, 진동 등의 공해를 방지하는 것, 연약지반에도 개착공사가 필요한 것, 깊은 심도까지 굴착이 필요한 것 등의 이유에 의하여 지중연속벽, 주열말뚝, 강관널말뚝 등의 차수성이 큰 흙막이벽이 사용되는 경우가 많아졌다.

그러나 이와 같은 종류의 흙막이공법에 따른 연구는 거의 없고, 이론적으로 아직 확립되어 있지 않다고 생각된다. 이런 의미에서 야마가타(山肩) · 요시다(吉田) · 아키노(秋野)에 의한 「굴착공사에 있어서 버팀대 흙막이 기구의 고찰(掘削工事における切ばり土留め機構の理論的考察), 土と基礎, Vol.7, No.9, 1969年9月」은 획기적인 연구이며 굴착에 의해 발생하는 지중선행변위에 대한 생각은 지금까지 일반적으로 사용하던 연속보법에서 크게 발전한 것이었다. 하지만 위의 야마가타(山肩) 등의 이론은 다음과 같은 가정을 포함하고 있다.

① 점토 지반으로 가정하여 흙막이벽을 무한길이의 탄성체로 한다.
② 흙막이벽 배면의 토압은 굴착면보다 위는 삼각형 분포, 굴착면보다 아래는 사다리꼴 분포로 한다.
③ 굴착면보다 아래쪽 흙막이벽의 횡방향 저항은 널말뚝 변위에 일차적으로 비례하는 것으로 하고, 이것은 수동토압을 초과하지 않는다.
④ 버팀대 설치 후의 버팀대 지점은 부동점으로 한다.
⑤ 하단버팀대 설치 후의 상단 버팀대(기설치)의 측압은 일정하며, 하단버팀대 지점보다 위쪽의 널말뚝은 이전의 위치를 유지하는 것으로 한다.

이 논문에서는 상기 이론에 범용성을 가지도록 다음과 같은 가정을 설정하였다.

① 흙막이벽의 근입길이는 유한길이로 다룬다. 선단은 힌지, 고정, 자유의 3종류로 지질 상태에 맞추어 선택이 가능하다.
② 배면토압 및 굴착면 측의 유효주동토압은 굴착에 따른 토질 조건의 변화(지하수위의 변화 등)에 대처할 수 있도록 굴착단계에서 입력한다.

③ 굴착면보다 아래쪽에 있어서 흙막이벽에 작용하는 저항 토압은 흙막이벽의 변위에 1차 적으로 비례하며, 다만 유효수동토압을 초과하지 않는다.

④ 버팀대 설치 후의 이 버팀대 지점은 버팀대 간격, 단면적, 길이, 재료의 탄성계수에서 얻어진 탄성받침으로 한다.

⑤ 굴착에 따른 버팀대 가설시에 이미 발생한 지중선행변위를 고려한다.

이상의 설명에 있어서 편리하게「유효수동토압」,「지중선행변위」등의 용어를 사용하는데, 이 용어의 의미는 "2.2 토압 및 구조계의 가정"을 참조하기를 바란다.

일반적으로 새로운 이론은 실측값과 비교하여 그 타당성을 확인함으로써 그 적용 한계를 정할 필요가 있다. 그렇지만 이러한 흙막이에 대한 실측치가 적어, 본 해법의 적용 한계 등에 대해서 충분한 검토를 할 수 없어 값을 얻을 수 없지만, "2.4 실측값과의 비교"에 나타낸 것과 같이 실측값과 계산값이 거의 일치하는 것으로 나타났다. 현재 일반적인 강널말뚝 등의 흙막이 공법에 대하여 적용성 등을 검토 중이다.

## 2.2 토압 및 구조계의 가정

### 2.2.1 토압

#### (1) 굴착면보다 위

배면에 주동토압이 작용하는 것으로 한다.

#### (2) 굴착면보다 아래

배면에 주동토압이 작용하는 것으로 하고, 굴착면 측은 탄성영역과 비탄성영역으로 나누어 고려한다. 탄성영역에는 정지토압과 흙막이벽의 변위에 비례한 탄성반력이, 비탄성영역에는 극한수동토압이 작용하는 것으로 한다. 여기서「**탄성영역**」이란 정지토압과 탄성반력의 합이 극한수동토압보다 작아지는 부분이며,「**비탄성영역**」이란 탄성반력을 계산할 때, 그 값과 정지 토압과의 합이 극한수동토압 이상이 되는 부분이다. 흙막이벽의 변위에 관계없이 작용하는 굴 착면측의 정지토압을 배면측의 주동토압에서 뺀 것을「**유효주동토압**」이라 하고, 굴착면측의 극 한수동토압에서 굴착면측의 정지토압을 뺀 것을「**유효수동토압**」이라고 하면 상기의 가정은 다 음과 같이 나타낸다.

배면측에 유효주동측압이 작용하고, 굴착면측의 비탄성영역에는 유효수동토압이, 탄성영역 에는 흙막이벽의 변위에 비례한 탄성반력이 작용한다.

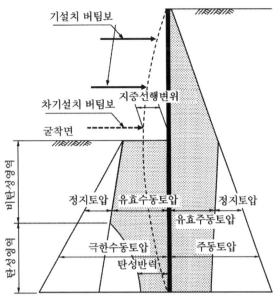

**그림 4.2.1** 토압, 구조계의 설명도

## 2.2.2 구조계

흙막이벽 가설이 완료되었을 때는 흙막이벽의 응력과 변위는 거의 제로(0)로 굴착 진행에 따라서 이것도 증가하는 것이 분명하다. 흙막이벽은 탄성체이므로 그 응력과 변위는 비례하지만, 흙은 응력이 커짐에 따라 그 응력과 변위의 비례관계가 성립되지 않는다. 따라서 흙을 탄성영역과 비탄성영역으로 나누어 고려하는 것이 필요하게 되며, 흙막이벽의 응력과 변위와의 관계는 비선형이 된다.

또, 버팀대는 흙막이벽에 그 시점의 굴착단계에 따른 응력과 변위가 생긴 후에 가설되므로 구조계는 각 굴착단계 등에 따라 변하며, 이후의 굴착 진행에 따라서 버팀대의 응력과 변위도 변한다. 이것에 대처하기 위하여 버팀대와 흙막이벽의 응력과 변위는 다음과 같이 고려한다.

### (1) 버팀대

버팀대를 가설할 때 흙막이벽의 그 점에 대한 변위량을 「**지중선행변위**」라 부른다. 이때의 버팀대 응력은 0이며, 이 이후의 변위와 탄성계수, 단면적에 비례하여 길이에 반비례하는 응력이 생기는 것으로 고려한다.

### (2) 흙막이벽

굴착면보다 위쪽에는 주동토압, 굴착면보다 아래의 비탄성영역에는 유효주동토압에서 유효수동토압의 차이를 뺀 하중을 받는 탄성스프링이며, 탄성영역에는 유효주동토압을 받는 탄성바닥판 위의 보로 생각한다. 또, 전체적으로는 각 버팀대를 탄성받침으로 하는 연속보로 한다.

## 2.3 이론식

지층이 변하는 점과 버팀대 지점 등에서 전이
행렬을 구해 환원법으로 계산한다. 여기서는 처
음에 비탄성영역과 탄성영역의 기본식을 표시하
고, 다음에 전이행렬을 유도한다. 또한 비탄성영
역의 굴착면에서의 깊이는 순차조사법에 의하여
최종값을 구하는 것으로 한다.

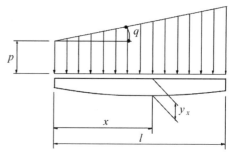

### 2.3.1 기본식

**그림 4.2.2** 하중과 부재의 변위

### (1) 굴착면 위쪽과 비탄성영역

굴착면보다 위쪽의 주동토압 또는 비탄성영역에서의 유효주동토압에서 유효수동토압의 차
이를 뺀 하중이 그림 4.2.2와 같을 때, 탄성보의 기본미분방정식은 (4.2.1)식과 같다.

$$EI\frac{d^4 y_x}{dx^4} - (p + qx) = 0 \qquad\qquad (4.2.1)$$

여기서,　　$E$ : 흙막이벽 재료의 탄성계수

　　　　　$I$ : 흙막이벽의 단면2차모멘트

　　　　　$y_x$ : $x$에 있어서 변위

　　　　　$x$ : 부재 끝단에서 검토지점까지의 거리

　　　　　$p$ : $x=0$ 에 있어서 하중강도

　　　　　$q$ : 하중의 증가율

따라서 흙막이벽의 변위량 $y_x$, 변형각 $\theta_x$, 휨모멘트 $M_x$, 전단력 $S_x$는 각각 다음 식과 같이
된다.

$$\left.\begin{aligned}
y_x &= y_0 + \theta_0 x - \frac{1}{EI}\left(\frac{1}{2}M_0 x^2 + \frac{1}{6}\theta_0 x^3 - \frac{1}{24}px^4 - \frac{1}{120}qx^5\right) \\
\theta_x &= \theta_0 - \frac{1}{EI}\left(M_0 x + \frac{1}{2}S_0 x^2 - \frac{1}{6}px^3 - \frac{1}{24}qx^4\right) \\
M_x &= M_0 + S_0 x - \frac{1}{2}px^2 - \frac{1}{6}qx^3 \\
S_x &= S_0 - px - \frac{1}{2}qx^2
\end{aligned}\right\} \qquad (4.2.2)$$

여기서, $y_0$, $\theta_0$, $M_0$, $S_0$은 $x=0$점에서의 변위, 변형각, 휨모멘트, 전단력이다.

## (2) 탄성영역

탄성영역의 유효주동토압이 그림 4.2.1과 같이 표시될 때, 이 탄성바닥판위 보의 기초미분방정식은 식(4.2.3)으로 나타낼 수 있다.

$$EI\frac{d^4y_x}{dx^4} + KDy_x - (p + qx) = 0 \tag{4.2.3}$$

여기서, $K$는 수평지반 반력계수, $D$는 흙막이벽의 폭이다. (4.2.3)식의 일반해는 (4.2.4)식이 된다.

$$y_x = C_1e^{\beta x}\cos\beta x + C_2e^{\beta x}\sin\beta x + C_3e^{-\beta x}\cos\beta x + C_4e^{-\beta x}\sin\beta x + \frac{p + qx}{KD} \tag{4.2.4}$$

여기서, $C_1$, $C_2$, $C_3$, $C_4$는 부재 양단의 상태에 따라 결정되는 적분상수이며, $\beta$는 다음 식에 의하여 계산된다.

$$\beta = \sqrt[4]{\frac{KD}{4EI}} \tag{4.2.5}$$

따라서 변위와 응력은 다음 식으로 주어진다.

$$\left.\begin{aligned}
\theta_x &= \beta C_1e^{\beta x}(\cos\beta x - \sin\beta x) + C_2e^{\beta x}(\cos\beta x + \sin\beta x) + C_3e^{-\beta x}(-\cos\beta x - \sin\beta x) \\
&\quad + C_4e^{-\beta x}(\cos\beta x - \sin\beta x) + \frac{p}{KD} \\
Mx &= -2EI\beta^2(-C_1e^{\beta x}\sin\beta x + C_2e^{\beta x}\cos\beta x + C_3e^{-\beta x}\sin\beta x - C_4e^{-\beta x}\cos\beta x) \\
S_x &= -2EI\beta^3C_1e^{\beta x}(-\cos\beta x - \sin\beta x) + C_2e^{\beta x}(\cos\beta x - \sin\beta x) - C_3e^{-\beta x} \\
&\quad (\cos\beta x - \sin\beta x) + C_4e^{-\beta x}(\cos\beta x + \sin\beta x)
\end{aligned}\right\} \tag{4.2.6}$$

## 2.3.2 전이행렬

### (1) 굴착면보다 위쪽 및 비탄성영역

(4.2.2)식에서 $x = l$의 경우를 매트릭스로 표현하면 (4.2.7)식이 된다.

$$\begin{bmatrix} y_l \\ \theta_l \\ M_l \\ S_l \end{bmatrix} = \begin{bmatrix} 1 & l & -l^2/2EI & -l^3/6EI \\ 0 & 1 & -l/EI & -l^2/2EI \\ 0 & 0 & 1 & l \\ 0 & 0 & 0 & 1 \end{bmatrix} \begin{bmatrix} y_0 \\ \theta_0 \\ M_0 \\ S_0 \end{bmatrix} + \begin{bmatrix} pl^4/24EI + ql^5/120EI \\ pl^3/6EI + ql^4/24EI \\ -pl^2/2 - ql^3/6 \\ -pl - ql^2/2 \end{bmatrix} \tag{4.2.7}$$

(4.2.7)식에 의하여 $x=l$점의 변위와 응력이 $x=0$점의 변위와 응력으로 나타내는데, 이것을 비탄성영역의 전이행렬이라 부른다. (4.2.7)식을 간단하게 하면 (4.2.8)식과 같이 된다.

$$V_{x=l} = DV_{x=0} + K \tag{4.2.8}$$

## (2) 탄성영역

(4.2.4)식과 (4.2.6)식에서 $x=0$로 하여 매트릭스로 표현하면 (4.2.9)식과 같이 된다.

$$
\begin{bmatrix} y_0 \\ \theta_0 \\ M_0 \\ S_0 \end{bmatrix} =
\begin{bmatrix}
1 & 0 & 1 & 0 \\
\beta & \beta & -\beta & \beta \\
0 & -2EI\beta^2 & 0 & 2EI\beta^2 \\
2EI\beta^3 & -2EI\beta^3 & -2EI\beta^3 & -2EI\beta^3
\end{bmatrix}
\times
\begin{bmatrix} C_1 \\ C_2 \\ C_3 \\ C_4 \end{bmatrix}
+
\begin{bmatrix} p/KD \\ q/KD \\ 0 \\ 0 \end{bmatrix}
\tag{4.2.9}
$$

이것을 간단히 하면 (4.2.10)식으로 나타낼 수 있다.

$$V_{x=0} = D_0 A + K_0 \tag{4.2.10}$$

같은 방법으로 $x=l$로 하여 매트릭스 방법으로 나타내면 (4.2.11)식을 얻는다.

$$
\begin{bmatrix} y_l \\ \theta_l \\ M_l \\ S_l \end{bmatrix} =
\begin{bmatrix}
e^{\beta l}\cos\beta & e^{\beta l}\sin\beta l \\
\beta e^{\beta l}(\cos\beta l - \sin\beta l) & \beta e^{\beta l}(\cos\beta l + \sin\beta l) \\
2EI\beta^2 e^{\beta l}\sin\beta l & -2EI\beta^2 e^{\beta l}\cos\beta l \\
2EI\beta^3 e^{\beta l}(\cos\beta l + \sin\beta l) & 2EI\beta^3 e^{\beta l}(-\cos\beta l + \sin\beta l)
\end{bmatrix}
$$

$$
\begin{bmatrix}
e^{-\beta l}\cos\beta l & e^{-\beta l}\sin\beta l \\
\beta e^{-\beta l}(-\cos\beta l - \sin\beta l) & \beta e^{-\beta l}(\cos\beta l - \sin\beta l) \\
-2EI\beta^2 e^{-\beta l}\cos\beta l & 2EI\beta^2 e^{-\beta l}\cos\beta l \\
2EI\beta^3 e^{-\beta l}(-\cos\beta l + \sin\beta l) & 2EI\beta^3 e^{-\beta l}(-\cos\beta l - \sin\beta l)
\end{bmatrix}
\begin{bmatrix} C_1 \\ C_2 \\ C_3 \\ C_4 \end{bmatrix}
+
\begin{bmatrix} p+ql/KD \\ p/KD \\ 0 \\ 0 \end{bmatrix}
\tag{4.2.11}
$$

이것은 (4.2.12)식과 같이 나타낸다.

$$V_{x=l} = D_l A + K_l \tag{4.2.12}$$

(4.2.10)식에서

$$A = D_0^{-1} V_{x=0} - D_0^{-1} K_0 \tag{4.2.13}$$

이며, (4.2.12)식에 대입하면 (4.2.14)식이 된다.

$$V_{x=l} = D_l\left(D_0^{-1}V_{x=0} - D_0^{-1}K_0\right) + K_l = D_l D_0^{-1}V_{x=0} + K_l - D_l D_0^{-1}K_0 \tag{4.2.14}$$

따라서 $x=l$점의 변위와 응력이 $x=0$점의 변위와 응력으로 나타내어 전이행렬이 완성되었다. 여기서,

$$\left.\begin{array}{l} D = D_i D_0^{-1} \\ K = K_l - D_l D_0^{-1}K_0 \end{array}\right\} \tag{4.2.15}$$

로 하여 비탄성영역과 같은 방법으로 (4.2.8)식으로 나타낸다.

(3) 버팀대 위치와 지층변화 지점

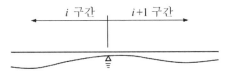

**그림 4.2.3** 전이행렬 설명도

그림 4.2.3과 같이 구간 $i+1$의 변위와 응력을 구간 $i$의 변위와 응력으로 나타내는 식을 유도한다. 버팀대의 스프링상수를 $H_i$, 지중선행변위량을 $Y_i$라고 하면, 변위량 $y_i$일 때의 버팀대반력 $P_i$는 (4.2.16)식과 같이 주어진다.

$$P_i = H_i\left(y_i - Y_i\right) \tag{4.2.16}$$

따라서 $i+1$구간의 $x=0$점에서의 전단력 $S_0^{i+1}$는 (4.2.17)식과 같이 주어진다.

$$S_0^{i+1} = S_l^i - H_i\left(y_i - Y_i\right) \tag{4.2.17}$$

따라서 전이행렬은 (4.2.18)식과 같이 된다.

$$\begin{bmatrix} y_0 \\ \theta_0 \\ M_0 \\ S_0 \end{bmatrix}_{i+1} = \begin{bmatrix} 1 & 0 & 0 & 0 \\ 0 & 1 & 0 & 0 \\ 0 & 0 & 1 & 0 \\ -H_i & 0 & 0 & 1 \end{bmatrix}\begin{bmatrix} y_l \\ \theta_l \\ M_l \\ S_l \end{bmatrix} + \begin{bmatrix} 0 \\ 0 \\ 0 \\ H_i Y_i \end{bmatrix} \tag{4.2.18}$$

버팀대가 없고 지층이 변하는 점에서는 $H_i = 0$이므로 단위행렬이 되는데 (4.2.18)식을 (4.2.19) 식과 같이 나타낼 수 있다.

$$V_{x=0}^{i+1} = F^i V_{x=l}^i + G^i \tag{4.2.19}$$

(4) 변위 및 응력의 결정

(4.2.8)식과 (4.2.19)식에서 흙막이벽 하단의 응력과 변위는 흙막이벽 상단의 응력과 변위의 함수로 (4.2.20)식으로 나타낼 수 있다.

$$\begin{aligned} V_{x=l}^n &= D^n F^{n-1} D^{n-1} F^{n-2} \cdots F^1 D^1 V_{x=0}^1 + K^n + D^n \left( G^{n-1} + F^{n-1} (K^{n-1} + D^{n-1}(\cdots)) \right) \\ &= L V_{x=0}^1 + M \end{aligned} \tag{4.2.20}$$

따라서 (4.2.20)식에 상, 하단의 조건을 주어 4원 연립방정식을 풀면 상, 하단의 변위와 응력이 결정된다. 또, 중간 부분의 변위와 응력은 (4.2.8)식과 (4.2.9)식을 사용하여 상단의 변위와 응력으로 계산한다. 이상의 이론식에 대하여 컴퓨터로 프로그램을 작성하였는데, 그때의 Flow chart는 그림 4.2.4와 같다.

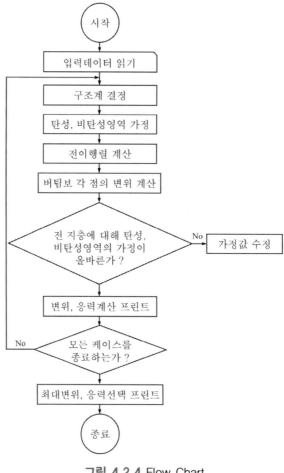

**그림 4.2.4** Flow Chart

## 2.4 실측값과의 비교

이 논문에는 이론과 실측값에 대하여 비교하였는데, 실측값은 흙막이벽에 작용하는 토압(주동토압, 수동토압), 흙막이벽의 응력(휨모멘트, 전단력), 흙막이벽의 변위, 버팀대 축력 등을 동시에 측정한 자료가 필요하지만, 현재까지 공표된 자료에 따르면, 이런 요구를 만족하는 것은 거의 없어서, 여기서는 다음의 2가지 자료에 의하여 비교검토를 하였다.

### 2.4.1 비교 예-1

문헌[1),2)]의 실측값에 대한 비교검토를 하는 것으로, 지질 상태 및 굴착공사의 단면을 그림 4.2.5에 표시하였다. 흙막이벽은 강관널말뚝($\phi$=762, $t$=7.9)을 사용하고, 버팀대는 제1단 버팀대를 G.L.-2.2 m(수평 간격 5.0 m), 제2단 버팀대를 G.L.-8.4 m(수평 간격 5.0 m)로 하고, 제1차 굴착이 G.L.-9.4 m, 최종굴착이 G.L.-12.4 m이다. 지질은 그림 4.2.5에 표시한 것과 같이 G.L.-17.8 m까지 실트질의 연약층($\gamma$=1.76 t/m³, $q_u$=0.36~0.68 kg/cm²)으로 그 이하는 $N$값 100 정도의 모래자갈층이 분포되어 있다.

이와 같은 지반에 대하여 G.L.-17.8 m에서 핀으로 하고, 버팀대 지점을 버팀대 총길이의 1/2의 탄성축에서 구해지는 버팀대 정수를 탄성받침으로 하는 구조계를 고려하였다. 또 토압분포(주동토압과 수동토압)는 문헌[12)]에 따르면 Rankine식에서 구한 값과 실측값이 잘 일치하고 있으므로 여기서도 Rankine식에 의해 토압분포를 구하는 것으로 하였다. 해당 지점의 실트층에 대한 토질시험 결과에 따르면, 일축압축강도는 $q_u$=0.36~0.68 kg/cm²로 되어 있지만, 재료의 채집, 운반 등에 의한 강도의 저하를 고려하여 지중에 있어서 추정 점착력을 $C$=0.35 kg/cm²로 하고, 흙의 단위중량은 토질시험의 결과를 그대로 사용하여 $\gamma$=1.76 t/m³로 하였다. 이와 같이 토질 조건이 정해지면 토압강도는 다음과 같이 주어진다.

$$\left. \begin{array}{l} \text{주동토압} : p_a = \gamma h - 2C = 1.76h - 7.0 \\ \text{수동토압} : p_p = \gamma h' + 2C = 1.76h' + 7.0 \end{array} \right\} \tag{4.2.21}$$

여기서,　　$h$ : 지표면에서 검토 지점까지의 깊이 (m)

　　　　　　$h'$ : 굴착면에서 검토 지점까지의 깊이 (m)

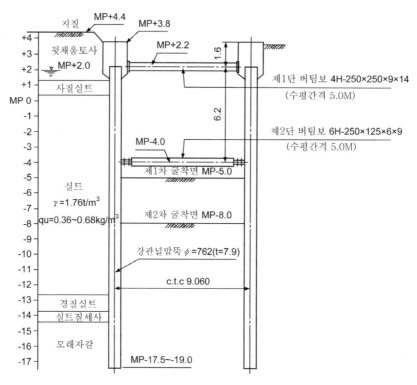

**그림 4.2.5 굴착단면도 및 지질도**

또한 수평지반반력계수는 $N$값에서 추정하여 $K = 0.8\ \text{kg/cm}^3$을 적용하였다.

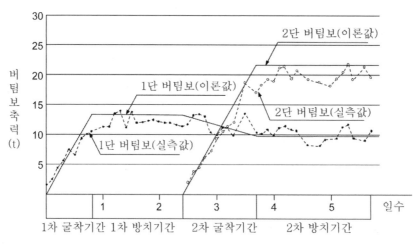

**그림 4.2.6 버팀대 축력**

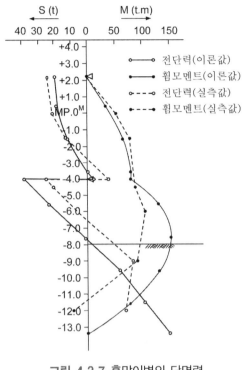

**그림 4.2.7 흙막이벽의 단면력**

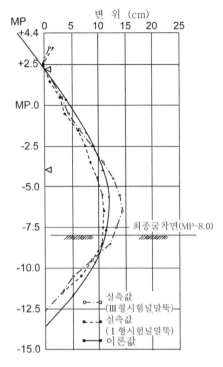

**그림 4.2.8 흙막이벽의 변위**

이렇게 하여 구한 이론값과 실측값과의 비교를 그림 4.2.6(버팀대의 축력), 그림 4.2.7(휨모멘트와 전단력), 그림 4.2.8(흙막이벽의 변위)에 표시하였다. 이것에 따르면 하부에 있어서 응력에 조금의 오차를 포함한 것 외에는 잘 일치하고 있다. 응력에 오차가 발생한 것은 문헌[2]에 따르면 실측값에 오차가 포함되어 있는 것과 이론해석에 있어서 하단의 조건이 완전한 힌지가 아닌 것에 원인이 있는 것으로 생각된다. 그러나 전체적으로 보면 실용적으로는 만족할 수 있는 것으로 생각한다.

### 2.4.2 비교 예-2

이 예는 문헌[3]의 자료에 대하여 비교검토를 한 것이다. 그림 4.2.9에 표시한 것과 같이 흙막이벽은 지하연속벽($t = 600$ mm)을 사용하고, 버팀대는 H$-300 \times 300 \times 10$을 G.L.$-2.65$m, G.L.$-7.2$m에 수평간격 6.0m로 배치하여 G.L.$-3.5$m, G.L.$-7.8$m, G.L. 10.5m로 순차직으로 굴착한다. 지질은 실트질의 세사로 $N$값 5~12 정도의 층이 G.L.$-14.2$m 정도까지이며, 이 층 이하는 $N$값 100 정도의 모래자갈층으로 이루어져 있다. 이 자료에 있어서 실측은 버팀대 축력, 흙막이벽에 작용하는 토압, 흙막이벽의 변위 3종류에 대해 하는 것으로 되어 있다.

해당 지점의 경우에 사질토에 대하여 본 이론을 적용하는 경우의 최대 문제점은 주동토압과 수동토압의 추정이다. 여기서는 흙의 단위중량을 $\gamma = 1.7$t/m³, 흙의 내부마찰각 $\phi = 30°$, 점착력을

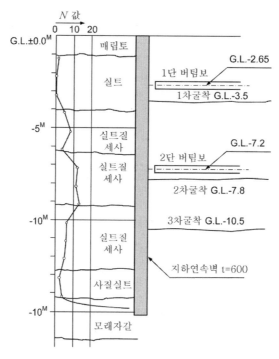

**그림 4.2.9** 굴착단면 및 지질도

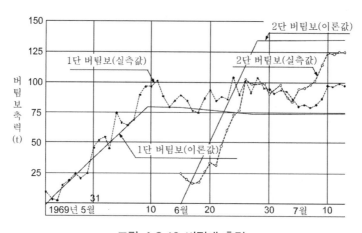

**그림 4.2.10** 버팀대 축력

$C = 1.0t/m^2$로 하여 Rankine 식에 의하여 계산하였다. 또, 수평지반반력계수는 $N$값에 의하여 추정하여 $K = 1.5\ kg/cm^3$로 하고, 단면 2차모멘트는 벽두께 60 cm로 하여 계산하였다. 흙막이 벽의 탄성계수는 $2.1 \times 10^5\ kg/cm^2$로 하였다. 이 계산 결과를 그림 4.2.10(버팀대 축력), 그림 4.2.11(흙막이벽의 변위)에 표시하였는데, 이 비교에서 보면 「비교 예-1」에 비하여 일치하지 않는다. 이것은 해당 지점의 지질이 사질토이며, 흙막이벽의 변위에 따른 주동토압이 상당히 감소하여 Rankine 식으로 구한 계산상의 주동토압과 서로 다른 것에 기인하는 것으로 보여진다. 이것은 문헌[3]의 토압측정 결과에서도 고려하고 있다.

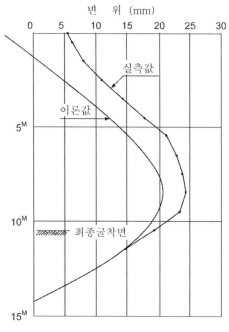

**그림 4.2.11 흙막이벽의 변위**

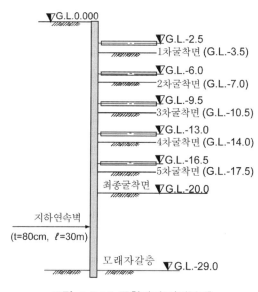

**그림 4.2.12 굴착단면도(기본계)**

## 2.5 수치계산 예

이상의 비교 예에 의하면 연약층에 대해서는 실측값과 잘 일치하고 있다. 그래서 그림 4.2.12 에 표시한 것과 같이 지표에서 29m의 연약층에 대하여 20m을 굴착(개착)하는 것으로 하여 수치계산을 하였다. 연약층의 토질은 내부마찰각 $\phi = 0$, 점착력 $C = 5.0\ \text{t/m}^2$, 단위중량 $\gamma = 1.7$

t/m³로 하고, 토압은 Rankine 식에 의하여 계산한다. 흙막이벽의 종류는 지하연속벽($t = 80$ cm, $E = 2.1 \times 10^5$ kg/cm², $l = 30$ m)을 사용한다. 버팀대는 H$-350 \times 350 \times 12 \times 19$를 수평 간격 3.0 m, 연직간격 3.5 m로 배치하고 버팀대 길이는 $l = 20$ m로 가정하였다. 또, 지하연속벽 하단의 조건은 힌지로 한다. 이와 같은 조건을 기본계로 하여 조건의 일부분을 변경하여 흙막이벽에 대한 응력의 변화를 보는 것으로 하였다. 또한 흙의 수평방향 지반반력계수는 $K = 1.5$ kg/cm³로 하였다.

### 2.5.1 계산 예-1(흙막이벽 하단의 조건)

그림 4.2.12에 대한 흙막이벽 하단의 조건을 고정, 힌지, 자유 3종류로 하여, 그때의 최종굴착 시에 작용하고 있는 휨모멘트를 그림 4.2.13에 표시하였다. 하단이 자유인 경우의 휨모멘트가 매우 큰 것은 수동토압의 부족에 따라 흙막이벽은 최하단 버팀대 $P_5$를 지점으로 하는 캔틸레버보로 주동토압과 수동토압과의 차이가 발생한 결과라고 생각되며, 이 같은 경우에는 히빙에 대하여 안전하여도 근입깊이가 짧은 쪽이 휨모멘트도 작아진다.

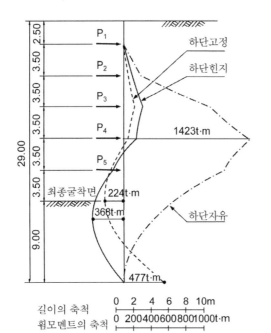

**그림 4.2.13** 흙막이벽 하단조건의 차이에 의한 휨모멘트도

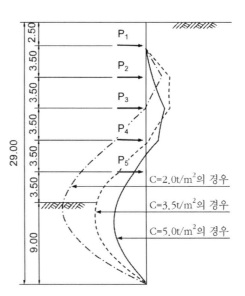

**그림 4.2.14** 점착력의 차이에 따른 휨모멘트의 변화

### 2.5.2 계산 예-2(토질조건)

그림 4.2.14는 흙의 점착력을 $2.0\ t/m^2$, $3.5\ t/m^2$, $5.0\ t/m^2$ 3종류로 변화시켜 계산하였을 때의 휨모멘트를 표시한 것이다. 휨모멘트의 최댓값은 $C = 2.0\ k/m^2$일 때 $M = 942\ t \cdot m$, $C = 3.5\ k/m^2$일 때 $M = 585\ t \cdot m$, $C = 5.0\ k/m^2$일 때 $M = 368\ t \cdot m$로 되어 점착력과 휨모멘트는 거의 역행렬의 관계를 나타내고 있다.

### 2.5.3 계산 예-3(버팀대 간격)

그림 4.2.15는 버팀대의 연직방향 간격을 3.0 m와 4.0 m 2종류에 대하여 계산한 결과를 표시한 것인데, 이 휨모멘트도를 보면 최종적으로는 버팀대 간격과 휨모멘트와의 사이에는 명확한 관계가 없는 것으로 보인다.

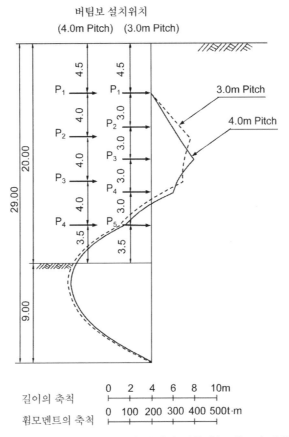

**그림 4.2.15** 버팀대 간격의 차이에 의한 휨모멘트의 변화

## 2.6 결론

이상으로 굴착공사에 있어서 흙막이벽과 버팀대에 대한 응력, 변위의 계산에 대한 이론식을 유도하여 이 이론식에 의하여 얻어진 이론값과 실측값을 비교하였다. 이론값과 실측값과의 대비는 점성토(비교 예－1)와 사질토(비교 예－2)의 2종류에 대하여 실시하였는데, 점성토에 대하여 실용상 만족할 수 있는 것을 확인하였다.

또한 흙막이벽의 응력, 변위 등에 영향을 미치는 요인으로써 토질 조건, 흙막이벽의 강성, 흙막이벽 하단의 조건, 흙막이벽의 근입깊이 등을 고려하여 이것들에 대해서도 검토하였다. 그 결과, 휨모멘트에 영향을 미치는 요인은 흙막이벽 하단의 조건, 토질 조건 및 흙막이벽 근입깊이가 지배적인 것으로 나타났다. 또, 사질토에 대한 적용 한계 등에 있어서는 현재 검토 중이다.

$$\boxed{\text{기 호 설 명}}$$

$A$ : 적분상수 벡터

$C_1,\ C_2,\ C_3,\ C_4$ =적분상수

$D$ : 이행 매트릭스

$D_0$ : $x=0$ 점에서의 계수 매트릭스

$D_l$ : $x=l$ 점에서의 계수 매트릭스

$D$ : 흙막이벽의 폭

$E$ : 흙막이벽 재료의 탄성계수

$F_i$ : 버팀대 지점 $i$ 의 이행 매트릭스

$G_i$ : 버팀대 지점 $i$ 의 이행 벡터

$H_i$ : 버팀대 지점 $i$ 의 스프링상수

$I$ : 흙막이벽의 단면2차모멘트

$i$ : 위에서부터 $i$ 번째 버팀대 지점

$K$ : 이행벡터

$K_0$ : $x=0$ 에서의 하중벡터

$K_l$ : $x=l$ 에서의 하중벡터

$K$ : 수평지반반력계수

$L$ : 전구간의 이행 매트릭스

$l$ : 보의 구간길이

$M$ : 전구간의 이행 벡터

$M_x$ : $x$점에 있어서 흙막이벽의 휨모멘트

$M_0$ : $x=0$ 점에 있어서 흙막이벽의 휨모멘트

$M_l$ : $x=l$ 점에 있어서 흙막이벽의 휨모멘트

$P_i$ : 버팀대 지점 $i$ 에 있어서 반력

$p$ : $x=0$ 에 있어서 하중강도

$q$ : 하중의 증가율

$S_x$ : $x$점에 있어서 흙막이벽의 전단력

$S_0$ : $x=0$ 점에 있어서 흙막이벽의 전단력

$S_l$ : $x=l$ 점에 있어서 흙막이벽의 전단력

$S_0^{i+1}$ : 구간 $(i+1)$의 $x=0$점의 전단력

$S_l^i$ : 구간 $i$ 의 $x=l$ 점의 전단력

$V_{x=0}$ : $x=0$ 에서의 변위, 응력 벡터

$V_{x=l}$ : $x=l$ 에서의 변위, 응력 벡터

$V_{i+1}^{v=0}$ : 구간 $(i+1)$의 $x=0$ 점의 변위, 응력 벡터

$V_i^{v=l}$ : 구간 $i$ 의 $x=l$ 점의 변위, 응력 벡터

$x$ : 부재단에서 검토 지점까지의 거리

$y_x$ : $x$ 에 있어서 흙막이벽의 변위

$y_0$ : $x=0$ 에 있어서 흙막이벽의 변위

$y_l$ : $x=l$ 에 있어서 흙막이벽의 변위

$Y_i$ : 버팀대 지점 $i$ 에 있어서 흙막이벽의 지중선행변위

$y_i$ : 버팀대 지점 $i$ 에 있어서 흙막이벽의 변위

$$\beta : \sqrt[4]{\frac{KD}{4EI}}$$

$\theta_x$ : $x$ 점에 있어서 흙막이벽의 변형각

$\theta_0$ : $x=0$ 점에 있어서 흙막이벽의 변형각

$\theta_l$ : $x=l$ 점에 있어서 흙막이벽의 변형각

# 참 고 문 헌

1. 山肩邦男・八尾真太郎(1967) ： 掘削にともなう鋼管矢板壁の土圧変動(その1：実測の目的とその結果)：土と基礎, Vol.15, No.5, pp.29~38

2. 山肩邦男・八尾真太郎(1967) ： 掘削にともなう鋼管矢板壁の土圧変動(その2：実測結果に関する考察)：土と基礎, Vol.15, No.6, pp.7~16

3. 川崎孝人・橋場友則・玉木 00・免出 泰(1969) ： 連續地下壁に作用する土圧の測定法に関する一実験, 土と基礎, Vol.17, No.7, pp.13~17

4. 川崎孝人・橋場友則・玉木 00・免出 泰(1971) ： 連續地下壁に作用する土圧の測定結果と根入れ部の受動土圧に関する考察, 土と基礎, Vol.19, No.1, pp.9~13

5. 山肩邦男・吉田洋次・秋野00(1969) ： 掘削工事における切ばり土留め機構の理論的考察, 土と基礎, Vol.17, No.9, pp.33~45

# 3. 모리시게의 방법

이 방법은 1975년 일본의 월간토목잡지인 토목기술(土木技術)(1975년 8월)에 발표한 방법으로 "지하연속벽의 설계계산(地下連續壁の設計計算)"이라는 제목으로 일본의 구국철구조물설계사무소(国鉄構造物設計事務所)에 근무하는 모리시게 료마(森重 龍馬)가 발표한 방법이다. 앞에서 설명한 두 가지의 방법은 주로 강널말뚝(steel sheet pile)을 대상으로 하였지만, 이 방법은 강성이 큰 지하연속벽(地下連續壁)을 대상으로 하였는데, 그것은 지금까지 지하연속벽을 설계하는 방법이 확립되지 않았던 것과 지하연속벽을 본체 구조물로 이용하는 등 다른 흙막이 말뚝과는 근본적으로 다르므로 이 방법을 통하여 강성이 큰 지하연속벽에 대한 해석 이론을 제시함으로써 나카무라(中村兵次)·나카자와(中沢章)의 방법과는 다른 범용성에 초점을 맞춘 방법이기도 하다.

논문의 배경을 살펴보면 다음과 같은 내용을 담고 있다.

근래 지반을 굴착하고 콘크리트를 타설하여 설치하는 지하연속벽은 기술의 급속한 진보와 함께 각종 공법이 개발되어 사용되는 분야도 상당히 확대되고 있다.

지하연속벽은 현재까지는 주로 흙막이공, 차수공으로 사용되고 있지만, 종래부터 널리 사용된 강널말뚝과는 다른 많은 특징이 있다. 이를테면 큰 강성과 강도, 영구구조물로 사용할 수 있는 우수한 내구성, 시공시의 무소음, 무진동 등이다.

이 때문에 지하연속벽은 지반 조건이 나쁠 때 주요한 구조물에 근접하여 대규모로 굴착을 하는 경우나 소음, 진동 등의 공해규제가 엄격한 경우 등에 유리하게 사용되는 것 이외에 시공을 위해 설치하는 가설공이 아닌 본체 구조물의 일부로도 사용되고 있다.

강널말뚝에 의한 일반적인 흙막이벽 등에 관해서는 이미 많은 측정데이터가 있고, 이것에 대응하는 설계법 등도 정해져 있지만, 지하연속벽을 사용하는 대규모 흙막이공의 경우에는 지하연속벽의 특성상 널말뚝 등을 대상으로 하는 방법을 그대로 사용하는 것은 문제가 있으며, 더욱이 지하연속벽을 본체 구조물의 일부로 사용하기 위해서는 결합 방법 등 기타 조건에 대응하는 설계계산 방법이 필요하다고 생각된다.

따라서 이 논문에서는 위와 같은 사항을 고려하여 지하연속벽을 대규모 흙막이벽으로 사용할 때 지하연속벽의 큰 강도(剛度)에 대응할 수 있는 설계계산법과 지하연속벽을 본체 구조물의 일부로 사용하는 경우의 지하연속벽과 본체 구조물의 결합 방식 및 그 결합 방식에 대응하는 설계계산법에 대한 내용을 기술하고 있다. 여기서는 지하연속벽의 설계계산법에 관해서만 소개하기로 한다.

## 3.1 지하연속벽에 작용하는 토압

지하연속벽의 설계에 있어서 가장 큰 문제가 되는 것은 지하연속벽에 작용하는 토압(측압)에 대한 계산방법이 없다는 것이다.

현재에는 지하연속벽에 대한 토압에 있어서는 아직 정설이 없는 상태에서 일반적으로 사용하고 있는 Rankine, Coulomb의 주동토압, 정지토압 또는 Terzaghi, Tschebotarioff 등에 의한 흙막이벽에 작용하는 토압 또는 이것을 수정한 토압 등이 사용되고 있다.

지하연속벽은 대규모 굴착에 대한 흙막이 가시설로 사용되는 것이 보통이며, 또한 종래의 강널말뚝보다도 그 강성이 크고 작은 변위가 발생하여도 부재에 생기는 응력이 커지게 되는 등의 특성이 있으므로 토압에 대한 고려 방법을 신중하게 함으로써 버팀대에 주어지는 축력의 영향에 대해서도 주목할 필요가 있다.

따라서 우선 지하연속벽에 작용하는 토압을 조사하면 다음과 같이 된다.

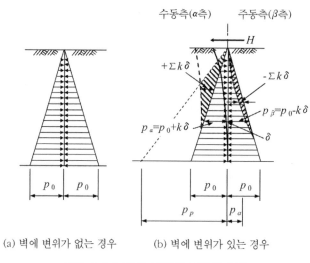

(a) 벽에 변위가 없는 경우      (b) 벽에 변위가 있는 경우

**그림 4.3.1** 벽의 변위와 토압의 증감

### 3.1.1 지중에 있는 벽의 변위와 토압

그림 4.3.1(a)과 같이 지반에 변위가 전혀 일어나지 않을 때, 지중에 벽을 설치하면 벽에는 양쪽에 정지토압 $p_0$이 작용하는 것으로 생각할 수 있다.

지금, 이 벽에 변위가 발생하여 벽의 한 점 $m$의 수평 변위량을 $\delta$라고 하면, $m$에 작용하는 토압 $p$는 지반을 누르려고 하는 그림 4.3.1(b)의 $\alpha$측(이하 수동측이라 한다)에서는 벽에 대한 수평지반계수 $k_h$에 대응하여 $k_h\delta$만큼 토압이 증가하여 $p_a = p_0 + k_h\delta$가 되며, 지반이 느슨해지는 그림 4.3.1(b)의 $\beta$측(이하 주동측이라 한다)에서는 $k_h\delta$만큼 토압이 감소하여 $p_\beta = p_0 - k_h\delta$가 된다.

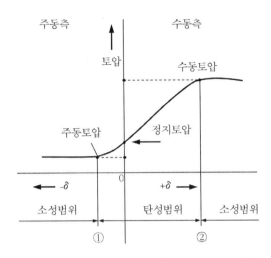

**그림 4.3.2** 벽의 변위에 대한 토압의 고려방법

변위량 $\delta$가 커지게 되면 수동측의 토압은 차츰 커지게 되지만 이것이 한계치에 이르면 $\delta$가 증가하여도 토압은 커지지 않게 된다. 이 한계치로서의 토압을 일단 수동토압으로 생각하는 것으로 한다.

주동측의 토압은 변위량 $\delta$가 커짐과 동시에 토압은 작아지게 되며, 한계치에 도달하면 $\delta$가 증가하여도 토압은 작아지지 않는다. 이 한계치로서의 토압을 일단 주동토압이라고 생각한다. 이 내용을 식으로 나타내면 다음과 같이 된다.

$$\left. \begin{array}{l} \text{수동측} \quad p_\alpha = p_0 + k_h\delta < p_p \\ \text{주동측} \quad p_\beta = p_0 - k_h\delta > p_a \end{array} \right\} \tag{4.3.1}$$

여기서, $p_\alpha$, $p_\beta$ : 고려하는 위치의 벽에 작용하는 수동측 또는 주동측의 토압력도 $(t/m^2)$

  $p_0$ : 고려하는 위치의 벽에 작용하는 정지토압력도 $(t/m^2)$

  $k_h$ : 벽에 대한 수평지반계수 $(t/m^3)$

  $\delta$ : 고려하는 위치의 벽 수평변위 $(m)$

  $p_p$ : 고려하는 위치의 수동토압력도 $(t/m^2)$

  $p_a$ : 고려하는 위치의 주동토압력도 $(t/m^2)$

그림 4.3.2는 벽의 변위에 대응하는 토압에 대한 고려 방법을 표시한 것으로 그림에 있어서는 ① $< \delta <$ ② 의 범위를 토압에 관한 탄성범위로 하고, $\delta <$ ① 또는 $\delta >$ ② 의 경우를 소성범위로 하여 취급하는 것으로 한다.

## 3.1.2 자립상태의 흙막이벽에 작용하는 토압

지금 가장 단순한 흙막이벽으로 생각할 수 있는 버팀대를 사용하지 않는 자립식(캔틸레버식) 흙막이벽에 작용하는 토압에 있어서 「3.1.1 지중에 있는 벽의 변위와 토압」에 표시한 토압의 고려 방법에 따라서 검토하면 다음과 같이 된다.

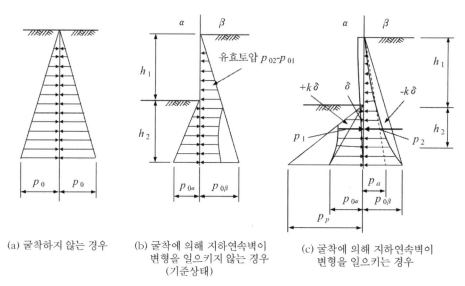

(a) 굴착하지 않는 경우   (b) 굴착에 의해 지하연속벽이 변형을 일으키지 않는 경우 (기준상태)   (c) 굴착에 의해 지하연속벽이 변형을 일으키는 경우

**그림 4.3.3** 굴착에 의한 벽의 변위와 토압의 상태

### (1) 벽에 변위가 전혀 없는 경우의 토압

벽에 변위가 전혀 없으므로 그림 4.3.1(a)에 표시한 그대로의 조건에서 그림 4.3.3(b)에 표시한 것과 같이 지반을 $h_1$만큼 굴착을 하게 되면 굴착측에서는 굴착깊이 $h_1$에 대응하는 정지토압이 감소하고, 비굴착측의 토압과의 차이, 그림 4.3.3(b)의 사선으로 표시한 토압이 유효토압이 되어 벽에 작용한다.

이때의 상태는 벽의 응력이나 변위 및 이것에 대응하는 토압을 산정하는 시점으로 생각할 수 있으므로 기준상태로 하기로 한다.

### (2) 벽에 변위가 발생하는 경우의 토압

흙막이벽은 굴착에 따라 생기는 유효토압에 따라서 주로 굴착측에 그림 4.3.3(c)과 같이 평형상태에 도달할 때까지 변위가 발생한다. 이 변위의 상태는 굴착구간 $h_1$ 및 굴착바닥면에 가까운 근입부분 $h_2$의 구간에는 비굴착측($\beta$측)에서는 지반을 느슨하게 하여 주동측의 변위가 되며, $h_2$구간의 굴착측($\alpha$측)에서는 지반을 눌러 수동측의 변위가 된다.

이것에 의하여 그림 4.3.3(b)에 표시한 기준 상태에 있어서 토압은 벽의 변위에 따라서 주동측에서는 정지토압 $p_{0\beta}$ 보다도 감소하고, 수동측에서는 정지토압 $p_{0\alpha}$ 보다 증가한다. 이 경우 변위량이 커져, "3.1.1 지중에 있는 벽의 변위와 토압"에 표시한 한계치를 초과하는 구간에서는 토압은 주동토압 $p_a$ 또는 수동토압 $p_p$가 된다. 그림 4.3.3(c)은 이 경우의 일반적인 토압의 상태를 나타낸 것이다.

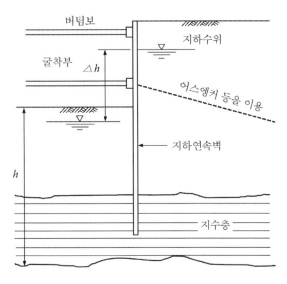

**그림 4.3.4** 버팀대를 사용하는 흙막이 벽

### 3.1.3 버팀대를 사용하는 흙막이벽에 작용하는 토압

깊은 굴착을 하는 경우의 흙막이벽에는 그림 4.3.4에 표시한 것과 같이 버팀대 또는 타이바(Tie bar), 어스앵커(Earth anchor)등을 사용하는 경우가 많다.

버팀대(이하 Tie bar, Earth anchor 등도 포함)를 사용하는 경우는 "3.1.2 자립상태의 흙막이벽에 작용하는 토압"에 표시한 자립식의 흙막이벽과는 토압의 크기나 분포 및 그 발생하는 기구(機構) 등이 매우 다르다는 것을 알 수 있다.

지하연속벽을 사용할 때는 주로 깊은 대규모 굴착으로 부근의 지반에 대한 변위를 작게 억제할 필요가 있는 경우가 많으므로 버팀대를 사용하는 흙막이벽이 중심이 된다. 버팀대를 사용하는 흙막이벽을 "3.1.1 지중에 있는 벽의 변위와 토압"에 표시한 방법으로 검토하면 다음과 같이 된다.

#### (1) 벽에 변위가 전혀 없는 경우의 토압

이 조건에서의 토압은 "3.1.2 자립상태의 흙막이벽에 작용하는 토압"의 자립식의 흙막이벽 그림 4.3.3(b)에 표시한 것과 전부 같으며, 버팀대를 사용하는 흙막이벽에 대해서도 이 상태를, 계산을 시작하는 기준상태로 고려한다.

## (2) 벽에 변위가 발생하는 경우의 토압

버팀대를 사용하는 흙막이벽에서는 굴착에 따라 생기는 유효토압에 의하여 벽은 기준 상태에서 변위가 발생하지만, 일반적인 경우에는 굴착의 진행과 함께 변위가 발생한 벽 그대로의 상태에서 변위를 수정하는 것이 아니다. 상측(上側)에서 버팀대를 설치해 가기 위하여 흙막이벽은 그림 4.3.5에 표시한 것과 같이 지표 부근의 변위량보다 굴착바닥면 쪽의 변위량이 커지게 된다. 지반에 접해 있는 벽이 수평방향으로 변위가 발생하면 3.1.1에서 기술한 것처럼 주동측의 정지토압은 감소하여 주동토압에 가까워지고, 수동측의 정지토압은 증가하여 수동토압에 가까워지려고 한다.

벽의 변위량이 그림 4.3.5(a)에 표시한 것과 같이 굴착바닥면 부근이 커지고 지표 부근의 상단과 근입부근의 하부에서 작아질 때는 그림 4.3.5(b)의 점선으로 표시한 것과 같이 굴착바닥면 부근에 대한 토압의 감소가 현저하게 되며, 기준상태에 있어서 토압이 정지토압 $p_0$로 표시되는 삼각분포의 경우에도 점선으로 표시한 사다리꼴에 가까운 토압분포가 된다. 그러나 "3.1.1 지중에 있는 벽의 변위와 토압"의 고려에 따른 경우는 상단부근의 토압이 정지토압 $p_0$의 값을 넘는 것은, 상단이 기준상태보다도 주동측으로 변위가 발생하지 않는 한은 발생하지 않을 것이며, 또 굴착바닥면 부근의 토압도 그 위치에 있어서 주동토압 $p_a$보다도 작아지는 일은 없을 것이다.

그림 4.3.5(a)의 경우에 흙막이벽의 굴착바닥면 부근의 변위량 $\delta_b$가 상단 및 하단부근의 변위량 $\delta_a$ 및 $\delta_c$보다도 매우 큰 경우에는 흙의 조건에도 따르지만 지반 중에 그림에 표시한 것과 같이 벽의 상하단을 지점으로 하는 연직방향의 흙 아치가 구성되어 이것에 의하여 그림

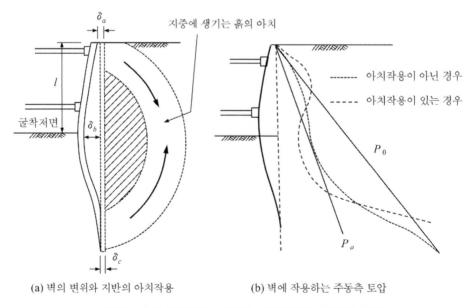

(a) 벽의 변위와 지반의 아치작용          (b) 벽에 작용하는 주동측 토압

**그림 4.3.5** 버팀대를 사용하는 흙막이벽의 변위와 토압

4.3.5(b)의 긴 점선으로 표시한 것과 같이 상하단 부근의 토압은 3.1.1에 따르는 것보다도 증가하여, 벽의 주동측에는 변위가 발생하고 있지 않는데, 기준상태로 둘 수 있는 정지토압 $p_0$ 보다도 큰 값이 되는 일도 있을 수 있고, 또 굴착바닥면 부근에서는 그림 4.3.5(a)의 사선으로 표시한 아치 내측에 있는 약간의 흙에 대한 주동토압밖에 작용하지 않기 때문에 "3.1.1 지중에 있는 벽의 변위와 토압"에 의한 아주 작은 값인 굴착바닥면까지의 흙의 중량을 고려한 주동토압보다도 작아지는 것도 생각할 수 있다.

이 경향은 지반이 사질지반 등으로 아치를 구성하기 쉬운 경우에 벽의 변위량 차이 $\Delta\delta=\delta_b-\delta_a$ 와 $\delta_a$ 와 $\delta_b$ 와의 사이의 거리 $l$ 과의 비 $\Delta\delta/l$ 이 커지게 되는 등 현저해질 것이다.

버팀대를 가지는 흙막이벽의 토압측정 데이터에는 그림 4.3.6과 같이 상단부근은 "3.1.1 지중에 있는 벽의 변위와 토압"에 의한 토압보다도 크고, 굴착바닥면 부근에서는 작아지는 것이 많은 것은 주로 전술한 2개의 이유에 의한 것으로 생각되지만 지층의 깊이방향 분포상태, 수압과 토압의 비와 수압의 분포상태, 버팀대의 설치방법 등도 관계가 있는 것으로 생각된다.

버팀대를 가진 흙막이 벽의 토압에 있어서는 검토하지 않으면 안 되는 많은 문제가 있지만 강성이 크고 벽의 수평변위량이 거의 없는 지하연속벽을 전제로 하는 경우에는 3.1.1에 표시한 고려 방법을 적용할 수 있는 범위가 상당히 넓은 것으로 보여진다.

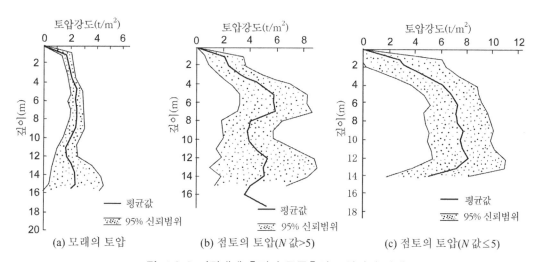

**그림 4.3.6** 버팀대에 축력과 주동측의 토압과의 관계

### (3) 버팀대에 의한 토압의 조작

버팀대를 사용하는 흙막이벽에는 그림 4.3.7(a)에 표시한 것과 같이 굴착으로 변위가 발생한 그대로의 상태에서는 버팀대를 설치하게 되면 벽의 변위량은 커지게 되어 주변지반의 변위가 커지게 되지만 버팀대에 작용하는 축력이나 토압은 작아지게 된다. 그러나 그림 4.3.7(b)과 같이 버팀대를 설치할 때 Jack 등에 의하여 굴착에 따라 제거된 정지토압에 대응하는 축력을

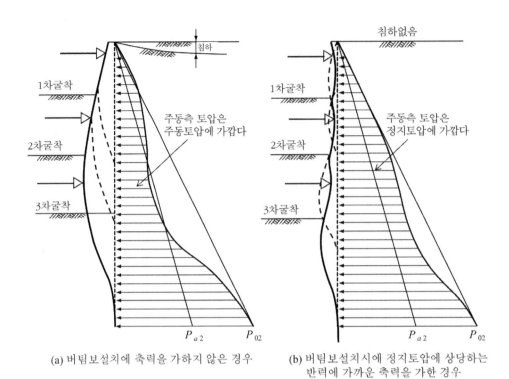

(a) 버팀보설치에 축력을 가하지 않은 경우     (b) 버팀보설치시에 정지토압에 상당하는
반력에 가까운 축력을 가한 경우

**그림 4.3.7 버팀대에 축력과 주동측의 토압과의 관계**

주어 굴착에 의하여 변위가 발생한 벽을 굴착전의 상태로까지 밀어서 설치하면 벽의 변위는 작아져 주변 지반의 변위가 발생할 우려도 없어지지만, 벽에 작용하는 토압은 당연히 기준 상태인 정지토압에 가까운 토압이 작용하게 된다.

강널말뚝을 사용한 흙막이벽의 경우에 강성은 작지만, 강한 부재에 의하여 흙막이벽을 구성할 때 지반의 변위가 문제가 되지 않으면 어느 정도까지는 벽에 변위를 발생시켜 토압을 경감시키는 것이 응력상으로도 유리하다고 생각된다.

그러나 부근의 지반에 변위가 발생하지 않는 것을 목적으로 할 때는 벽에 변위가 발생하지 않도록 버팀대에 축력을 주는 것이 유리하며, 더욱이 지하연속벽과 같이 강성이 큰 것에서는 응력상으로도 나머지 변위가 생기지 않는 쪽이 유리하게 되는 경우가 많다.

어쨌든 버팀대를 사용하는 흙막이벽에 있어서는 버팀대에 축력을 주는 것에 의하여 벽의 변위량, 토압 및 응력을 인위적으로 조작하는 것이 가능하며, 강성이 큰 지하연속벽의 경우에는 특히 그 필요성이 높다고 생각된다.

### 3.1.4 지하연속벽에 작용하는 수압

지하연속벽에 작용하는 주요한 하중으로서 토압 외에 지하수위 이하에는 수압이 있다. 수압은 설계계산에 있어서는 단위중량 $\gamma = 1.0 \ t/m^3$, 주동토압 = 정지토압 = 수동토압 = $\gamma h$, 수평지반반력계수 $k_h=0$의 흙으로 생각할 수 있다.

따라서 설계계산에 있어서는 수압과 토압을 일체로 한 측압으로 3.1.1에 기술한 토압과 같이 취급할 수 있다. 그러나 이 경우에는 흙의 단위중량 $\gamma$, 수평지반반력계수 $k_h$, 주동토압, 기타 흙에 관한 설계 제수치는 물을 고려한 값을 사용하여야 한다.

수압은 시공시의 지하수처리방법, 계절변화, 기타 외적 조건에 따라서 변동하며, 장소에 따라서는 그림 4.3.8에 표시한 것과 같이 정수압 분포가 아닌 때도 있으므로 설계에 사용하는 수압의 판정에는 충분한 조사가 필요하다.

수압을 동반한 경우는 지반의 형상, 하중조건, 설계의 대상이 되는 시기 등에 의하여 설계에 사용하는 수압이나 흙의 데이터가 크게 다른 경우가 많다.

이 때문에 활하중이나 시공시의 극히 짧은 시간밖에 재하되지 않는 하중과 장기간에 걸쳐 재하되는 하중, 시공의 초기와 말기, 구조물과 일체화하여 사용되는 경우의 시공종료 시와 완성 후 수 개년 이상이 경과해도 안정된 상태 등에 대해서는 각각 다른 수압 및 이것과 관련된 토압 조건에 대해서는 검토할 필요가 있다.

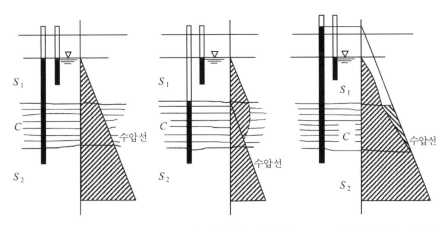

(a) $S_1$, $S_2$층의 수압이 정상인 경우  (b) $S_2$층의 수압이 낮은 경우  (c) $S_2$층의 수압이 높은 경우

**그림 4.3.8** 수압의 분포

## 3.2 지하연속벽을 흙막이벽, 차수벽으로 사용하는 경우의 응력계산

지하연속벽을 흙막이벽 또는 차수벽(이하 흙막이벽이라 한다)으로 사용하는 경우의 응력계산법으로써 3.1에 기술한 흙막이벽에 작용하는 토압의 고려 방법에 따른 계산법을 표시하면 다음과 같다.

### 3.2.1 전제조건과 적용범위

이 계산을 위한 전제조건으로서는 다음과 같은 것이 있다.

① 계산의 초기조건은 모든 벽은 변위가 일어나지 않는다. 토압(수압을 포함하는 것으로 한다)은 정지토압이 작용하고 있는 것으로 한다(그림 4.3.3(b)의 기준상태 참조).

② 벽, 버팀대 및 지반은 일차적으로는 탄성체로 고려한다.

③ 벽에 작용하는 토압은 벽의 변위에 따라서 변하는 것으로 하고, (4.3.1)식에 의하여 산정한다. 단, 이 경우의 최솟값은 주동토압 $p_a$, 최댓값은 수동토압 $p_p$로 한다.

④ 버팀대는 압축력에 대해서만 저항하고, 인장력에는 저항하지 않는 것으로 한다.

⑤ 벽의 각 깊이에 있어서 수평지반반력계수 $k_h$, 벽의 강성 $EI$, 버팀대의 스프링계수 $EA/l$ 등은 지반이나 지하연속벽의 조건에 따라서 각각 다른 값을 사용할 수 있다.

⑥ 벽의 수평변위에 따라서 지반의 연직방향에 생기는 아치작용의 영향은 무시한다.

즉, 이 계산법은 강성이 큰 지하연속벽을 주 대상으로 하고, 3.1.1에 기술한 지하연속벽의 변위와 토압과의 관계를 시작으로 하여 굴착의 각 단계에 있어서 응력, 변위량, 토압 등을 지반의 형상, 버팀대의 강도(剛度)나 초기축력, 벽의 강성 등의 변화에 대응하여 산정하는 것을 목적으로 하는 것이다.

이 계산에서는 벽의 수평방향 변위에 따라서 생기는 지반의 아치 작용에 따른 토압의 변화를 무시하고 있으므로 그림 4.3.5에 표시한 $(\delta_b - \delta_a)/l$이 특히 커지는 강널말뚝 등의 흙막이벽에서 수압에 비하여 토압의 요소가 큰 조건의 경우 등에서는 굴착바닥면 부근의 토압을 과대로, 지표 부근의 토압을 과소평가할 우려가 있다.

연직방향으로 생기는 지중의 아치작용에 있어서는 FEM 등의 방법에 의하여 대략적으로 해석은 가능하다고 생각되지만, 벽체의 변위가 그다지 크지 않은 지하연속벽에서는 아치 작용의 영향은 그만큼 크지 않고, 특히 수압과 동시에 고려할 경우에는 그 전체의 응력에 주는 영향은 매우 작아진다고 생각되므로, 계산이 복잡하다고 생각되면 지하연속벽에 대해서는 일반적으로 무시하여도 실용상 문제가 없다고 생각한다.

이 계산은 컴퓨터에 의해 계산하는 것이 되겠지만, 프로그램은 후술하는 것과 같이 일반적으로 사용하고 있는 탄성바닥판 위의 보 프로그램을 대부분 이용할 수 있으므로, 프로그램의 개발에 있어서는 특별히 문제는 없을 것이다. 이후에 계산 예가 많아져 어느 정도의 정형화가 되면 계산의 간단화도 가능할 것이다.

### 3.2.2 계산방법

#### (1) 기본식

이 계산에 있어서 계산식은 지하연속벽의 임의점에 있어서 벽이 $\delta$만큼 수평으로 변위가 발생한 경우의 토압력도는 다음과 같다.

$$\left.\begin{array}{l} p = p_0 \pm k\delta \\ 단,\ p_\alpha < p < p_\beta \end{array}\right\} \tag{4.3.2}$$

벽이 평형상태에 도달할 때의 기본식은 다음과 같다.

$$K \cdot \delta = (p_{0\beta} - k_\beta \cdot \delta) - (p_{0\alpha} - k_\alpha \cdot \delta) \tag{4.3.3}$$

(4.3.3)식을 다시 쓰면

$$K \cdot \delta = (p_{0\beta} - p_{0\alpha}) + (k_\beta + k_\alpha)\delta \tag{4.3.4}$$

여기서,    $p$ : 지하연속벽에 작용하는 토압력도 (t/m²)

$p_0$ : 지하연속벽에 작용하는 정지토압력도 (t/m²)

$k$ : 수평지반계수 (t/m²)

$\delta$ : 벽의 수평변위량 (m)

$p_\alpha$ : 주동토압력도 (t/m²)

$p_\beta$ : 수동토압력도 (t/m²)

$K$ : 지하연속벽의 강성 매트릭스. $\alpha$는 굴착측, $\beta$는 비굴착측을 표시하는 기호로 한다.

(4.3.4)식에서 $p' = (p_{0\beta} - p_{0\alpha})$, $k' = (k_\beta + k_\alpha)$로 하면 다음과 같이 된다.

$$K \cdot \delta = p' + k'\delta \tag{4.3.5}$$

(4.3.5)식은 탄성바닥판 위의 보의 응력 등을 구하는 경우의 기본식과 동일한 형이다.

## (2) 계산의 순서

이 계산의 기본식은 (4.3.5)식에 표시한 것과 같이 탄성바닥판 위의 보의 것과 동일하지만, $p'$를 결정하는 $p_\alpha$, $p_\beta$가 $\delta$에 의하여 변동하는 것 외에 $p_\alpha$, $p_\beta$에는 각각 주동토압 $p_a$ 또는 수동토압 $p_p$를 넘어서는 경우의 수정도 필요로 한다. 또 버팀대를 사용하는 경우는 벽이 변형한 상태로 설치하고, 필요하면 축력을 가하여 변형량을 수정한 후에 굴착을 하는 것이 보통이기 때문에 이들의 조건에 대응할 수 있는 계산을 해야 한다. 이 때문에 (4.3.5)식에 의한 경우는 다음과 같은 순서에 의하여 계산한다.

### 1) 준비계산

각 굴착단계에 대응하기 전에 다음과 같은 준비계산을 하는 것이 일반적이다.

① 벽을 $n$ 개의 절점으로 구분한다. 이 경우 버팀대의 설치예정위치, 본체구조물의 일부로써 이용할 때는 본체의 슬래브 위치 등을 고려하여 이들의 위치가 절점이 되도록 하는 것이 좋다.

② 각 절점에 대한 지하연속벽의 강도(剛度), 지반의 수평스프링, 버팀대의 강도(剛度) 등을 산정하여 둔다.

$$G_w = E_W I / \lambda \tag{4.3.6}$$

$$K_\alpha = k_\alpha \cdot B \cdot \lambda' \tag{4.3.7}$$

$$K_\beta = k_\beta \cdot B \cdot \lambda' \tag{4.3.8}$$

$$K_s = E_s A / l \tag{4.3.9}$$

여기서,    $G_W$ : 지하연속벽의 절점간의 강도(剛度) (t/m)

         $E_W$ : 지하연속벽의 탄성계수 (t/m²)

         $I$ : 지하연속벽의 단면2차모멘트 (m⁴)

         $\lambda$ : 절점간의 간격 (m)

         $K_\alpha$ : 굴착측 지반의 절점에 대한 수평스프링계수 (t/m)

         $K_\beta$ : 비굴착측 지반의 절점에 대한 수평스프링계수 (t/m)

         $k_\alpha$ : 굴착측의 수평지반계수 (t/m³)

         $k_\beta$ : 비굴착측의 수평지반계수 (t/m³)

         $B$ : 고려하고 있는 폭 (m)

         $\lambda'$ : 절점의 중앙에서 중앙까지의 거리 (m)

         $K_s$ : 버팀대의 스프링계수 (t/m)

         $E_s$ : 버팀대의 탄성계수 (t/m²)

         $A$ : 버팀대의 단면적 (m²)

         $l$ : 버팀대의 길이 (m)

### 2) 1차 굴착종료 시의 응력계산

일반적으로 1차 굴착은 버팀대를 사용하지 않는 캔틸레버보식의 흙막이벽이 된다. 이 경우의 계산 순서는 그림 4.3.9와 같다.

### 3) 제1단 버팀대 설치에 의한 응력계산

그림 4.3.9에 표시한 1차 굴착종료 시의 벽의 변위량, 응력, 토압을 기준상태로 하고 버팀대에 $H_1$의 초기축력을 가한 경우의 계산을 한다. 계산 순서는 기준상태가 다른 것과 2)에 있어서 유효토압 대신에 $H$를 버팀대 설치 지점에 더한 것 외에는 그림 4.3.9에 표시한 것과 동일하다.

### 4) 제1단 버팀대 설치 후의 굴착에 의한 응력계산

3)의 계산 결과를 기준상태로 하고 그림 4.3.9와 같은 순서에 의하여 계산한다.

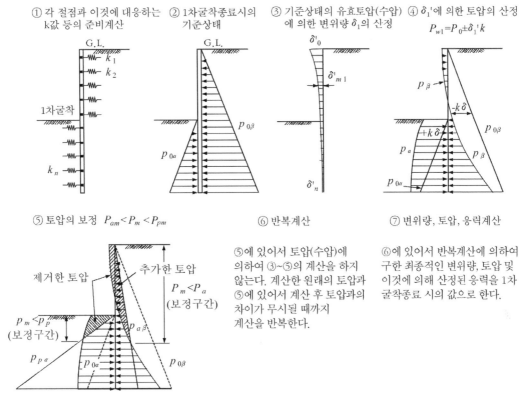

**그림 4.3.9** 1차 굴착 종료 시의 자립상태의 흙막이 벽의 설계순서

이하 굴착 및 버팀대 설치는 상기의 순서를 반복하여 계산하는 것으로 한다. 그림 4.3.10은 $n$차의 굴착일 경우의 순서를 나타낸 것이다.

버팀대의 온도변화에 의한 응력에 있어서는 버팀대 설치시에 가해지는 초기축력 대신에, 온도변화에 의해 생기는 축력 $N = \varepsilon t E \cdot A(l/2)$를 더하는 것에 따라서 산정할 수 있다.

단,　　$N$ : 온도변화에 의해 버팀대에 생기는 축력 (ton)

　　　　$\varepsilon$ : 버팀대의 팽창계수

　　　　$t$ : 온도변화 (도)

　　　　$E$ : 버팀대의 탄성계수 (t/m$^2$)

　　　　$A$ : 버팀대의 단면적 (m$^2$)

　　　　$l$ : 버팀대의 길이 (m)

## 3.3 결론

지하연속벽의 응력계산에 있어서 굴착전의 정지토압을 기준으로 하고, 벽체의 변위에 따른 토압의 변화를 고려하여 지하연속벽의 강성 및 버팀대에 가해지는 초기축력의 크기에 착안하는 계산법에 대하여 살펴보았다.

이 계산법은 일단 합리적이라고 생각되지만, 아직은 실측이나 기타에 의한 확인이 필요하며, 더욱이 버팀대에 축력을 주는 방법, 지반 및 지하연속벽 강도(剛度) 등의 조건에 대응한 계산의 간단화를 도모하는 일도 필요하다. 이들에 있어서는 금후에도 검토를 계속할 생각이다.

현재, 이 논문에 표시한 방법 특히 버팀대에 주는 초기축력의 효과에 주목한 설계를 나리타 신간선 동경지하역(成田新幹線東京地下駅)을 대상으로 하여 실시하고 있으므로 본 논문의 계산 실시 예로 가까운 시일 안에 발표할 예정이다.

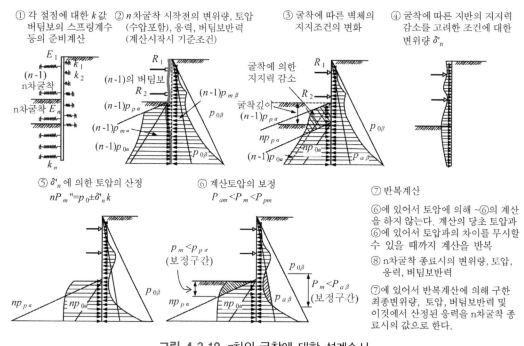

그림 4.3.10 $n$차의 굴착에 대한 설계순서

## 참 고 문 헌

1. 玉置修, 矢作枢, 中川誠志 : 「多数の切バリ反力実測値から求めた山留め土圧について」土と基礎, 1973-5

2. 山肩邦男・八尾真太郎(1967) : 「掘削にともなう鋼矢板壁の土圧変動(その1, その2)」土と基礎, 1967-5, 1967-6

3. 金谷祐二, 宮崎祐助 : 「RC山留め壁にかかる側圧」土と基礎, 1973-1

# 4. 양벽일체해석에 의한 방법

여기서 소개할 방법은 일본의 구건설성토목연구소(舊建設省土木硏究所) 자료 제2553호 "대규모 흙막이벽의 설계에 관한 연구(大規模土留め壁の設計に関する研究)"에 의한 방법이다. 이 자료는 1988년 구조교량부 기초연구실(構造橋梁部 基礎硏究室)에서 발표한 것인데 여기에서는 문헌에 표시되어 있는 내용 중에 "4. 프리로드를 고려한 흙막이의 해석"에 대하여 설명하도록 한다.

국내에서는 가시설의 탄소성해석에 대하여 앞에서 언급한 3가지 방법이 있지만 이 방법들은 전부 단벽해석 위주로 되어 있고, 양쪽 벽 일체해석에 대한 자료가 없으므로 일본토목연구소 자료를 소개하도록 한다.

이 문헌에서는 프리로드공법이나 앵커공법을 사용한 흙막이벽 거동을 해석하기 위해서 종래에는 편의상 프리로드를 주지 않는 일반적인 굴착상태에서의 탄소성해석결과와 프리로드하중을 탄성바닥판 위에 작용하는 집중하중으로 간주하고 계산한 결과를 중첩시키는 방법으로 검토했던 것에 대해서

① 지반의 역학적 비선형성에서 흙막이벽의 거동은 단지 중첩해서 나타낼 수 없다.

② 벽체의 변위에 따르는 초기프리로드하중의 변화도 엄밀하게 모델화되어 있지 않다.

라고 지적하고 있다.

거기에서 프리로드에 의한 영향과 굴착에 의한 영향을 일련의 해석 중에서 서로 관계 짓지 않으면 안 된다고 해서 탄소성법을 기본적으로 생각하지만, 배면 측도 지반에 의한 spring을 설치해서 프리로드의 효과를 고려할 수 있도록 하고 지반의 반력토압~변위이력경로를 정해서 변위에 대응한 토압을 벽체의 전면, 배면에 걸쳐서 설정할 수 있게끔 한 해석방법을 나타내고 있다.

이 문헌에 대해서는 일본의 가설지침에 있어서도 "2-9-5. (2) 흙막이벽의 단면력 및 변형의 산정 c) 구조계 모델"의 속에서 [토목연구소의 방법]을 사용하고 있는데, 이것은 편 토압이 작용하는 양벽일체해석에 대응하도록 하기 위해서이다. 따라서 흙막이는 엄밀한 의미에서 보면 양쪽이 똑같은 조건이 있을 수 없으므로, 단벽해석보다는 양쪽 벽을 일체로 하여 설계하는 것이 바람직할 것이다. 가령 구조물을 설계할 경우에 대부분이 전체를 보고 모델화를 하지 반쪽만 모델화를 하지 않는다. 이런 맥락에서 이제 흙막이 가설구조도 전체를 모델화하여 해석하는 것이 올바르다고 볼 수 있다.

최근의 깊은 굴착에 의한 가설공사에서는 주변 지반의 침하와 인접구조물에 미치는 영향을 최소화하는 것 이외에 시공 과정에서의 안전성 확보를 목적으로 버팀대에 Prestress를 도입한 프리로드공법을 채택한 현장이나, 흙막이공 내부의 작업공간을 확보함으로서 작업능률을 향상시키기 위하여 어스앵커공법을 채택하는 사례가 증가하고 있다. 이러한 공법은 굴착 시 흙막이

벽이 굴착면 쪽으로 변위가 발생하는 것을 억제하기 위하여 사전에 벽이 배면으로 밀리도록 하는 공정을 추가한 공법으로 적절한 프리로딩을 실시하면 흙막이 가설구조 전체를 안정화시켜, 흙막이벽에 생기는 응력과 변위를 줄일 수 있다.

흙막이벽에 프리로드를 작용시킨 경우에 벽의 강성과 지반의 강도에 의하여 벽에 변위가 발생하여 토압에 변화가 생긴다. 이러한 현상을 막기 위해서는 벽의 변위와 토압의 변화를 고려하여 흙막이벽 전체에 걸쳐 배면측 지반에 대한 토압의 변화를 고려한 구조모델로 해석을 하는 것이 바람직하다.

여기에서는 기존의 흙막이벽 탄소성 해석방법에 프리로드 효과의 도입을 목적으로 하여 배면에도 지반스프링을 고려함과 동시에 토압에는 하한값(주동토압)과 상한값(수동토압)을 설정하여 지반을 탄소성체로 모델화한 해석 프로그램에 대하여 언급고자 한다.

## 4.1 프리로드에 의한 흙막이벽의 변형

일반적인 버팀대식 흙막이공에서는 굴착에 따라서 벽체 전면의 저항 토압이 제거되어 벽체는 전면을 향하여 변위가 발생한다. 이 변위에 따라서 배면의 토압은 서서히 감소하여 주동토압으로 변하게 된다. 전면의 토압은 굴착에 의한 변위의 증가에 따라서 수동토압으로 변한다.

한편 프리로드를 수반한 흙막이공에서는 굴착 시에 벽체는 전면 쪽으로 변하게 되는데, 프리로딩 시에는 그 하중에 의하여 배면으로 다시 밀리게 된다. 그 결과, 변위에 따라 배면의 토압은 증가하고, 전면 측의 토압은 감소하게 된다. 이후, 굴착으로 벽체는 전면 쪽으로 변위가 발생한 뒤 프리로딩으로 다시 배면 쪽으로 변위가 발생하는 거동을 반복하게 되고, 토압도 그때마다 변화한다. 그림 4.4.1은 벽체의 거동과 토압의 변화에 대한 개념도이다.

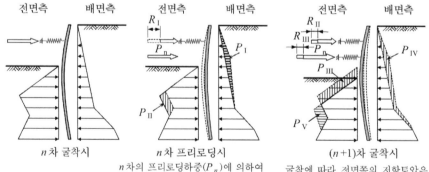

$n$차 굴착시

$n$차 프리로딩시

$n$차의 프리로딩하중($P_n$)에 의하여 벽체는 배면쪽으로 변위가 발생한다. 그에 따라 배면쪽의 토압은 $P_I$만큼 증가하고 전면쪽의 토압은 $P_{II}$만큼 감소한다. 또한 상단의 지보공 반력은 $R_I$만큼 감소한다.

$(n+1)$차 굴착시

굴착에 따라 전면쪽의 저항토압은 $P_{III}$만큼 감소하고 벽체는 전면쪽으로 변위가 발생한다. 그에 따라, 배면쪽의 토압은 $P_{IV}$만큼 감소하고 전면쪽의 토압은 $P_V$만큼 증가한다. 지보공 반력은 각각 $R_{II}$, $R_{III}$만큼 증가한다.

**그림 4.4.1** 벽체의 거동과 토압의 변화

## 4.2 프리로드를 고려한 해석방법

프리로드공법과 어스앵커공법을 사용한 흙막이벽의 거동을 해석하기 위해서 그림 4.4.2에 표시한 것과 같이 프리로드가 아닌 일반적인 굴착상태에서의 탄소성계산 결과와 프리로드하중을 탄성바닥 위에 작용하는 집중하중으로 가정하여 계산한 결과를 합하는 방법이 쓰이고 있다.

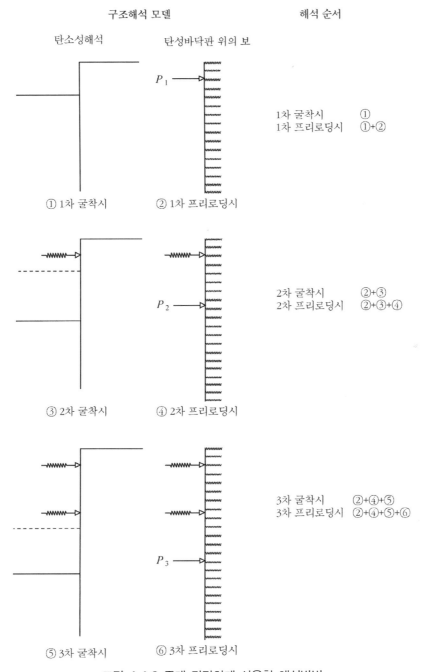

그림 **4.4.2** 종래 간단하게 사용한 해석방법

하지만 지반의 역학적 비선형성 때문에 흙막이벽의 거동은 단순히 이러한 것들을 합쳐서 나타낼 수는 없다. 또한 벽체의 변위에 따르는 초기 프리로드하중의 변화도 정확한 모델화가 되어있지 않다.

프리로드의 결과를 정확하게 평가하기 위해서는 프리로드에 따르는 영향과 굴착에 의한 영향을 일련의 해석 속에서 서로 연관 지어야 한다.

여기에서 소개하는 해석방법은 탄소성법을 기본으로 하여, 배면 쪽에도 지반에 의한 스프링을 설치하여 프리로드의 효과를 고려할 수 있도록 하여 지반의 반력토압~변위의 이력경로를 정하여 변위에 따른 토압을 벽체의 전면, 배면에 걸쳐 설정할 수 있도록 하였다.

### 4.2.1 해석모델

해석모델은 그림 4.4.3에 표시한 것과 같이 지반과 지보공을 탄소성받침으로 간주하여 각 절점에서 지지된 보 부재에 토압에 의해 하중이 작용하는 연속구조 모델로 설정하였다. 지반의 연속성을 고려할 때, 지반의 강성을 분포스프링으로서 평가하는 것이 일반적이지만 이 분석에서는 그림 4.4.4에 표시한 것과 같이 지반의 반력토압~변위를 이력으로 추적하는 것을 고려하였다. 분포스프링 자체로는 이력을 파악할 수 없기 때문에 지반의 요소를 점으로 파악하여 지

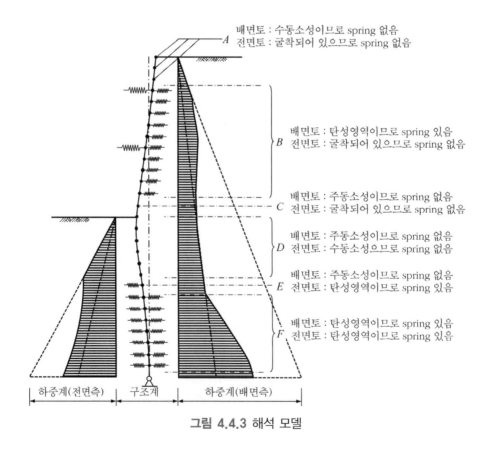

그림 4.4.3 해석 모델

반의 강성을 집중스프링으로서 평가한다. 단, 지반의 연속성을 유지하기 위하여 집중스프링을 분포스프링과 동등한 정확도의 값을 얻을 수 있도록 충분히 분할하도록 한다.

또한 지반스프링은 전배면 모두 수동토압 및 주동토압을 상한·하한으로 한 소성영역을 고려하여, 이 사이를 스프링으로 하는 완전탄소성의 특성을 갖는 것으로 한다. 한편 그림 4.4.3의 수동소성, 주동소성이란 지반반력이 각 극한토압에 도달한 소성영역에 있음을 나타내는 것으로 한다.

구조계산은 절점－보의 1차원 모델에 대하여 전달매트릭스법을 적용하고 있다.

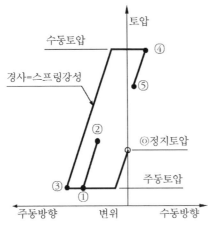

1) 지반은 변위에 따라서 주동토압 또는 수동토압에 도달하는 시점에서 스프링강성(기울기)은 무시하고 변위만 진행한다. (⓪→①, ②→③, ③→④의 상태)

2) 주동↔수동방향으로 변위가 발생할 때에는 그 지점에서 스프링강성을 고려(①→②, ④→⑤의 상태), 그 후는 1)을 따라 이동함.

**그림 4.4.4** 어느 절점에 있어서 지반의 이력경로

## 4.2.2 해석에서의 가정

### (1) 구조계의 가정

① 흙막이벽은 탄소성받침에 의하여 지지된 유한길이의 보로서 상하단의 경계조건은 자유, 핀, 고정과 같은 3가지 중에서 선택한다. 2종류의 스프링을 갖는 절점에서는 스프링의 강성을 가산한다.

② 전면 및 배면의 지반스프링은 지반반력이 하한(주동토압), 상한(수동토압)에 도달하면 각 극한 토압이 작용하는 것으로 가정하고 스프링강성을 0으로 한다(그림 4.4.4 참조).

③ 지보공의 스프링반력 변위원점(반력이 0이 되는 점)을 그림 4.4.5에 표시한 것과 같이 프리로딩 전의 선행변위 $\delta_x$에서 프리로드에 의한 벽체변위 $\delta_w$ 및 지보공 자신의 탄성변위량 $\delta_s$를 빼서 구하고, 이 점에서부터의 변위량에 의한 지보공의 반력을 계산한다. 한편 절점의 변위량이 이 변위량 $\delta_0$보다 작아졌을 때는 지보공의 스프링강성을 0으로 한다.

④ 굴착에 의하여 전면지반에 대한 탄소성영역의 전이(遷移)에 대해서는 굴착 후의 상한토압을 초과하는 절점에 한하여 그림 4.4.6에 표시한 것처럼 변위를 일정하게 유지하여

굴착 후의 지반의 이력 경로에 따르는 것으로 한다.

## (2) 하중계의 가정

① 굴착시작 전의 정지토압을 초기토압으로 하여 계산을 시작하는 것으로 한다.

② 1차 프리로드 이후에는 모든 단계의 변위량에서 구한 전면 및 배면의 토압, 그리고 지보공 반력을 하중으로 하여 계산한다. 그 뒤, 다음 단계의 프리로딩 시에는 프리로드하중이 가산된다.

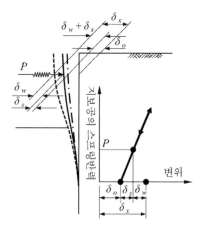
**그림 4.4.5** 지보공스프링반력 계산의 변위원점

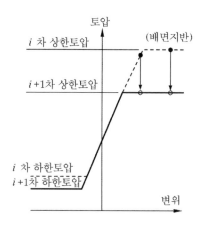
**그림 4.4.6** 굴착에 의한 탄소성영역의 전이

## 4.2.3 해석에서의 굴착과정

해석에서의 굴착과정과 벽체의 변형~지반반력의 발생 메커니즘은 그림 4.4.7에 표시한 것과 같다.

## 4.2.4 해석이론

이미 언급한 대로 본 해석에서의 구조모델은 탄소성받침상의 탄성연속직선보이다. 따라서 본 해석에서의 기본식은 흙막이벽 전체가 휨만을 받는 탄성받침으로 지지된 탄성연속 직선보의 기본방정식으로 구할 수 있다.

계산은 기본식을 이용하여 각 절점과 각 부재(절점 간)에 관한 전이행렬을 구하여, 전달 매트릭스 법에 따라 구조계산을 실시하여 탄소성이 수렴될 때까지 반복하여 계산한다.

### (1) 기본식

일반적으로 그림 4.4.8에 표시한 것과 같은 분포하중을 받는 탄성보의 기초미분방정식은 식 (4.4.1)로 구할 수 있다.

| ① 굴착시작 전 | ② 1차 굴착 후 : 이력조정 | ③ 1차 굴착 후 : 변형구속 해제 |
|---|---|---|
| 흙막이벽을 설치한 후 토압은 정적인 상태이며, 전면 및 배면의 토압(정지토압)을 초기토압으로 한다. 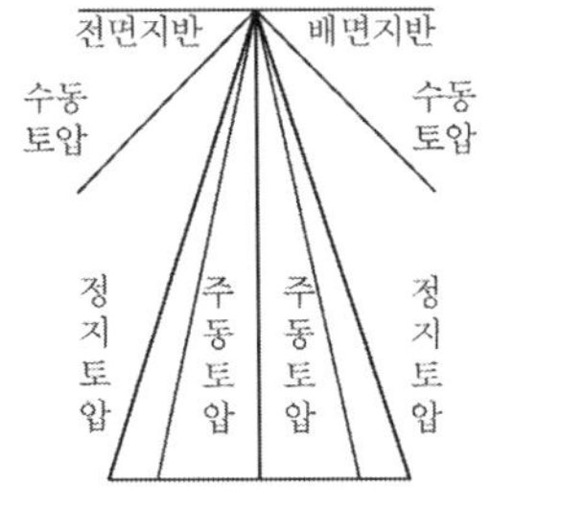 | 벽의 변형을 구속하고 있기 때문에 전, 배면 모두 토압의 변화는 없다. 여기에서 전면 쪽에서는 굴착에 의한 토괴의 감소에 따라서 수동토압(상한), 주동토압(하한)의 이력설정을 조정한다. 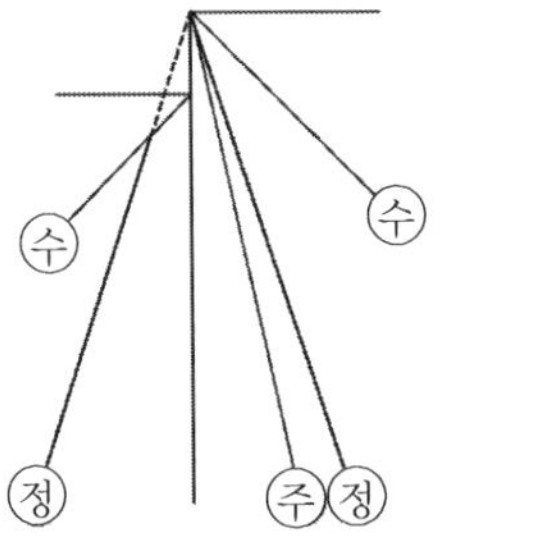 | 벽의 변형구속을 해제하기 위하여 변형에 따라 배면토압은 감소하고 전면토압은 증가한다. 그리고 설정된 주동, 수동의 소성경계를 넘는 부분은 소성 경계범위 내에서 재배분된다. 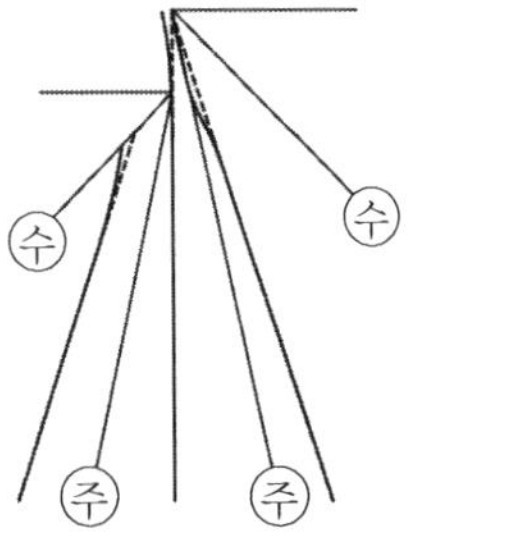 |

| ④ 지보공 설치 시의 프리로드 | ⑤ 2차 굴착 후 | ⑥ 하단지보공설치와 프리로드 |
|---|---|---|
| 프리로드에 의하여 벽은 배면 쪽으로 밀려서 ③과 마찬가지로 변형에 따라 토압이 변한다. 또한 배면 쪽에서도 수동소성에 이르는 경우가 있다. 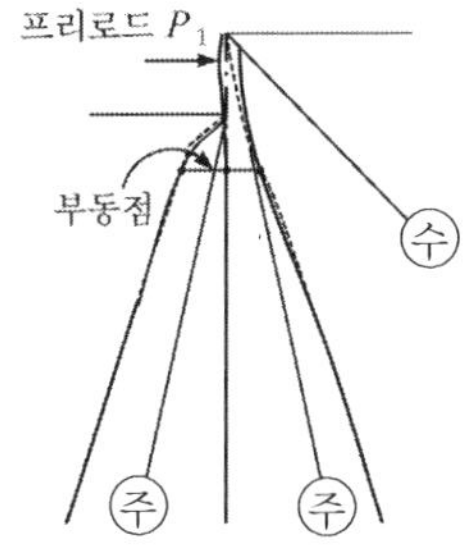 | 1차 굴착과 마찬가지로 [변형구속→굴착→이력설정 조정→구속해제→변형→토압의 재분배]의 과정을 거친다. 여기에서 지보공스프링 반력이 $R_1^1 \rightarrow R_1^2$으로 변화한다.<br>$(R_1^1 \rightarrow P_1)$ 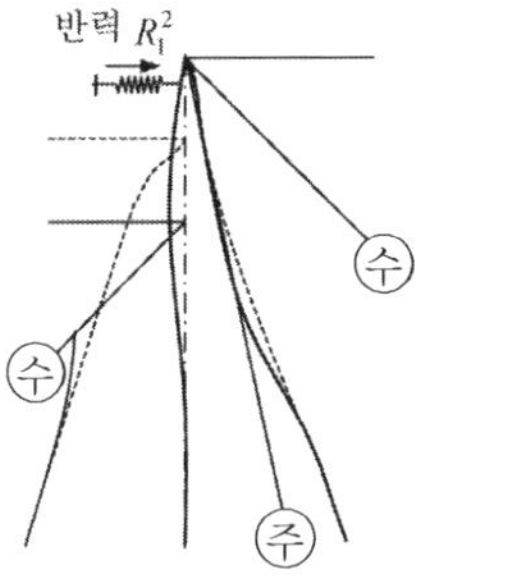 | 1차 프리로드 시 ④와 마찬가지로 토압이 변화한다. 또한 지보공 스프링반력도 $R_1^2 \rightarrow R_1^3$로 변화한다. 이후 굴착이 종료될 때까지 ⑤~⑥을 반복하게 된다. 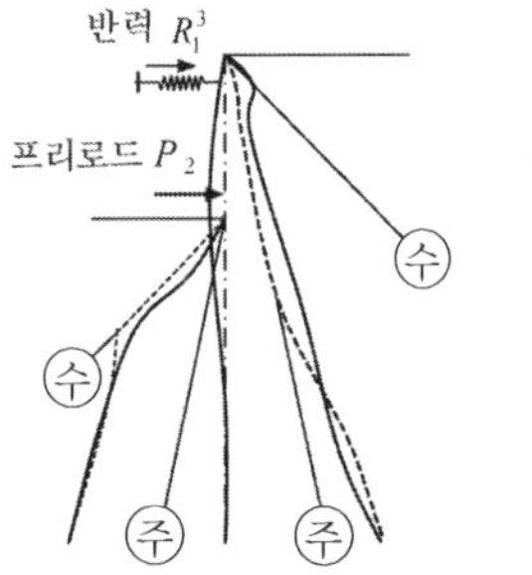 |

그림 4.4.7 굴착과정과 변형−지반반력의 발생

$$E \cdot I \frac{d^4 y_x}{dx^4} = (p + q \cdot x) \tag{4.4.1}$$

여기서,　　$E$ : 흙막이벽 재료의 탄성계수

　　　　　$I$ : 흙막이벽의 단면2차모멘트

　　　　　$y_x$ : $x$에서의 변위

　　　　　$x$ : 부재(좌)단에서 검토지점까지의 거리

$p$ : 부재단($x=0$)에서의 하중강도

$q$ : 하중강도의 $x$방향에 대한 증가율

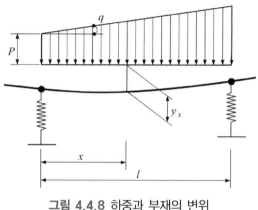

**그림 4.4.8** 하중과 부재의 변위

따라서 흙막이벽의 변위량 $y_x$, 변형각 $Q_x$, 휨모멘트 $M_x$, 전단력 $S_x$는 각각 다음과 같이 된다.

$$
\left.
\begin{aligned}
y(x) &= y_0 - \theta_0 \cdot x - \frac{1}{E \cdot I}\left(\frac{1}{2}M_0 \cdot x^2 + \frac{1}{6}S_0 \cdot x^3 - \frac{1}{24}p \cdot x^4 - \frac{1}{120}q \cdot x^5\right) \\
&= \theta_0 - \frac{1}{E \cdot I}\left(M_0 \cdot x + \frac{1}{2}S_0 \cdot x^2 - \frac{1}{6}p \cdot x^3 - \frac{1}{24}q \cdot x^4\right) \\
&= M_0 + S_0 \cdot x - \frac{1}{2}p \cdot x^2 - \frac{1}{6}q \cdot x^3 \\
&= S_0 - p \cdot x - \frac{1}{2}q \cdot x^2
\end{aligned}
\right\}
\tag{4.4.2}
$$

여기서 $y_x$, $Q_x$, $M_x$, $S_x$는 각각 $x=0$점에서의 변위, 변형각, 휨모멘트, 전단력이다.

## (2) 전이행렬(1 : 부재전달 매트릭스)

(4.4.2)식에서 $x=l$의 경우를 매트릭스로 표현하면 다음과 같다.

$$
\begin{bmatrix} y \\ \theta \\ M \\ S \end{bmatrix}_{x=l} =
\begin{bmatrix}
1 & l & -l^2/2EI & -l^3/6EI \\
0 & 1 & -l/EI & -l^2/2EI \\
0 & 0 & 1 & l \\
0 & 0 & 0 & 1
\end{bmatrix}
\begin{bmatrix} y \\ \theta \\ M \\ S \end{bmatrix}_{x=0} +
\begin{bmatrix}
pl^4/24EI + ql^5/120EI \\
pl^3/6EI + ql^4/24EI \\
-pl^2/2 - ql^3/6 \\
-pl - ql^2/2
\end{bmatrix}
\tag{4.4.3}
$$

(4.4.3)식에 의해 $x=l$점의 변위와 단면력이 $x=0$점의 변위와 단면력으로 나타낸 것이 된다.

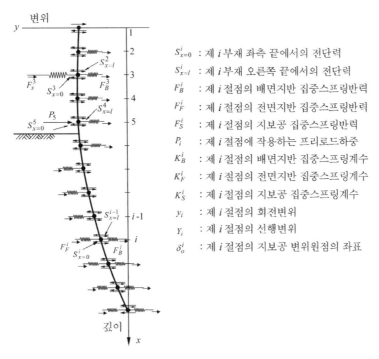

**그림 4.4.9** 절점전달 개념도

여기서 기호 설명:

$S_{x=0}^i$ : 제 $i$ 부재 좌측 끝에서의 전단력

$S_{x=l}^i$ : 제 $i$ 부재 오른쪽 끝에서의 전단력

$F_B^i$ : 제 $i$ 절점의 배면지반 집중스프링반력

$F_F^i$ : 제 $i$ 절점의 전면지반 집중스프링반력

$F_S^i$ : 제 $i$ 절점의 지보공 집중스프링반력

$P_i$ : 제 $i$ 절점에 작용하는 프리로드하중

$K_B^i$ : 제 $i$ 절점의 배면지반 집중스프링계수

$K_F^i$ : 제 $i$ 절점의 전면지반 집중스프링계수

$K_S^i$ : 제 $i$ 절점의 지보공 집중스프링계수

$y_i$ : 제 $i$ 절점의 회전변위

$Y_i$ : 제 $i$ 절점의 선행변위

$\delta_o^i$ : 제 $i$ 절점의 지보공 변위원점의 좌표

(4.4.3)식을 간단하게 하면 다음과 같이 나타낼 수 있다.

$$V_{x=i} = L_1 \cdot V_{x=0} + M_1 \tag{4.4.4}$$

여기서,  $V_{x=0}$ : 부재 좌단에 있어서 상태량 Vector *

$V_{x=i}$ : 부재 우단에 있어서 상태량 Vector *

$L_1$ : 부재전달 매트릭스

$M_1$ : 부재전달 매트릭스 하중항

(* 상태량 Vector : 변위와 단면력을 함께한 Vector)

### (3) 전이행렬(2 : 부재전달 매트릭스)

절점에 있어서 어떤 스프링도 붙어있지 않는 절점에는 절점 좌측 부재의 우단과 우측 부재 좌단의 상태량은 같다. 그런데 본 해석에서는 그림 4.4.9에 표시한 것과 같이

① 배면지반스프링

② 전면지반스프링

③ 지보공스프링(버팀대, 앵커, 타이로드 등)

④ 프리로드

의 4가지 요소의 조합을 고려하는 것으로 한다.

이 4가지 요소에 대하여 조합을 고려하면, 표 4.4.1에 표시한 것과 같이 16가지가 있는데, 실제로 고려할 수 있는 것은 조합 No.에 ○이 있는 8가지이다. 본 해석에서 새롭게 고려할 것은 배면지반스프링을 가진 조합 No. 9, 10, 11, 13에 대해서이다.

**표 4.4.1** 절점에 작용하는 4가지 요소에 의한 조합

| 조합 No. | ① | ② | ③ | 4 | ⑤ | 6 | 7 | 8 | ⑨ | ⑩ | ⑪ | 12 | ⑬ | 14 | 15 | 16 |
|---|---|---|---|---|---|---|---|---|---|---|---|---|---|---|---|---|
| 배면지반스프링 | ○ | | | | | | | | ○ | ○ | ○ | ○ | ○ | ○ | ○ | ○ |
| 전면지반스프링 | | | | | ○ | ○ | ○ | ○ | | | | | ○ | ○ | ○ | ○ |
| 지보공스프링 | | | ○ | ○ | | | ○ | ○ | | | ○ | ○ | | | ○ | ○ |
| 프리로드 | | ○ | | ○ | | ○ | | ○ | | ○ | | ○ | | ○ | | ○ |

주) ○ : 절점에 작용할 가능성이 있는 조합

## (4) 절점전달 매트릭스의 유도

그림 4.4.10에 배면지반스프링을 가진 절점모델을 표시하였다. 이 그림에서 $i$절점의 변위가 정확하다고 가정하고 $i$절점 주위의 힘의 균형에 의하여

$$S_{x=0}^i = S_{x=l}^{i-1} + F_B^i \tag{4.4.5}$$

가 된다. 여기에서 $F_B^i$ 는 스프링반력을 나타내고, $F_B^i = K_B^i(y_i - Y_i)$로 표현할 수 있다. 따라서 (4.4.5)식은

$$S_{x=0}^i = S_{x=l}^{i-1} + K_B^i(y_i - Y_i) \tag{4.4.6}$$

이 된다. (4.4.6)식을 매트릭스로 표시하면

$$\begin{bmatrix} y \\ \theta \\ M \\ S \end{bmatrix}_{x=0}^i = \begin{bmatrix} 1 & 0 & 0 & 0 \\ 0 & 1 & 0 & 0 \\ 0 & 0 & 1 & 0 \\ K_B^i & 0 & 0 & 1 \end{bmatrix} \begin{bmatrix} y \\ \theta \\ M \\ S \end{bmatrix}_{x=l}^{i-1} + \begin{bmatrix} 0 \\ 0 \\ 0 \\ -K_B^i \cdot Y_i \end{bmatrix} \tag{4.4.7}$$

또한 (4.4.8)식과 같이 표기할 수 있다.

$$[V_{x=0}]^i = [L_2]^i [V_{x=l}]^{i-1} + [M_2]^i \tag{4.4.8}$$

**표 4.4.2** 절점모델과 전달매트릭스

| 절점모델 | 절점전달 매트릭스 $[L_2]^i$ | | | | 하중항 Vector $[M_2]^i$ |
|---|---|---|---|---|---|
| 배면스프링 | $S_{x=0}^i = S_{x=l}^{i-1} + K_B^i(y_i - Y_i)$ | | | | |
| | 1 | 0 | 0 | 0 | 0 |
| | 0 | 1 | 0 | 0 | 0 |
| | 0 | 0 | 1 | 0 | 0 |
| | $K_B^i$ | 0 | 0 | 1 | $-K_B^i Y_i$ |
| 배면스프링 & 프리로드 | $S_{x=0}^i = S_{x=l}^{i-1} + P_i + K_B^i(y_i - Y_i)$ | | | | |
| | 1 | 0 | 0 | 0 | 0 |
| | 0 | 1 | 0 | 0 | 0 |
| | 0 | 0 | 1 | 0 | 0 |
| | $K_B^i$ | 0 | 0 | 1 | $-K_B^i Y_i + P_i$ |
| 배면스프링 & 지보공스프링 | $S_{x=0}^i = S_{x=l}^{i-1} + P_i + K_B^i(y_i - Y_i) + K_S^i(y_i - \delta_0^i)$ | | | | |
| | 1 | 0 | 0 | 0 | 0 |
| | 0 | 1 | 0 | 0 | 0 |
| | 0 | 0 | 1 | 0 | 0 |
| | $(K_B^i + K_S^i)$ | 0 | 0 | 1 | $-K_B^i Y_i - K_S^i \delta_0^i$ |
| 배면스프링 & 전면스프링 | $S_{x=0}^i = S_{x=l}^{i-1} + (K_B^i + K_S^i)(y_i - Y_i)$ | | | | |
| | 1 | 0 | 0 | 0 | 0 |
| | 0 | 1 | 0 | 0 | 0 |
| | 0 | 0 | 1 | 0 | 0 |
| | $(K_B^i + K_F^i)$ | 0 | 0 | 1 | $(K_B^i + K_F^i)Y_i$ |

마찬가지로 표 4.4.1의 조합 No. 10, 11, 13에 대하여 생각하면 결과적으로 표 4.4.2와 같다. 여기에서 $L_2$의 (4.4.1)식 요소와 $M_2$의 (4.4.1)식 요소를 각각 $l_{4.1}$, $m_{4.1}$이라고 하면 이외의 요소는 각각 같으므로 (4.4.9)식, (4.4.10)식과 같이 바꾸면, 식의 $i_B$, $i_F$, $i_S$, $i_P$를 변화시킴으로서 해석에서 고려할 절점 스프링모델의 조합도 하나의 식으로 나타낼 수 있다.

$$l_{4.1} = K_B \cdot i_B + K_F \cdot i_F + K_S \cdot i_S \tag{4.4.9}$$

$$m_{4.1} = -(K_B \cdot i_B + K_F \cdot i_F)Y_i - K_S \cdot \delta_0 \cdot i_S + P \cdot i_P \tag{4.4.10}$$

식 중에서 $i_B$, $i_F$, $i_S$, $i_P$는 각각 배면지반의 스프링, 전면지반의 스프링, 지보공 스프링, 프리로드하중의 유무에 대한 판단기준이다. 따라서 절점을 전달하는 매트릭스는 다음과 같이 표현된다.

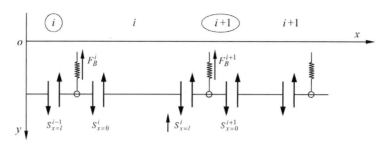

**그림 4.4.10** 배면지반 스프링에서 이루어진 절점

$$
\begin{bmatrix} y \\ \theta \\ M \\ S \end{bmatrix}_{x=0}^{i+1} = \begin{bmatrix} 1 & 0 & 0 & 0 \\ 0 & 1 & 0 & 0 \\ 0 & 0 & 1 & 0 \\ l_{4.1} & 0 & 0 & 1 \end{bmatrix} \begin{bmatrix} y \\ \theta \\ M \\ S \end{bmatrix}_{x=l}^{i} + \begin{bmatrix} 0 \\ 0 \\ 0 \\ m_{4.1} \end{bmatrix} \tag{4.4.11}
$$

### (5) 변위 및 응력의 결정

지금까지 부재 전달 방정식인 (4.4.4)식과 절점 전달 방정식인 (4.4.8)식을 구하였다. 이 식들을 다시 바꿔보면

$$
V_R^i = L_1^i \cdot V_L^i + M_1^i \tag{4.4.12}
$$

$$
V_L^{i+1} = L_2^{i+1} \cdot V_R^i + M_2^{i+1} \tag{4.4.13}
$$

여기서,  $V_L^i$ : 제 $i$ 부재 좌단 상태량 벡터

$V_R^i$ : 제 $i$ 부재 우단 상태량 벡터

$L_1^i$ : 제 $i$ 부재의 전달 매트릭스

$M_1^i$ : 제 $i$ 부재의 전달 매트릭스 하중항(荷重項)

$L_2^i$ : 제 $i$ 절점의 전달 매트릭스

$M_2^i$ : 제 $i$ 절점의 전달 매트릭스 하중항(項)

또한, (4.4.12)식을 (4.4.13)식에 대입하면 (4.4.14)식을 얻을 수 있다.

$$
V_L^{i+1} = L_2^{i+1} \cdot L_1^i \cdot V_L^i + L_2^{i+1} \cdot M_1^i + M_2^{i+1} \tag{4.4.14}
$$

(4.4.14)식은 제 $i$부재 좌단의 상태량 벡터가 제 $i+1$ 부재의 좌단까지 전달된 것을 나타내고

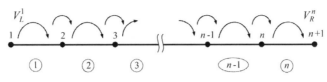

**그림 4.4.11** 상태량 벡터의 전달

있다.

마찬가지로 제 $i$부재의 좌단부터 순차적으로 반복하면 흙막이벽 상단(연속보 좌단)의 상태량 벡터는 흙막이벽 하단까지 전달된다(그림 4.4.11 참조).

$$
\begin{aligned}
V_R^n &= L_1^n \cdot V_L^n + M_1^n \\
&= L_1^n \cdot V_2^n \cdot V_R^{n-1} + L_1^n \cdot M_2^n + M_1^n \\
&= L_1^n \cdot L_2^n \cdot L_1^{n-1} \cdot V_L^{n-1} + L_1^n \cdot L_2^n \cdot M_1^{n-1} + L_1^n \cdot M_2^n + M_1^n \\
&= L_1^n \cdot L_2^n \cdot L_1^{n-1} \cdot L_2^{n-1} \cdot L_1^{n-2} \cdot L_2^{n-2} \cdots L_2^2 \cdot L_1^1 \cdot V_L^1 + M_1^n \\
&\quad + L_1^n \cdot L_2^n \cdot M_1^{n-1} + L_1^n \cdot M_2^n \\
&\quad + L_1^n \cdot L_2^n \cdot L_1^{n-1} \cdot L_2^{n-1} \cdot M_1^{n-2} + L_1^n \cdot L_2^n \cdot L_1^{n-1} \cdot M_2^{n-1} \\
&\quad + L_1^n \cdot L_2^n \cdot L_1^{n-1} \cdot L_2^{n-1} \cdot L_1^{n-2} \cdot L_2^{n-2} \cdots L_1^n \cdot L_2^n \cdot M_1^1 \\
&\quad + L_1^n \cdot L_2^n \cdot L_1^{n-1} \cdot L_2^{n-1} \cdot L_1^{n-2} \cdot L_2^{n-2} \cdots L_1^2 \cdot M_2^2
\end{aligned}
\tag{4.4.15}
$$

(4.4.15)식은 연속보 양단의 물리량에 관계된 선형 방정식이다. 이것을 간단히 정리하면

$$
V_R^n = L_0 \cdot V_L^1 + M_0
\tag{4.4.16}
$$

여기서,    $L_0$ : 식(4.4.15) 제 1항의 $V_L^1$의 계수 매트릭스

$M_0$ : 식(4.4.15) 제 2항 이하의 벡터합계

다음으로 흙막이벽의 변위와 응력을 결정하기 위해서는 벽의 상하단에 대한 경계조건이 필요하다. 본 해석에서는 흙막이벽 상하단의 경계조건을 자유, 핀, 고정의 3가지 중에서 임의로 선택할 수 있다. 단, 본 해석에서는 흙막이벽 하단(연속보 우단)이 '자유'인 경우에는 탄성지점을 의미한다. 이 경우, 더미(dummy) 부재를 고려하여 탄성지점 우단까지 전달한다(그림 4.4.12 참조).

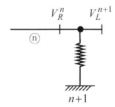

**그림 4.4.12** 우단에서의 힘의 균형

$$V_L^{n+1} = L_2^{n+1} \cdot V_R^n + M_2^{n+1} \tag{4.4.17}$$

여기서 (4.4.16)식을 (4.4.17)식에 대입하면

$$V_L^{n+1} = L_2^{n+1} \cdot L_0 \cdot V_L^1 + L_2^{n+1} \cdot M_0 + M_2^{n+1} \tag{4.4.18}$$

이것을 정리하면

$$V_L^{n+1} = L_0' \cdot V_L^1 + M_0' \tag{4.4.19}$$

여기서

$$L_0' = L_2^{n+1} \cdot L_0$$
$$M_0' = L_2^{n+1} \cdot M_0 + M_2^{n+1}$$

(4.4.19)식에 대하여 흙막이벽 상하단의 경계조건을 적용하면 미지수를 구할 수 있게 되어, 흙막이벽 각 절점의 변위와 단면력이 결정된다.

## (6) 경계조건식

### ① 흙막이벽 상단(연속보 좌단)의 경계 매트릭스 : $R_L$

| 자유 | | $M=0,\ S=-k_y$ | 미지수 $y,\ \theta$ |
|------|------|------|------|
| 핀 | | $M=0,\ y=0$ | 미지수 $\theta,\ S$ |
| 고정 | | $y=0,\ \theta=0$ | 미지수 $M,\ S$ |

| 자유 | 핀 | 고정 |
|------|------|------|
| $R_L = \begin{bmatrix} 1 & 0 \\ 0 & 1 \\ 0 & 0 \\ -k & 0 \end{bmatrix}$ | $R_L = \begin{bmatrix} 0 & 0 \\ 1 & 0 \\ 0 & 0 \\ 0 & 1 \end{bmatrix}$ | $R_L = \begin{bmatrix} 0 & 0 \\ 0 & 0 \\ 1 & 0 \\ 0 & 1 \end{bmatrix}$ |

### ② 흙막이벽 하단(연속보 우단)의 경계 매트릭스 : $R_R$

| 자유 | | 경계조건 : $M=0,\ S=0$ |
|------|------|------|
| 핀 | | 경계조건 : $M=0,\ y=0$ |
| 고정 | | 경계조건 : $y=0,\ \theta=0$ |

| 자유 | 핀 | 고정 |
|------|------|------|
| $R_R = \begin{bmatrix} 0 & 0 & 1 & 0 \\ 0 & 0 & 0 & 1 \end{bmatrix}$ | $R_R = \begin{bmatrix} 1 & 0 & 0 & 0 \\ 0 & 0 & 1 & 0 \end{bmatrix}$ | $R_R = \begin{bmatrix} 1 & 0 & 0 & 0 \\ 0 & 1 & 0 & 0 \end{bmatrix}$ |

연속보 양단의 경계매트릭스를 표시하였는데, 양단의 경계조건식은 다음과 같다.

$$V_L^{'} = R_L \cdot A \tag{4.4.20}$$

$$R_R \cdot V_R^n = 0 \tag{4.4.21}$$

단, $A$는 미지수 벡터($1 \times 2$)이다.

(4.4.16)식에 (4.4.20)식을 대입하여 양변의 좌측에 $R_R$을 곱하면 (4.4.22)식이 된다.

$$V_R^n = L_0 \cdot R_L \cdot A + M_0$$
$$R_R \cdot V_R^n = R_R \cdot L_0 \cdot R_L \cdot A + R_R \cdot M_0 \tag{4.4.22}$$

이것을 간단히 하면

$$BA + C = 0 \tag{4.4.23}$$

여기서

$$B = R_R \cdot L_0 \cdot R_L \ (2 \times 2 \ 매트릭스)$$
$$C = R_R \cdot M_0 \ (2 \times 1 \ 백터)$$

로 나타낼 때, (4.4.23)식의 방정식을 풀면,

$$A = -B^{-1} \cdot C \tag{4.4.24}$$

을 구할 수 있다. $A$를 (4.4.20)식에 대입하면 상단의 미지수가 계산되어 변위와 단면력을 얻을 수 있다.

각 점의 상태량은 (4.4.12)식 및 (4.4.13)식에 의하여 구할 수 있다. 이와 같은 이론식을 컴퓨터로 계산할 때의 과정은 그림 4.4.13과 같다.

이상으로 양벽일체해석에 의한 탄소성해석법에 대하여 소개하였다. 앞에서 나온 3가지의 방법에 비하여 해석방법이 완전히 다른 것을 알 수 있는데, 이것은 가시설이 점점 대형화되면서 편토압이 작용하거나, 좌우 지반 조건이 다른 경우 등 한쪽 벽만을 대상으로 설계할 수 없는 조건에서는 가시설뿐만 아니라 본 구조물의 안전을 위해서는 반드시 양벽일체해석을 통하여 설계하여야 할 것이다.

그러기 위해서는 복합 구조물인 가시설을 지반분야에서의 접근도 중요하지만, 구조적인 접근에도 무게를 두어 설계하여야 한다.

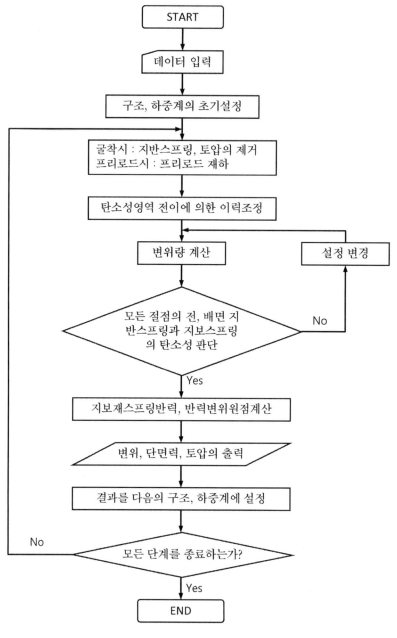

**그림 4.4.13** 해석 흐름도

## 참 고 문 헌

1. 中村兵次, 中沢 章 :「掘削工事における土留め壁応力解析」土質工学論文報告集, 第12券4号, 1972. 12

2. 佐々木豊, 増田昌弘, 吉 清孝, 杉山利幸 :「アースアンカーを用いた土留め工の予測管理について」第20回土質工学研究発表会講演集, 1985. 6

3. 森重龍馬 :「地下連続壁の設計計算」土木技術, Vol. 30. No. 8, 1975. 8

4. 津田政憲, 村上清基, 森 伸一郎 :「プレロードと地盤の弾塑性を考慮した山留め解析」土木学会 37回年次学術講演会概要集, 1982. 10

5. 大志万和也, 中谷昌一, 越川 裕, 北村敬司 :「プレロードを考慮した土留め解析」, 土木技術資料, Vol. 28. No. 5, 1986. 5

6. 丸岡正夫, 機田悠康, 青木雅路 :「プレロードを併う山止めの設計法」, 第17回土質工学発表会講演集, 1982. 6

4. 丸岡正夫, 青木雅路, 機田悠康, 佐藤英二 :「山留め観測施工法に関する研究(その1), (その2)」, 第19回土質工学研究発表会講演集, 1984. 6

7. 玉野富雄, 大鹿史郎, 結城庸介, 松永一成也 :「多段式アースアンカー工法を用いた鋼矢板土留めの実測例」, 土と基礎, 1979. 2

8. 米田 靖, 津田政憲, 小林延房, 森 伸一郎, 村上清基 :「連續地中壁とアンカーによる大規模山留めの擧動」, 第17回土質工学研究発表会講演集, 1982. 6

# 5. 자립식 흙막이의 해석이론

## 5.1 개요

자립식 흙막이의 해석법은 극한평형법, 탄성법, 탄소성법의 3종류로 나눌 수 있다. 종래 도로 관계에서는 극한평형법이, 하천 관계에서는 탄성법이 적용되고 있지만, 근래에는 대부분이 탄성법을 사용하고 있다. 참고로 도로설계요령에 자립식 강널말뚝에 대한 기준이 수록되어 있는데, 이 기준에서는 극한평형법에 의하여 설계하게 되어 있다.

### 5.1.1 극한평형법

극한평형법은 널말뚝이 전방으로 변위가 발생하여 지반이 완전히 소성화한 것으로 가정하고, 그림 4.5.1(a)에 표시한 것과 같이 널말뚝의 배면에는 주동토압, 근입부의 전면에는 수동토압을 작용시켜 해석하는 방법이다.

주동토압에 의한 전도모멘트와 수동토압에 의한 저항모멘트가 같아지는 깊이(=평형깊이 $L_0$)을 구해, 평형깊이를 1.2배로 하여 근입깊이로 하고 있다. 극한평형법은 합리적이고 계산이 간단한 해석법이지만, 널말뚝의 변위를 구할 수 없다는 결점이 있다.

### 5.1.2 탄성법

탄성법은 그림 4.5.1(b)와 같이 널말뚝의 근입부가 「이산형(離散型)스프링」으로 지지가 된 「탄성바닥 위의 보」로 해석하는 방법이다. 「탄성바닥위의 보」 해석은 꽤 복잡하지만, 근입길이

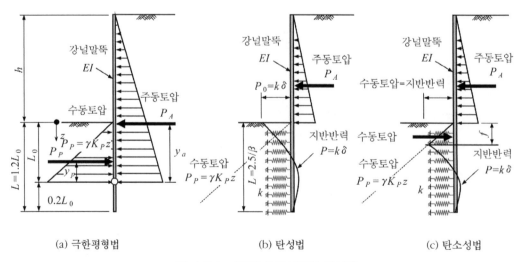

(a) 극한평형법          (b) 탄성법          (c) 탄소성법

**그림 4.5.1** 자립식 흙막이공의 해석법

가 $\pi/\beta$ 이상이면 「반무한길이의 보」로 볼 수 있으므로 간편하게 된다. $\beta$ 는 특성길이로 부르며, 길이의 역수(1/m) 단위를 갖는 파라미터이다.

일반적으로 근입길이를 $2.5/\beta$ 이상으로 하도록 하고 있는데, "$2.5/\beta$ 의 근입길이로 하면 해석결과는 $\pi/\beta$ 와 거의 다르지 않다."라고 하는 것이 그 이유이다.

탄성법에서는 지반반력도 $p$ 는 널말뚝의 변위 $\delta$ 에 비례하는 것으로 하여 $p=k\delta$ 로 하여 산정한다. 이 때문에 근입이 얕은 곳에서는 지반반력이 수동토압을 초과한다고 하는 역학적인 불합리를 일으킨다. 또, 근입길이를 $2.5/\beta$ 이상으로 하면, 굴착깊이와는 관계가 없고, 지반의 단단함(지반반력계수)과 널말뚝의 종류(휨 강성)만으로 근입길이가 정해지게 된다.

### 5.1.3 탄소성법

탄소성법은 지반반력이 수동토압을 초과하게 되는 탄성법의 불합리를 해소한 해석법이다. 지반반력도 $p$ 가 수동토압 $p_P$ 와 같아지는 깊이를 구해, 그 점보다 얕은 범위는 소성화한 영역으로 보고 수동토압을 작용시키고, 그 점보다 깊은 범위는 탄성영역이므로 이산형의 스프링으로 지지되어 있다고 하는 해석방법이다.

탄소성법에서는 일반적으로 유한길이의 보로 해석하므로, 근입길이에 $3/\beta$ 이상 혹은 $2.5/\beta$ 이상이라고 하는 제한을 둘 필요는 없다. 굴착깊이나 토압의 크기에 따라 근입부 지반의 소성화 깊이가 정해지므로, 근입지반 전체가 소성화하지 않는 것을 확인하면 좋다.

탄소성법은 가장 합리적인 해석법이지만, 탄성바닥 위의 유한길이의 보로서 해석해야 하기 때문에 계산이 복잡하지만 표 계산 프로그램인 '엑셀' 등을 이용하면 비교적 간단하게 계산할 수 있다.

## 5.2 탄성바닥판 위의 보이론

### 5.2.1 일반해

보의 변형 곡선의 미분방정식은 다음 식으로 나타낸다.

$$EI\frac{d^4\delta}{dx^4} = -k \cdot \delta \qquad\qquad (4.5.1)$$

여기서,　　$E$ : 말뚝의 탄성계수

$I$ : 말뚝의 단면2차모멘트

$x$ : 굴착면에서의 깊이

$\delta$ : $x$ 깊이에 대한 널말뚝의 변형

$k$ : 스프링정수

미분방정식의 일반해는 다음과 같이 된다.

$$\delta = e^{\beta x}(C_1 \cos \beta x + C_2 \sin \beta x) + e^{-\beta x}(C_3 \cos \beta x + C_4 \sin \beta x) \tag{4.5.2}$$

여기서,  $C1{\sim}C4$ : 적분상수

   $\beta$ : 말뚝의 특성치로 길이의 역 차원을 갖는 파라미터로 다음 식과 같다.

$$\beta = \sqrt[4]{\frac{k}{4EI}} \tag{4.5.3}$$

보의 변위 $\delta$와 처짐각 $\theta$, 휨모멘트 $M$, 전단력 $S$의 관계는 다음과 같이 나타낼 수 있다.

$$\theta = \frac{d\delta}{dx}, \quad M = -EI\frac{d^2\delta}{dx^2}, \quad S = -EI\frac{d^3\delta}{dx^3} \tag{4.5.4}$$

(4.5.2)식과 (4.5.4)식에 의하여

$$
\left.
\begin{aligned}
\theta &= -\beta e^{\beta x}\big[C_1(\cos \beta x - \sin \beta x) + C_2(\cos \beta x + \sin \beta x)\big] \\
&\quad + \beta e^{-\beta x}\big[C_3(\cos \beta x + \sin \beta x) - C_4(\cos \beta x - \sin \beta x)\big] \\
M &= \frac{k}{2\beta^2}\big[e^{\beta x}(C_1 \sin \beta x - C_2 \cos \beta x) - e^{-\beta x}(C_3 \sin \beta x - C_4 \cos \beta x)\big] \\
S &= \frac{\beta}{2\beta}\left[
\begin{aligned}
&e^{\beta x}\{C_1(\cos \beta x + \sin \beta x) - C_2(\cos \beta x - \sin \beta x)\} \\
&- e^{-\beta x}\{C_3(\cos \beta x - \sin \beta x) + C_4(\cos \beta x + \sin \beta x)\}
\end{aligned}
\right]
\end{aligned}
\right\} \tag{4.5.5}
$$

## 5.2.2 유한길이의 보에 대한 해

그림 4.5.2와 같이 널말뚝의 근입길이를 $L$, 널말뚝 선단의 구속을 "자유"로 하면, 굴착면 ($x=0$) 및 널말뚝 선단($x=L$)에 있어서 경계조건은 다음과 같이 나타낸다.

• 굴착면의 경계조건

$$\left[EI\frac{d^2\delta}{dx^2}\right]_{x=0} = M_0, \quad \left[EI\frac{d^3\delta}{dx^3}\right]_{x=0} = H_0 \tag{4.5.6}$$

• 말뚝선단의 경계조건

$$\left[EI\frac{d^2\delta}{dx^2}\right]_{x=L} = 0, \quad \left[EI\frac{d^3\delta}{dx^3}\right]_{x=L} = 0 \tag{4.5.7}$$

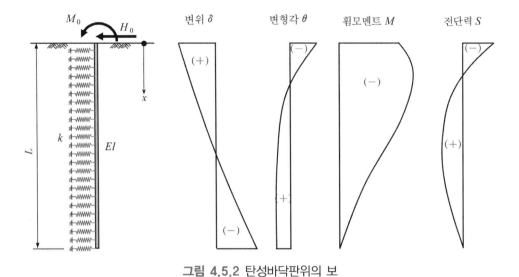

**그림 4.5.2** 탄성바닥판위의 보

4개의 경계조건식이 세워졌으므로 이것에 의하여 4개의 적분상수 $C_1$, $C_2$, $C_3$, $C_4$ 를 결정할 수 있다. 굴착면에서 $x$ 의 깊이에 있어서 변위 $\delta$, 변형각 $\theta$, 휨모멘트 $M$, 전단력 $S$ 는 아래와 같이 된다.

$$
\left.
\begin{aligned}
\delta &= \frac{2\beta}{k(\sinh^2 \beta L - \sin^2 \beta L)} \\
&\quad \left[ H_0\left(\sinh \beta L \cdot G_2 - \sin \beta L \cdot F_2\right) - M_0 \beta \left\{ \sinh \beta L (G_3 - G_4) - \sin \beta L (F_3 - F_4) \right\} \right] \\[6pt]
\theta &= \frac{2\beta^2}{k(\sinh^2 \beta L - \sin^2 \beta L)} \\
&\quad \left[ H_0\left\{ \sinh \beta L (G_3 - G_4) + \sin \beta L (F_3 - F_4) \right\} - 2M_0 \beta \left\{ \sinh \beta L \cdot G_2 + \sin \beta L \cdot F_2 \right\} \right] \\[6pt]
M &= -\frac{1}{\beta(\sinh^2 \beta L - \sin^2 \beta L)} \\
&\quad \left[ H_0\left\{ \sinh \beta L G_1 + \sin \beta L F_1 \right\} - M_0 \beta \left\{ \sinh \beta L (G_3 + G_4) - \sin \beta L (F_3 + F_4) \right\} \right] \\[6pt]
S &= -\frac{1}{(\sinh^2 \beta L - \sin^2 \beta L)} \\
&\quad \left[ H_0\left\{ \sinh \beta L (G_4 - G_3) - \sin \beta L (F_3 - F_4) \right\} - 2M_0 \beta \left\{ \sinh \beta L \cdot G_1 + \sin \beta L \cdot F_1 \right\} \right]
\end{aligned}
\right\}
\tag{4.5.8}
$$

단,

$$
\left.
\begin{aligned}
G_1 &= \sin \beta x \cdot \sinh \beta(L-x), & F_1 &= \sin \beta(L-x) \cdot \sinh \beta x \\
G_2 &= \cos \beta x \cdot \cosh \beta(L-x), & F_2 &= \cos \beta(L-x) \cdot \cosh \beta x \\
G_3 &= \sin \beta x \cdot \cosh \beta(L-x), & F_3 &= \sin \beta(L-x) \cdot \cosh \beta x \\
G_4 &= \cos \beta x \cdot \sinh \beta(L-x), & F_4 &= \cos \beta(L-x) \cdot \sinh \beta x
\end{aligned}
\right\}
\tag{4.5.9}
$$

길이 $L$의 강널말뚝(III형)의 상단에 수평력 $H_0$=100kN이 작용할 때, 널말뚝의 변위 및 휨모멘트가 상대 휨강성($\beta L$)에 의하여 어떻게 그려지는지를 표시하면 그림 4.5.3과 같이 된다. 그림 4.5.4는 그림 4.5.3과 같은 조건에서 상대 휨강성($\beta L$)과 널말뚝 상단의 변위, 최대휨모멘트의 관계를 나타낸 것이다.

$\beta L$이 커지면 널말뚝 상단의 변위는 작아진다. $\beta L$=1.0에서는 널말뚝은 강체($EI=\infty$)적으로 변한다. 휨모멘트는 $\beta L$에 따라 커지게 된다. 또한 $\beta L$이 $\pi$ 이상이면 변위도 휨모멘트도 일정하게 수렴된다. 즉, $\beta L > \pi$이면 널말뚝길이를 무한길이($L=\infty$)로 볼 수 있다.

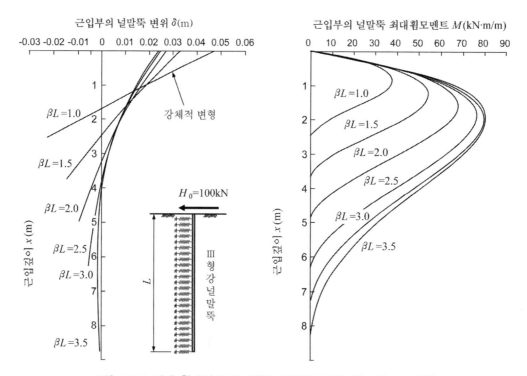

**그림 4.5.3** 상대 휨강성 $\beta L$에 의한 널말뚝의 변위, 휨모멘트의 변화

### 5.2.3 반무한길이의 보에 대한 해

널말뚝의 근입깊이를 반무한길이($L=\infty$)로 하면, (4.5.2)식은 다음과 같이 된다.

$$\delta = e^{-\beta x}(C_1 \cos \beta x + C_2 \sin \beta x) \tag{4.5.10}$$

굴착면($x$=0)에 있어서 경계조건은 다음 식으로 나타낼 수 있다.

$$\left[ EI \frac{d^2\delta}{dx^2} \right]_{x=0} = M_0, \quad \left[ EI \frac{d^3\delta}{dx^3} \right]_{x=0} = H_0 \tag{4.5.11}$$

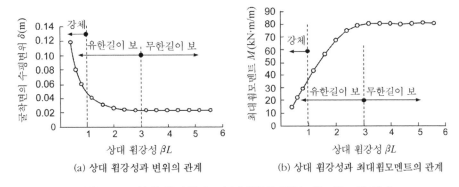

(a) 상대 휨강성과 변위의 관계　　　(b) 상대 휨강성과 최대휨모멘트의 관계

**그림 4.5.4** 상대 휨강성 $\beta L$과 널말뚝의 변위, 휨모멘트의 관계

2개의 경계조건 식이 세워졌으므로 이것에 의하여 2개의 적분상수 $C_1$, $C_2$를 정할 수 있다. 굴착면에서 $x$깊이에 대한 변위 $\delta$, 변형각 $\theta$, 휨모멘트 $M$, 전단력 $S$는 아래와 같이 된다.

이 식은 林圭一(1921), Y.L. Chang(1937)에 의하여 유도된 것으로 일반적으로 Chang의 식이라 불리고 있다.

$$
\left.
\begin{aligned}
\delta &= \frac{H_0}{2EI\beta^3} e^{-\beta x}\left\{\left(1+\beta h_0\right)\cos \beta x - \beta h_0 \sin \beta x\right\} \\
M &= -\frac{H_0}{\beta} e^{-\beta x}\left\{\left(1+\beta h_0\right)\sin \beta x + \beta h_0 \cos \beta x\right\} \\
S &= -H_0 e^{-\beta x}\left\{\cos \beta x - \left(1+2\beta h_0\right)\sin \beta x\right\}
\end{aligned}
\right\}
\tag{4.5.12}
$$

여기서,

$$
h_0 = \frac{M_0}{H_0}
\tag{4.5.13}
$$

굴착면($x=0$)에 있어서 변위 $\delta$, 변형각 $\theta$은 다음과 같이 된다.

$$
\left.
\begin{aligned}
\delta &= \frac{1+\beta h_0}{2EI\beta^3} H_0 \\
\theta &= \frac{1+2\beta h_0}{2EI\beta^2} H_0
\end{aligned}
\right\}
\tag{4.5.14}
$$

휨모멘트가 최대가 되는 깊이 $l_m$과 최대휨모멘트 $M_m$은 다음과 같다.

$$
\left.
\begin{aligned}
l_m &= \frac{1}{\beta}\tan^{-1}\frac{1}{1+2\beta h_0} \\
M_m &= -\frac{H_0}{2\beta}\sqrt{\left(1+2\beta h_0\right)^2 + 1}\cdot \exp\left(-\beta l_m\right)
\end{aligned}
\right\}
\tag{4.5.15}
$$

# 참고문헌

1. 山肩邦男・吉田洋次・秋野OO(1969) ： 掘削工事における切ばり土留め機構の理論的考察, 土と基礎, Vol.17, No.9, pp.33~45

2. 山肩邦男・八尾真太郎(1967) ： 掘削にともなう鋼管矢板壁の土圧変動(その1：実測の目的とその結果)：土と基礎, Vol.15, No.5, pp.29~38

3. 山肩邦男・八尾真太郎(1967) ： 掘削にともなう鋼管矢板壁の土圧変動(その2：実測結果に関する考察)：土と基礎, Vol.15, No.6, pp.7~16

4. 中村兵次, 中沢 章 ：「掘削工事における土留め壁応力解析」土質工学論文報告集, 第12券4号, 1972. 12

5. 森重龍馬 ：「地下連続壁の設計計算」土木技術, Vol. 30. No. 8, 1975. 8

6. 川崎孝人・橋場友則・玉木・免出 泰(1971) ： 連續地下壁に作用する土圧の測定結果と根入れ部の受動土圧に関する考察, 土と基礎, Vol.19, No.1, pp.9~13

7. 日本道路協会(2001), 道路土工－仮設構造物工指針, 社団法人 日本道路協会, 丸善株式会社出版事業部

8. 日本建築学会(2017), 山留め設計指針, 社団法人 日本建築学会, 株式會社技報堂

9. 鉄道綜合技術研究所(2001), 鉄道構造物設計標準・同解説－開削トンネル, 鉄道綜合技術研究所, 丸善株式会社

10. 土木学会トンネル工学委員会(2006), トンネル標準示方書 [開削工法]・同解説, 社団法人 土木学会, 丸善(株)

제 5 장

# 굴착바닥면의 안정검토

# 제 **5** 장
# 굴착바닥면의 안정검토

흙막이에 있어서 굴착바닥면의 안정 검토는 흙막이 구조 자체의 안정과는 다른 지반을 굴착함으로서 발생하는 현상인데, 이 책에서는 흙막이 벽체의 설계에 굴착바닥면의 안정 항목을 별도로 분류하여 다루는 것은 나름대로 이유가 있다. 그것은 흙막이 설계에서 가장 먼저 검토하는 항목이 근입깊이인데, 이 근입깊이의 검토에서 굴착바닥면의 안정 항목이 포함되어야 하기 때문이다.

흙막이는 굴착이 진행됨에 따라 굴착면 쪽과 배면 쪽의 힘에 대한 불균형이 증가하여 굴착바닥면이 안정을 잃어버리면 지반의 상황에 따라 다양한 현상이 발생한다. 굴착바닥면이 안정성을 잃어버리면 흙막이벽은 크게 변형을 일으켜 흙막이 전체가 파괴에 이르는 일도 있는데, 이 것은 흙막이 내부만의 문제뿐만 아니라 주변에도 큰 영향을 미치므로 굴착바닥면의 안정 검토는 무엇보다도 중요하다.

굴착바닥면의 안정은 지반의 상태뿐만이 아니라 흙막이 구조, 시공 방법, 주변 환경의 변화 등에도 영향을 준다. 예를 들면 흙막이벽의 강성이나 근입깊이가 부족하여 히빙이 발생한 경우, 굴착바닥면 아래의 지반개량이 충분하지 않아 히빙이 발생한 경우, 시추 조사 구멍이나 말뚝의 타설에 의하여 교란된 지점에서 토사나 물이 용출되는 경우, 강우에 따라 배면 지반의 지하수위가 상승하여 보일링이 일어난 경우가 있다.

이와 같이 굴착바닥면의 안정에 영향을 미치는 요인이 많으므로 설계에 있어서는 지반의 상태를 철저히 분석하여 영향을 미칠 수 있는 원인을 추출하여 굴착바닥면에서 일어날 수 있는 현상을 예측하는 것이 중요하다. 이러한 현상을 분류한 것이 표 5.0.1과 같다.

각 설계기준에는 표에서 분류한 항목이 수록되어 있는 경우도 있고, 없는 경우도 있다. 또한 각 검토 항목에 대해서도 다양한 계산식이 제안되어 있어, 설계자로서는 주어진 조건에 대하여 어떤 항목으로 어떤 계산식을 사용해야 하는지 판단이 서지 않는 경우가 있다. 따라서 이 장에서는 검토 항목과 계산식을 비교하여 흙막이의 사용 목적과 시공 현장의 조건에 맞는 굴착바닥면의 안정을 검토할 수 있도록 하였다.

**표 5.0.1 굴착바닥면의 파괴 현상**

| | 지반의 상태 | 발생 현상 |
|---|---|---|
| 히 빙 | 융기 침하 배부름 활동면 사질토 연약한 점성토 연약한 점성토 사질토<br><br>굴착바닥면 부근에 연약한 점성토가 있는 경우, 주로 충적점성토지반에서 소성·함수비가 높은 점성토가 두껍게 퇴적된 경우 | 흙막이벽 배면의 흙 중량이나 흙막이벽에 인접한 지표면 하중 등에 의하여 활동면이 생겨 굴착바닥면의 융기, 흙막이벽의 배부른 현상, 주변지반의 침하가 발생하여 최종적으로 흙막이의 붕괴에 이른다. |
| 보 일 링 | 점성토 사질토 사질토 점성토<br><br>지하수위가 높은 사질토의 경우, 흙막이 부근에 하천이나 바다 등 지하수의 공급원이 있는 경우 | 물과 모래의 용출 말뚝의 전도 침하 모래가 상당히 느슨한 상태 침투류<br><br>차수성의 흙막이를 사용하는 경우, 수위차이에 의하여 상향의 침투류가 생긴다. 이 침투압이 흙의 유효중량을 초과하면 끓어오르는 것처럼 솟아오르거나, 굴착바닥면의 흙이 전단저항이 손실되어 흙막이의 안정성을 잃어버린다. |
| 파 이 핑 | 말뚝의 인발흔적 보링조사의 흔적 지반을 이완시킨 말뚝<br><br>보일링, 라이징과 같은 지반에서 물길이 만들어지기 쉬운 상태가 있는 경우, 인공적인 물길로 위의 그림과 같은 것이 있다. | 물과 모래의 분출 조사구멍 흔적 말뚝 주변 널말뚝 주변<br><br>지반의 약한 지점의 미세한 토립자가 침투액에 의해 씻겨서 흐르면 흙에 물길이 형성되어 그것이 점점 상류쪽에 미쳐, 조립자의 흙도 유출되어 물길이 확대된다. 최종적으로는 보일링형태의 파괴에 이른다. |
| 라 이 징 | 점성토 사질토 사질토 세립분이 많은 사질토 투수성이 좋은 사질토<br><br>굴착바닥면 부근의 난투수층, 수두가 높은 투수층으로 구성되어 있는 경우, 난투수층에는 점성토뿐만 아니라 세립분이 많은 사질토도 포함된다. | 융기(최종적으로는 돌출 파괴된다) 난투수층 투수층 수압<br><br>난투수층으로 인하여 상향의 침투류는 생기지 않지만, 난투수층 하면에 상향의 수압이 작용하여 이것이 위쪽의 흙 중량보다 커지는 경우에는 굴착바닥면이 부상하여 최종적으로는 난투수층이 돌출 파괴되어 보일링 형태의 파괴에 이른다. |

*출처 : トンネル標準示方書 開削工法·同解説(146쪽)

# 1. 보일링에 의한 안정검토

사질토 지반과 같이 투수성이 큰 지반에서 강널말뚝(steel sheet pile)과 같이 차수성이 큰 흙막이를 시공하여 굴착할 때 굴착의 진행에 따라서 흙막이벽 배면과 굴착면의 수위 차이가 서서히 벌어지게 된다. 이 수위 차이에 의하여 굴착면 지반에 상향의 침투류가 생겨, 이 침투수 압이 굴착면 쪽 지반의 유효중량을 초과하면 모래 입자가 솟아오르는 상태가 된다. 이와 같은 현상을 **보일링(Boiling)**이라고 한다.

이 보일링 현상이 발생하면 굴착바닥면이 안정성을 잃어 최악의 상황에는 흙막이가 붕괴하기도 한다. 따라서 지하수위가 높은 사질토 지반이나 지하수를 공급하는 공급원인 하천이나 바다에서 시공할 때는 보일링 발생 가능성을 검토하여 안정성을 확보하여야 한다.

먼저 국내 설계기준에 있는 보일링 기준을 살펴보면, 가설흙막이 설계기준의 "3.2 안정성 검토"에는 굴착깊이가 얕거나 수위 차가 작은 경우(3.0m 미만)에는 보일링 검토 시 유선망 해석 방식을 실시하거나, Terzaghi 간편식 또는 한계동수경사를 고려한 방법을 비교 검토하여 모두 만족하도록 한다. 굴착깊이가 깊거나 다층지반을 굴착할 때는 보일링 검토 시 투수계수에 따라 침투수압이 변화되는 침투해석을 통한 안정성 검토를 실시하여야 한다고 규정되어 있으며, 구조물기초설계기준의 "7.5 안정성의 검토"에 의하면 보일링에 대한 검토는 "(2) 파이핑에 대한 안정" 항목에 수록되어 있다. 이 기준에는 보일링에 대한 용어를 파이핑으로 쓰고 있는데, Terzaghi의 방법과 한계동수구배를 고려하는 방법을 사용하는 것으로 되어 있다.

도로설계요령의 683쪽 "5.3.1 보일링의 검토"에는 Terzaghi의 방법과 한계동수구배의 방법 2가지에 대하여 검토하는 것으로 되어 있다. 철도설계기준 203쪽에는 보일링에 대한 항목이 있지만, 수두손실을 고려할 경우와 고려하지 않을 경우의 안전율만 표시되어 있다. 고속철도기준에서는 Terzaghi의 방법을 기본으로 하여 굴착 폭을 고려한 방법을 사용하고 있다. 가설공사 표준시방서에는 141쪽에 히빙과 파이핑에 대하여 검토하라는 항목만 기재되어 있고 구체적인 계산 방법에 대해서는 수록되어 있지 않다. 따라서 국내설계기준을 정리하면 표 5.1.1과 같다.

**표 5.1.1 보일링에 대한 기준별 검토 방법**

| 기준별 | 검토방법 | 안전율 | 비고 |
|---|---|---|---|
| 구조물기초설계기준 | Terzaghi의 방법<br>한계동수구배의 방법 | 1.5<br>— | |
| 도로설계요령 | Terzaghi의 방법<br>한계동수구배의 방법 | 1.5<br>— | |
| 철도설계기준 | 한계동수구배의 방법 | 2.0<br>1.2 | 수두손실 고려<br>수두손실 미고려 |
| 가설흙막이 설계기준 | Terzaghi의 방법<br>한계동수구배의 방법 | 가설(단기) 1.5<br>영구(장기) 2.0 | |

국내의 설계기준에는 보일링을 검토하는 방법으로 대부분이 Terzaghi의 방법과 한계동수구배의 방법을 사용하고 있는데, 보일링 검토 방법 중에서 흙막이에 적합한 5가지 방법을 선택하여 정리하였다.

## 1.1 Terzaghi의 방법

Terzaghi에 의한 보일링의 방법은 아래와 같이 계산한다.

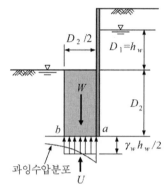 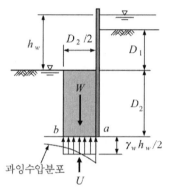

(a) 지하수위가 원지반보다 낮은 경우    (b) 지하수위가 원지반보다 높은 경우

**그림 5.1.1** Terzaghi의 방법

$$F_s = \frac{W}{U} = \frac{2\gamma' \cdot L_d}{\gamma_w \cdot h_w}$$ (5.1.1)

여기서,    $F_s$ : 보일링에 대한 안전율 ($F_s \geq$ 표 5.1.1 참조)

$W$ : 흙의 유효중량 (kN/m³)

$U$ : 평균 과잉 간극수압 (kN/m²)

$\gamma'$ : 흙의 수중단위중량 (kN/m³)

$\gamma_w$ : 물의 단위중량 (kN/m³)

$L_d$ : 벽체의 근입깊이 (m)

$h_w$ : 수위 차이 (m)

## 1.2 흙막이 형상을 고려하는 방법

이 방법은 일본 가설구조물공지침에 기재되어 있는 방법으로 Terzaghi의 방법을 기본으로 하여 일본토목연구소에서 각종 실험과 해석을 통하여 흙막이의 형상에 관한 보정계수를 곱한 과잉간극수압과 근입깊이의 1/2에 상당하는 붕괴 폭만큼의 흙에 대한 유효중량을 이용하여 검토하는 방법으로서 가설구조에 적합하도록 수정한 방법이다.

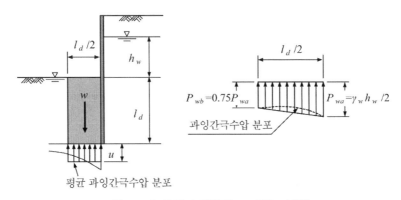

**그림 5.1.2 흙막이 형상을 고려하는 방법**

$$F_s = \frac{w}{u} \tag{5.1.2}$$

여기서,  $F_s$ : 보일링에 대한 안전율 ($F_s \geq 1.2$)

$w$ : 흙의 유효중량 (kN/m²)

$$w = \gamma' \cdot l_d \tag{5.1.3}$$

$u$ : 흙막이벽 선단 위치에 작용하는 평균과잉간극수압 (kN/m²)

$$u = \lambda \frac{1.57 \gamma_w \cdot h_w}{4} \quad 단, \ u \leq \gamma_w \cdot h_w \tag{5.1.4}$$

$\gamma'$ : 흙의 수중단위중량 (kN/m³)

$l_d$ : 흙막이벽의 근입깊이 (m)

$\lambda$ : 흙막이 형상에 관한 보정계수

- 사각형 형상일 때 : $\lambda = \lambda_1 \cdot \lambda_2$
- 원형 형상일 때 : $\lambda = -0.2 + 0.2(D/l_d)^{-0.2}$ (단, $\lambda < 1.6$이면 $\lambda = 1.6$)

$D$ : 원형 형상의 흙막이 직경 (m)

$\lambda_1$ : 굴착 폭에 관한 보정계수

$\lambda_1 = 1.30 + 0.7(B/l_d)^{-0.45}$ (단, $\lambda_1 < 1.5$이면 $\lambda_1 = 1.5$)

$\lambda_2$ : 흙막이 평면 형상에 관한 보정계수

$\lambda_2 = 0.95 + 0.09(L/B + 0.37)^{-2}$ ($L/B$는 평면 형상의 [긴변/짧은변]으로 한다)

$\gamma_w$ : 물의 단위중량 (kN/m³)

$h_w$ : 수위 차이 (m)

여기서, 굴착 형상에 관한 보정계수는 각종 Parameter에 대한 유한요소법으로 침투류해석 결과를 정리하여 얻어진 것이다.

## 1.3 한계동수구배에 의한 방법

한계동수구배에 의한 방법은 아래와 같이 계산한다.

$$F_s = \frac{\gamma'(D_1 + 2D_2)}{\gamma_w \cdot h_w} \tag{5.1.5}$$

여기서,     $F_s$ : 보일링에 대한 안전율(표 5.1.1 참조)

       $i_c$ : 한계동수구배

$$i_c = \frac{G_s - 1}{1 + e} = \frac{\gamma'}{\gamma_w} \tag{5.1.6}$$

       $G_s$ : 토입자의 비중

       $e$ : 간극비

       $\gamma'$ : 흙의 수중단위중량 $(kN/m^3)$

       $\gamma_w$ : 물의 단위중량 $(kN/m^3)$

       $i$ : 동수구배

$$i = \frac{h_w}{D_1 + 2D_2} \tag{5.1.7}$$

       $h_w$ : 수위 차이 (m)

       $D_1$ : 배면측 지표면과 배면측 수위의 깊은 곳에서 굴착바닥면까지의 거리 (m)

       $D_2$ : 흙막이벽의 근입깊이 (m)

## 1.4 2층계지반의 방법

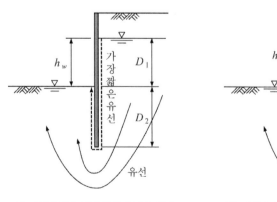

(a) 지하수위가 원지반보다 낮은 경우      (b) 지하수위가 원지반보다 높은 경우

**그림 5.1.3** 한계동수구배에 의한 방법

이 방법은 굴착흙막이공설계지침(안)(1982년 3월, 구일본건설성토목연구소) 및 설계기준(안) 토목설계편 (1992년 4월, 일본하수도사업단)에 기재되어 있는 방법으로 다음과 같다.

(1) 흙막이벽 하단 부근의 안전율

$$F_s = \frac{W_1 + W_2}{U_a} = \frac{\gamma_1' \cdot \beta \cdot L_d + \gamma_2'(1-\beta) \cdot L_d}{(h_a + h_a') \cdot \gamma_w / 2} \tag{5.1.8}$$

(2) 지층경계에서의 안전율

$$F_s = \frac{W_1}{U_b} = \frac{\gamma_1' \cdot \beta \cdot L_d}{(h_b + h_b') \cdot \gamma_w / 2} \tag{5.1.9}$$

여기서,   $F_s$ : 보일링에 대한 안전율 (표 5.1.1 참조)

$U_a$ : $a - a'$ 간의 과잉간극수압 $(kN/m^2)$

$U_b$ : $b - b'$ 간의 과잉간극수압 $(kN/m^2)$

$W_1$ : 상층 흙의 유효중량 $(kN/m^2)$

$W_2$ : 하층 흙의 유효중량 $(kN/m^2)$

$h_a$ : $a$점의 과잉간극수두

$$H \geq h_w 의\_경우 : \alpha = \frac{\alpha}{1 - \beta(k-1)} \tag{5.1.10}$$

$$H < h_w 의\_경우 : \alpha = \frac{h_w}{\{1 - \beta(k-1)\} \cdot L_d} \tag{5.1.11}$$

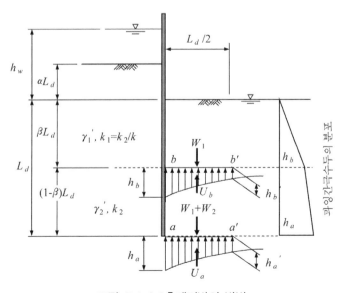

**그림 5.1.4** 2층계지반의 방법

$H$ : 굴착깊이 (m)

$\alpha$ : 굴착깊이와 근입깊이의 비 $(=H/L_d)$

$h_a'$ : $a'$점의 과잉간극수두 $(=0.57h_a)$

$h_b$ : $b$점의 과잉간극수두

$$\beta = \frac{k \cdot \beta}{1 + \beta(k-1)}$$ (5.1.12)

$h_b'$ : $b'$점의 과잉간극수두

$$\beta = \frac{k \cdot \beta}{1 + \beta(k-1)}$$ (5.1.13)

$h_w$ : 수위 차이 (m)

$\gamma_w$ : 물의 단위중량 $(kN/m^3)$

$L_d$ : 흙막이벽의 근입깊이 (m)

$K$ : 상층과 하층의 투수계수 비 $(k_2/k_1)$

$k_1,\ k_2$ : 흙의 투수계수

$\gamma_1,\ \gamma_2$ : 흙의 수중단위중량 $(kN/m^3)$

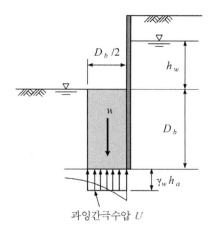

**그림 5.1.5** 굴착 폭의 영향을 고려한 방법

## 1.5 굴착 폭의 영향을 고려한 방법

이 방법은 일본의 철도종합기술연구소가 발행한 『철도구조물설계표준·동해설－개착터널(鐵道構造物設計標準·同解説－開削トンネル)』(2001)에 기재되어 있는 방법으로 Terzaghi의 방법을 수정한 것이다.

Terzaghi의 실험에서는 보일링이 발생하는 폭은 흙막이 근입깊이의 1/2까지인 것을 확인할 수 있다. 이 때문에 보일링이 발생하려고 하는 힘은 근입 선단의 폭 $D_b/2$에 작용하는 과잉간극 수압($U$)이며, 이것에 저항하는 힘은 흙의 중량인 $W$가 된다. 따라서 아래와 같이 나타낼 수 있다.

$$F_s = \frac{W}{U} = \frac{\gamma' \cdot D_b}{\gamma_w \cdot h_a} \geq 1.5 \tag{5.1.14}$$

여기서,

$$W = 1/2\, D_b^2 \gamma' \tag{5.1.15}$$

$$U = 1/2\, D_b h_a \gamma_w \tag{5.1.16}$$

$$h_a = \lambda a (B/D_b)^{-b} h_w \tag{5.1.17}$$

$$\left.\begin{array}{l} a = 0.57 - 0.0026 h_w \\ b = 0.27 + 0.0028 h_w \end{array}\right\} \tag{5.1.18}$$

$F_s$ : 안전율

$\gamma'$ : 근입부의 흙의 단위중량(수위 이상은 습윤중량, 수위 이하는 수중중량)

$D_b$ : 흙막이벽의 근입깊이 (m)

$h_a$ : 평균과잉간극수두

$\gamma_w$ : 물의 단위중량 (kN/m³)

$h_w$ : 수위 차이 (m)

$B$ : 굴착 폭 (m)

$\lambda$ : 3차원 효과에 대한 보정계수 (일반적으로는 1.25)

여기서 저항토괴에 작용하는 평균과잉간극수두 $h_a$는 종래 $h_a = h_w/2$가 작용하는 것으로 하였다. 이 값은 굴착 폭이 크고 2차원적인 침투 조건에 있어서 굴착 배면의 흙의 손실수두를 무시하는 경우에 해당되므로 비교적 얕은 굴착을 할 때에는 실제와 크게 다르지 않고 안전한 가정이 될 수 있다. 그러나 굴착이 대심도이고 폭이 좁은 굴착에 있어서는 올바른 값을 얻을 수 없으므로 굴착 폭이나 굴착깊이 등의 굴착 형상을 고려할 필요가 있다. 그래서 이 연구소에 서는 2차원 침투류해석에 의해서 구한 Potential 분포에서 굴착 폭과 근입깊이를 주요 파라미터로 하여 (5.1.17)식에 의해 평균과잉간극수두 $h_a$를 산출하는 것으로 하고 있다.

$\lambda$는 2차원 해석결과에 대하여 3차원적으로 고려한 할증계수인데, $\lambda = 1.25$는 표준적인 굴착 형상에 대한 값이므로 3차원적인 침투가 지배적인 조건에서는 3차원 침투류해석에 의한 상세한 검토를 하여 직접 $h_a$를 구하는 것이 좋다. 역으로 굴착 폭에 비하여 굴착연장이 긴 경우에 2차원적인 침투현상이 타당하다고 생각되면 $\lambda = 1.0$으로 하는 것이 좋다.

이상과 같이 5가지의 보일링에 대한 검토 방법을 살펴보았는데, 일본토목학회가 발행한 터널표준시방서[개착공법]·동해설의 "3.2 굴착바닥면의 안정에 관한 자료"에 보면 굴착 폭을 고려한 보일링 식에 관한 검토를 한 것이 수록되어 있는데, 위의 보일링방법 중에서 Terzaghi방법(안전율=1.2), Terzaghi방법(안전율=1.5), 흙막이 형상을 고려하는 방법, 굴착 폭을 고려하는 방법 등 4가지에 대하여 굴착 폭을 고려하여 비교하였다.

이 자료에 의하면 Terzaghi방법은 굴착 폭에 상관없이 근입깊이가 일정하게 계산되었으며, 나머지 2가지 방법은 굴착 폭이 작을수록 필요 근입깊이는 Terzaghi방법에 비해 큰 값으로 나타났는데, 굴착 폭이 약 30m일 경우에 Terzaghi방법의 안전율을 1.5로 하였을 때와 근입깊이가 거의 일치하는 것으로 계산되었다. 즉, 굴착 폭이 30m 이내인 경우에는 굴착 폭의 영향을 고려하는 방법으로 보일링을 검토하는 것이 보다 안전한 설계가 될 수 있다.

흙막이벽 선단 위치에서 발생하는 과잉간극수압은 굴착 폭뿐만 아니라 흙막이 형상의 영향도 크게 받는데, Terzaghi방법은 흙막이벽의 형상을 고려할 수 없는 방법이다. 따라서 흙막이 형상을 고려하는 방법에서는 흙막이벽의 형상이 사각형과 원형일 경우를 고려할 수 있으므로, CIP, SCW 및 강관널말뚝 등 원형 형상을 사용할 때는 이 방법을 사용하여 비교검토를 하는 것이 좋을 것이다.

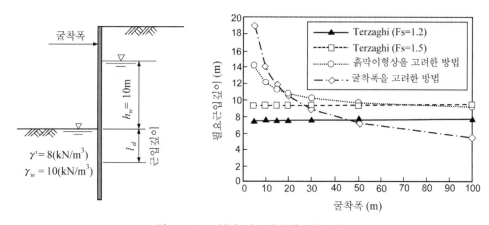

**그림 5.1.6** 보일링 검토방법에 따른 비교

## 2. 파이핑에 의한 안정검토

파이핑이란 것은 보일링 상태가 국부적으로 발생하여 그것이 흙막이벽 부근이나 중간말뚝 등과 같이 흙과 콘크리트 또는 강재 등 이질의 접촉면을 따라 위쪽으로 깊은 두께에 걸쳐 파이 프 모양으로 보일링이 형성되는 현상을 **파이핑(Piping)**이라 한다. 엄밀히 따지면 보일링현상이 라고 할 수 있지만, 침투유로길이와 수위 차이의 비를 고려한 식에 의하여 검토를 하기 때문에 보일링과는 차이가 있다.

국내의 설계기준에는 이 파이핑에 관한 검토 방법이 명확히 기재되어 있지 않는데, 반면에 일본에서는 기준에 파이핑에 대하여 명확히 구분하여 기재하고 있다.

일본의 수도고속도로공단에서 발행한 가설구조물설계요령(首都高速道路仮設構造物設計要領) 에 있는 파이핑 검토 식은 아래와 같다.

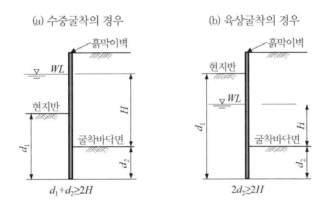

**그림 5.2.1** 파이핑의 검토방법(일본수도고속도로공단)

$$d_1 + d_2 \geq 2H \text{ (수중굴착의 경우)} \tag{5.2.1}$$

$$2d_2 \geq 2H \text{ (육상굴착의 경우)} \tag{5.2.2}$$

여기서,    $d_1$ : 현 지반에서의 근입깊이 (m)
           $d_2$ : 굴착바닥면에서의 근입깊이 (m)
           $H$ : 수면에서 굴착바닥면까지의 높이 (m)

한편, 일본토목학회가 발행한 『터널표준시방서(トンネル標準示方書 開削工法・同解説)』에 보 면 파이핑은 이른바 물길이 생기는 것으로 지반이 약한 부분에서 발생한다. 자연 상태의 지반 에서는 파이핑에 대하여 크리프 비의 고려 방법을 사용하여 검토한다. 크리프 비의 고려방법은 그림 5.2.2와 같이 유선길이와 수위 차이의 비를 크리프 비($l/h_w$)로 하여, 지반의 종류에 따른

크리프 비를 확보하는 방법이다. 일반적으로 2 이상의 크리프 비를 확보하는 것이 좋다. 단, 투수계수가 매우 큰 지반을 유선 길이로 고려하는 것은 경우에 따라서는 위험 측의 값을 주기 때문에 주의가 필요하다.

　파이핑현상은 굴착에 앞서서 타설한 말뚝 둘레, 말뚝이나 널말뚝의 인발 흔적, 시추 조사 홀 흔적 등에서 발생하는 경우가 있다.

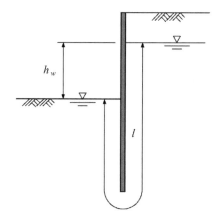

그림 5.2.2 파이핑의 검토방법(일본토목학회)

$$l/h_w \geq 2 \tag{5.2.3}$$

여기서,　$l/h_w$ : 크리프 비

　　　　　$l$ : 유선길이 (m)

　　　　$h_w$ : 수위 차이 (m)

# 3. 히빙에 의한 안정검토

## 3.1 설계기준의 조사

연약한 지반을 굴착할 때에 굴착바닥면의 흙 중량 및 과재하중이 굴착바닥면 지반의 지지력보다 크게 되면 지반 내의 흙이 활동을 일으켜 굴착바닥면이 부풀어 오르는데 이러한 현상을 **히빙(Heaving)**이라고 한다. 히빙은 충적점성토 지반과 같이 함수비가 높은 점성토가 두껍게 퇴적되어 있는 지반에서는 굴착의 진행에 따라서 히빙의 위험성이 증가한다.

히빙의 검토 방법은 크게 두 가지로 나눌 수 있는데, 지지력 이론에 바탕을 둔 하중 - 지반지지력 식에 의한 방법과 활동면을 가정한 모멘트 평형에 의한 방법이 있다. 일반적으로 모멘트 평형에 의한 방법을 많이 사용하고 있는데, 이 방법은 깊이에 따른 점착력의 변화를 고려할 수 있는 특징이 있기 때문이다. 국내에서의 각 기준에는 어떤 히빙 식을 사용하고 있는지 정리하면 표 5.3.1과 같다.

가설흙막이 설계기준에서 히빙 검토는 하중 지반지지력 식에 의한 방법과 모멘트 평형에 의한 방법으로 구분된다. 히빙에 대한 검토 결과는 흙막이 벽체의 종류, 지반조건, 어떤 설계 규정에 근거하느냐에 따라 차이를 보이므로 하중 지반지지력 식에 의한 방법과 모멘트 평형에 의한 방법으로 검토하고, 안전율이 작은 것을 채택하여 안정성을 평가하여야 한고 규정되어 있다.

구조물기초설계기준에는 Terzaghi-Peck의 방법이 수록되어 있는데, Tschebotarioff의 방법, Bjerrum & Eide 방법, 일본건축기초구조설계기준(1974)과 일본도로협회(1967)의 계산법이 있다고 소개하고 있다. 이 기준에는 흙막이벽의 종류 및 지반 조건에 따라 상당한 차이를 보이므로 여러 가지 방법으로 검토하는 것이 타당하다고 소개하고 있다.

철도설계기준에서는 고속철도설계기준(2005) 및 호남고속철도지침(2007)에 같은 검토 방법이 수록되어 있는데, 굴착 폭이 클 경우에는 Tschebotarioff의 방법, 굴착 폭이 작을 때는 Terzaghi-Peck의 방법을 사용하도록 기재되어 있다.

**표 5.3.1** 설계기준에서 사용하는 히빙검토방법

| 설계기준명 | 히빙검토 식 | 안전율 |
|---|---|---|
| 구조물기초설계기준 | Terzaghi-Peck 식 | $F_s$=1.5 |
| 도로설계요령 | 모멘트 평형에 의한 방법 | - |
| 철도설계기준 | Tschebotarioff의 방법 : 굴착 폭이 클 경우<br>Terzaghi-Peck의 방법 : 굴착 폭이 작을 경우 | $F_s$=1.2<br>$F_s$=1.5 |
| 가설흙막이 설계기준 | 하중 지반지지력 방법<br>모멘트 평형에 의한 방법 | $F_s$=1.5(점성토) |

표 5.3.2 히빙식의 비교

| 기준명 | 도로설계요령 | 가설구조물설계요령 |
|---|---|---|
| 발행처 | 한국도로공사 | 일본 수도고속도로공단 |
| 발행연도 | 2001 | 2003 |
| 가능활동깊이 | $x_o = \dfrac{ah^2 + 2bh}{4a}$ | $x_o = \sqrt{\dfrac{ah^2 + 2bh}{4a}}$ |
| 안전율 | $F_s = \dfrac{2h}{\gamma h + q}\left\{ \sqrt{(ah+b)\pi} + 2\sqrt{a^2 h^2 + 2abh} \right\}$ | $F_s = \dfrac{2}{\gamma h + q}\left\{ (ah+b)\pi + 2\sqrt{a^2 h^2 + 2abh} \right\}$ |

　도로설계요령에는 부풀음에 대해서도 기재되어 있는데, 여기에 수록된 모멘트 평형에 의한 방법은 일본 수도고속도로공단과 일본도로설계요령에 기재되어 있는 것과 같다. 아쉬운 점은 이 계산식이 일본 수도고속도로공단이 발행한『가설구조물설계요령(首都高速道路仮設構造物設計要領)』의 65쪽에 있는 계산식과 다른데, 두 기준을 비교하면 표 5.3.2와 같다.

　위의 비교식에서 $x_o$는 최소 안전율을 보장하는 활동 가능깊이인데, 일반적으로 위의 식은 $c = az + b$의 경우에 사용한다. 점착력을 결정하기 어려운 경우에는 안전율을 고려하여 $c = 0.2z$로 하여 $x_o = 0.5h$, $F_s = 2h / \gamma h + q$를 사용한다.

　여기서 구조물기초설계기준과 도시철도기술자료집(2)에서 참고로 하는 일본의 건축기초구조설계기준은 일본건축학회에서 제정한 흙막이설계시공지침(山留め設計施工指針)을 말하는 것인데, 1974년에 처음 제정되어 1988년에 1차 개정이 되었고, 2002년에 2차 개정이 되었다. 국내에서는 주로 1974년과 1988년 1차 개정 기준을 많이 인용하고 있는데, 처음 발행보다 2차 개정(2002년)에서 기준이 많이 바뀌었기 때문에 일본에서는 구건축학회식(1988년도 기준), 수정건축학회식(2002년)으로 구분하여 사용하고 있다. 따라서 뒤에서 2002년도에 개정된 건축학회식을 소개하도록 한다.

## 3.2 히빙의 검토방법

　앞에서도 언급하였듯이 히빙의 검토방법은 여러 가지가 있는데, 히빙이 발생할 가능성이 있다고 판단되는 점성토지반에서 히빙을 검토하기에 앞서 Peck이 제안한 안정계수($N_b$)로 안정성 여부를 먼저 판단하여 안정계수 $N_b$가 (5.3.1)식을 만족하면 히빙에 대한 검토를 생략하여도 좋다. 그러나 $N_b$가 3.14를 초과하면 소성영역이 굴착바닥면의 코너에서 발생하기 시작하여 $N_b$가 5.14에 이르면 저면에 파괴가 일어난다. 따라서 $N_b$가 3.14를 초과하면 여러 가지 히빙 식을 사용하여 상세한 검토를 하여야 한다.

$$N_b = \frac{\gamma H}{c} < 3.14 \tag{5.3.1}$$

　여기서, 　　　$N_b$ : Peck의 안정계수

$\gamma$ : 흙의 습윤단위중량 (kN/m³)

$H$ : 굴착깊이 (m)

$c$ : 굴착바닥면 부근 지반의 점착력 (kN/m²)

### 3.2.1 Terzaghi–Peck의 검토방법

활동면의 형상을 그림 5.3.1에 표시한 것과 같이 가정하면, $c_1 d_1$ 면에 작용하는 하중 $P_r$ 는 다음 식으로 나타낸다.

$$P_r = \gamma_t H - \frac{\sqrt{2}}{B} cH + q \tag{5.3.2}$$

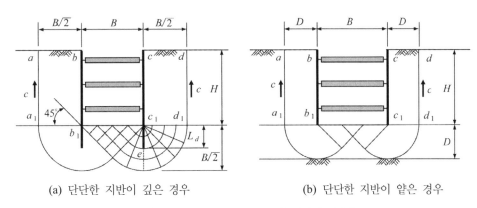

(a) 단단한 지반이 깊은 경우  (b) 단단한 지반이 얕은 경우

**그림 5.3.1** Terzaghi–Peck의 히빙검토방법

Terzaghi에 따르면 점성토지반의 극한지지력은 $q_d = 5.7c$가 되므로 안전율은 다음과 같다.

(1) 단단한 지반이 깊은 경우 (D≥B/√2)

$$F_s = \frac{q_d}{P_r} = \frac{5.7c}{\gamma_t H - \dfrac{\sqrt{2}cH}{B} + q} \geq 1.5 \tag{5.3.3}$$

(2) 단단한 지반이 얕은 경우 (D<B/√2)

$$F_s = \frac{q_d}{P_r} = \frac{5.7c}{\gamma_t H - \dfrac{cH}{D} + q} \geq 1.5 \tag{5.3.4}$$

여기서,    $F_s$ : 안전율

$q_d$ : 점성토 지반의 극한지지력 (kN/m²)

$P_r$ : $c_1d_1$면에 작용하는 하중 (kN/m²)

$c$ : 점착력 (kN/m²)

$\gamma t$ : 흙의 습윤단위중량 (kN/m³)

$H$ : 굴착깊이 (m)

$q$ : 과재하중 (kN/m²)

$B$ : 굴착 폭 (m)

$D$ : 굴착바닥면에서부터 단단한 지반까지의 거리 (m)

이 방법의 특징은 다음과 같다.

① **Terzaghi** 지지력 공식을 기본으로 한다.

② 배면 지반의 연직방향 전단저항이 있다.

③ 굴착 폭의 영향을 고려할 수 있다.

④ 단단한 지반까지의 깊이를 고려할 수 있다.

### 3.2.2 Tschebotarioff의 방법

(1) 단단한 지반이 깊은 경우(D≥B)

■ $L<2B$ 일 때

$$F_s = \frac{5.14c\left(1+0.44\dfrac{2B-L}{L}\right)}{\gamma_t H + q - 2c\left(\dfrac{1}{2B}+\dfrac{2B-L}{BL}\right)H} \tag{5.3.5}$$

■ $L \geq 2B$ 일 때

$$F_s = \frac{5.14c}{\gamma_t H + q - \dfrac{c}{B}H} \tag{5.3.6}$$

(2) 단단한 지반이 비교적 얕은 경우(D<B)

■ $L \leq D$ 일 때

$$F_s = \frac{5.14c\left(1+0.44\dfrac{D}{L}\right)}{\gamma_t H + q - 2c\left(\dfrac{1}{2D}+\dfrac{1}{L}\right)H} \tag{5.3.7}$$

■ $D < L < 2D$ 일 때

$$F_s = \frac{5.14c\left(1 + 0.44\dfrac{2D-L}{L}\right)}{\gamma_t H + q - 2c\left(\dfrac{1}{2D} + \dfrac{2D-L}{DL}\right)H}$$

(5.3.8)

■ $L \geq 2D$ 일 때

$$F_s = \frac{5.14c}{\gamma_t H + q - \dfrac{c}{D}H}$$

(5.3.9)

여기서,　$F_s$ : 안전율

$c$ : 점착력 $(kN/m^2)$

$\gamma_t$ : 흙의 습윤단위중량 $(kN/m^3)$

$H$ : 굴착깊이 $(m)$

$q$ : 과재하중 $(kN/m^2)$

$B$ : 굴착 폭 $(m)$

$L$ : 굴착 길이 $(m)$

$D$ : 굴착바닥면에서부터 단단한 지반까지의 거리 $(m)$

이 방법의 특징은 다음과 같다.

① 원호활동면을 가정하고 있지만, 계수는 Prandtl의 지지력 공식을 사용한다.

② 배면 지반의 연직방향 전단저항이 있다.

③ 굴착 폭과 굴착 길이의 영향을 고려할 수 있다.

④ 단단한 지반까지의 깊이를 고려할 수 있다.

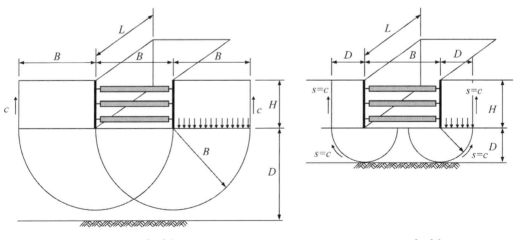

(a) $D > B$의 경우　　　　　　(b) $D < B$의 경우

**그림 5.3.2** Tschebotarioff방법

### 3.2.3 Bjerrum & Eide의 방법

$$F_s = N_c \times \frac{S_u}{\gamma_t H + q} \tag{5.3.10}$$

여기서,  $F_s$ : 안전율

$N_c$ : Skempton의 지지력계수

$S_u$ : 흙의 비배수전단강도 $(kN/m^2)$ $(=c$ : 점착력$)$

$\gamma_t$ : 흙의 습윤단위중량 $(kN/m^3)$

$H$ : 굴착깊이 $(m)$

$q$ : 과재하중 $(kN/m^2)$

이 방법의 특징은 다음과 같다.

① Skempton의 지지력 공식을 기본으로 한다.

② 배면 지반의 연직방향 전단저항이 없다.

③ 굴착 폭의 영향을 고려할 수 있으며, 평면 형상에 따른 지지력계수가 있다.

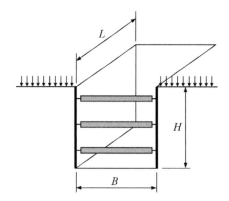

**그림 5.3.3** Bjerrum & Eide의 방법

### 3.2.4 일본건축학회수정식(2002년)

■ 버팀대를 사용하는 경우 : 활동원의 중심은 바로 위 버팀대 설치 위치로 한다.

$$F_s = \frac{M_r}{M_d} = \frac{x \int_0^{\pi/2+\alpha} Su \cdot x \cdot d\theta}{W \frac{x}{2}} \geq 1.2 \tag{5.3.11}$$

■ 자립식의 경우 : 활동원의 중심은 굴착 저면 위치로 한다.

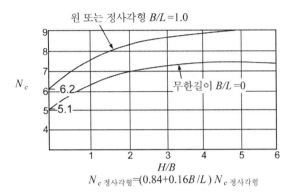

그림 5.3.4 Skempton의 지지력계수

$$F_s = \frac{M_r}{M_d} = \frac{x \int_0^\pi Su \cdot x \cdot d\theta}{W \frac{x}{2}} \geq 1.5 \qquad (5.3.12)$$

여기서,
- $F_s$ : 안전율
- $M_r$ : 단위길이당 활동면에 연한 지반의 전단저항모멘트 (kN·m)
- $M_d$ : 단위길이당 배면 토괴 등에 의한 활동모멘트 (kN·m)
- $S_u$ : 굴착바닥면보다 아래쪽 흙의 비배수전단강도 (kN/m²)
- $x$ : 최하단 버팀대를 중심으로 한 활동원의 임의반경 (m)
- $\alpha$ : 최하단 버팀대 중심에서 굴착바닥면까지의 간격과 검토활동원호의 반경에서 정해지는 각도 (rad). 단, $\alpha < \pi / 2$
- $W$ : 굴착바닥면에 작용하는 배면측 $x$범위의 하중 (kN)
- $q$ : 지표면에서의 과재하중 (kN/m²)
- $\gamma_t$ : 흙의 습윤단위중량 (kN/m³)
- $H$ : 굴착깊이 (m)

참고로 일본건축학회구기준(1988년)에서는 계산식이 (5.3.11)~(5.3.12)식과 같지만, $x$값을 취하는 방식이 다른데 구 기준에서는 $x$값을 굴착바닥면을 중심으로 한 활동원의 반경으로 하고 있는 것이 다르다(그림 5.3.5의 우측 그림).

이 방법의 특징은 다음과 같다.
- ① 최하단 버팀대에 중심을 둔 원호활동면을 가정
- ② 배면지반의 연직방향 전단저항이 없다.
- ③ 지반의 강도변화를 고려할 수 있다.

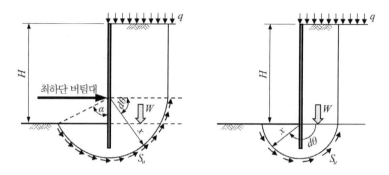

**그림 5.3.5** 일본건축학회수정식에 의한 히빙 검토방법

### 3.2.5 도로설계요령의 방법

도로설계요령 제8-4편 가설구조물의 68쪽~687쪽에는 아래와 같이 히빙의 검토방법이 수록되어 있다.

$$F_s = \frac{x\int_0^r c(z)x^2 d\theta + \int_0^H c(z)x dz}{\dfrac{(\gamma_t H + q)x^2}{2}} \tag{5.3.13}$$

여기서,　$F_s$ : 안전율

　$x$ : 굴착바닥면을 중심으로 한 활동원의 임의반경 (m)

　$c(z)$ : 깊이의 함수로 나타내는 흙의 점착력 (kN/m²)

　$\gamma_t$ : 흙의 습윤단위중량 (kN/m³)

　$H$ : 굴착깊이 (m)

　$q$ : 지표면에서의 과재하중 (kN/m²)

$F_s$ 가 최소가 되는 $x=x_o$ (가능활동깊이)가 가상지지점보다 얕은 경우 또는 그보다 깊어도 $x=x_o$ 에 있어서 $F_s \geq 1.2$일 때는 히빙에 대하여 안전하다고 본다. $x_o$ 가 가상지지점보다 깊고 $F_s < 1.2$의 경우에는 $x_o$로 가상지지점을 이동하여 흙막이벽의 단면 체크 및 변위를 체크한다. 단, $x_o$ 의 최댓값은 5 m로 하고, 근입깊이는 $x_o$ 의 계산값에 5 m를 더한 것으로 한다.

가능활동깊이 $x_o$는 점착력 $c$가 깊이방향으로 증가하는 것을 고려한 경우에만 산출하므로 $c = 2.0\,z$ ($c$는 점착력 (kN/m²)) 또는 지표면서의 깊이(m)로 하고 있다. 이 방법의 특징은 다음과 같다.

① 굴착바닥면에 중심을 둔 원호활동을 가정

② 배면 지반의 연직방향 전단저항이 있음

③ 깊이방향의 강도 증가를 고려할 수 있음

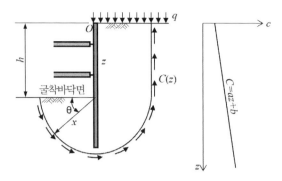

**그림 5.3.6** 도로설계요령에 의한 히빙검토방법

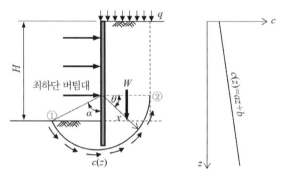

**그림 5.3.7** 일본가설구조물공 지침에 의한 방법

## 3.2.6 일본 도로토공–가설구조물공 지침의 방법

$$F_s = \frac{M_r}{M_d} = \frac{x\int_0^{\frac{\pi}{2}+\alpha} c(z)xd\theta}{W\frac{x}{2}}$$

(5.3.14)

여기서,　　$F_s$ : 안전율

　　$x$ : 최하단 버팀대를 중심으로 한 활동원의 임의반경 (m)

　$c(z)$ : 깊이의 함수로 나타내는 흙의 점착력 (kN/m²)

　　$\gamma_t$ : 흙의 습윤단위중량 (kN/m³)

　　$H$ : 굴착깊이 (m)

　　$q$ : 지표면에서의 과재하중 (kN/m²)

이 방법의 특징은 다음과 같다.

① 최하단 버팀대에 중심을 둔 원호활동면을 가정

② 배면 지반의 연직방향 전단저항이 없음

③ 지반의 강도 변화를 고려할 수 있음

이상과 같이 흙막이에서 사용하는 각 히빙의 검토 방법에 대하여 알아보았는데, 설계기준이나 지침 등에서는 위에서 설명한 각각의 방법 중에서 한 가지만을 수록한 경우도 있고, 여러 가지 방법을 수록한 경우도 있다.

설계자 측면에서 보면 여러 개의 방법 중에서 어떤 것을 사용해야 하는지, 이 현장에는 어떤 방법을 사용해야 하는지 고민해야 하는 경우가 있다. 물론 사전 조사를 철저히 하여 현장에 적합한 방법을 찾는 것이 무엇보다도 중요하지만, 설계단계에서는 안정 검토에 필요한 사전 조사를 철저히 할 수 없는 경우가 대부분이므로 가장 적합한 방법으로 최적의 설계를 하기는 매우 어려운 사항이다. 설계기준이나 지침 등에는 구체적으로 토질이나 수질, 현장 상태 등 특정 현장에 적합한 적용성에 대한 언급이 없으므로 각 제안식의 비교검토를 통하여 선택의 폭이나 방향에 참고 자료를 제공하기 위하여 제9장에 상세하게 소개하였으니 참고하기를 바란다.

## 3.3 일본건축학회수정식

앞에서 언급하였지만, 한국의 가설분야에서 가장 많이 참고로 하거나 인용한 기준이 일본건축학회에서 발행한 흙막이 설계시공지침(山留め設計施工指針)이다. 또한 앞에서 검토한 것처럼 가장 안전측의 방법이기도 하기 때문에, 이 지침에 나와 있는 내용을 발췌하여 소개한다. 다만, 한국의 대부분이 구기준(1988년 발행)을 참고로 하고 있는데, 여기서는 2002년도에 발행한 일본건축학회수정식을 기준으로 소개하도록 한다.

### 3.3.1 기준계산식

(1) 버팀대를 사용하는 경우 (그림 5.3.8(a) 참조)

활동원의 중심은 굴착바닥면 바로 위의 버팀대 설치 위치로 한다.

$$F_s = \frac{M_r}{M_d} = \frac{x\int_0^{\pi/2+\alpha} Su \cdot x \cdot d\theta}{W\frac{x}{2}} \geq 1.2 \tag{5.3.15}$$

(2) 자립식의 경우 (그림 5.3.8(b) 참조)

활동원의 중심은 굴착 저면 위치로 한다.

$$F_s = \frac{M_r}{M_d} = \frac{x\int_0^{\pi} Su \cdot x \cdot d\theta}{W\frac{x}{2}} \geq 1.5 \tag{5.3.16}$$

여기서,  $F_s$ : 히빙에 대한 안전율

$M_r$ : 단위길이당 활동면에 연한 지반의 전단저항모멘트 (kN·m)

$M_d$ : 단위길이당 배면토괴 등에 의한 활동모멘트 (kN·m)

$S_u$ : 굴착바닥면보다 아래쪽 흙의 비배수전단강도 (kN/m²)

$x$ : 최하단 버팀대를 중심으로 한 검토활동원의 반경 (m)

$\alpha$ : 최하단 버팀대 중심에서 굴착바닥면까지의 간격과 검토활동원호의 반경 에서 정해지는 각도 (rad). 단, $\alpha < \pi/2$

$W$ : 단위길이당의 활동력 (kN). $W=x(\gamma_t \cdot H+q)$

$\gamma_t$ : 흙의 습윤단위중량 (kN/m³)

$H$ : 굴착깊이 (m)

$q$ : 지표면에서의 과재하중 (kN/m²)

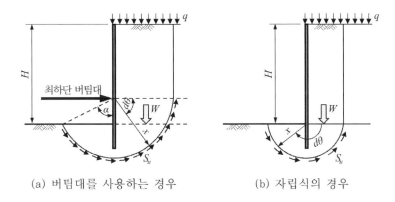

(a) 버팀대를 사용하는 경우          (b) 자립식의 경우

**그림 5.3.8** 히빙의 검토

### 3.3.2 히빙검토 식

히빙검토 식은 버팀대를 사용하는 경우는 (5.3.15)식으로, 자립식일 경우에는 (5.3.16)식으로 검토한다. 히빙이 발생할 가능성을 판단하는 목적으로 사용하는 Peck의 제안식이 있다. Peck 은 히빙의 안정성을 포함한 굴착바닥면의 안정성에 대하여 (5.3.17)식의 굴착바닥면의 안정계 수를 정의하고, 히빙을 포함한 굴착바닥면의 상태와 굴착바닥면의 안정계수 관계를 다음과 같 이 표현하였다.

$$N_b = \frac{\gamma_t \cdot H}{S_{ub}} \tag{5.3.17}$$

여기서,  $N_b$ : 굴착바닥면의 안정계수

$N_{cb}$ : 저부의 파괴 혹은 히빙이 발생하는 한계의 $N_b$

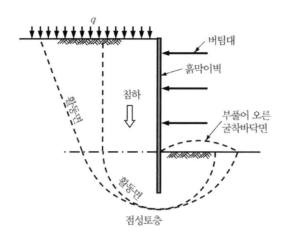

**그림 5.3.9** 히빙 현상

$\gamma_t$ : 흙의 습윤단위중량 ($kN/m^3$)

$H$ : 굴착깊이 (m)

$S_{ub}$ : 굴착바닥면 이하의 점토의 비배수전단강도 ($kN/m^2$)(일축압축강도 $q_u$의 1/2. 즉, 점착력 $c$와 같은 값으로 해도 좋다)

① $N_b$ < 3.14 : 굴착바닥면의 상향의 변위는 대부분 탄성적이며 그 양은 적다.

② $N_b$ = 3.14 : 소성영역이 굴착바닥면에서 확대되기 시작한다.

③ $N_b$ = 3.14~5.14 : 굴착바닥면의 부풀어 오르는 현상이 현저하다.

④ $N_b$ = 5.14 : 극한에 도달한 굴착바닥면은 저면파괴 혹은 히빙에 의해 지속적으로 상승한다.

여기서 히빙의 판정으로서는 앞에서 기술한 안정계수 $N_b$가 4 이하가 되는 것을 목적으로 한다. (5.3.15)식은 버팀대에 의한 일반적인 가설일 때는 활동중심을 최하단 버팀대와 흙막이 벽을 교점으로 한쪽이 설정에 가까운 것을 고려한 검토식이다. 굴착면 아래 꽤 깊은 곳까지 지층이 균일한 경우에는 (5.3.15)식은 (5.3.18)식과 같이 된다.

$$F = \frac{(\pi + 2\alpha)S_u}{\gamma_t H + q} \tag{5.3.18}$$

(5.3.16)식은 자립식 흙막이를 대상으로 하여 굴착면과 흙막이벽의 교점에 활동중심을 설치한 검토식이다. 굴착바닥면 아래에서 꽤 깊은 곳까지의 지층이 균일한 경우에는 (5.3.16)식은 (5.3.19)식과 같이 된다.

$$F = \frac{2\pi \cdot S_u}{\gamma_t H + q} \tag{5.3.19}$$

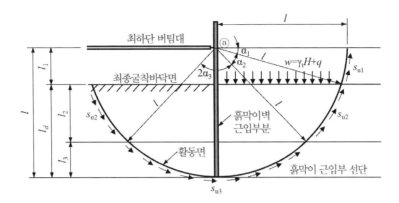

**그림 5.3.10** 다층지반에서의 검토방법

버팀대를 사용하는 굴착에서 굴착바닥면의 지반이 그림 5.3.10과 같이 다층지반인 경우에는 검토하는 원호활동면과 지반층 경계면과의 교점에서 활동면을 분할하여, 분할한 활동면 등에 대상이 되는 지반의 전단강도에서 활동면의 회전중심에 대한 저항모멘트를 산정하고, 그 활동면 등의 저항모멘트를 합한 전체 저항모멘트로 히빙을 검토한다.

굴착바닥면의 얕은 지반이 다층지반일 때는 지반의 층 두께를 고려하여 지반 중량을 활동모멘트로 하면 좋다. 자립식 흙막이의 경우에도 버팀대를 사용한 경우와 같다.

(5.3.15)식과 (5.3.16)식을 굴착바닥면 아래의 지반이 꽤 깊은 곳까지 균일한 점성토지반에서 그 전단(비배수)강도가 깊이에 대하여 증가하지 않으면 지표면 과재하중이 없는 것으로 하여 Peck의 굴착바닥면 안정계수 $N_b$인 $\gamma_t \cdot H/S_{ub}$ 형식으로 정리하여 표 5.3.3에 표시하였다. 또 검토용 안전율 $F$는 1.2를 적용하는 것으로 하였다.

이 식에서 굴착바닥면이 무한길이이며 굴착바닥면 아래 깊이가 꽤 깊은 곳까지 단단하고 양질의 지반이 아닌 조건을 적용하여 안전율 $F$가 1.0이 될 때, 즉 각 식에서 히빙이 발생하는 한계 안정계수 $N_{cb}$를 구하여 표 5.3.3의 $N_{cb}$ 칸에 표시하였다. $N_{cb}$는 4.4, 6.28이다. 또 검토용 안전율 $F$에 의하여 히빙 발생의 우려가 없다고 말할 수 있는 굴착바닥면의 안정계수 $N_b$를 구하여 표 5.3.3의 $N_b(F)$ 칸에 표시하였다. $N_b(F)$는 3.67, 5.23이다.

표 5.3.3에 표시한 2개의 검토 식에 대한 굴착바닥면의 안정계수 $N_b$와 안전율 $F$의 관계를 그림 5.3.11에 표시하였다. 그림에 의하면 양쪽 검토식이 동시에 같이 변동하는 경향이 나타나는데 (5.3.18)식의 안전율이 낮게 나타났다. 또, 안전율 $F$=1.2일 때의 (5.3.18)식에 의한 굴착바닥면의 안정계수는 $N_b$는 3.7로, Peck에 의한 $N_b$= 3.14~5.14의 굴착바닥면이 부풀어 오르는 현상이 발생하는 것으로 나타났다. 이 안정계수 3.7에 대응하는 (5.3.19)식의 안전율은 그림 5.3.11에 의하여 1.5 이상이 되어야 하므로 (5.3.19)식의 히빙에 대한 안전성을 (5.3.18)식에 대한 안전율 $F$=1.2의 안정성과 같게 하기 위해서는 안전율 $F$를 1.5 이상으로 할 필요가 있는 것으로 밝혀졌다.

**표 5.3.3** 히빙검토식의 비교

| 검토식 | 히빙발생에 대한 안전율의 검토식 | 굴착바닥면의 안정계수 형태로 변환한 검토식 ($q=0$) | 히빙발생이 우려되는 한계안정계수($N_{cb}$) $F=1.0$ $\alpha=\pi/5$ | 제안 안전율에 대한 굴착바닥면의 안정계수($N_b$) $F$: 검토용 안전율 $\alpha=\pi/5$ |
|---|---|---|---|---|
| (5.3.18)식 | $F=\dfrac{M_r}{M_d}=\dfrac{(\pi+2\alpha)S_u}{\gamma_t H+q}$ | $\dfrac{\gamma_t H}{S_u}=\dfrac{\pi+2\alpha}{F}$ | 4.40 | 3.67 (F=1.2) |
| (5.3.19)식 | $F=\dfrac{M_r}{M_d}=\dfrac{2\pi\cdot S_u}{\gamma_t H+q}$ | $\dfrac{\gamma_t H}{S_u}=\dfrac{6.28}{F}$ | 6.28 | 5.23 (F=1.2) |
| Peck | $\dfrac{\gamma_t H}{S_u}=N_{cb}=5.14$ | $\dfrac{\gamma_t H}{S_u}=N_{cb}=5.14$ | 5.14 | – |

이상의 비교 결과를 근거로 삼아 버팀대를 사용할 때는 히빙에 대한 안전율을 종래와 같은 1.2 이상으로 하여 (5.3.15)식을, 자립식 흙막이에 있어서는 히빙에 대한 안전율을 버팀대를 사용한 경우보다 높은 1.5 이상으로 하여 (5.3.16)식을 적용하였다.

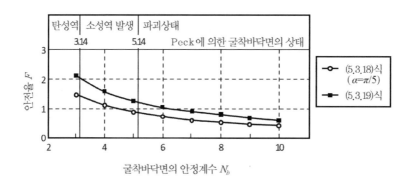

**그림 5.3.11** 굴착바닥면의 안정계수 $N_b$와 안전율 $F$

### 3.3.3 검토 시 유의점

히빙의 검토는 굴착바닥면 아래의 지반강도에 의하여 지배되기 때문에 굴착바닥면 하부의 깊은 위치까지의 토질조사 결과에 의하여 적정한 지반의 전단강도를 결정할 필요가 있다. 히빙의 위험성이 높은 경우에는 전단강도가 조금만 저하하여도 안전율은 급속히 낮아진다. 자연함수비가 액성한계에 가깝거나 혹은 넘어서는 점성토의 경우에는 예민한 점토인 것이 많아, 시공시 굴착바닥면의 교란에 의하여 강도가 저하될 염려가 있으므로 히빙의 검토에 있어서는 토질시험 결과를 낮게 평가하여 고려할 필요가 있다. 또한 지반의 전단강도는 일반적인 내부마찰각을 갖는 점성토도 포함하여 일축압축강도의 1/2로 평가한다. 삼축압축시험 등을 한 경우에는 점착력 $c$, 내부마찰각 $\phi$ 에서 검토하는 것이 좋다.

히빙의 검토에 있어서 흙막이벽 배면 지표면에 재하되는 과재하중은 직접적으로 지반을 교란하는 힘이 되어, 안전율을 크게 변동시키는 요인이 되기 때문에 과재하중을 신중히 적용할 필요가 있다. 지표면에 설치하는 자재 적치장, 중기의 대기 및 작업 범위가 사전에 확정되어 있는 경우는 적절히 평가된 과재하중을 고려한다. 또, 과재하중이 없는 경우에도 $10\,kN/m^2$의 과재하중을 고려하는 것이 요구된다. 시공시에 큰 과재하중을 고려해야 할 경우에는 즉시 안정성을 재검토하여야 한다.

# 4. 라이징에 의한 안정검토

「라이징(Rising)」이란 굴착바닥면 아래에 점성토지반이나 세립분이 많이 함유된 세사층과 같은 난투수층이 있고, 그 아래에 피압대수층이 있는 경우에 투수층의 양압력이 난투수층의 중량보다 클 경우에 굴착바닥면이 부상하여 최종적으로 보일링현상이 일어나는 것을 말한다. 흔히 알고 있는 양압력과 비슷한 현상인데, 일반적으로 보일링은 사질토지반에서 일어나는 현상이지만, 라이징은 점성토지반에서도 일어나기 때문에 보일링과는 구별이 된다. 국내의 설계기준이나 지침, 시중에 나와 있는 참고도서에는 거의 소개되어 있지 않은 안정검토로서 여기서는 일본의 문헌을 참고로 기술하도록 한다. 라이징의 검토 방법은 하중밸런스방법을 기본으로 흙막이벽과 지반의 마찰저항을 고려하는 방법 등 3가지 방법이 있다.

## 4.1 하중밸런스방법

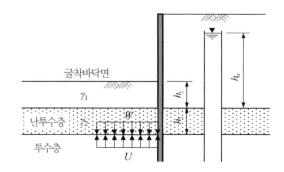

**그림 5.4.1** 하중밸런스방법

굴착 폭이 크고 흙막이벽 근입부와 지반과의 마찰저항이나 난투수층의 전단 저항력을 기대할 수 없는 경우에 그림 5.4.1과 같이 난투수층의 하면에 작용하는 수압과 난투수층 위쪽의 흙 중량의 평형을 고려하여 계산하는 방법이다. 필요 안전율은 정확히 구할 수 있으면 1.1을 기준으로 하지만, 피압수두의 조사가 충분하지 않을 때는 그 신뢰성을 고려하여 안전율을 1.1 보다 크게 한다.

$$F_S = \frac{W}{U} = \frac{\gamma_1 h_1 + \gamma_2 h_2}{\gamma_w h_w} \tag{5.4.1}$$

여기서,   $F_s$ : 라이징에 대한 안전율($F_s \geq 1.1$)

$W$ : 흙의 중량 $(\text{kN/m}^2) = \gamma_1 \cdot h_1 + \gamma_2 \cdot h_2$

$U$ : 피압지하수에 의한 양압력 $(\text{kN/m}^2) = \gamma_w \cdot h_w$

$\gamma_1$, $\gamma_2$ : 흙의 습윤단위중량 (kN/m³)

$h_1$, $h_2$ : 지층의 두께 (m)

$\gamma_w$ : 물의 단위중량 (kN/m³)

$h_w$ : 피압수두 (m)

## 4.2 흙막이벽과 지반의 마찰저항을 고려하는 방법(일본토목학회)

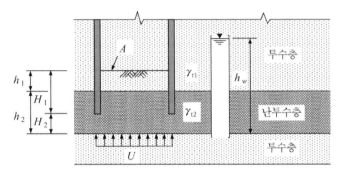

**그림 5.4.2** 흙막이벽과 지반의 마찰저항을 고려하는 방법

근입깊이에 비하여 평면 규모가 작고, 흙막이벽의 근입부와 지반과의 마찰저항이나 난투수층의 전단저항력을 기대할 수 있는 경우의 라이징에 대한 검토방법으로 지반 상태, 간극수압 등을 충분히 고려할 수 있는 경우에 (5.4.2)식에 표시한 방법으로 계산한다. 이 방법을 적용하는 평면 치수의 변의 길이에 대한 근입깊이와 난투수층 두께의 합($H_1 + H_2$)의 비는 지반 상태에 따라서 일정하게 정하는 것이 곤란하다. 일반적으로 2 이하라고 하지만, 최근의 연구에 따르면 3 보다도 작은 값을 사용하고 있다. 흙막이벽의 종류나 시공법에 의한 마찰저항이 다르거나 굴착 시의 지반의 교란 등의 영향을 받기 때문에 신중하게 검토하여야 한다.

또, 피압수두를 계절에 따른 변동이나 주변의 양수 사정 등에 따라 변할 가능성이 있으므로 사전에 충분히 조사를 하여 설계 수위를 설정하여야 한다.

$$U = \frac{W}{F_{s1}} + \frac{f_1 l H_1}{F_{s2}} + \frac{f_2 l H_2}{F_{s3}} \tag{5.4.2}$$

여기서,     $U$ : 피압지하수에 의한 양압력 (kN)=$\gamma_w \cdot h_w \cdot A$

$\gamma_w$ : 물의 단위중량 (kN/m³)

$h_w$ : 피압수두 (m)

$A$ : 굴착면 내 바닥면적 (m²)= 굴착 폭($B$)×굴착 길이($L$)

$W$ : 굴착바닥면에서 난투수층 하면까지의 흙의 중량 (kN)=$(\gamma_{t1} \cdot h_1 + \gamma_{t2} \cdot h_2)A$

$\gamma_{t1}$, $\gamma_{t2}$ : 흙의 습윤단위중량 (kN/m³)

$h_1$, $h_2$ : 지층 두께 (m)

$f_1$ : 흙막이 근입부의 난투수층 두께 $H_1$ 사이의 마찰저항 (kN/m²)=$c$(점착력) 단, 사질토 및 $N$값=2의 점성토는 $f_1$=0으로 한다.

$c$ : 점성토의 점착력 (kN/m²)

$f_2$ : 흙막이벽 근입 선단에서 난투수층 하면까지의 두께 $H_2$ 사이의 전단 저항력 (kN/m²)=$\sigma_h' \cdot \tan\phi + c'$

$\sigma_h'$ : 임의 점에서의 수평토압 (kN/m²)=$\sigma_v' \cdot K_o$

$\sigma_h'$ : 임의 점에서의 유효상재압 (kN/m²)

$K_o$ : 정지토압계수= $1 - \sin\phi'$

$\phi'$ : 내부마찰각 (rad)

$c'$ : 점착력 (kN/m²)

$l$ : 흙막이벽의 내면 둘레길이 (m)=(굴착폭 $B$ + 굴착길이 $L$)×2

$F_{s1}$, $F_{s2}$, $F_{s3}$ : 안전율($F_{s1}$=1.1, $F_{s2}$=6, $F_{s3}$=3)

## 4.3 흙막이벽과 지반의 마찰저항을 고려하는 방법(일본철도기준)

라이징은 피압면에 작용하는 수압 $U$ 가 피압면보다 위쪽의 중량 $W$ 보다 커지게 되는 시점에서 발생하기 시작한다. 그러나 저면의 파괴에 대해서는 중량 $W$ 이외에 불투수층과 흙막이벽의 마찰력, 불투수층의 점착력이 저항하는 것을 고려할 수 있다. 일본철도기준에서는 이와 같은 저항력의 특성을 고려하여 (5.4.3)식으로 검토하도록 하고 있다. 검토 식은 기본적으로 일본토목학회 방법과 동일하지만,

① 일본토목학회는 굴착 면적에 따른 입체모델의 계산이고, 철도기준은 굴착 폭에 따른 평면 모델이다.

② 제2항의 취급

③ 제3항의 취급 등이 약간 다르다.

$$F_S = \frac{W}{F_1} + \frac{C_1}{F_2} + \frac{C_2}{F_3} \geq u \tag{5.4.3}$$

여기서, $W$ : 피압면보다 위의 토괴중량

$C_1$ : 근입 부분의 흙막이벽과 지반의 마찰저항

$C_2$ : 불투수층의 전단저항

$U$ : 수압 ($H \times B$)

$B$ : 굴착 폭 (m)

$t$ : 중량저항 층의 두께 (m)

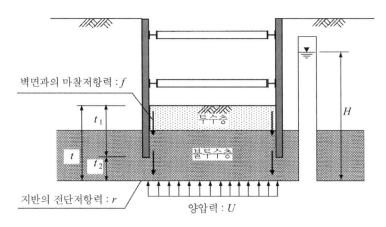

**그림 5.4.3** 흙막이벽과 지반의 마찰저항을 고려하는 방법

$f$ : 벽면과의 마찰강도 $(kN/m^2)$

$\tau$ : 지반의 전단강도 $(kN/m^2)$

$t_1$ : 마찰저항 두께 $(m)$

$t_2$ : 전단저항 두께 $(m)$

$\gamma$ : 중량저항 층의 습윤단위중량 $(kN/m^3)$

$H$ : 불투수층 하면에 작용하는 피압수두 $(kN/m^2)$

$F_{s1}$, $F_{s2}$, $F_{s3}$ : 안전율($F_{s1}$=1.1, $F_{s2}$=6, $F_{s3}$=3)

## (1) 제1항

불투수층의 중량에 의한 저항 항이다. 여기서 안전율 $F_1$은 불투수층의 단위중량이나 두께의 불균일성에 대한 것으로 $F_1$=1.1을 기본으로 한다. 라이징이 문제가 되는 곳에서는 불투수층의 성질과 상태를 충분히 조사할 필요가 있다.

$$W = \Sigma B \cdot t \cdot \gamma \qquad (5.4.4)$$

## (2) 제2항

제2항은 흙막이벽 근입부와 굴착바닥면지반의 마찰에 의한 저항이다. 제2항의 적용에 있어서는 굴착 폭에 대하여 불투수층의 두께가 얇은 경우에는 수압에 의한 불투수층의 휨이나 전단에 의한 파괴가 일어날 가능성이 있다. 이처럼 별도로 불투수층의 휨, 전단 등에 대한 검토를 해야 할 필요가 있지만, 실무적으로 검토 방법이 확립되어 있지 않기 때문에 현재에서의 검토 방법은 FEM 해석이 타당한 것으로 생각된다. 굴착 시에 있어서 지반의 교란이나 흙막이벽의 시공 단계에 따라서는 이 항을 무시하거나 혹은 아래 표의 값을 사용하는 등의 배려가 필요하다. 또, $N \leq 2$의 연약한 층에서는 신뢰성이 부족하므로 마찰력을 고려하여야만 한다.

표 5.4.1 벽면 또는 말뚝과 지반과의 마찰저항강도 $f(\text{kN/m}^2)$

| 구분 | 사질토 | 점성토 |
|---|---|---|
| 강널말뚝, 강관널말뚝 | $2N \leq 100$ | $q_u/2$ 또는 $10N \leq 100$ |
| 지하연속벽 | | |
| 주열식벽(현장타설방식) | $2N \leq 100$ | $q_u/2$ 또는 $10N \leq 80$ |
| 니수고결벽 | | |
| 소일시멘트벽 | $5N \leq 100$ | $q_u/2$ 또는 $10N \leq 150$ |

$$C_1 = 2 \cdot \Sigma f \cdot t_1 \tag{5.4.5}$$

여기서, $f$는 마찰강도로 표 5.4.1과 같다.

위의 표에서 엄지말뚝의 경우는 이 검토의 필요성이 없다고 판단되므로 엄지말뚝일 때에는 계산을 하지 않는다. 또한 일본토목학회에서는 이 구간의 점성토만 고려하고 사질토는 고려하지 않지만, 일본철도기준에서는 구별 없이 고려하는 점이 다르다.

### (3) 제3항

제3항의 고려 방법은 근입 선단보다 아래쪽에 존재하는 불투수층의 전단에 의한 항목이다. 근입선단보다 아래쪽에 불투수층이 있는 경우는 고려하는 것이 좋다. 따라서 근입선단이 불투수층보다 아래쪽에 있는 경우(불투수층 내에 없는 경우)는 제3항을 무시해도 좋다.

$$C_2 = 2 \cdot \Sigma \tau \cdot t_2 \tag{5.4.6}$$

$$\tau = K_o \cdot \sigma_v' \cdot \tan \phi' + c' \tag{5.4.7}$$

여기서,  $\sigma_v'$ : 검토지점에 있어서 유효상재압 $\geq 50 \text{ kN/m}^2$의 경우에 고려할 수 있다.

$K_o$ : 정지토압계수$= 1 - \sin \phi'$

일본토목학회와의 차이점은 $\sigma_v'$(임의 점에서의 유효상재압) $\geq 50 (\text{kN/m}^2)$의 경우에 고려한다고 되어 있으나, 일본토목학회에는 이와 같은 규정은 없다.

# 제 6 장

# 흙막이의 지지력

1. 흙막이벽에 작용하는 연직하중
2. 설계기준의 지지력 계산방법
3. 일본의 설계기준에 의한 지지력

# 제6장

# 흙막이의 지지력

일반적으로 흙막이를 설계할 때 소홀히 다루는 부분이 지지력이다. 제5장의 "굴착바닥면의 안정검토"에서도 언급하였지만, 지지력계산을 별도로 분리한 것은 근입깊이 검토에 지지력이 포함되기 때문이다. 말뚝 선단이 단단한 지반이 근입된 경우는 상관이 없겠지만 연약지반에 말뚝선단이 놓이는 경우, 케이블(앵커, 네일, 타이로드 등)공법이나 역타공법과 같이 흙막이벽에 연직하중이 작용하는 경우, 도심지에서 노면복공을 설치하는 경우, 굴착 폭이 넓어 중간말뚝을 설치하는 경우 등에는 반드시 지지력에 대하여 검토하여야 한다.

각 설계기준을 보면 지지력에 대한 항목이 대부분 기재되어 있으나, 흙막이에 대한 지지력방법보다는 기존 구조물에 적용하는 방식을 그대로 옮겨놓은 경우가 대부분이며, 특히 흙막이벽에 사용하는 말뚝의 종류가 다양한데도 이에 대한 적용 방법 등이 없이 일률적으로 지지력을 적용하는 등 흙막이 설계에서의 지지력에 대한 적용성이 떨어지기 때문에 이 장에서는 흙막이 구조에서의 지지력 검토 방법과 적용에 대하여 상세하게 알아보기로 한다.

특히 개정된 가설흙막이 설계기준에는 지지력에 대한 안전율(가설흙막이 설계기준 3.3 안정성 검토의 표 3.2-1)만 2.0(극한지지력에 대하여)만 기재되어 있다.

## 1. 흙막이벽에 작용하는 연직하중

흙막이벽 및 중간말뚝에 작용하는 연직하중은 다음과 같은 것이 있다.
① 노면하중(충격 포함)
② 노면복공(복공판, 주형 등)자중
③ 매설물 자중
④ 흙막이벽, 지보재 자중
⑤ 흙막이 케이블(앵커, 네일, 타이로등) 및 경사버팀대 연직력

⑥ 역타공법의 본체구조물 자중

①, ② 및 ③에 있어서는 이것에 의하여 복공주형에 발생하는 최대반력을 하중으로 고려한다. ④ 및 ⑥에 있어서는 흙막이벽 본체의 자중 및 버팀대의 연직하중이 특히 큰 경우에는 이것을 하중으로 고려할 필요가 있다. ⑤에 있어서는 흙막이 케이블이나 경사버팀대의 연직성분의 최대반력을 하중으로 고려한다.

이렇게 흙막이벽에 작용하는 연직하중 중에 주형지지보를 통하여 전달되는 하중에 대해서는 주형지지보의 설치 방법에 따라서 사용하는 흙막이벽에 전달되는 하중분담 폭이 다른데, 다음과 같다.

### 1.1.1 엄지말뚝 벽

흙막이벽으로 엄지말뚝을 사용할 때는 복공 주형의 최대반력을 엄지말뚝 1본이 받는 것으로 설계한다.

### 1.1.2 강널말뚝 벽

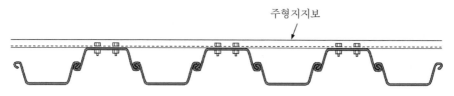

**그림 6.1.1** 강널말뚝의 한쪽에 주형지지보를 설치하는 경우

강널말뚝 벽에 연직하중을 재하하는 경우에는 이음이 어긋나거나 변형이 생기는 것을 고려하여 주형지지보와 결합된 부분에만 연직하중을 받는 것으로 한다. 단, 여기에 표시한 분담 장수는 폭 400~500mm의 강널말뚝을 사용할 때 적용하는 것으로 하고, 이외의 강널말뚝을

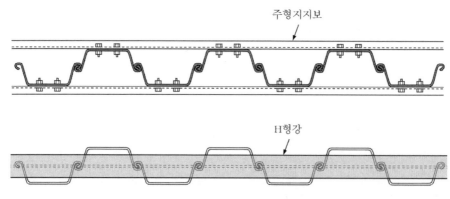

**그림 6.1.2** 강널말뚝 양쪽에 주형지지보를 설치한 경우 및 H형강을 상단에 설치한 경우

사용할 때는 별도로 검토하는 것이 바람직하다.

그림 6.1.1과 같이 주형지지보를 설치할 때는 복공주형의 최대반력을 강널말뚝 2장이 분담하는 것으로 한다.

또 그림 6.1.2와 같이 주형지지보를 강널말뚝 양쪽에 설치하는 경우나, H형강을 강널말뚝 상단에 설치할 때는 복공주형의 최대반력을 강널말뚝 4장이 분담하는 것으로 한다.

### 1.1.3 강관널말뚝

흙막이벽을 강관널말뚝을 사용할 때는 복공주형보의 최대반력을 1본의 강관널말뚝이 받는 것으로 한다.

### 1.1.4 주열식 연속벽

주열식 연속벽일 경우는 심재(보강재) 간격이 1m 이내일 때는 심재 2본이 복공주형의 최대반력을 분담하는 것으로 하고, 1m을 초과할 때는 1본의 심재가 분담하는 것으로 한다.

### 1.1.5 지하연속벽

1엘리먼트(element)에 작용하는 복공주형의 최대반력을 1엘리먼트 전체가 분담하는 것으로 한다.

## 2. 설계기준의 지지력 계산방법

각 설계기준에는 흙막이벽 및 중간말뚝의 허용지지력 계산 방법에 대하여 여러 가지가 제안되어 있는데, 설계기준의 허용지지력 계산 방법은 다음과 같다.

### 2.1 기초설계기준(KDS 11 50 00)

가설흙막이 설계기준에서는 지지력에 대하여 별도로 언급한 사항은 없고 기초설계기준(KDS 11 50 00)에 수록된 내용을 소개하면 다음과 같다.

#### 2.1.1 지지력 산정을 위한 고려 사항

기초설계 시 시추조사, 현장 및 실내시험을 통하여 지반 특성을 파악한 후 지지력을 산정한다. 그러나 상재하중이 작은 구조물 또는 가설구조물의 기초는 인근 구조물의 경험값, 기초설계 및 시공 성과, 현장시험 자료를 통하여 지지력을 추정할 수 있다.

#### 2.1.2 허용지지력

얕은기초의 허용지지력은 지반의 극한지지력을 적정의 안전율로 나눈 값과 허용변위량으로부터 정하여진 지지력 중 작은 값으로 결정한다.

#### 2.1.3 이론적 극한지지력

(1) 이론적 극한지지력은 지반조건, 하중조건(경사하중, 편심하중), 기초크기 및 형상, 근입깊이, 지반경사, 지하수위 영향 등을 고려하여 산정하며, 지지력 계산 방법에 따라 서로 다른 지지력이 계산될 경우에는 설계자의 판단에 의하여 지지력을 결정한다.
(2) 구조물의 하중이 기초의 형상 도심에 연직으로 작용하고 지반의 각 지층이 균질하며 기초의 근입깊이가 기초의 폭보다 작고 기초 바닥이 수평이며 기초를 강체로 간주할 수 있을 경우에는 기존의 이론식으로 연직지지력을 구한다.
(3) (2) 이외에 소성이론에 의한 계산결과나 재하시험 또는 모형실험의 결과를 이용하여 지지력을 구할 수 있다.
(4) 기초의 영향범위 내에 여러 지층이 포함된 경우 이러한 층상의 영향을 고려하여 지지력을 산정한다.

#### 2.1.4 경험적 지지력

(1) 경험적 지지력이란 경험에 의해 제시된 지지력공식을 이용하거나, 직접적인 계산이나 시

험을 통하지 않고 각종 문헌이나 기준에 제시된 허용지지력 범위나 추천값을 인용하여 지지력을 추정하는 방법이다.

(2) 경험적인 지지력 산정방법은 다음 조건을 충족하는 경우 적용한다.

    ① 기초바닥면 이하의 지반이 기초 폭의 2배까지 거의 균질한 경우

    ② 지표와 지층경계면이 거의 수평인 경우

    ③ 기초의 크기가 큰 경우

    ④ 규칙적인 동하중을 받지 않는 경우

    ⑤ 개략적인 지지력 예측이 필요한 경우

    ⑥ 정밀한 조사가 불가능한 경우

(3) 경험적인 지지력 공식은 신중하게 적용하여야 하며, 불가피하게 외국의 경험적 지지력 공식을 적용할 때는 적용성을 확인한 후 사용한다.

(4) 경험적 지지력 산정방법에 의해 도출된 지지력은 기초의 크기, 근입깊이, 지하수위 등에 따라 수정하여 적용한다.

    이 기준에는 현장시험에 의한 지지력 산정과 암반에서의 지지력 산정도 수록하고 있으니 참고하기를 바란다.

## 2.2 구조물기초설계기준

    구조물기초설계기준은 "제7장 가설 흙막이구조물"에는 지지력에 대한 언급이 없고, "제5장 깊은 기초"에 지지력에 대한 사항이 기재되어 있다. 하지만 이것은 일반적인 구조물에서의 말뚝기초에 대한 사항을 포괄적으로 정한 기준이므로 흙막이에 적용하기에는 부족한 면이 있다. 다만 구기준(2003)년에는 "해설 표 7.7.1 굴착공사시 흙막이벽의 설계검토항목"에 흙막이벽의 안정성에 지지력 항목이 들어가 있지만 구체적인 적용성에 관해서는 규정되어 있지 않다.

## 2.3 도로설계요령

    도로설계요령에는 "3.5 말뚝의 허용지지력" 항목이 있는데, 주로 엄지말뚝에 대한 허용지지력만을 대상으로 하고 있다. 그 내용은 다음과 같다(단위는 기준에 기재된 것 그대로임).

### (1) 단단한 지반에 근입된 경우

    $N$값 30 이상의 사질토층과 단단한 실트층 및 $N$값 10 이상의 점성토층에 3m 이상 근입시키면 지지력을 계산하지 않아도 좋다. 단 이 경우도 말뚝의 허용지지력은 지반이 양호해도 표 6.2.1의 값 이상을 사용하지 않도록 한다. 여기서 말하는 근입이란 어스오거 등으로 보링을 한 것이 아니고, 타격으로 관입시킨 것을 말한다.

**표 6.2.1 허용지지력 상한 값**

| 말뚝의 크기 | 허용지지력 |
|---|---|
| H-400 | 60 tonf |
| H-350 | 45 tonf |
| H-300 | 30 tonf |

## (2) 기타의 경우

양질의 층에 3m 이상 근입시킨 경우 외에는 극한지지력을 계산으로 구하고, 그 값을 안전율 2로 나누어 허용지지력으로 한다. 극한지지력은 (6.2.1)식에 의해 구한다.

$$Q_u = 20N \cdot A + (N_c \cdot A_c + 0.2N_s \cdot A_s) \cdot \alpha \cdot \beta \qquad (6.2.1)$$

여기서,   $Q_u$ : 말뚝의 극한지지력 (tf)

$N$ : 말뚝 선단 지반의 $N$값

$A$ : 말뚝의 양 플랜지로 둘러싼 면적 ($m^2$) (그림 6.2.1)

$N_c$ : 말뚝 선단까지의 점성토층 $N$값의 평균값

$A_c$ : $U \cdot l_c$ ($m^2$)

$N_s$ : 말뚝 선단까지의 사질토층 $N$값의 평균값

$A_s$ : $U \cdot l_s$ ($m^2$)

$\alpha$ : 시공 조건에 의한 정수 (표 6.2.2)

$\beta$ : 말뚝 주위에 흙이 있을 때 1.0 (말뚝의 근입부분)

말뚝 한쪽 면이 굴착될 때 0.5 (굴착바닥면 위쪽 부분)

$U$ : 말뚝의 둘레길이. 그림 6.2.1에서 $U = 2(a + b)$ (m)

$l_c$ : 점성토층 중의 말뚝 길이 (m)

$l_s$ : 사질토층 중의 말뚝 길이 (m)

**표 6.2.2 $\alpha$의 값**

| 보링에 의한 시공 | 모르타르 채움 | 0.8 |
|---|---|---|
| | 모래 채움 | 0.5 |
| 타격에 의한 시공 | | 1.0 |

도로설계요령에서 흙막이의 허용지지력을 이와 같이 정한 이유는 「말뚝은 확실한 지지층에 타입, 지지시키는 지지말뚝이 원칙이지만, 버팀대 방식 H말뚝 흙막이나 가교에 사용하는 말뚝의 허용지지력은 "도로교 하부구조 설계지침 말뚝기초의 설계편 말뚝의 허용지지력"의 규정과 다르고, 근입깊이가 얕은 것, 영구구조물에 비해서 침하량이 비교적 커도 상관이 없는 것 등에

의하여 이와 같이 정했다.」라고 되어 있다.

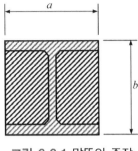

**그림 6.2.1** 말뚝의 주장

## 2.4 철도설계기준

철도설계기준에서는 구체적인 적용 계산식은 기재되어 있지 않고, 정역학적 공식으로 계산 하도록 규정되어 있다. 고속철도기준에서는 "엄지말뚝의 지지력은 정역학적 공식으로 계산하 며, 항타를 할 경우에는 동역학적 공식으로 계산할 수 있다."고 기재되어 있으며, 말뚝이 선단 지지력에 의해 지지할 때는 Meyerhof공식, 주면마찰로 지지할 때는 Dörr공식을 사용하게 되어 있다. 따라서 이 두 가지 식은 다음과 같다(단위는 기준에 기재된 것 그대로임).

(1) Meyerhof식

$$R_u = 40NA_p + \left\{ \frac{\overline{N}_s \overline{L}_s}{5} + \frac{\overline{N}_c \overline{L}_c}{5} \right\} \varphi + \left\{ \frac{\overline{N}_s' \overline{L}_s'}{5} + \frac{\overline{N}_c' \overline{L}_c'}{2} \right\} \varphi \tag{6.2.2}$$

여기서,   $R_u$ : 극한지지력 (ton)

　　　　$N$ : 말뚝선단지반의 $N$값

　　　　$A_p$ : 말뚝선단의 단면적

　　　　$\overline{N}_s$ : 말뚝선단지반 중 사질토지반의 평균 $N$값

　　　　$\overline{L}_s$ : 말뚝선단지반 중 사질토지반에 놓이는 말뚝길이

　　　　$\overline{N}_s'$ : 굴착지반 중 사질토지반의 평균 $N$값

　　　　$\overline{L}_s'$ : 굴착지반 중 사질토지반에 놓이는 말뚝길이

　　　　$\overline{N}_c$ : 말뚝선단지반 중 점성토지반의 평균 $N$값

　　　　$\overline{L}_c$ : 말뚝선단지반 중 점성토지반에 놓이는 말뚝길이

　　　　$\overline{N}_c'$ : 굴착지반 중 점성토지반의 평균 $N$값

　　　　$\overline{L}_c'$ : 굴착지반 중 점성토지반에 놓이는 말뚝길이

　　　　$\phi$ : 말뚝 근입부의 둘레길이 (m)

(2) Dörr식

$$R_u = \frac{1}{2}U \cdot \gamma \cdot L^2 \cdot K \cdot \tan\delta + U \cdot c \cdot L + A_p \cdot \tan^2\left(45 + \frac{\phi}{2}\right)\gamma \cdot L \qquad (6.2.3)$$

여기서,　　$R_u$ : 극한지지력 (ton)

　　　　　$U$ : 말뚝의 주변 길이 (m)

　　　　　$\gamma$ : 흙의 단위중량 (t/m³)

　　　　　$L$ : 말뚝의 근입깊이 (m)

　　　　　$K$ : 말뚝주면마찰계수

　　　　　$\delta$ : 벽 마찰각 (도)

　　　　　$c$ : 흙의 점착력 (t/m²)

　　　　　$\phi$ : 흙의 내부마찰각 (°)

　　말뚝의 허용지지력($R_a$)은 정역학적공식에서 산출된 극한지지력($R_u$)을 안전율 3.0으로 나누어서 구하여야 한다.

　　이상과 같이 각 설계기준에 규정되어 있는 허용지지력에 대하여 살펴보았는데, 국내 기준을 보면 대부분이 흙막이의 특성을 고려한 지지력계산보다는 일반적인 지지력 계산 방법을 사용하고 있다. 또한, 흙막이 벽체와 중간말뚝에 대한 지지력계산도 엄밀한 의미에서는 구분이 되어야 함에도, 대부분이 흙막이 벽체에 대해서만 언급되어 있다. 각 설계기준에는 지반의 지지력에 대한 안전율을 규정하고 있는데 아래 표와 같다.

**표 6.2.3 각 설계기준의 지지력 안전율**

| 기준 | 가설흙막이 설계기준 | 구조물기초 설계기준 | 도로설계요령 | 철도설계기준 | 가설공사 표준시방서 |
|---|---|---|---|---|---|
| 안전율 | 2.0 | 2.0 | 2.0 | 3.0 | 2.0 |

# 3. 일본의 설계기준에 의한 지지력

국내의 설계기준을 보면 흙막이벽의 종류별 적용 방법, 주면마찰력, 시공 방법 등에 대한 구체적인 언급이 없어 흙막이에 적용하기에는 부족한 면이 있다. 따라서 일본의 설계기준에서는 흙막이 설계에서 어떻게 지지력을 계산하는지 살펴보자.

## 3.1 일본가설지침

일본가설구조물공지침(道路土工一仮設構造物工指針)에는 도로교설계기준·하부편에 수록되어 있는 계산식과 같은 방법을 가설구조물에 맞도록 수정한 계산식을 사용하고 있다. 일본의 토목과 관련된 흙막이 설계기준(토목학회, 일본고속도로주식회사(구 일본도로공단), 수도고속도로공단 등)에는 대부분이 이 방법을 적용하고 있다. 허용연직지지력은 다음 식과 같다.

$$R_a = \frac{1}{n}\left(R_u - W_s\right) + W_s - W \tag{6.3.1}$$

여기서,　　$R_a$ : 허용연직지지력 (kN)

　　　$n$ : 안전율 = 2

　　$R_u$ : 지반 조건에서 결정되는 흙막이의 극한지지력 (kN)

　　$W_s$ : 흙막이벽으로 치환되는 부분의 흙의 유효중량 (kN)

　　　　　 단, 지하수위 이하의 흙의 단위중량은 유효중량에서 9.0 kN/m³를 뺀 값을 사용한다.

　　$W$ : 흙막이벽의 유효중량 (kN)

　　　　　 단, 지하수위 이하의 흙막이벽의 유효중량은 흙막이벽의 단위중량에서 10.0 kN/m³를 뺀 값을 사용한다.

지하연속벽이나 모르타르 연속벽의 경우와 같이 흙막이벽의 자중이 큰 경우는 (6.3.1)식을 사용하지만, 자중이 작은 경우에는 (6.3.2)식을 사용한다.

$$R_a = \frac{1}{n}R_u \tag{6.3.2}$$

여기서, 안전율 $n=2$는 가설구조물인 것을 고려하여 정한 값이다. 따라서 구조물의 중요도, 하중조건, 설치기간, 교통조건 등에 따라서 이 값을 크게 하여 사용하기로 한다. 참고로 일본의 도로교시방서에는 표 6.3.1과 같은 안전율을 사용한다.

극한지지력 $R_u$는 (6.3.3)식에 의하여 구한다. 이 경우, 흙막이벽 선단 지반의 극한지지력과

표 6.3.1 허용연직지지력에 대한 안전율(일본도로교시방서)

| 재하시의 종류 \ 말뚝의 종류 | 지지말뚝 | 마찰말뚝 |
|---|---|---|
| 평상시 | 3 | 4 |
| 지진 시 | 2 | 3 |

주면마찰력을 고려하는 층의 최대주면마찰력은 흙막이 종류에 따라서 규정된 값을 사용한다.

$$R_u = q_d \cdot A + U \sum l_i f_i \qquad (6.3.3)$$

여기서,  $q_d$ : 흙막이벽 선단 지반의 극한지지력도 (kN/m²)

$A$ : 흙막이벽 선단 면적 (m²)

$U$ : 흙막이벽 둘레길이(m)로, 설치 상황을 고려하여 흙과 접해 있는 부분

$l_i$ : 주면마찰력을 고려하는 층의 두께 (m)

$f_i$ : 주면마찰력을 고려하는 층의 최대주면마찰력 (kN/m²)

흙막이벽의 주면마찰력을 고려하는 범위는 그림 6.3.1에 표시한 범위로 한다. 또한 $N \le 2$의 연약층에서는 신뢰성이 낮으므로 주면마찰저항을 고려하지 않는다. 다만 일축압축시험 등의 시험에 의하여 점착력을 평가할 수 있는 경우에 한하여 주면마찰을 고려한다. 또, 연약지반에 있어서 배면지반의 침하에 의하여 부의 마찰력이 작용할 것으로 예상될 때는 주면마찰력을 고려하지 않는다.

흙막이벽 선단지반의 극한지지력은 근입깊이와 벽두께의 비율인 근입비의 영향을 받는다. 따라서 **안정계산에서 구한 근입깊이가 같아도 흙막이벽의 두께가 커지게 되면 근입비가 작아져 지지력 추정식을 그대로 적용하면 지지력을 과대하게 평가하게 된다.** 이 때문에 강관널말뚝, 주열 식연속벽 및 지하연속벽에서는 흙막이벽 선단 지반의 극한지지력을 근입비에 따라서 감소시키는 것으로 한다.

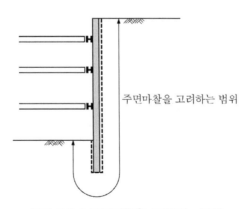

주면마찰을 고려하는 범위

그림 6.3.1 주면마찰을 고려하는 범위

흙막이벽을 본체 구조물로 이용한다거나, 역타공법 등에서 본체 구조물의 하중을 받는 경우는 본체 구조물의 특징을 충분히 이해하여 필요에 따라 다른 기준(도로교설계기준)을 참고로 하여 지지력을 계산할 필요가 있다.

### 3.1.1 엄지말뚝, 중간말뚝

엄지말뚝 및 중간말뚝에 대한 선단 지반의 극한지지력도 $q_d$(kN/m²) 및 최대주면마찰력 $f_i$ (kN/m²)은 각각 (6.3.4)~(6.3.6)식으로 구한다.

$$q_d = 200 \, \alpha \, N \tag{6.3.4}$$

$$f_i = 2\beta \, N_s \, (\text{사질토}) \tag{6.3.5}$$

$$f_i = 10\beta \, N_c \, (N_c : N \text{값일 경우}), \ f_i = \beta \, N_c \, (N_c : \text{점착력} c \text{일 경우}) \ N \text{값일 경우},$$
$$f_i = 10\beta \, N_c \, (N_c : N \text{값일 경우}), \ f_i = \beta \, N_c \, (N_c : \text{점착력} c \text{일 경우}) \ \text{점착력} \ c \text{일 경우} \tag{6.3.6}$$

여기서,    $\alpha$ : 시공 조건에 따른 선단지지력의 계수(표 6.3.2 참조)

$N$ : 선단 지반의 $N$값으로 40을 초과하는 경우는 40으로 한다.

$$N = \frac{N_1 + N_2}{2}$$

$N_1$ : 말뚝 선단 위치의 $N$값

$N_2$ : 말뚝 선단에서 위쪽으로 2 m 범위에 있어서 평균 $N$값(그림 6.3.2 참조)

$\beta$ : 시공 조건에 따른 주면마찰력의 계수(표 6.3.2 참조)

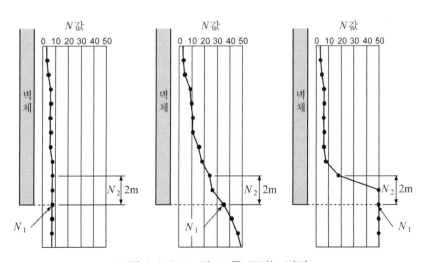

그림 6.3.2 $N_1$ 및 $N_2$를 구하는 방법

$N_s$ : 사질토의 $N$값으로 50을 초과하는 경우는 50으로 한다.

$N_c$ : 점성토의 $N$값 또는 점착력 $c$에서 150 kN/m² (15 tf/m²)를 초과하는 경우는 150 kN/m²로 한다.

**표 6.3.2** 시공조건에 따른 선단 지지력계수 $\alpha$, $\beta$

| 시공방법 | | $\alpha$ | $\beta$ |
|---|---|---|---|
| 타격공법 | | 1.0 | 1.0 |
| 진동공법 | | 1.0 | 0.9 |
| 압입공법 | | 1.0 | 1.0 |
| 프리보링공법 | 모래 채움 | 0.0 | 0.5 |
| | 타격, 진동, 압입에 의한 선단처리 | 1.0 | 1.0 |

프리보링공법에서는 표 6.3.2에서 선단부 및 주변부의 시공조건에 따른 계수를 선정한다. 또, 주면마찰력계수 $\beta$는 타격 등의 선단 처리나 모래채움 등에 의한 공극처리로 시공되고 있는 범위의 값인 것에 주의한다. 또한 프리보링공법의 모르타르 채움은 주열식 연속벽의 모르타르 말뚝에 준하여 극한지지력을 산정한다. 프리보링공법 등과 같이 말뚝의 직경 이상을 굴착하는 경우는 홀 벽과 말뚝주면과의 공극을 확실하게 채워야 한다.

다져진 모래층이나 자갈층 혹은 사질지반에 있어서는 흙막이벽의 시공에 물분사공법(water jet)을 병용하는 경우가 많아 지반이 교란되어 지지력이 저하되므로 흙막이벽의 지지력을 기대할 때는 사용하지 않는다. 어쩔 수 없이 복공하중 등이 작용할 때는 선단처리를 할 필요가 있다. 이 경우에는 선단처리의 방법에 따라서 표 6.3.2의 값을 사용하는 것으로 한다. 또, 시공조건에 의한 주면마찰력계수 $\beta$는 0.5를 사용한다.

엄지말뚝 및 중간말뚝의 선단면적 및 둘레길이는 그림 6.3.3에 표시한 값으로 한다. 단, (6.3.4)~(6.3.6)식을 적용할 때는 말뚝 선단을 양질층에 2 m 이상을 근입하여야 한다.

그림 6.3.4에 표시한 것과 같이 벽체 선단 위치의 양질층이 얇은 경우에는 충분한 지지력을 얻을 수 없는 경우가 있다. 그래서 말뚝하단에서의 층 두께가 2 m를 만족하지 않는 경우는

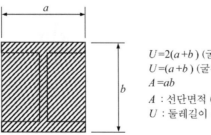

$U = 2(a+b)$ (굴착저면보다 깊은 곳)
$U = (a+b)$ (굴착저면보다 얕은 곳)
$A = ab$
$A$ : 선단면적 (m²)
$U$ : 둘레길이 (m)

**그림 6.3.3** 엄지말뚝의 선단면적 및 둘레길이

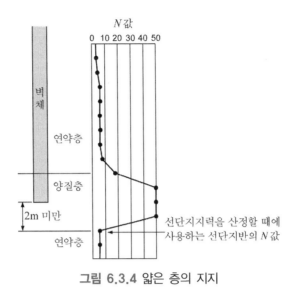

그림 6.3.4 얇은 층의 지지

아래층 지반의 $N$ 값을 이용하여 선단에서 지지하는 극한지지력을 산정한다.

### 3.1.2 강널말뚝 벽

강널말뚝의 선단지반 극한지지력도 및 최대주면마찰력은 각각 (6.3.4)~(6.3.6)식과 표 6.3.2의 계수에 의하여 구한다. 오거병용 압입공법을 적용할 때는 프리보링공법에 준하여 계산한다. 단, 배면 지반의 변형을 방지할 목적으로 벤토나이트 밀크 등을 주입하는 경우가 있는데, 이때 모래채움에 준하여 극한지지력을 계산한다.

다져진 모래층이나 자갈층 혹은 단단한 지반에 있어서는 흙막이벽의 시공에 물분사공법 (water jet)을 병용할 때는 지반이 교란되어 지지력이 저하되므로 흙막이벽의 지지력을 기대할 때는 사용하지 않는다. 어쩔 수 없이 복공하중 등이 작용하면 선단 처리를 할 필요가 있다. 이 경우에는 선단 처리의 방법에 따라서 표 6.3.2의 값을 사용하는 것으로 한다. 또, 시공 조건에 의한 주면마찰력계수 $\beta$ 는 0.5를 사용한다.

강널말뚝은 강관널말뚝이나 엄지말뚝과 달리 외측으로 개방된 형상이기 때문에 선단지지력에 관여하는 강널말뚝의 순단면적을 사용한다. 또, 주면마찰을 고려할 수 있는 범위는 강널말뚝의 凹凸을 고려하지 않는 둘레길이이며, 강널말뚝 1장의 둘레길이는 그림 6.3.5에 표시한 값으로 한다.

$U=2w$ (굴착바닥면보다 깊은 곳)
$U=w$ (굴착바닥면보다 얕은 곳)
$A$ : 순단면적(색칠 부분)(㎡)
$U$ : 둘레길이 (m)

그림 6.3.5 강널말뚝의 선단면적 및 둘레길이

### 3.1.3 강관널말뚝

타격공법, 진동공법을 적용할 때의 선단 지반의 극한지지력도 $q_d$는 사질토의 경우는 그림 6.3.6에 의하고, 점성토의 경우는 (6.3.7)식으로 구한다.

$$q_d = 3\,q_u \quad \text{(점성토)} \tag{6.3.7}$$

여기서, $q_u$ : 일축압축강도 $(kN/m^2)$

**표 6.3.3** 강관널말뚝 벽의 최대주면마찰력

| 시공방법 | 지반조건 | $f_i$ (kN/m²) | $f_i$의 상한 값 (kN/m²) |
|---|---|---|---|
| 타격공법 진동공법 | 사질토 | $2N$ | 100 |
| | 점성토 | $10N$ 또는 $c$ | 150 |
| 중굴압입공법 | 사질토 | $N$ | 50 |
| | 점성토 | $5N$ 또는 $0.5c$ | 100 |

중굴압입공법으로 시공할 때 흙막이벽의 선단지지력을 기대하기 위해서는 지반 조건을 충분히 고려하여 시멘트밀크 분출교반방식 등에 의한 선단 처리가 필요하다. 시멘트밀크 분출교반방식의 선단지지력은 지하연속벽의 선단지지력을 사용한다. 선단 처리를 타격방식으로 하는 경우는 선단지지력은 타격공법에 준한다.

프리보링공법으로 시공할 때 흙막이벽의 선단지지력을 기대하기 위해서는 강관널말뚝 선단부의 슬라임 처리를 확실히 하여 콘크리트를 타설하여야 한다. 이 경우의 선단지지력은 지하연속벽에 준한다.

강관널말뚝 벽에 작용하는 최대주면마찰력은 지반의 종류, 시공법에 따라서 표 6.3.3의 값을 사용한다. 천공으로 시공할 때에 주면마찰을 기대하기 위해서는 강관널말뚝 외부의 공극을 니수고결 또는 모르타르 등으로 속채움할 필요가 있다. 이 경우의 최대주면마찰력은 지하연속벽에 준한다. 강관널말뚝 벽의 선단 면적 및 둘레길이는 그림 6.3.7에 표시한 값으로 한다.

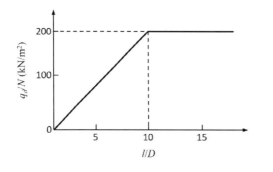

여기서,
$l$ : 근입깊이 (m)
$D$ : 강관널말뚝 직경 (m)
$N$ : 흙막이벽 선단에서 위쪽으로 $4D$ 범위에 있는 평균 $N$값($N \leq 40$)

**그림 6.3.6** 강관널말뚝 선단지반의 극한지지력(사질토)

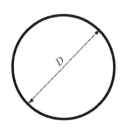

$U=\pi D$ (굴착바닥면보다 깊은 곳)

$U=\frac{1}{2}\pi D$ (굴착바닥면보다 얕은 곳)

$A : \frac{1}{4}\pi D^2 (\text{m}^2)$

$U$ : 강관널말뚝 직경 (m)

**그림 6.3.7** 강관널말뚝의 선단면적 및 둘레길이

### 3.1.4 주열식연속벽

선단 지반의 극한지지력도 및 최대주면마찰력은 지하연속벽에 준하는 것이 좋다(그림 6.3.9, 표 6.3.4 참조). 단, 소일시멘트 벽에서는 소일시멘트 강도와 지반의 지지력을 비교하여 작은 쪽의 값을 극한지지력으로 한다. 또한 선단 지반의 극한지지력은 심재(보강재)의 선단 위치에서의 값을 사용하며, 최대주면마찰력은 심재(보강재)가 삽입되어 있는 범위만 고려한다.

소일시멘트 벽에 복공하중 등을 작용시키면 충격하중에 의하여 벽에 균열이 발생할 우려가 있으므로 원칙적으로 작용시키지 않는 것으로 한다. 어쩔 수 없이 작용시킬 때는 심재두부에 연결보를 설치하여 연직하중이 분산되어 심재에 전달되도록 하는 것이 필요하다.

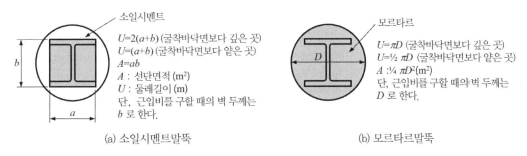

소일시멘트

$U=2(a+b)$ (굴착바닥면보다 깊은 곳)
$U=(a+b)$ (굴착바닥면보다 얕은 곳)
$A=ab$
$A$ : 선단면적 (m²)
$U$ : 둘레길이 (m)
단, 근입비를 구할 때의 벽 두께는
$b$ 로 한다.

모르타르

$U=\pi D$ (굴착바닥면보다 깊은 곳)
$U=\frac{1}{2}\pi D$ (굴착바닥면보다 얕은 곳)
$A : \frac{1}{4}\pi D^2 (\text{m}^2)$
단, 근입비를 구할 때의 벽 두께는
$D$ 로 한다.

(a) 소일시멘트말뚝                (b) 모르타르말뚝

**그림 6.3.8** 주열식 연속벽의 선단면적 및 둘레길이

### 3.1.5 지하연속벽

지하연속벽 선단 지반의 극한지지력도 $q_d$는 선단 지반이 사질토인 경우는 그림 6.3.9에 의하고, 점성토의 경우는 (6.3.8)식으로 구한다. 지하연속벽의 경우에 단면이 큰 흙막이벽 선단 지반의 극한지지력을 구할 때, 양질지반의 두께가 얇은 경우는 도로교설계기준을 참고로 한다.

$$q_d = 3\,q_u \quad (\text{점성토}) \tag{6.3.8}$$

여기서,    $q_u$ : 일축압축강도 (kN/m²)

지하연속벽의 최대주면마찰력은 지반의 종류에 따라서 표 6.3.4의 값을 사용한다. 선단면적

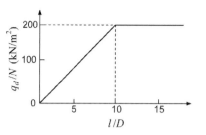

여기서,
$l$ : 근입깊이 (m)
$D$ : 지중연속벽의 벽 두께 (m)
$N$ : 선단지반의 $N$값 ($N{\leq}30$)

**그림 6.3.9** 지하연속벽의 선단 지반 극한지지력도(사질토)

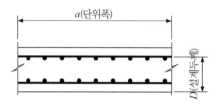

$U=2a$ (굴착바닥면보다 깊은 곳)
$U=a$ (굴착바닥면보다 얕은 곳)
$A$ : $aD$(m²)
$U$ : 둘레길이 (m)

**그림 6.3.10** 지하연속벽의 선단 면적 및 둘레길이

및 둘레 길이는 그림 6.3.10에 표시한 값으로 한다.

**표 6.3.4** 지하연속벽의 최대주면마찰력

| 지반조건 | $fi$ (kN/m²) | $fi$의 상한 값 (kN/m²) |
|---|---|---|
| 사질토 | $5N$ | 200 |
| 점성토 | $10N$ 또는 $c$ | 150 |

## 3.2 일본철도설계기준

### 3.2.1 중간말뚝의 허용연직지지력

일본의 철도설계기준에는 중간말뚝과 흙막이벽에 대한 지지력 산정 방법이 다르게 규정되어
있는데, 먼저 중간말뚝에 사용하는 말뚝의 허용연직지지력은 다음과 같다.

$$Q_a = \alpha_f \cdot Q_f + \alpha_p \cdot Q_p \tag{6.3.9}$$

여기서,    $Q_a$ : 말뚝의 허용연직지지력(단말뚝) (kN/m²)

$Q_f$ : 단말뚝의 최대주면지지력 (kN/m²)

$Q_p$ : 단말뚝의 기준선단지지력 (kN/m²)

$\alpha_f$ : 말뚝의 주면지지력에 대한 안전계수 (표 6.3.5 참조)

$\alpha_p$ : 말뚝의 선단지지력에 대한 안전계수 (표 6.3.5 참조)

**표 6.3.5** 지지력계수에 관한 안전계수

| 구분 | $\alpha_p$ | $\alpha f$ |
|------|------|------|
| 타입말뚝 | 0.4 | 0.4 |
| 현장타설말뚝 | 0.8 | 0.5 |

단, $\alpha_p$ 및 $\alpha_f$의 수치에 있어서는 표 6.3.5에 표시한 값을 사용하는 것을 표준으로 한다. 또한 현장타설말뚝에 있어서 $Q_p/(Q_f+Q_p)$가 0.6 이상일 때는 (6.3.10)식에 의하여 $\alpha_p$를 줄여서 사용하여야 한다.

$$\alpha_p = 1.25 - 0.75\frac{Q_p}{Q_f + Q_p} \quad 단, \quad \left(0.6 < \frac{Q_p}{Q_f + Q_p} \leq 1.0\right) \tag{6.3.10}$$

일반적으로 H형강 말뚝에 의하여 구축된 중간말뚝은 굴착에 따라 말뚝본체가 노출된 경우에는 일반적으로 유효근입깊이가 큰 말뚝에 비하여 침하량이 커지는 경향이 있다. 여기에 표시한 것 보다 큰 안전계수를 사용하여 지지력을 계산하면, 비교적 큰 침하량이 생기게 되므로 선로에 근접하거나 중요구조물을 지지할 때는 굴착의 진행에 따라 변위를 측정할 필요가 있다. 또, 현장타설말뚝을 주면지지말뚝으로 한 경우에는 과대한 침하 발생의 확률이 낮으므로 $\alpha_f$를 0.4 정도로 하는 것이 좋다.

### 3.2.2 최대주면지지력

말뚝의 최대 주면지지력은 다음 식에 의하여 구한다.

$$Q_f = U \cdot \sum f_i \cdot l_i \tag{6.3.11}$$

여기서,     $Q_f$ : 말뚝의 최대주면지지력 (kN)

             $f_i$ : 각 토층의 말뚝 최대주면지지력 (kN/m²)

             $l_i$ : 각 토층의 두께 (m)

             $U$ : 말뚝의 둘레길이 (m)

#### (1) 타입말뚝의 경우

선단이 폐쇄된 말뚝의 경우에 있어서 최대주면지지력은 각 토층의 토질에 따라서 다음과 같이 산정한다.

- 사질토의 경우

  $f = 3N \leq 150$

- 모래자갈층의 경우

  $f = 4N \leq 200$

- 점성토의 경우

$$f = \frac{q_u}{2} \text{ 또는 } 10N \leq 150$$

여기서,　　$f$ : 토층의 최대주면지지력 $(kN/m^2)$

　　　　　$N$ : 토층의 $N$ 값

　　　　　$q_u$ : 점성토층의 일축압축강도 $(kN/m^2)$

### (2) 현장타설말뚝의 경우

#### 1) 벤토나이트 니수를 사용하지 않는 경우

각 토층 말뚝의 최대주면지지력은 각 토층의 토질에 따라서 다음과 같이 방법으로 계산하는 것이 좋다.

- 사질토의 경우

$$f = 5N \leq 200$$

- 점성토의 경우

$$f = \frac{q_u}{2} \text{ 또는 } 10N \leq 150$$

여기서,　　$f$ : 토층의 최대주면지지력 $(kN/m^2)$

　　　　　$N$ : 토층의 $N$ 값

　　　　　$q_u$ : 점성토층의 일축압축강도 $(kN/m^2)$

#### 2) 벤토나이트 니수를 사용하는 경우

시공조건을 고려하여 정하여야 하지만, 자연 니수를 사용하는 현장타설말뚝공법에서 보조적으로 벤토나이트 니수를 사용하는 경우는 벤토나이트 농도가 3% 미만이면 자연 니수로 본다.

### 3.2.3 말뚝의 기준선단지지력

말뚝의 기준 선단지지력은 다음 식에 의하여 구한다.

$$Q_p = q_p \cdot A_p \tag{6.3.12}$$

여기서,　　$Q_p$ : 말뚝의 기준선단지지력 $(kN)$

　　　　　$q_p$ : 말뚝의 기준선단지지력도 $(kN/m^2)$

　　　　　$A_p$ : 말뚝의 선단면적 $(m^2)$

단, 중간말뚝에 많이 사용되고 있는 H형강 말뚝의 경우, 말뚝의 선단면적 $A_p$ 는 실제 면적을 사용하여 산정하는 것으로 한다.

## (1) 타입말뚝의 경우

타입말뚝의 기준 선단지지력은 말뚝선단의 토질에 따라서 다음과 같이 구한다.

- 사질토의 경우

$$q_p = 300\overline{N} \leq 10,000$$

- 모래자갈층의 경우

$$q_p = 400\overline{N} \leq 15,000$$

- 단단한 점성토 또는 연암층의 경우

$$q_p = 4.5\overline{q_u} \ \text{또는} \ 100\overline{N} \leq 20000 \, (\text{kN/m}^2)$$

여기서, $\quad q_p$ : 말뚝의 기준선단지지력도 $(\text{kN/m}^2)$

$\quad\quad\quad\quad \overline{N}$ : 말뚝 선단지반에 있어서 지지력 산정의 평균 $N$값

$\quad\quad\quad\quad \overline{q_u}$ : 말뚝 선단지반에 있어서 지지력 산정의 평균 일축압축강도 $(\text{kN/m}^2)$

지지층이 명확한 사질토 또는 모래자갈층의 경우는 말뚝선단을 말뚝직경의 2배 이상을 타입하였을 때 말뚝선단 부근의 $N$값을 $\overline{N}$으로 한다. 또 지지층이 명확한 점성토 또는 연암의 경우는 말뚝 선단을 말뚝직경 이상 타입하였을 때 말뚝선단 부근의 $N$값을 $\overline{N}$으로 한다.

## (2) 현장타설말뚝의 경우

현장타설말뚝의 기준선단지지력은 말뚝선단의 토질에 따라서 다음과 같이 구한다.

- 사질토의 경우

$$q_p = 70\overline{N} \leq 3,500$$

- 모래자갈층의 경우

$$q_p = 100\overline{N} \leq 7,500$$

- 단단한 점성토 또는 연암층의 경우

$$q_p = 3\overline{q_u} \ \text{또는} \ 60\overline{N} \leq 9,000 \, (\text{kN/m}^2)$$

여기서, $\quad q_p$ : 말뚝의 기준선단지지력도 $(\text{kN/m}^2)$

$\quad\quad\quad\quad \overline{N}$ : 말뚝 선단지반에 있어서 지지력 산정의 평균 $N$값

$\quad\quad\quad\quad \overline{q_u}$ : 말뚝 선단지반에 있어서 지지력 산정의 평균 일축압축강도 $(\text{kN/m}^2)$

## (3) 기타

기타 시공법에 의한 말뚝의 경우는 지반 조건 및 시공 조건을 충분히 검토하여 정하는 것으로 한다.

### 3.2.4 흙막이벽의 지지력

흙막이벽에 연직하중을 재하하는 경우에는 지반 조건, 시공법, 벽체 종류를 고려하여 지지력을 검토하여야 한다. 단, 열차하중이나 자동차 하중 등의 직접 재하 또는 연약지반에 시공할 때는 흙막이벽의 침하, 흙막이벽 주변 지반과의 상대침하 등이 예상되므로 흙막이벽에 직접 재하할 것인가? 말 것인가를 신중하게 검토하여야 한다.

#### (1) 지지력 산정에 사용하는 유효근입깊이

지지력 산정에 사용하는 유효근입깊이는 굴착바닥면보다 깊은 벽체 근입깊이로 한다. 이것은 흙막이공에 사용되고 있는 흙막이벽에 있어서는 한쪽이 굴착되기 때문에 굴착바닥면보다 상부에 있어서는 흙막이벽 주면에 작용하는 마찰력이 배면측에만 해당되며, 즉 흙막이벽의 시공법, 시공 상태에 따라서는 마찰력이 감소되는 것이 예상되기 때문이다.

#### (2) 지지력 산출

흙막이벽에는 지반 조건, 흙막이공의 목적 등에 따라서 강널말뚝, 강관널말뚝, 지하연속벽 등 다양한 형식이 적용되며, 그 공법도 다양한 방법이 적용되고 있다. 이와 같이 연속된 흙막이벽의 지지력 계산식에 있어서는 명확하게 규정되어 있는 것이 없다는 것이다. 이것은 벽체 종류에 따른 지지력 특성의 문제, 시공법에 따른 침하량의 문제(특히 슬라임 처리), 흙막이벽의 횡방향 강성(하중을 지지하는 흙막이벽의 분포폭)에 의한 유효선단지지면적의 취급 방법의 문제 등이 예상되며, 그 취급방법에 있어서는 충분히 주의하여 지지력을 검토하여야 한다.

### 3.2.5 시공법의 영향에 의한 말뚝의 주면마찰력

말뚝의 지지력 분담 비율은 지반 조건, 유효근입깊이에 따라 다르지만, 일반적으로 주면마찰력에 의한 영향이 크므로 지반 조건, 시공 방법 등을 충분히 파악하여 지지력을 계산하는 것이 필요하다.

최근 흙막이공의 주변 환경조건 등을 고려하여 소음 및 진동을 경감하기 위한 프리보링 등에 의하여 말뚝을 축조하는 매입 말뚝이 많이 시공되고 있다. 이와 같은 프리보링에 따라 말뚝을 시공하는 경우는 말뚝 주면에 작용하는 흙의 마찰력은 지반 조건에 따라 다르지만, 일률적으로 정하는 것은 곤란하다. 이 시공 조건에 있어서는 주면마찰력에 의하여 허용지지력은 다음 식으로 계산한다.

$$Q_a = \frac{1}{F_s}\{200N \cdot A \cdot \gamma + (10N_c \cdot A_c + 2N_s \cdot A_s)\alpha \cdot \beta\} \qquad (6.3.13)$$

여기서,  $Q_a$ : 말뚝의 허용지지력

$N$ : 말뚝선단지반의 $N$ 값

$A$ : 말뚝의 양 플랜지로 둘러쌓인 면적

$N_c$ : 말뚝 선단까지의 점성토층의 평균 $N$ 값

$A_c$ : $U \cdot l_c$ (m²)

$N_s$ : 말뚝 선단까지의 사질토층의 평균 $N$ 값

$A_s$ : $U \cdot ls$ (m²)

$\alpha$ : 시공 조건에 의한 정수 (모르타르 충진 : 0.5, 모래 채움 : 0, 압밀 또는 타격 시공 : 1.0)

$\beta$ : 말뚝 주위에 흙이 있는 경우 : 1.0 (말뚝의 근입부분)
말뚝 한쪽 면이 굴착된 경우 : 0.5 (굴착바닥면 위쪽 부분)

$U$ : 말뚝의 둘레길이

$l_c$ : 점성토층 중의 말뚝길이 (m)

$l_s$ : 사질토층 중의 말뚝길이 (m)

$F_s$ : 안전율 = 2.0

말뚝의 허용연직지지력에 사용하는 안전율은 1.5~2.0이 적용되고 있다. 가설구조물에 사용되고 있는 안전율은 일반적으로 1.5가 많이 사용되고 있지만, 중요 구조물의 근접 등을 고려하여 2.0을 적용한다.

## 3.3 일본건축학회기준

일본건축학회에서 발행한 『흙막이설계지침(山留め設計指針)』에는 흙막이 벽체와 중간말뚝의 지지력 산출 방법이 다르게 되어 있다.

### 3.3.1 흙막이벽의 지지력 검토방법

흙막이벽을 앵커로 지지하는 경우나, 역타공법을 적용하여 구체의 연직하중을 흙막이벽에 부담시킬 때는 연직하중에 대하여 흙막이벽의 지지력을 검토하여야 한다. 흙막이벽의 허용지지력 $R_a$는 (6.3.14)식에 의하여 계산하며, $R_a$가 예상되는 하중을 초과하도록 흙막이벽의 근입 깊이를 설정한다.

$$R_a = \frac{1}{2}\left\{ \alpha\overline{N}A_p + \left( \frac{10\overline{N}_s L_s}{3} + \frac{\overline{q}_u L_c}{2} \right)\varphi \right\}$$
(6.3.14)

여기서, $R_a$ : 단위 폭당 흙막이벽의 허용지지력 (kN)

$\alpha$ : 흙막이벽 선단 지반의 지지력계수
- 현장타설말뚝공법 계통의 흙막이벽 : $a = 150$

- 매입말뚝공법 계통의 흙막이벽 : $\alpha = 200$
- 타입말뚝공법 계통의 흙막이벽 : $\alpha = 300$

$\overline{N}$ : 흙막이벽 선단 부근 지반의 평균 $N$값(단, $N \le 100$, $\overline{N} \le 60$으로 한다)

$A_p$ : 단위 폭당의 흙막이벽 단면적 $(\text{m}^2)$

$\overline{N_s}$ : 굴착바닥면에서 흙막이벽 선단까지의 지반 중에 사질토 부분의 평균 $N$ 값(단, $\overline{N} \le 30$).

$L_s$ : 굴착바닥면 아래에서 사질토 부분에 있는 흙막이벽의 길이 $(\text{m})$

$\overline{q_u}$ : 굴착바닥면에서 흙막이벽 선단까지의 지반 중에 점성토 부분의 평균 일축압축강도 $(\text{kN/m}^2)$ (단, $\overline{q_u} \le 200 \text{ kN/m}^2$)

$L_c$ : 굴착바닥면 아래에서 점성토 부분에 있는 흙막이벽의 길이 $(\text{m})$

$\varphi$ : 단위 폭당의 흙막이벽의 둘레길이 $(\text{m})$

종래, 가설구조물에 있어서 말뚝의 허용연직지지력을 단기허용지지력의 2/3로 하는 것이 일반적이었다. (6.3.14)식에서 흙막이벽의 허용지지력을 극한지지력의 1/2(장기허용지지력과 단기허용지지력의 중간치)로 안전하게 설정한 것은 다음과 같은 이유 때문이다.

① 흙막이벽에 작용하는 연직하중은 주로 흙막이앵커의 반력에 의한 연직방향분력 또는 역타공법에서 구체 하중으로 하중이 비교적 크고, 공사기간 중에 지속적으로 작용한다.

② 연직지지력의 부족으로 흙막이벽에 과대한 침하가 발생하는 경우, 흙막이의 붕괴 또는 구체에 손상을 일으킬 가능성이 있다.

또, 흙막이벽의 마찰저항력을 고려할 수 있는 범위는 원칙적으로 그림 6.3.11에 표시한 것과 같이 굴착바닥면 아래로 한정한다. 단, 지진시에 액상화가 예상되는 지반에서는 그 범위의 지반저항력을 기대할 수 없으므로 주의한다.

역타공법에 있어서 본체구조물을 흙막이벽으로 지지하는 경우 등에서는 구조물의 침하검토가 필요하게 된다. 이 경우에는 말뚝의 침하량 산정이 필수항목이므로 흙막이벽의 침하량을

**그림 6.3.11** 연직방향 마찰저항력을 고려할 수 있는 범위

산출하는 것이 가능하다. 그러므로 흙막이벽의 연직방향 변위에는 배토에 수반하는 지반 그 자체의 리바운드 영향을 무시할 수 없으므로 정량적으로 평가하기는 곤란하다. 따라서 지지력의 검토로 침하 검토를 대신하는 것이 일반적이다.

### 3.3.2 중간말뚝의 지지력 검토방법

중간말뚝의 지지력은 타입공법에서는 (6.3.15)식으로, 매입공법(프리보링 후 모르타르로 전체 충진)에는 (6.3.16)식으로, 매입공법(선단부만 처리)으로 최종타입한 경우는 (6.3.17)식으로, 매입공법(선단부만 처리)에서 밑다짐 처리한 경우는 (6.3.18)식으로 계산한다.

(1) 타입공법의 경우

$$R_{a1} = \frac{2}{3}\left\{300\overline{N}\cdot A_p + \left(\frac{10\overline{N_s}L_s}{3} + \frac{\overline{q_u}L_c}{2}\right)\varphi\right\}$$ (6.3.15)

(2) 매입공법(프리보링 후 모르타르로 전체 충진)의 경우

$$R_{a2} = \frac{2}{3}\left\{200\overline{N}\cdot A_p + \left(\frac{10\overline{N_s}L_s}{3} + \frac{\overline{q_u}L_c}{2}\right)\varphi\right\}$$ (6.3.16)

(3) 매입공법(선단부만을 처리)의 경우

$$\text{최종타입공법 : } R_{a3} = \frac{2}{3}\left(300\overline{N}\cdot A_p\right)$$ (6.3.17)

$$\text{밑다짐공법 : } R_{a3} = \frac{2}{3}\left(200\overline{N}\cdot A_p\right)$$ (6.3.18)

여기서,　　$R_{a1}$ : 타입공법에 의한 허용지지력 (kN)

$R_{a2}$ : 매입공법(프리보링 후 모르타르로 전체 충진)에 의한 허용지지력 (kN)

$R_{a3}$ : 매입공법(선단부만 처리)으로 최종 타입에 의한 허용지지력 (kN)

$R_{a4}$ : 매입공법(선단부만 처리)으로 밑다짐에 의한 허용지지력 (kN)

$\overline{N}$ : 중간말뚝 선단부근 지반의 평균 $N$ 값(단, $N \leq 100$, $\overline{N} \leq 60$으로 한다.)

$A_p$ : 중간말뚝의 유효지지면적(H형강의 경우는 폭×높이) (m$^2$)

$\overline{N_s}$ : 굴착바닥면에서 중간말뚝 선단까지의 지반 중에 사질토 부분의 평균 $N$ 값(단, $\overline{N} \leq 30$)

$L_s$ : 굴착바닥면 아래에서 사질토 부분에 있는 중간말뚝의 길이 (m)

$q_u$ : 굴착바닥면에서 중간말뚝 선단까지의 지반 중에 점성토 부분의 평균 일 축압축강도 (kN/m²) (단, $\overline{q_u} \leq 200$ kN/m²)

$L_c$ : 굴착바닥면 아래에서 점성토 부분에 있는 중간말뚝의 길이 (m)

$\varphi$ : 중간말뚝의 둘레길이 (m)

지지력의 판정은 다음 식과 같다.

$$R_a \geq N \tag{6.3.19}$$

여기서,    $R_a$ : 중간말뚝의 허용지지력 (kN)

$N$ : 중간말뚝에 작용하는 하중 (kN)


이상과 같이 일본의 설계기준에 기재되어 있는 지지력에 대한 검토 방법을 살펴보았다. 일본의 기준은 기존의 지지력 계산 방법을 가설구조의 특성에 적합하도록 수정하여 사용하고 있으므로 실제의 상황에 적합하도록 흙막이를 설계하는 것이 가능하다.

특히 흙막이 벽체와 중간말뚝은 사용하는 종류와 재질, 형상, 시공 방법, 하중 등에서 완전히 다르므로 지지력 계산에서는 계산 방법을 달리하여 검토하는 것이 바람직할 것이다.

제 7 장

# 흙막이벽의 설계

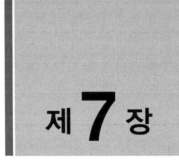

# 제 **7** 장

# 흙막이벽의 설계

## 1. 설계 일반

흙막이는 굴착이 진행됨에 따라 작용하는 하중에 대하여 충분한 강도를 가지고 있어야 하며, 흙막이 자체 또는 주변 지반에 대하여 유해한 변형이 생기지 않는 구조로 하여야 한다. 또한 굴착바닥면에 발생할 수 있는 사항에 대해서도 충분히 안정이 확보되어야 한다.

흙막이벽의 변형이나 굴착바닥면의 안정, 지하수위의 변동 등이 주변의 지반 혹은 구조물에 어느 정도 영향을 주는가에 대하여 항상 파악해 두는 것이 흙막이 설계에 있어서 중요하다.

여기서 먼저 제4장에서 언급하였지만, 흙막이 설계 방법은 여러 가지가 있는데 이 설계 방법을 어떻게 적용할 것인가는 구조물이 대심도, 대규모에 따라 흙막이의 규모도 대형화되고 있어 굴착깊이나 토질 조건, 인접구조물의 상황 등을 반영시킬 수 있는 설계 방법의 선정이 필요하다. 따라서 표 7.1.1에 따른 설계 방법으로 분류하는 것이 보통인데 이것은 편리상 굴착깊이에 의한 분류이므로, 설치구조물의 성격이나 시공 조건 등 주변 환경에 따라서 적절한 방법을 선택하거나, 여러 가지 방법으로 설계하여 가장 불리한 조건으로 적용하여야 한다.

**표 7.1.1 흙막이 설계방법의 분류**

| 지보공 형식 | 굴착깊이 | 흙막이의 응력, 변형의 계산법 |
|---|---|---|
| 버팀대식, 케이블식 | $H \leq 3.0\text{m}$ | 소규모 흙막이 설계법(관용계산법) |
| | $3.0\text{m} < H \leq 10.0\text{m}$ | 관용계산법[1] |
| | $H > 10.0\text{m}$[2] | 탄소성법, 유한요소법 |
| 자립식 | $H \leq 3.0\text{m}$[3] | 탄성바닥판 위의 보이론 |

주 1) 관용계산법에서는 흙막이벽의 변형을 구할 수 없으므로 인접구조물이 존재하여 변형량을 구할 필요가 있는 경우는 탄소성법으로 하는 것이 좋다.
　　2) N값이 2 이하 혹은 점착력이 $20\text{kN/m}^2(2\text{tf/m}^2)$ 정도 이하의 연약지반에 있어서는 굴착깊이가 $H > 8.0\text{m}$에 대하여 적용한다.
　　3) 양질의 지반에 있어서는 굴착깊이 4m 정도까지 적용이 가능하다.

굴착깊이가 10m를 넘는 경우는 지층구성이 복잡하게 되어 있고, 작용하는 토압이나 수압도 증대되어 단면결정용 토압의 적용성 문제나, 관용계산법으로 설계할 때, 흙막이벽의 변형을 고려할 수 없고, 버팀대 반력이나 수동측 지반반력 분포가 현재 상태와 맞지 않는 등의 문제가 발생한다. 또, 흙막이벽의 안정성이나 변형량이 공사 자체 또는 주변 구조물에 주는 영향을 무시할 수 없으므로 토질 조건이나 흙막이벽, 지보공의 강성과 굴착 진행을 고려할 수 있는 해석방법으로 벽체의 응력이나 변위를 계산하는 것이 필요하다. 그래서 지반이나 흙막이의 구조를 보다 실제에 가까운 형태로 모델화 할 수 있는 것, 굴착에 따라 발생하는 벽체의 모멘트나 변형의 분포가 벽의 총길이에 대하여 계산할 수 있는 것 및 입력하중 조건에 대하여 비교적 임의성이 있고 사용 실적이 풍부한 것을 고려하여 **탄소성법**을 사용하는 것이 바람직하다.

흙막이벽의 해석은 단면력과 변형을 알기 위하여 굴착의 진행에 따라 다양한 종류의 지보재를 가설하기 때문에 구조적으로 매우 복잡성을 가지고 있어서 해석방법도 여러 가지가 제안되어 있다(제4장 참조). 해석의 기본은 어떤 해석방법을 사용하더라도 정확하고 실질적인 값을 얻을 수 있느냐에 있다. 하지만 흙막이처럼 매우 다양하고 복잡성을 가진 구조에서는 아직까지 정확한 거동을 해석하기는 곤란하다. 현재 주로 사용하고 있는 해석방법은 다음과 같다.

① 토압이론에 의한 관용해석법

② 실제 계측에 따른 측압을 이용한 탄소성해석법

③ 지반과 구조물의 상호작용을 고려한 수치해석법(유한요소법, 유한차분법)

국내의 설계기준이나 지침에서는 흙막이벽의 설계에 어떤 방법을 사용하고 있는지 알아본다. 가설흙막이 설계기준에는 부재 단면의 설계만 기재되어 있고 설계 방법에 대해서는 언급되어 있지 않다.

구조물기초설계기준에서는 "7.4 해석방법"에 상세하게 수록되어 있는데, 다음과 같이 분류하고 있다.

① 흙막이 벽체의 안정성을 해석하는 방법
- 벽체를 보로 보는 해석방법(관용계산법)
- 흙-구조물 상호작용을 고려한 해석법(탄소성 및 유한요소법)

② 굴착 및 해체단계별 해석방법
- 유한요소법 및 유한차분법에 의한 해석
- 탄소성 지반상 연속보 해석

③ 굴착완료 후의 해석방법
- 단순보해석
- 연속보해석
- 탄성지반 상 연속보해석

**표 7.1.2 구조물기초설계기준의 해석법 분류**

| 구분 | 관용계산법 | 탄소성법 | 유한요소(차분)법 |
|---|---|---|---|
| 안 정 성  해 석 | ○ | ○ | ○ |
| 굴 착 단 계 별  해 석 | − | ○ | ○ |
| 굴 착 완 료 후  해 석 | ○ | − | − |

위의 분류를 표로 나타내면 표 7.1.2와 같은데, 다른 설계기준에는 벽체해석에 대하여 구체적인 언급이 없고, 대부분이 벽체의 단면 계산에 관한 사항만 수록되어 있다. 이 단면 계산은 굴착완료 후의 해석이므로 경험토압공식에 의한 관용계산법에 해당된다.

흙막이 설계를 할 때에 대부분이 가설구조의 규모, 굴착깊이, 시공 장소 등에 상관없이 탄소성법을 사용하고 있다. 여기서는 표 7.1.1의 설계법의 분류에 따라

① 소규모 흙막이의 설계($H$<4m) : 자립식

② 중규모 흙막이의 설계(4m<$H$≤10m) : 관용계산법

③ 대규모 흙막이의 설계(10m<$H$ 이상) : 탄소성법

로 나눌 수 있는데, 3가지의 방법을 아래와 같은 항목에 따라 설계기준별로 비교하면서 분석해 보기로 한다.

(1) 근입깊이의 결정방법

(2) 벽체의 단면력 산정방법

이 2가지를 비교 분석하는 것은 각 설계기준에서는 각 계산법(특히 탄소성법과 관용계산법)에 대하여 명확한 구분이 되어 있지 않고, 실무에서 흙막이를 설계할 때도 벽체의 단면력은 탄소성법에 의하여 계산하고 근입깊이는 관용계산법에 의하여 계산하는 등, 탄소성법과 관용계산법을 혼합하여 사용하는 경우가 대부분이다.

더 큰 문제는 **가설구조와 관련된 기준이나 문헌 등에서는 대부분이 관용계산법을 고전적인 기법으로 명시하고 탄소성법으로 설계하도록 되어 있으나, 설계 규정은 관용계산법을 기재하고 있다는 것이다.** 그러다 보니 대부분의 설계 종사자는 탄소성법으로 설계하는 것으로 착각한다는 것이다.

따라서 관용계산법과 탄소성법의 근입깊이의 결정과 벽체의 단면력 산정은 무엇이 다른지 이 장에서 상세하게 설명하기로 한다. 그리고 자립식은 각 기준에서는 특별히 규정되어 있지 않지만, 실무에서 많이 사용하고 있으므로 여기서는 자립식도 함께 수록하여 비교하기로 한다.

# 2. 근입깊이의 결정방법

## 2.1 근입깊이 결정 항목

흙막이의 안정을 유지하기 위해서는 흙막이벽의 근입깊이를 필요한 만큼 확보하는 것이 중요하다. 또한 흙막이벽에 과대한 단면력이나 변형이 발생하지 않는 길이를 확보하는 것이 필요한데, 흙막이벽의 근입깊이는 다음에 표시하는 항목에서 구한 근입깊이 중에서 가장 불리한 깊이로 한다.

① 토압 및 수압에 대한 안정에서 정하는 근입깊이
② 굴착바닥면의 안정에서 정하는 근입깊이
③ 흙막이벽의 허용지지력에서 정하는 근입깊이
④ 최소근입길이 규정에 의한 근입깊이
⑤ 탄소성법의 계산결과에서 흙막이벽 선단부의 지반에 탄성영역이 존재하는 근입깊이

이상과 같이 5개의 항목에 대한 근입깊이 결정은 관용계산법과 탄소성법이 서로 다른데, 위의 항목 중에서 ①~④는 공통으로 사용되며, ⑤는 탄소성법만 해당되는 항목이다.

## 2.2 자립식의 근입깊이 결정방법

자립식 흙막이의 근입깊이는 최소근입깊이, 굴착바닥면의 안정에서 결정되는 근입깊이 및 (7.2.1)식에 의해 구해지는 근입깊이 중에서 가장 불리한 값(긴 값)으로 한다.

$$\ell_0 = \frac{2.5}{\beta} \tag{7.2.1}$$

여기서,  $\ell_0$ : 근입깊이 (m)

$\beta$ : 말뚝의 특성 값($m^{-1}$)으로 (7.2.2)식에 의한다.

$$\beta = \sqrt[4]{\frac{k_H B}{4EI}} \tag{7.2.2}$$

$kH$ : 수평방향 지반반력계수 ($kN/m^3$)로 $1/\beta$ 범위의 평균값으로 한다.

$$k_H = \eta \, k_{H0} \left(\frac{B_H}{0.3}\right)^{-3/4} \tag{7.2.3}$$

$\eta$ : 벽체 형식에 관한 계수
- 연속벽체의 경우 : $\eta=1$
- 엄지말뚝의 경우 : $\eta=B_0/B_f$. 단, $\eta \leq 4$

$B_0$ : 엄지말뚝 중심간격 (m)

$B_f$ : 엄지말뚝 플랜지 폭 (m)

$k_{H0}$ : 직경 30cm의 강체원반에 의한 평판재하시험의 값에 상당하는 수평방향 지반반력계수 (kN/m³)

$$k_{H0} = \frac{1}{0.3} \alpha E_0 \tag{7.2.4}$$

$B_H$ : 환산재하 폭(m)=10m

$E_0$ : 표 7.2.1에 표시한 값으로 측정 또는 측정한 설계 대상이 되는 위치에서 지반의 변형계수 (kN/m²). 고결실트의 변형계수는 원칙적으로 시험결과값을 사용하지만, 시험결과가 없는 경우는 $\alpha E_0 = 210c$ (kN/m²)를 사용. 단, $c$는 흙의 점착력이다.

$\alpha$ : 지반반력계수의 추정에 사용하는 계수로 표 7.2.1과 같다.

$B$ : 흙막이벽의 폭(m)으로 엄지말뚝의 경우는 말뚝 폭, 강널말뚝의 경우는 단위 폭(1.0m)으로 한다.

$E$ : 흙막이벽의 탄성계수 (kN/m²)

$I$ : 흙막이벽의 단면2차모멘트 (m⁴)로 엄지말뚝의 경우는 1본, 강널말뚝의 경우는 단위 폭(1.0m)으로 한다.

**표 7.2.1** $E_0$ 과 $\alpha$

| 다음의 시험방법에 의한 변형계수 $E_0$ (kN/m²) | $\alpha$ |
|---|---|
| 보링공 내에서 측정한 변형계수 | 4 |
| 공시체의 일축 또는 삼축압축시험에서 구한 변형계수 | 4 |
| 표준관입시험의 $N$값에서 $E_0 = 2800N (28N)$으로 구한 변형계수 | 1 |

흙막이벽의 근입깊이는 말뚝을 반무한길이로 가정한 길이로 하는 것이 원칙이며, 그 길이는 $3/\beta$ 이상으로 하고 있다. 그러나 $\ell_0 = 2.5/\beta$로 한 경우와 반무한길이의 말뚝으로 한 경우에 말뚝 상단의 변위 및 휨모멘트의 차이는 거의 없다. 쓸데없이 근입깊이를 길게 한 경우, 흙막이벽을 인발할 때 주변지반에 대한 영향이 커지게 되는 점 등을 고려하여 근입깊이를 $2.5/\beta$로 한다.

## 2.3 관용계산법에 의한 근입깊이 결정방법

일반적으로 관용계산법에 의한 흙막이벽의 근입깊이는 최하단 버팀대 또는 1단 위의 버팀대 위치에서 아래쪽으로 작용하는 주동측압과 수동측압의 모멘트에 대한 평형을 고려한 **극한평형법**을 사용하여 계산한다. 이 방법은 검토하는 곳의 버팀대 위치를 힌지로 하고, 이보다 아래쪽의 근입 부분을 강체로 취급하고 있으므로 흙막이벽의 강성이나 버팀대의 강성이 반영되지 않는 다. 또한 검토하는 곳의 버팀대 위치보다 상부에 있는 흙막이 지보공의 구조형식에 상관없이 근입깊이가 결정되어 버린다.

**이 방법은 굴착깊이가 얕은 경우에는 합리적이라고 생각되지만, 굴착깊이가 깊은 경우에는 반드시 적절한 방법이라고는 할 수 없다.** 그러나 설계에서는 편리함 때문에 극한평형법에 의하여 근입깊이를 결정하고 있으며 기준에도 대부분이 이 방법을 적용하고 있다.

### 2.3.1 설계기준의 근입깊이

대부분의 설계기준에서 측압에 대한 근입깊이 결정은 극한평형법을 사용하는데, 구조물기초 설계기준에서는 근입깊이 결정항목이 특별히 규정되어 있지는 않고, 구기준(2003년)에 가설흙 막이 구조물의 설계순서에 "근입장의 결정"이 있다. 이 기준에서 근입깊이 결정에는 토압 및 수압에 의한 측압과 굴착바닥면의 안정 검토(파이핑, 히빙)에서 가장 불리한 조건의 깊이로 결정하도록 되어 있다.

철도설계기준에서는 ①힘의 평형에 대한 검토, ②지반 융기(heaving)에 대한 검토, ③파이핑 (piping)에 대한 검토 중에서 정하도록 되어 있다.

도로설계요령에도 마찬가지로 평형깊이와 굴착바닥면의 안정검토(보일링 및 히빙)에 의하여 근입깊이를 정하게 되어 있다.

가설공사표준시방서에는 "말뚝의 근입깊이는 굴착완료 후 또는 최하단 버팀대 위치를 중심 으로 수동토압에 의한 저항모멘트와 주동토압에 의한 활동모멘트 비, 보일링 및 히빙에 대한 안정성을 검토하여야 한다."로 되어 있다.

각 설계기준별 근입깊이 결정에 대한 항목을 정리하면 표 7.2.2와 같은데, ①~⑤는 "2.1 근 입깊이결정 항목"에 표시한 5가지의 근입깊이 결정 항목이다. 표에 보면 ③과 ⑤는 국내설계기 준에서는 규정이 없는 실정이다.

**표 7.2.2 설계기준별 근입깊이 결정 항목**

| 기준 | ① | ② | ③ | ④ | ⑤ |
|---|---|---|---|---|---|
| 구조물기초설계기준 | ○ | ○ | − | − | − |
| 도로설계요령 | ○ | ○ | − | ○ | − |
| 철도설계기준 | ○ | ○ | − | − | − |
| 가설공사표준시방서 | ○ | ○ | − | − | − |
| 일본가설지침 | ○ | ○ | ○ | ○ | ○ |
| 일본건축설계기준 | ○ | ○ | ○ | − | − |
| 일본토목설계기준 | ○ | ○ | ○ | ○ | ○ |

주) ①~⑤는 "2.1 근입깊이결정 항목"임

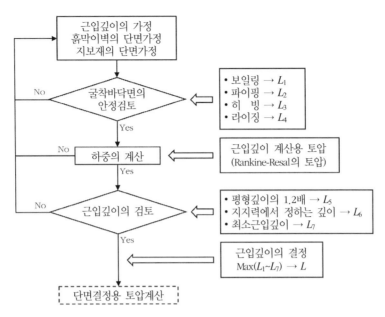

**그림 7.2.1** 관용계산법에 의한 근입깊이 계산 순서

## 2.3.2 근입깊이 결정방법

관용계산법으로 흙막이벽의 근입깊이를 계산할 때는 앞에서 언급한 근입깊이 결정 항목은 전부 4종류에 이르는데, 기준에서는 2~3가지 항목만으로 근입깊이를 결정하도록 되어 있다. 따라서 관용계산법에 해당하는 4가지 항목으로 검토하여, 이 중에서 가장 불리한 근입깊이를 결정하는 것이 흙막이의 안전을 위하여 바람직할 것이다. 그림 7.2.1은 관용계산법으로 근입깊이를 결정하는 순서를 나타낸 것이다.

### (1) 근입부의 토압 및 수압에서 정하는 근입깊이

평형깊이는 극한평형법을 사용하여 계산하는데, 일반적으로 최종굴착완료와 최하단 버팀대 설치전 두 개의 케이스에 대하여 버팀대보다 아래쪽에 대한 배면측의 주동토압에 의한 작용모멘트와 굴착측의 수동토압에 의한 저항모멘트가 평형을 이루는 깊이로 한다. 이때의 수동토압의 합력 작용점을 가상지지점으로 한다.

엄지말뚝과 강널말뚝 벽에서는 근입부의 연속성이나 수압의 유무에 따라서 다르므로 다음과 같은 사항에 유의하여 근입깊이를 검토한다.

### 1) 엄지말뚝의 경우

① 엄지말뚝은 개수성 흙막이벽이므로 수압을 고려하지 않는다. 평형깊이는 그림 7.2.2에 표시한 2개의 케이스를 계산하여 이 중에서 큰 값을 평형깊이로 한다.

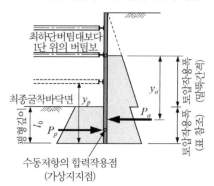

(a) 굴착완료시의 계산
(최하단 버팀대위치에서의 계산)

(b) 최하단 버팀대 설치직전의 계산
(최하단 버팀대보다 1단위에서의 계산)

**그림 7.2.2 평형깊이의 계산(엄지말뚝의 경우)**

② 엄지말뚝의 근입부에 있어서 주동 및 수동토압의 작용 폭은 표 7.2.3에 표시한 값으로 한다. 단, 버팀대 위치에서 굴착바닥면 사이의 작용 폭은 말뚝간격으로 한다.

③ 점성토에서는 그림 7.2.3에 표시한 것과 같이 엄지말뚝의 측면저항력으로서 수동토압에 의한 저항모멘트에 점착력 $c$에 따른 측면저항을 더하는 것으로 한다.

수동측의 저항=수동토압(제3장 5.1 근입깊이계산용 토압 참조)+말뚝의 측면저항

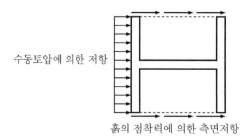

수동토압에 의한 저항

흙의 점착력에 의한 측면저항

**그림 7.2.3 엄지말뚝 근입부의 측면저항**

④ 굴착바닥면보다 위쪽의 흙의 단위중량은 습윤단위중량을 사용한다. 굴착바닥면보다 아래쪽의 지하수위 위쪽은 습윤단위중량을, 지하수위 아래쪽은 습윤단위중량에서 9.0 kN/m³를 뺀 수중단위중량을 사용한다.

⑤ 지반이 양호하여 주동토압이 계산되지 않거나, 아주 작은 경우에는 근입깊이가 매우 짧아질 수 있으므로 이때는 최소근입깊이를 적용한다(표 7.2.6 참조).

여기서 ②의 토압작용 폭인 표 7.2.3은 각 설계기준에 기재된 내용을 정리한 것인데, 철도설계기준에는 "굴착바닥면 작용토압 범위"의 표에 수동토압과 주동토압의 구분 없이 기재되어 있으며, 특히 주동토압에 대한 사항이 규정되어 있지 않고, 굴착면을 기준으로 위쪽과 아래쪽에 대한

사항이 없다. 도로설계요령에는 안전성을 고려하여 전부 말뚝 폭으로 계산하도록 되어 있다.

표 7.2.4는 엄지말뚝의 근입부에 대한 토압작용 폭의 일본기준을 정리한 것이다. 엄지말뚝을 사용할 때 주의할 점은 차수성 흙막이 판을 사용하는 경우가 있다. 이 경우에는 수압을 고려하는 방법으로 적용하여야 한다.

**표 7.2.3 엄지말뚝의 근입부 토압작용 폭(일본 기준)**

| 토질 | | N 값 | 가설구조물지침 | 철도설계기준 | 건축설계기준 |
|---|---|---|---|---|---|
| 수동토압 | 사질토 | $N \leq 10$ | 플랜지 폭 | 플랜지 폭 | 플랜지 폭의 1~3배 |
| | | $N > 10$ | 플랜지 폭×2 | 플랜지 폭×2 | |
| | 점성토 | $N \leq 4$ | 플랜지 폭 | 플랜지 폭 | |
| | | $N > 4$ | | 플랜지 폭×2 | |
| 주동토압 | 굴착면보다 위 | | 말뚝간격 | 수동과 동일 | 플랜지 폭 |
| | 굴착면보다 아래 | | 수동과 동일 | 수동과 동일 | 플랜지 폭 |

**표 7.2.4 엄지말뚝의 근입부 토압작용 폭**

| 토질 | | N 값 | 지하철설계기준 | 도로설계요령 | 철도설계기준 | 가설공사표준시방서 |
|---|---|---|---|---|---|---|
| 수동 토압 | 사질토 | $N \leq 10$ | 플랜지 폭×1 | 플랜지 폭×1 | 플랜지 폭×1 | 플랜지 폭×1 |
| | | $10 < N \leq 30$ | 플랜지 폭×2 | 플랜지 폭×1 | 플랜지 폭×2 | 플랜지 폭×2 |
| | | $30 < N \leq 50$ | 플랜지 폭×3 | 플랜지 폭×1 | 플랜지 폭×3 | 플랜지 폭×3 |
| | | $50 < N \leq 80$ | | | 말뚝간격×0.5 | |
| | | $80 < N$ | | | 말뚝간격 | |
| | 점성토 | $N \leq 4$ | 플랜지 폭×1 | 플랜지 폭×1 | 플랜지 폭×1 | 플랜지 폭×1 |
| | | $4 < N \leq 8$ | 플랜지 폭×2 | 플랜지 폭×1 | 플랜지 폭×2 | 플랜지 폭×2 |
| | | $8 < N$ | 플랜지 폭×3 | 플랜지 폭×1 | 플랜지 폭×3 | 플랜지 폭×3 |
| 주동 토압 | 굴착면보다 위 | | 말뚝간격 | — | — | 말뚝간격 |
| | 굴착면보다 아래 | | 플랜지 폭 | — | — | 플랜지 폭 |

**2) 강널말뚝의 경우**

① 강널말뚝은 차수성이므로 수압을 고려한다. 평형깊이는 그림 7.2.4에 표시한 것과 같이 2개의 케이스에 대하여 검토하여 큰 값을 평형깊이로 한다.

② 흙의 단위중량은 설계수위보다 위쪽은 습윤단위중량을, 아래쪽은 습윤단위중량에서 9.0 kN/m³을 뺀 수중단위중량을 사용한다.

③ 안정 계산에서 정하는 강널말뚝의 최소근입깊이는 표 7.2.6과 한다. 강널말뚝을 사용하는 곳은 지하수위가 높거나 연약지반이므로 어느 정도의 근입깊이를 확보하지 않으면 수동저항을 기대할 수 없으므로 일반적으로 엄지말뚝보다는 큰 값으로 한다.

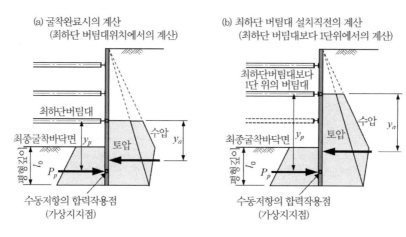

**그림 7.2.4 평형깊이의 계산(강널말뚝의 경우)**

④ 지반이 연약한 경우에는 모멘트의 평형에서 근입깊이를 계산하면 매우 길게 산출되거나, 계산이 되지 않는 경우가 있다. 이럴 때는 안정 계산에서 정하는 최대 근입깊이가 굴착깊이(수중에서는 설계 수위에서 굴착바닥면까지의 깊이)의 1.8배를 넘는 경우에는 지보재를 다시 배치하거나 지반을 개량하는 등의 조치를 취해야 한다.

근입부의 토압 및 수압에 대한 검토에서 설계기준에는 대부분이 엄지말뚝에 대해서만 정해져 있다. 하지만 엄지말뚝과 강널말뚝은 작용하는 측압분포가 다르므로 구분하여 평형깊이를 계산하는 것이 좋다. 특히 엄지말뚝에서 차수성 흙막이판을 사용할 때 근입부의 토압작용 폭을 어떻게 적용할 것인가는 앞으로 풀어야 할 숙제이다. 따라서 이럴 경우에는 엄지말뚝의 경우와 강널말뚝의 경우를 동시에 검토하여 큰 값을 적용하는 것이 흙막이의 안전을 위해서 바람직할 것으로 판단된다.

### (2) 굴착바닥면의 안정에서 정하는 근입깊이

굴착바닥면의 안정검토에 의한 근입깊이는 제5장에서 설명한 보일링, 히빙, 파이핑, 라이징 등에 대하여 현장의 토질이나 조건에 따라서 해당되는 항목에 대한 필요근입깊이를 계산한다.

구조물기초설계기준에는 근입깊이 항목이 없으며, 도로설계요령에서는 강널말뚝에 대한 근입깊이 결정에서 보일링, 히빙, 양압력에 대하여 검토하도록 되어 있다. 철도설계기준에서는 사질토지반에 대해서만 보일링에 대한 근입깊이를 검토하도록 되어 있다. 가설공사표준시방서에는 보일링 및 히빙에 대한 안정성을 검토하도록 되어 있다(표 7.2.5 참조).

### (3) 흙막이벽의 허용지지력에서 정하는 근입깊이

대부분의 설계기준에서는 말뚝의 허용지지력으로 근입깊이를 결정하는 방법이 규정되어 있지 않다. 따라서 흙막이벽의 허용지지력을 검토할 때는 계산된 허용지지력에 대한 필요근입깊이를 계산하여 검토하여야 한다.

표 7.2.5 굴착바닥면의 안정에서 정하는 근입깊이

| 구분 | 가설흙막이 설계기준 | 구조물 기초설계기준 | 도로설계요령 | 철도설계기준 | 가설공사 표준시방서 |
|------|------|------|------|------|------|
| 보일링 | – | – | ○ | ○ | ○ |
| 히빙 | – | – | ○ | – | ○ |
| 파이핑 | – | – | – | – | – |
| 양압력 | – | – | ○ | – | – |

### (4) 최소근입깊이

(1)~(3) 항목으로 근입깊이를 계산하다 보면 해당 지반의 토질 조건이나 물성치에 따라서 근입깊이가 계산되지 않는 경우나 작은 값이 산출되는 경우가 있다. 이럴 때는 최소근입깊이 이상을 확보하는 것이 좋다. 표 7.2.6은 설계기준별로 최소근입깊이에 대한 규정이다.

표 7.2.6 최소근입깊이

| 구분 | 지하철설계기준 | 도로설계요령 | 철도설계기준 | 가설공사표준시방서 |
|------|------|------|------|------|
| 엄지말뚝 | 폭의 5배 이상 | 1.5m | 폭의 5배 이상 | – |
| 강널말뚝 | – | 3.0m | 2.5m | – |

주) 구조물기초설계기준에는 규정이 없어 지하철설계기준을 표시

## 2.4 탄소성법에 의한 근입깊이 결정

탄소성법으로 흙막이벽을 설계할 때는 근입깊이도 탄소성법에 의하여 결정하는 것이 바람직하다. 그 이유는 해석에 사용하는 가정 조건이나 측압의 산출 방법 등이 다르기 때문이다. 근입깊이 결정 항목 중에서 ①~④ 항목은 관용계산법과 동일하므로 여기서는 생략하고, ⑤번 항목에 대하여 설명하기로 한다. 그림 7.2.5는 탄소성법에 의한 근입깊이를 결정하는 순서를 나타낸 것이다.

선단부 지반에 탄성영역이 존재하는 근입깊이의 계산 방법은 일반적으로 흙막이벽의 근입깊이는 관용계산법에 의한 근입깊이 결정방법에서 설명한 것과 같이 최하단 버팀대 또는 1단 위의 버팀대 위치에서 아래쪽으로 작용하는 주동측압과 수동측압의 모멘트에 대한 평형을 고려한 **극한평형법**을 사용하여 계산한다. 그러나 설계에서는 대부분의 설계기준에 극한평형법에 의한 근입깊이만을 수록하고 있고, 탄소성법에 의한 근입깊이를 결정하는 방법이 규정되어 있지 않다.

탄소성법을 사용하여 근입깊이를 결정하는 방법에 있어서는 기본적으로는 흙막이벽이나 지보공에 대한 영향이 근입깊이에 따라서 변하지 않는 깊이까지 근입시켜야 한다. 이것은 근입깊이가 짧아 근입부 선단에 탄성영역이 존재하게 되면 이와 같은 값들은 급속히 감소하면서 일정한 값으로 수렴되는 경향을 나타내고 있다. 벽체의 변형은 필요근입깊이에 따라 그림 7.2.6과

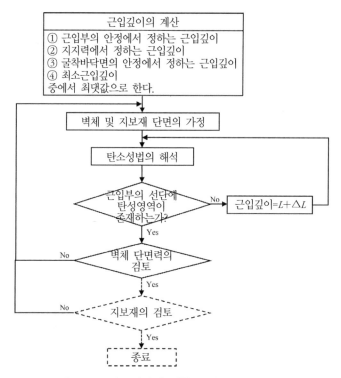

**그림 7.2.5 탄소성법에 의한 근입깊이 결정 순서**

같이 전혀 다른 변형모드를 나타낸다. 따라서 탄소성법으로 근입깊이를 결정할 때는 그림 7.2.5의 순서에 따라 극한평형법에 의하여 근입깊이를 먼저 구한 다음, 탄소성법에 의해 검토 하여 근입부 선단에 탄성영역이 존재하는 것을 확인하여야 한다. 탄성영역을 규정하는 것은 흙막이벽의 안정성뿐만 아니라 경제성을 고려하는 방법이기 때문에 탄소성법으로 해석할 경우 는 필히 탄성영역의 존재 여부를 체크하여 안정성과 경제성을 동시에 확보할 수 있도록 설계하 여야 한다. 이와 같이 안정성과 경제성을 동시에 만족할 수 있는 탄성영역에 대한 검토 방법의 하나로 **정상성 검토**가 있는데, 이것은 제10장에서 상세하게 설명하도록 한다.

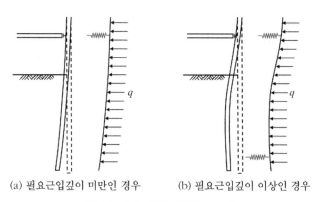

(a) 필요근입깊이 미만인 경우　　　(b) 필요근입깊이 이상인 경우

**그림 7.2.6 벽체의 변형 모드**

# 3. 벽체의 단면력 산정방법

흙막이벽의 단면력 및 변위의 산정에 사용되는 방법은 대부분이 탄소성법을 기본으로 사용하고 있다. 그런데 제4장에서 소개하였지만, 탄소성법에는 여러 가지의 계산법이 있으므로 현장의 조건에 따라 적절한 해석법을 선택하여 설계하여야 한다. 하지만 탄소성해석은 수 계산으로 할 수 없고 대부분이 컴퓨터에 의한 해석 프로그램을 사용하게 되는데, 제4장의 표 4.0.1과 같이 각 탄소성법에는 해당 지반이나 대상 흙막이 말뚝에 따라서 적용해야 할 방법이 다르지만, 프로그램에는 다양한 해석방법이 내장되지 않고 하나의 해석방법으로 설계하도록 되어 있으므로 선택의 폭이 매우 좁다는 문제가 있다.

가설흙막이 설계기준에는 '흙막이벽과 지지구조 해석방법으로는 벽을 보로 취급하는 관용적인 방법과 흙-구조물 상호작용을 고려하여 벽과 지반을 동시에 해석하는 방법이 있으며 설계자는 현장조건을 고려한 해석법을 적용하여야 한다.'고 규정하고 있으며, '굴착이 끝나고 버팀구조가 완료된 후의 벽체해석에는 경험적인 토압을 적용하며 단순보해석, 연속보해석 및 탄성지반상 연속보 해석법 등을 적용한다. 이때 수압, 토층 분포 등의 현장 조건과 해석 조건을 고려하여 설계한다.'고 규정하고 있다.

구조물기초설계기준에는 벽체를 '보'로 보는 관용계산법(단순보, 연속보, 탄소성 지반상 연속보해석)과 굴착단계별 탄소성해석에 의한 방법을 기재하고 있다.

도로설계요령에는 "4.3.5 흙막이 말뚝의 단면계산"에 버팀대 위치 및 가상지지점을 지점으로 하는 단순보로 계산하도록 되어 있는데, 가상지지점은 굴착완료 시와 최하단 버팀대 설치 직전 2개의 케이스로 계산한다.

고속철도설계기준, 호남고속철도설계지침에는 굴착완료 시와 최하단 버팀대 설치 직전 2개의 케이스에서 대하여 버팀대 위치 및 가상지지점을 지점으로 하는 단순보 및 연속보로 계산하도록 기재되어 있다.

철도설계기준과 가설공사표준시방서에는 굴착완료 시와 최하단 버팀대 설치 직전 2개의 케이스에서 대하여 버팀대 위치 및 가상지지점을 지점으로 하는 연속보로 계산하도록 되어 있다.

**표 7.3.1 각 기준별 단면력 산정방법**

| 기준별 | 단순보법 | 연속보법 | 탄소성법 | 비고 |
|---|---|---|---|---|
| 가설구조물 설계기준 | ○ | ○ | ○ | |
| 구조물기초설계기준 | ○ | ○ | ○ | |
| 도로설계요령 | ○ | － | － | |
| 철도설계기준 | － | ○ | － | |
| 고속철도, 호남고속 | ○ | ○ | － | |
| 가설공사표준시방서 | － | ○ | － | |

표 7.3.1은 각 설계기준의 단면계산방법을 정리한 것이다.

따라서 여기에서는 탄소성법은 물론이고 자립식과 관용계산법에 대한 단면력 및 변위에 대한 계산방법을 각 설계기준에 수록되어 있는 내용을 비교하여 설명하도록 한다.

## 3.1 자립식 흙막이벽

### 3.1.1 단면력의 계산

자립식 흙막이벽의 단면 계산에 사용하는 휨모멘트는 흙막이벽 배면에 그림 7.3.1에 표시한 하중을 작용시켜 (7.3.1)식에 의하여 계산한다.

$$M = \frac{P}{2\beta} \sqrt{(1+2\beta h_0)^2 + 1} \ \exp\left(-\tan^{-1}\frac{1}{1+2\beta h_0}\right) \tag{7.3.1}$$

여기서,    $M$ : 흙막이벽에 발생하는 최대휨모멘트 (kN·m)

$P$ : 측압의 합력(kN)으로 엄지말뚝은 말뚝간격, 강널말뚝은 단위 폭으로 한다.

$h_0$ : 굴착바닥면에서 합력의 작용 위치까지의 높이 (m)

$\beta$ : 말뚝의 특성치 (m$^{-1}$). 여기서 사용하는 역삼각함수의 단위는 rad이다.

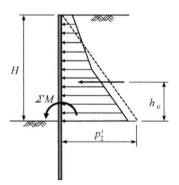

**그림 7.3.1 모멘트를 등가로 한 삼각형 분포하중**

### 3.1.2 변위의 계산

자립식 흙막이벽 머리부(상단)의 변위량은 (7.3.2)식에 의하여 계산한다.

$$\delta = \delta_1 + \delta_2 + \delta_3 \tag{7.3.2}$$

여기서,　　$\delta$ : 흙막이벽 머리부(상단)의 변위량(m)

$\delta_1$ : 굴착바닥면에서의 변위량(m)

$\delta_2$ : 굴착바닥면에서의 변형각에 의한 변위량(m)

$\delta_3$ : 굴착바닥면보다 위쪽의 캔틸레버보의 처짐(m)

$$\delta_1 = \frac{(1+\beta h_0)}{2EI\beta^3} P \tag{7.3.3}$$

$$\delta_2 = \frac{(1+2\beta h_0)}{2EI\beta^2} PH \tag{7.3.4}$$

$$\delta_3 = \frac{p_2' H^4}{30EI} \tag{7.3.5}$$

$\beta$ : 말뚝의 특성치($m^{-1}$)

$h_0$ : 굴착바닥면에서 합력의 작용점까지의 높이(m)

$P$ : 측압의 합력(kN)

$E$ : 흙막이벽의 탄성계수($kN/m^2$)

$I$ : 흙막이벽의 단면2차모멘트($m^4$)

$H$ : 굴착깊이(m)

$p_2'$ : 모멘트를 등가로 한 삼각형분포하중의 굴착바닥면에서의 하중강도(kN/m)

$$p_2' = \frac{6\sum M}{H^2} \tag{7.3.6}$$

$\sum M$ : 측압에 의한 굴착바닥면의 회전모멘트($kN \cdot m$)

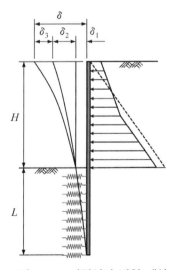

**그림 7.3.2** 자립식의 변위 계산

## 3.2 관용계산법

관용계산법은 그림 7.3.3 및 그림 7.3.4와 같이 단면산정용의 겉보기토압을 사용하여 측압분포를 가정하여 흙막이벽의 모멘트, 전단력 및 지보공의 반력을 산출하는 방법이다. 단면력의 계산을 단순보법으로 할 것인지, 연속보법으로 할 것인지는 흙막이공의 구조특성, 지점조건을 고려하여 결정할 필요가 있지만, 일반적으로는 단순보를 많이 사용한다.

흙막이벽의 휨모멘트는 굴착완료시에 있어서 최하단 버팀대 또는 최하단 버팀대 설치 직전의 상태에서 결정되는 경우가 많으므로 2가지 케이스에 대하여 토압을 작용시켜 계산한다. 단, 띠장 간격이 매우 큰 경우나 버팀대 지보공을 교체(해체)하는 과정에서 벽체의 지간이 길어지는 경우는 띠장 사이를 지간으로 하여 응력을 검토한다. 가상지지점은 "2.3.2 근입깊이 결정방법"과 같이 안정 계산에서 평형깊이를 구할 때 수동저항의 합력 작용점으로 한다(그림 7.2.2, 그림 7.2.4 참조). 흙막이벽은 띠장, 버팀대 등으로 보강되므로 좌굴에 대해서는 검토하지 않는다. 설계기준에는 명확한 구분이 없지만 엄지말뚝 벽과 강널말뚝 벽은 측압으로서 수압의 고려 유무나 근입부의 토압의 취급 등에 다른 점이 있으므로 각각의 다른 점에 주의한다.

### 3.2.1 엄지말뚝 벽

지반이 비교적 양호하고 엄지말뚝의 근입깊이가 작은 경우에 가상지지점의 최소 위치는 굴착바닥면에서 깊이방향으로 75cm로 한다. 작용하중은 그림 7.3.3과 같이 띠장, 버팀대와 굴착바닥면과의 사이에 단면결정용 토압을 작용시킨다. 흙의 수중단위중량은 습윤중량에서 9.0 kN/m$^3$를 뺀 값으로 한다.

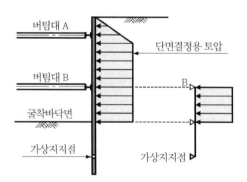

**그림 7.3.3 엄지말뚝의 단면계산**

### 3.2.2 강널말뚝 벽

지반이 비교적 양호하고 강널말뚝의 근입깊이가 작은 경우에 가상지지점의 최소 위치는 굴착바닥면에서 깊이방향으로 75cm로 한다. 또, 가상지지점의 최대깊이는 굴착바닥면에서 5m로 한다. 하중은 그림 7.3.4와 같이 주동측에는 버팀대와 가상지지점과의 사이에 단면결정용 토압과 수압을 작용시킨다. 수압은 근입부의 안정 계산에서 구한 평형깊이 위치에서 0(zero)으로 되며, 굴착바닥면에서 정점을 갖는 삼각형 분포로 한다. 수동측에는 가상지지점까지 수동토압을 작용시킨다. 그 결과, 하중은 그림 7.3.4의 우측에 표시한 것처럼 되지만, 그림의 점선 부분에 해당하는 부(−)의 토압은 고려하지 않는다. 강널말뚝의 응력과 처짐계산에 사용하는 단면2차모멘트는 표 7.3.2에, 단면계수는 표 7.3.3에 표시한 값을 사용한다. 고속철도기준과 호남고속지침에는 U형강널말뚝 이음부가 완전히 결합되었을 때의 단면계수는 80%의 유효율을 주도록 되어 있으며, 도로설계요령에는 강널말뚝의 단면계수에 대한 유효율을 60%로 규정하고 있는데, 구속을 기대할 수 있는 경우에는 80%로 규정하고 있다.

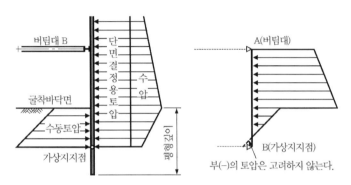

**그림 7.3.4 강널말뚝의 단면계산**

**표 7.3.2 흙막이벽의 단면2차모멘트**

| 흙막이벽의 종류 | 응력 및 변형을 계산할 때의 단면2차모멘트 |
|---|---|
| 엄 지 말 뚝 | H형강의 전단면이 유효 |
| 강 널 말 뚝 | 전체 단면의 45%만 유효. 단, 강널말뚝 이음부를 머리부에서 50cm 정도 용접하거나 콘크리트에서 강널말뚝 머리부에서부터 30cm 정도 깊이까지 연결하여 고정한 것 등에 대해서는 전단면의 80%까지를 유효로 할 수 있다. |
| 강 관 널 말 뚝 | 이음 부분을 제외한 강관부분의 전단면이 유효 |
| 주 열 식 연 속 벽 | 심재(보강재)의 형강(H형강)만이 유효 |
| 지 하 연 속 벽 | 콘크리트 단면의 60%만 유효 |

**표 7.3.3 흙막이벽의 단면계수를 구하는 방법**

| 흙막이벽의 종류 | 단면계수를 구하는 방법 |
|---|---|
| 엄 지 말 뚝 | H형강의 전체 단면을 유효로 한 단면계수 |
| 강 널 말 뚝 | 전체 단면의 60%만 유효. 단, 강널말뚝 이음부를 50cm 정도 용접하거나 콘크리트에서 강널말뚝 머리부에서부터 30cm 정도 깊이까지 연결하여 고정한 것 등에 대해서는 전단면의 80%까지를 유효로 할 수 있다. |
| 강 관 널 말 뚝 | 이음 부분을 제외한 강관 부분의 전체 단면이 유효. 속채움콘크리트를 사용할 때도 강관 부분만으로 한다. |
| 주 열 식 연 속 벽 | 심재(보강재)의 형강(H형강)만이 유효 |
| 지 하 연 속 벽 | 철근콘크리트의 사각형 단면으로서 콘크리트의 인장강도를 무시하고 설계한다. |

## 3.3 탄소성법

### 3.3.1 구조물기초설계기준

이 기준에서 탄소성법은 제4장에서 소개한 탄소성법 중에서 나카무라방법과 모리시게방법 등 2가지 방법을 기본으로 한 방법을 적용하고 있다. 대표적인 탄소성해석 모델은 그림 7.3.5 와 같다. 그림에서 지반은 탄소성스프링, 지지구조는 탄성스프링, 흙막이벽은 탄성보요소로 모델화하였다. 이 모델에서 하중과 변형에 관한 기본식은 다음과 같다.

$$EI\frac{d^4x}{dy^4} + \frac{A \cdot E_s}{L} \cdot x = P_0 \pm K_s \cdot x \tag{7.3.7}$$

여기서,     $E$ : 흙막이 벽체의 탄성계수

      $I$ : 흙막이 벽체의 단면2차모멘트

     $A$ : 지지구조의 단면적

     $E_s$ : 지지구조의 탄성계수

     $L$ : 지지구조의 길이

     $P_0$ : 초기토압(주로 정지토압이 사용됨)

     $K_s$ : 수평지반반력계수로 구한 지반스프링상수

     $x$ : 깊이 $y$지점에서 벽체의 $x$방향 변위

기준에서 아쉬운 점은 기본적인 가정조건과 설계 정수(지반반력계수, 단면2차모멘트, 각 부재의 스프링 등) 등에 대한 규정이 없다는 것이다. 이 설계 정수는 다른 설계기준은 물론이고 참고서적에도 명확하게 기재되어 있지 않다.

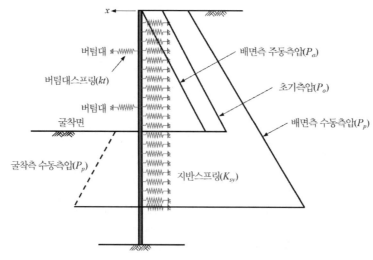

**그림 7.3.5** 탄소성해석모델(구조물기초설계기준)

## 3.3.2 일본기준

일본의 경우는 각 기준에 비교적 상세하게 수록되어 있는데, 이 중에서 대표적인 설계기준인 가설지침(道路土工-假設構造物工指針)에 기재되어 있는 것을 설명하도록 한다.

흙막이벽의 단면력 및 변형의 산정에 사용하는 방법은 흙막이벽을 유한길이의 탄성보, 지반을 탄소성보, 지보공을 탄성받침으로 한 탄소성법을 기본으로 한다. 탄소성법은 굴착과정에 있어서 토압의 변화를 고려하고, 작용하중으로서 각 굴착단계에서 설정한 배면 지반의 토압을 사용한 굴착단계의 스텝해석이다. 일반적으로 많이 사용하고 있는 단벽해석일 경우에 가정 조건은 아래와 같다.

### (1) 해석상의 가정

#### 1) 기본가정

① 흙막이 벽체는 유한길이의 탄성보로 한다. 선단은 힌지, 고정, 자유 3종류에서 토질 상태에 따라 선택한다.

② 배면의 주동측압 및 굴착면의 수동측압은 굴착에 따른 토질조건의 변화(지하수위의 저하 등)에 대처할 수 있도록 굴착단계 등에서 정한다.

③ 굴착바닥면보다 아래쪽 흙막이벽에 작용하는 저항토압(지반반력)은 흙막이벽의 변위에 1차적으로 비례하고 동시에 유효수동측압을 넘지 않는다.

④ 버팀대는 탄성지점으로 하고 그 스프링은 설치 간격, 단면적, 길이, 재료의 탄성계수 등에서 계산한다.

⑤ 어느 굴착단계에서의 버팀대 위치에 대한 변위 및 버팀대의 축력은 설치시에 이미 벽체에 발생한 선행 변위를 고려하여 계산한다.

#### 2) 측압(토압 및 수압)에 대한 가정

① 굴착바닥면보다 얕은 곳(위쪽)에는 흙막이벽 배면에 주동측압이 작용하는 것으로 한다.

② 굴착바닥면보다 깊은 곳(아래쪽)에서는 흙막이벽 배면에 주동토압이 작용하고 굴착면에는 수동측압이 작용하지만, 굴착면측에는 수동측압과 정지측압과 탄성반력의 합을 비교하여 탄성영역과 소성영역으로 나누어 고려한다. 여기서 정지측압과 탄성반력의 합이 수동측압보다 작은 부분을 **탄성영역**, 수동측압보다 큰 부분을 **소성영역**으로 한다. 배면측의 주동측압에서 굴착면측의 정지측압을 뺀 것을 **유효주동측압**으로 하고, 굴착면측의 수동측압에서 굴착면측의 정지측압을 뺀 것을 **유효수동측압**으로 하면 상기의 가정은 다음과 같이 나타낼 수 있다.

"배면측에 유효주동측압이 작용하고 굴착면측의 소성영역에는 유효수동측압이, 탄성영역에는 흙막이벽의 변위에 비례한 탄성반력이 작용한다."

### 3) 구조계의 모델화

굴착전의 흙막이벽에 대한 단면력과 변위는 전부 0(zero)으로, 굴착이 진행됨에 따라 이것이 증가한다. 흙막이벽은 탄성체이기 때문에 그 응력과 변형은 비례하지만, 흙은 응력이 커짐에 따라 응력과 변위의 비례관계가 성립되지 않는다. 따라서 흙을 탄성영역과 소성영역으로 나누어 고려하는 것이 필요하다. 그림 7.3.6은 측압 및 구조계의 모델을 나타낸 것이다.

또, 버팀대는 흙막이벽에 그 시점의 굴착상태에 따른 단면력과 변위가 이미 발생한 후에 설치되기 때문에 구조계는 각 굴착단계 등에 의하여 변하고, 그 후의 굴착진행에 따라서 버팀대의 단면력과 변위도 변한다. 이것에 대처하기 위하여 버팀대와 흙막이벽의 단면력과 변위를 다음과 같이 고려한다.

① 버팀대

버팀대를 설치할 때, 그 위치에 있어서 흙막이벽의 변위량을 **선행변위**라 부른다. 이때의 버팀대 단면력은 0(zero)이 되며, 설치 이후의 굴착에서는 버팀대 위치의 변위에 비례한 단면력(버팀대 스프링 반력)이 생기는 것으로 고려한다.

② 흙막이벽

흙막이벽은 굴착바닥면보다 얕은 곳에서는 주동토압을 받는데, 일반적으로 각 버팀대를 탄성지점으로 하는 연속보로 한다. 굴착바닥면보다 깊은 곳의 소성영역에서는 유효주동측압에서 유효수동측압을 뺀 하중을 받고, 탄성영역에서는 유효주동측압을 받는 탄성바닥판 위의 보로 고려한다.

엄지말뚝 벽을 사용하는 경우는 엄지말뚝 간격으로 계산할 것인가? 단위 폭(1m당)으로 계산할 것인가에 따라서 측압이나 설계정수를 주는 것이 다르므로 주의가 필요하다. 그림 7.3.7은 지하연속벽 등과 같이 연속된 벽체와 엄지말뚝 벽에 대한 탄소성법의 입력값 선정 순서를 표시한 것이다.

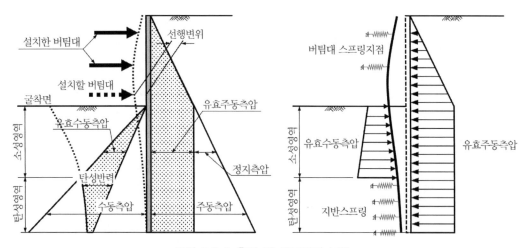

**그림 7.3.6 측압 및 구조계의 모델**

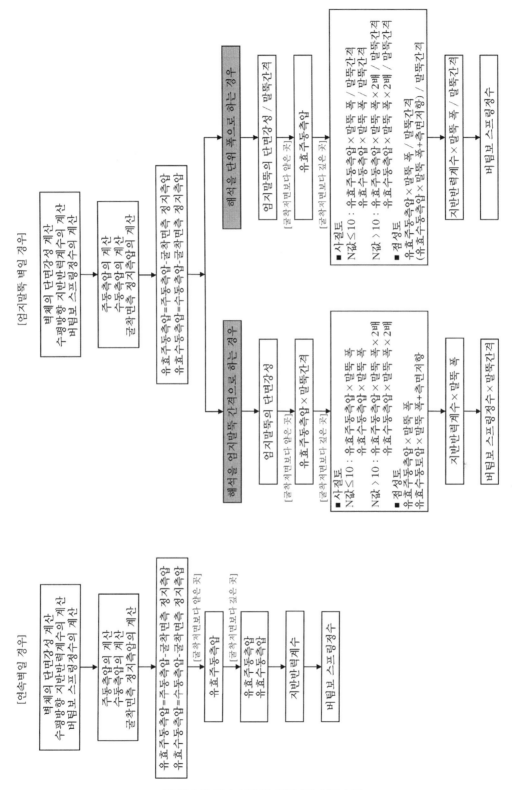

그림 7.3.7 탄소성법의 입력 값 산정순서

점성토에서 엄지말뚝의 측면저항을 고려하는 경우, 엄지말뚝의 전면저항은 측면저항과는 다른 응력과 변위의 관계를 나타내지만, 전면의 수평지반스프링과 측면의 전단스프링 2개를 사용하여 탄소성법을 해석하는 것은 계산이 복잡해지므로 전면의 수평지반스프링만을 고려하는 것으로 하고 수평방향 지반반력이 [유효수동토압×말뚝 폭+측면저항]을 초과하는 범위를 소성영역으로 고려한다. 프리로드(선행하중)를 주는 경우의 해석법으로서는

① 프리로드에 대한 배면지반의 지반반력을 스프링 반력으로 하고, 일반적인 탄소성법과는 다르게 배면 지반의 탄성스프링을 고려한 모델로 프리로드 하중을 작용시켜 중첩시키는 방법
② 흙막이벽 배면에도 굴착지반과 등가인 탄소성 스프링을 고려하여 굴착과 프리로드도입을 동일모델로 하여 해석하는 방법이 사용되고 있다.

①의 해석법은 프리로드 도입에 따른 흙막이벽의 변형에 있어서는 실용적인 정밀도로 평가할 수 있지만, 프리로드에 대한 구조계와 굴착 시의 구조계가 서로 다르다고 하는 이론적인 모순이 있다. ②의 해석법은 흙막이벽 배면의 측압은 흙막이벽을 변형시키는 외력이 아닌, 흙막이벽이 변형된 결과로부터 얻어져, 굴착측 지반의 스프링반력 상한값은 수동토압, 배면지반 스프링반력의 하한값은 주동토압이 된다.

일반적으로 국내의 경우에는 ②의 방법을 사용하고 있는데, 이 방법으로 사용할 때는 흙막이의 규모나 중요성을 판단하여 양벽일체해석으로 하는 것이 정밀도를 좋게 해석할 수 있을 것이다.

## (2) 설계정수의 설정

탄소성법을 사용하여 흙막이벽의 단면력이나 변위를 계산할 때 사용하는 각종 설계정수는 그 설계 자체가 계산 결과에 큰 영향을 주기 때문에 지반 정수나 흙막이 형상 등을 면밀히 검토하여 결정하여야 한다. 표 7.3.4에 탄소성법 해석에 필요한 입력값을 표시하였다.

탄소성법은 각 굴착단계에서 지반의 소성영역 범위를 수렴계산으로 구하기 때문에 수 계산으로는 할 수 없어 컴퓨터 사용이 전제가 된다. 그렇기 때문에 실제와 다른 입력값을 입력하여도 비슷한 해석 결과를 얻을 수 있으므로, 입력정수는 조사결과 및 과거의 사례 등을 충분히 검토하여 설정함과 동시에 해석 결과에 있어서도 구해진 변형모드의 타당성 등에 있어서 상세하게 확인하여야 한다.

### 1) 수평방향 지반반력계수

수평방향 지반반력계수는 흙막이벽의 수평변위에 의하여 생기는 굴착면측의 지반반력을 평가하는 스프링으로 흙막이벽의 변위량, 재하시간, 접지면의 형상 등에 의하여 영향을 받는 극히 복잡한 성질을 가지고 있으며, 그 적용에 있어서는 많은 연구가 진행되고 있다. 차수성의 흙막이벽과 같이 연장이 긴 경우, 환산재하 폭을 적용하는데, 얼마로 설정하면 좋은지 명확하지 않다. 현재까지는 현장에서의 실측 결과를 토대로 하여 보통 $B_H$=10m(1,000cm) 정도의 값을 적용하고 있다. 수평방향 지반반력계수는 (7.3.8)식과 같이 계산한다.

**표 7.3.4** 탄소성해석시의 입력값

| 입력 값 | 항목 | 비고 |
|---|---|---|
| 기본값 | 굴착스텝 수<br>지층 수 | 일반적으로 버팀대 단수+1로 한다. |
| 흙막이벽 | 흙막이벽 상단, 선단지지 조건 | 자유(free)로 한다. |
| | 흙막이벽 길이 | 굴착바닥면 및 근입부의 안정, 최소근입깊이, 흙막이벽의 연직지지력, 탄성영역의 확보에서 결정한다. |
| | 탄성계수 | 지하연속벽의 경우는 콘크리트, 기타의 경우는 강재로 한다. |
| | 단면2차모멘트 | 표 7.3.2에 따른다. |
| 토질조건 | 지층 두께 | 지반조사 값을 사용 |
| | 토질 종류 | 사질토, 점성토로 구분 |
| | $N$ 값 | 지반조사 및 토질시험 값을 사용 |
| | 습윤단위중량 | 지반조사 및 토질시험 값을 사용 |
| | 점착력 | 지반조사 및 토질시험 값을 사용 |
| | 전단저항각 | 지반조사 및 토질시험 값을 사용 |
| | 벽면마찰각 | 지반조사 및 토질시험 값을 사용 |
| | 수평방향 지반반력계수 | (7.3.8)식에 의한다. |
| 지하수조건 | 배면측 지하수위 | |
| | 굴착면측 수위 | |
| | 물의 단위중량 | 보통은 10.0 kN/m³, 바닷물은 10.3 kN/m³ |
| 굴착조건 | 각 스텝 굴착깊이 | 굴착 여굴 깊이(기준별 적용) |
| | 버팀대 설치 위치 | 본체 구조물 시공과의 관계를 고려하여 설정 |
| 지보공조건 | 버팀대 및 앵커의 스프링정수 | (7.3.10)~(7.3.12)식에 의한다. |
| 하중조건 | 지표면 과재하중 | $q=10.0\,\text{kN/m}^2$ |
| | 주동측압계수 | 탄소성해석용 측압을 적용한다. |
| | 수동측압계수 | 탄소성해석용 측압을 적용한다. |
| | 굴착면측의 정지측압계수 | 탄소성해석용 측압을 적용한다. |
| 기타 | 선행하중 | |

$$k_H = \eta k_{H0}\left(\frac{B_H}{0.3}\right)^{-3/4} \qquad (7.3.8)$$

여기서,　$k_H$ : 수평방향 지반반력계수 (kN/m³)

　　　　$\eta$ : 벽체 형식에 관한 계수

- 연속벽체의 경우=1
- 엄지말뚝의 경우=$B_0/B_f$. 단, $\eta \le 4$ ($B_0$은 엄지말뚝 중심간격 (m), $B_f$는 엄지말뚝 플랜지 폭 (m)

$k_{H0}$ : 직경 30cm의 강체원반에 의한 평판재하시험의 값에 상당하는 수평지반 반력계수 (kN/m³)

$$k_{H0} = \frac{1}{0.3}\alpha E_0 \tag{7.3.9}$$

$B_H$ : 환산재하 폭(m)= 10m

$E_0$ : 표 7.2.1에 표시한 방법에서 측정 또는 측정한 설계대상이 되는 위치에서의 지반 변형계수 (kN/m²). 고결실트의 변형계수는 원칙적으로 시험 결과값을 사용하지만, 시험 결과가 없는 경우는 $\alpha E_0 = 210c$ (kN/m²)를 사용한다. 단, $c$는 흙의 점착력이다 (kN/m²).

$\alpha$ : 지반반력계수의 추정에 사용하는 계수로 표 7.2.1과 같다.

### 2) 흙막이벽의 단면2차모멘트

해석에 사용하는 흙막이벽의 단면2차모멘트는 그 구조형식 및 사용재료를 고려하여 정하지만, 각각의 흙막이벽 종류에 따라서 단면의 유효율이 다르므로 표 7.3.2와 같은 값을 사용하는 것이 좋다. 주열식연속벽에서 형강을 삽입하는 경우는 형강만이 유효한 것으로 하지만, RC구조의 경우에는 60%만 유효한 것으로 한다.

지하연속벽은 균열에 의한 강성 저하를 고려하여 60%로 하는 것이 좋으며, 강관널말뚝에서 강관 속에 콘크리트를 채우는 경우, 채움상황이나 부착 상황에 불확실한 점이 많으므로 일반적으로 채움콘크리트의 강성은 무시하고 설계한다.

### 3) 버팀대 및 흙막이앵커의 스프링정수

버팀대의 스프링정수는 버팀대 단면적, 탄성계수, 길이, 수평간격 및 시공조건 등을 고려하여 정하는데 일반적으로 다음 식을 사용한다.

A. 강재의 경우

$$K_s = \alpha \cdot \frac{2AE}{\ell \cdot s} \tag{7.3.10}$$

B. 콘크리트의 경우

$$K_c = \frac{2AE}{\ell(1+\phi_c)s} \tag{7.3.11}$$

여기서,    $K_s, K_c$ : 버팀대의 스프링정수 (kN/m/m)

$A$ : 버팀대의 단면적 (m²)

$E$ : 버팀대의 탄성계수 (kN/m²)

$\ell$ : 버팀대 길이(굴착 폭) (m). 그림 7.3.8 참조

$s$ : 버팀대 수평 간격 (m)

$\alpha$ : 버팀대의 느슨함을 나타내는 계수. $\alpha = 0.5 \sim 1.0$으로 하며, 일반적으로 잭 등으로 느슨함을 제거한 경우는 $\alpha = 1.0$으로 한다.

$\phi_c$ : 콘크리트의 크리프계수(표 7.3.5 참조)

**표 7.3.5 콘크리트의 크리프계수(지속 하중을 재하할 때의 재령)**

| 콘크리트 재령(일) | 4~7일 | 14일 | 28일 | 3개월 | 1년 |
|---|---|---|---|---|---|
| 무근콘크리트 | 2.7 | 1.7 | 1.5 | 1.3 | 1.1 |
| 철근콘크리트(철근비 1%) | 2.1 | 1.4 | 1.2 | 1.1 | 0.9 |

C. 흙막이앵커의 경우

앵커의 설치 각도, 인장재의 자유장 및 수평방향의 설치 간격을 고려하여 (7.3.12)식을 사용하여 스프링값을 정한다. 또한 정착부의 변위량은 자유장에 비하여 작으므로 무시한다.

$$K_a = \frac{A_s \cdot E_s \cdot \cos^2 \alpha}{\ell_{sf} \cdot b} \tag{7.3.12}$$

여기서,    $K_a$ : 흙막이앵커의 수평방향 스프링정수 (kN/m/m)

$A_s$ : 인장재의 단면적 $(m^2)$

$E_s$ : 인장재의 탄성계수 $(kN/m^2)$

$\ell_{sf}$ : 인장재의 자유장 (m). 그림 7.3.9 참조

$\alpha$ : 수평방향에서의 설치각도 (도)

$b$ : 수평방향의 앵커간격 (m)

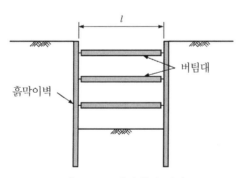

그림 7.3.8 버팀대의 길이

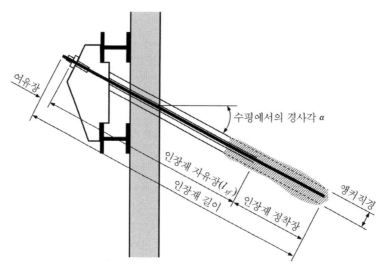

**그림 7.3.9 흙막이앵커의 구조도**

### 3.3.3 한국과 일본의 비교

탄소성법에 의한 단면력 및 변위의 산정에 대하여 알아보았는데, 확연한 차이를 느낄 수 있을 것이다. 탄소성법을 어떤 해석방법을 사용하는 것은 문제가 될 수 있는 사항이 아니지만, 가장 중요한 것은 계산에 사용하는 각종 설계정수가 계산 결과에 큰 영향을 준다는 것이다. 탄소성법은 각 굴착단계에서 지반의 소성영역 범위를 수렴계산으로 구하기 때문에 실제와 다른 값을 입력하여도 비슷한 해석 결과를 얻을 수 있다. 아무리 실제의 현상과 같은 값을 얻을 수 있는 해석방법이라도 설계정수를 잘못 적용하면 원하는 결과를 얻을 수 없다.

따라서 구조물기초설계기준과 일본기준에서 달리 적용하거나 내용이 없는 것을 비교하면 표 7.3.6과 같다.

표에서 환산재하 폭을 고려하는 것은 지금까지의 현장에서의 실측결과를 토대로 하여 보통 $B_H$=10m 정도의 값을 적용하고 있는데, 국내에서는 아직 이에 대한 실측 결과나 적용 사례가 없는 실정이다.

흙막이벽의 단면2차모멘트에 대한 유효율을 주는 것은 탄소성해석에 사용하는 중요한 데이터 중에 하나로 흙막이벽의 휨강성($EI$)과 관련된 부분인데, 이것은 응력계산에 흙막이의 특성을 반영한 것이다. 그 이유는 흙막이벽에 변형이 발생하면 변형에 의한 부가적인 휨모멘트가 증가하기 때문에 토압이나 수압에 의하여 흙막이벽의 변형이 크게 발생하지 않도록 설계에서 안전율을 주는 것이다.

스프링정수는 국내에서는 흙막이 설계에 명확히 규정되어 있지 않지만, 일본에서는 각각의 재료별로 정해져 있다. 스프링정수에 대해서는 제10장에서 상세히 설명하도록 한다.

**표 7.3.6** 한국과 일본의 탄소성법 설계 정수의 차이

| 항목 | | 구조물기초설계기준 | 일본기준 |
|---|---|---|---|
| 수평방향 지반반력계수 | | 없음 | 엄지말뚝, 연속벽체에 따라 다른 값을 사용((7.3.2)식 참조) |
| 환산재하 폭의 고려 | | 없음 | 10m를 고려(차수성 흙막이의 경우) |
| 흙막이벽의 단면2차모멘트 | | 없음 | 흙막이벽의 종류에 따라 유효율을 고려 (표 7.3.6 참조) |
| 스프링정수 | 강 재 | $K_b = \dfrac{A \cdot E_s}{S \cdot L}\cos i$ <br><br> 여기서, $A$ : 버팀대(앵커)의 단면적 <br> $E_s$ : 버팀대(앵커)의 탄성계수 <br> $S$ : 버팀대(앵커)의 간격 <br> $L$ : 자유장 또는 길이 <br> $i$ : 앵커의 경사각 | $K_s = \alpha \cdot \dfrac{2AE}{\ell \cdot s}$    (7.3.10)식 참조 |
| | 콘크리트 | | $K_c = \dfrac{2AE}{\ell\left(1 + \phi_c\right)s}$    (7.3.11)식 참조 |
| | 앵 커 | | $K_a = \dfrac{A_s \cdot E_s \cdot \cos^2 \alpha}{\ell_{sf} \cdot b}$    (7.3.12)식 참조 |

# 4. 흙막이벽 부재의 설계

흙막이 벽체의 단면에 발생하는 응력은 다음을 검토하여 가장 불리한 값을 적용한다.
　① 관용계산법에 의해 얻어진 최대 단면력
　② 탄소성법에 의해 얻어진 굴착단계별 최대 단면력

각 설계기준에는 흙막이벽의 단면 계산에 대해서는 주로 구조 상세에 대하여 상세하게 규정되어 있지만, 흙막이벽의 종류에 따른 응력 검토에 대한 항목이나 계산식은 상세하게 수록되어 있지 않다.

따라서 여기에서는 각 설계기준의 내용을 근거로 하고, 부재 검토에 많이 사용하는 도로교설계기준의 계산식을 참고로 하여 각 벽체의 종류별로 정리하였다.

## 4.1 단면력의 계산식

### 4.1.1 단면응력 검토

$$f = \frac{M}{Z} + \frac{N}{A} \le f_{sa} \tag{7.4.1}$$

여기서，　　$f$ : 강재에 발생하는 휨응력 (MPa)
　　　　　　$M$ : 강재에 발생하는 최대 휨모멘트 (N·mm)
　　　　　　$Z$ : 강재의 단면계수 (mm$^2$)
　　　　　　$N$ : 강재에 작용하는 연직하중 (N)
　　　　　　$A$ : 강재의 단면적 (mm$^2$)
　　　　　　$f_{sa}$ : 강재의 허용휨응력 (MPa)

위의 단면응력 검토 식은 축방향력과 휨모멘트를 동시에 받는 경우의 계산식이다. 설계기준에 보면 흙막이 벽체에 대하여 응력검토 외에 안정검토를 하도록 규정되어 있는데, 즉 좌굴에 대한 안정검토이다. 하지만 흙막이 벽체는 띠장이나 버팀대, 사보강재, 앵커 등으로 보강되어 있으므로 좌굴에 대한 검토는 의미가 없으므로 검토할 필요는 없다. 콘크리트의 경우에는 콘크리트구조설계기준에 의하여 응력을 검토한다.

### 4.1.2 전단응력검토

$$\upsilon = \frac{S}{A} \le \upsilon_a \tag{7.4.2}$$

여기서,  $v$ : 강재에 발생하는 전단응력 (MPa)

$S$ : 강재에 발생하는 최대전단력 (N)

$A$ : 강재의 단면적 (mm$^2$)

$v_a$ : 강재에 발생하는 허용전단응력 (MPa)

강재의 단면적은 사용하는 벽체에 따라 다른데, 엄지말뚝이나 SCW벽 등 H형강을 사용할 때는 강재의 단면적(플랜지의 높이×웨브 두께)을 사용한다.

## 4.2 엄지말뚝 흙막이판 벽

엄지말뚝을 사용할 때 벽체의 해석에서 그림 7.3.7과 같이 단위 폭으로 계산한 경우와 엄지말뚝 간격으로 계산한 경우, 응력 검토의 하중 및 단면력이 다르므로 주의하여야 한다. 일반적으로 엄지말뚝은 1개당의 응력으로 계산한다.

### 4.2.1 하중 및 단면력

#### (1) 작용 연직하중의 취급

복공을 설치할 때는 복공받침보의 최대반력을 엄지말뚝 1개가 받는 것으로 계산하여 엄지말뚝 1개당 작용하는 축력 $N$=최대반력 $R$로 한다.

#### (2) 설계단면력의 보정

흙막이 해석을 말뚝간격으로 하였을 때는 그대로 사용하지만, 단위 폭(1m)으로 계산하였을 때는 말뚝간격을 곱한 값으로 단면력을 보정한다.

### 4.2.2 흙막이판의 설계

흙막이판은 굴착깊이에서의 단면결정용 토압으로 계산된 판 두께를 전단면에 사용한다. 흙막이판은 그림 7.4.1에 표시한 것과 같이 양단이 판 두께 이상인 40mm 이상 엄지말뚝 플랜지에 걸치는 길이로 한다. 판 두께는 휨모멘트에 대하여 (7.4.3)식을 만족하여야 한다. 최소 판 두께는 30mm로 한다.

#### (1) 흙막이판의 두께

$$t = \sqrt{\frac{6M}{b \cdot f_a}}$$  (7.4.3)

여기서,  $t$ : 흙막이판의 두께 (mm)

$M$ : 흙막이판의 작용모멘트.  $M = wl^2/8$ (N·mm)

$w$ : 토압 (MPa)

$l$ : 흙막이판의 계산 지간 (mm)

$$l = L - \frac{3}{4}F_b \tag{7.4.4}$$

$L$ : 엄지말뚝의 중심간격 (mm)

$F_b$ : 엄지말뚝의 플랜지 폭 (mm)

$b$ : 흙막이판의 깊이방향 단위 폭 (1,000 mm)

$f_a$ : 흙막이판의 허용휨응력 (MPa)

고속철도설계기준과 호남고속설계지침에는 흙막이판의 두께를 아래 식과 같이 규정하고 있는데 작용모멘트($M = wl^2/8$)를 적용하면 (7.4.3)식과 같은 식이 된다.

$$t = \sqrt{\frac{6wl^2}{8f_a \cdot b}} \tag{7.4.5}$$

일부 기준에서는 (7.4.3)식의 $b$에 대한 항목의 언급이 없는 경우와 (7.4.4)식의 $F_b$에 대하여 혼돈하여 같은 $b$로 표기한 것이 있다. (7.4.3)식의 $b$는 흙막이판을 설치하는 깊이방향의 폭이므로 일반적으로 휨모멘트를 단위 폭(1m)로 계산하므로 $b$=1.0m로 계산한다.

(2) 전단응력검토

$$v = \frac{S}{t \cdot b} \leq v_a \tag{7.4.6}$$

여기서,     $v$ : 전단응력 (MPa)

$S$ : 최대전단력 $S = wl/2$ (N)

$t$ : 흙막이판의 두께 (mm)

$b$ : 흙막이판의 깊이방향 단위 폭 (1,000 mm)

$v_a$ : 흙막이판의 허용전단응력 (MPa)

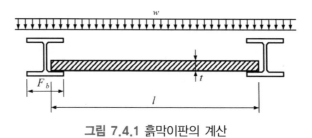

그림 7.4.1 흙막이판의 계산

## (3) 경량강널말뚝 흙막이판의 설계

경량강널말뚝 흙막이판에 작용하는 설계휨모멘트는 최종굴착 시에 대한 굴착바닥면까지의 최대 토압을 하중으로 하고 엄지말뚝의 플랜 지간을 지간으로 하는 단순보로 산출한다. 이 설계휨모멘트에 대해서 아래 식으로 응력을 검토한다.

$$f = \frac{M}{Z} \tag{7.4.7}$$

여기서,　　$f$ : 강재에 발생하는 응력 (MPa)

$M$ : 강재에 발생하는 최대휨모멘트 (N·mm)

$Z$ : 강재의 단면계수 (mm$^3$)

## 4.3 강널말뚝

강널말뚝은 단면계수의 유효율을 고려하여 (7.4.1)식과 (7.4.2)식을 사용하여 계산한다. 일부 기준에는 강널말뚝을 사용할 때, (7.4.8)식과 같이 단면계수에 0.6을 곱한 계산식을 규정하고 있다. 이것은 단면계수의 유효율을 60%로 고정하여 계산하도록 하고 있기 때문이다. 하지만 표 7.3.3과 같이 유효율이 다를 수 있으므로 주의하여 사용한다.

$$f = \frac{M}{0.6Z} + \frac{N}{A} \le f_{sa} \tag{7.4.8}$$

여기서,　　$f$ : 강재에 발생하는 응력 (MPa)

$M$ : 강재에 발생하는 최대휨모멘트 (N·mm)

$Z$ : 강재의 단면계수 (mm$^3$)

$N$ : 강재에 작용하는 연직하중 (N)

$A$ : 강재의 단면적 (mm$^2$)

$f_{sa}$ : 강재의 허용응력 (MPa)

강널말뚝의 응력은 1.0m당 계산하는 것이 일반적이다. 그러나 연직하중이 작용하는 경우(복공을 설치하는 경우)에는 "제6장의 1. 흙막이벽에 작용하는 연직하중"에서 언급하였지만 복공을 설치할 때는 강널말뚝에 작용하는 연직하중의 분담이 다를 수 있으므로 각 하중의 취급은 다음과 같이 한다.

## (1) 작용하는 연직하중의 취급

강널말뚝 벽에 작용하는 연직하중의 취급은

① 강널말뚝의 한쪽에 주형지보를 설치할 때는 복공받침보의 최대반력을 강널말뚝 2장

이 받는 것으로 한다.

② 강널말뚝의 양측에 주형지지보를 설치하는 경우 또는 H형강을 강널말뚝 머리에 설치할 때는 복공받침보의 최대반력을 강널말뚝 4장이 받는 것으로 한다.

### (2) 설계단면력의 보정

단위 폭당의 단면력을 그대로 사용하여 (7.4.1)식과 (7.4.2)식으로 계산한다.

## 4.4 강관널말뚝 벽

단위 m당으로 계산된 단면력은 강관널말뚝 1개당 응력으로 보정하여 (7.4.1)식과 (7.4.2)식을 사용하여 계산한다.

### (1) 작용하는 연직하중의 취급

복공받침보의 최대반력을 강관널말뚝 1개가 받는 것으로 하고, 강관널말뚝 1개당 작용하는 축력 $N$ = 최대반력 $R$ 로 계산한다.

### (2) 설계단면력의 보정

벽체 1.0m당 모멘트를 아래 식에서 1개당의 설계단면력으로 보정한다.

$$M = M_0 \times \frac{D+a}{1000} \tag{7.4.9}$$

여기서,    $M_0$ : 강재에 발생하는 최대 휨모멘트 (N·mm/m)

          $D$ : 강재의 말뚝 지름 (mm)

          $a$ : 강관널말뚝의 이음 폭 (mm)

## 4.5 SCW벽

SCW벽의 소일시멘트 부분은 흙막이벽의 작은 변형이 일어나는 범위에서는 연직방향의 휨 강성과 응력에 기여할 수 있다고 보지만 균열이 발생하면 효과를 거의 기대할 수 없고, 수평방

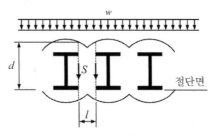

**그림 7.4.2** 소일시멘트의 응력계산(보강재를 모든 홀에 배치하는 경우)

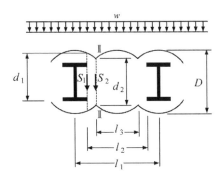

**그림 7.4.3** 소일시멘트의 응력계산(보강재를 격공으로 배치하는 경우)

향의 휨도 동시에 받기 때문에 연직방향의 휨모멘트 및 전단력은 전부 보강재인 H형강만이 부담하는 것으로 설계한다.

따라서 SCW벽은 아래의 하중과 단면력을 보정하여 인접하는 보강재(H형강)를 지점으로 하는 단순보로 보고 보강재(H형강) 1개당의 응력은 (7.4.1)식과 (7.4.2)식으로 계산한다.

### 4.5.1 보강재의 하중 취급 및 단면력 보정

#### (1) 작용하는 연직하중의 취급

연직하중이 작용할 때는 아래와 같이 연직하중을 취급한다.

① 보강재 간격이 1m 이내일 때는 복공받침보의 최대반력을 보강재 2개가 받는 것으로 한다.

② 보강재 간격이 1m을 초과할 때는 복공받침보의 최대반력을 보강재 1개가 받는 것으로 한다.

#### (2) 설계단면력의 보정

계산된 벽체 1.0m당 $M_0$, $S_0$에 대하여 아래의 식으로 1개당 설계단면력을 보정한다. 식 중에서 $L$은 천공 홀의 중심 간격(m)이다.

① 보강재를 모든 홀에 배치하는 경우 : $M = M_0 \times L$, $S = S_0 \times L$

② 보강재를 격공(2홀에 1개 배치)으로 배치하는 경우 : $M = M_0 \times 2L$, $S = S_0 \times 2L$

③ 보강재를 격공(3홀 2개씩 배치)으로 배치하는 경우 : $M = M_0 \times \frac{3}{2}L$, $S = S_0 \times \frac{3}{2}L$

### 4.5.2 소일시멘트의 응력계산

소일시멘트에 대한 응력 검토는 보강재의 배치(모든 홀에 배치하는 경우와 격공으로 배치하는 경우)에 따라서 다르게 검토한다.

## (1) 보강재를 모든 홀에 배치하는 경우

보강재를 모든 홀에 배치할 때는 전단에 대해서만 검토한다.

$$v = \frac{S}{b \cdot d} \leq v_a \tag{7.4.10}$$

여기서,   $v$ : 전단응력 (MPa)

$S$ : 전단력 (kN) = $wl/2$

$b$ : 깊이방향 단위 폭 (1.0m)

$d$ : 유효 두께 (m)

$v_a$ : 허용전단응력 (MPa)

$w$ : 깊이 방향의 단위길이당(1.0m)의 측압 (kN/m)

$l$ : 보강재 간의 거리 (m)

## (2) 보강재를 격공으로 배치하는 경우

보강재를 격공으로 배치할 때는 소일시멘트 내에 가상포물선의 아치를 가정하여 아치 축력에 대하여 전단 및 압축응력을 검토하는 A방법과 압축응력만을 검토하는 B방법이 있다.

### 1) A방법

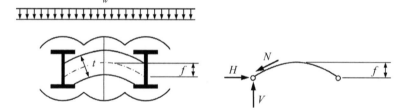

**그림 7.4.4** 전단 및 압축응력의 검토(A방법)

$$v_1 = \frac{S_1}{b \cdot d_1} \leq v_a \tag{7.4.11}$$

$$v_2 = \frac{S_2}{b \cdot d_2} \leq v_a \tag{7.4.12}$$

$$\sigma = \frac{N}{b \cdot t} \leq \sigma_a \tag{7.4.13}$$

여기서,   $v_1$ : I-I단면에서의 전단응력 (MPa)

$S_1$ : I-I단면에서의 전단력 = $w \cdot l_2/2$ (kN)

$b$ : 깊이방향 단위 폭 (1.0m)

$d_1$ : I-I단면의 유효두께 (m)

$v_2$ : II-II단면에서의 전단응력 (MPa)

$S_2$ : II-II단면에서의 전단력 $= w \cdot l_3 / 2$ (kN)

$d_2$ : II-II단면의 유효두께 (m)

$\sigma$ : 압축응력 (MPa)

$N$ : 아치 축력 (kN)

$$N = \sqrt{V^2 + H^2} \tag{7.4.14}$$

$V$ : 지점반력 (kN)

$$V = \frac{w \cdot l_1}{2} \tag{7.4.15}$$

$H$ : 수평반력 (kN)

$$H = \frac{w \cdot l_1^2}{8f} \tag{7.4.16}$$

$w$ : 깊이 방향의 단위길이당(1.0m)의 측압 (kN/m)

$t$ : 아치의 두께 (m)

$f$ : 아치의 라이즈 (m)

$D$ : 소일시멘트의 직경 (m)

$l_1$ : 보강재의 간격 (m)

$l_2$ : 보강재와 보강재 사이의 간격 (m)

$l_3$ : 잘록한 부분의 간격 (m)

$v_a$ : 허용전단응력 (MPa)

$\sigma_a$ : 허용압축응력 (MPa)

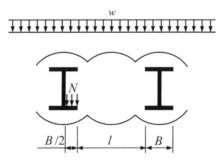

**그림 7.4.5** 압축응력의 검토(B방법)

## 2) B방법

$$\sigma = \frac{N}{A} = \frac{2N}{b \cdot B} \leq \sigma_a \qquad (7.4.17)$$

여기서,  $\sigma$ : 압축응력 (MPa)

$N$ : 압축력 $= w \cdot l / 2$ (kN)

$A$ : 압축력을 받는 면적 $= b \times B / 2$ (m²)

$B$ : 플랜지 폭 (m)

## 4.6 CIP벽

CIP단면에 대한 검토는 보강재와 CIP로 나누어 실시하는데, 보강재(H형강)는 SCW와 같은 방법으로 계산한다. 특히 노면복공을 설치할 때는 벽체해석의 값을 보강재의 하중 취급 및 단면력의 보정에 언급한 방법으로 수정하여 사용하여야 한다. 따라서 CIP단면에 대한 응력검토는 다음과 같다.

CIP단면 검토 방법은 설계기준에는 허용응력설계법과 강도설계법으로 설계하도록 되어 있는데, 일반적으로 허용응력 설계법으로 설계한다. 그 이유는 보강재에 대하여 아직 강도설계법에 의한 검토방법이 규정되어 있지 않기 때문이다. 따라서 보강재는 허용응력법으로 하고 CIP단면은 강도설계법으로 따로따로 설계할 수 없으므로 전부 허용응력 설계법으로 하는 것이 바람직하다.

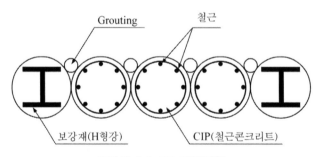

**그림 7.4.6** CIP 단면제원

### 4.6.1 소요철근량의 계산

$$A_s = \frac{M \cdot a}{f_{sa} \cdot j \cdot d} \qquad (7.4.18)$$

여기서,  $A_s$ : 철근량 (mm²)

$M$ : CIP에 작용하는 최대휨모멘트 $(N \cdot mm/m)$

$a$ : CIP 중심 간격 $(mm)$

$f_{sa}$ : 철근의 허용인장응력 $(MPa)$

$j$ : $1-k/3$

$k$ : $n \cdot f_{ca}/(n \cdot f_{ca} + f_{sa})$

$n$ : 탄성계수 $n = E_s/15000\sqrt{f_{ck}}$

$E_s$ : 철근의 탄성계수 $(MPa)$

$f_{ck}$ : 콘크리트의 압축강도 $(MPa)$

$f_{ca}$ : 콘크리트의 허용압축응력 $(MPa)$

$f_{sa}$ : 철근의 허용인장응력 $(MPa)$

$d$ : CIP 유효높이 $(mm)$

## 4.6.2 응력 검토

$$f_c = \frac{2M \cdot a}{kjbd^2} < f_{ca} \tag{7.4.19}$$

$$f_s = \frac{M \cdot a}{A_s jd} < f_{sa} \tag{7.4.20}$$

여기서,　　$f_c$ : 콘크리트의 압축응력 $(MPa)$

$f_s$ : 철근의 인장응력 $(MPa)$

$A_s$ : 사용 철근량 $(mm^2)$

$f_{ca}$ : 콘크리트의 허용압축응력 $(MPa)$

$f_{sa}$ : 철근의 허용인장응력 $(MPa)$

## 4.6.3 전단력 검토

$$v = \frac{S \cdot a}{bd} < v_a \tag{7.4.21}$$

여기서,　　$v$ : CIP에 작용하는 전단응력 $(MPa)$

$S$ : CIP에 작용하는 최대전단력 $(MPa)$

$a$ : CIP 중심간격 $(mm)$

$b$ : CIP의 유효 폭 $(mm)$

$d$ : CIP의 유효 높이 (mm)

$v_a$ : 허용전단응력 (MPa)

## 4.7 지하연속벽

지하연속벽의 단면검토는 일반적인 철근콘크리트의 단면검토와 같은 방법으로 1.0m당 응력으로 계산한다. 따라서 CIP 단면검토와 같은 방법으로 콘크리트의 압축응력, 전단응력, 철근의 인장응력에 대하여 검토하는데, 가설흙막이 설계기준에는 다음과 같이 규정하고 있다.

① 지하연속벽 공법은 현장타설 철근콘크리트 지하연속벽과 PC지하연속벽 등이 있으며 대심도 굴착에서 주변지반의 이동이나 침하를 억제하고 인접구조물에 대한 영향을 최소화하도록 설계한다.

② 지하연속벽 벽체는 하중지지벽체와 현장타설말뚝 역할을 할 수 있으며 내부의 지하 슬래브와 연결 시에는 영구적인 구조체로 설계할 수 있다.

③ 지하 슬래브와 지하연속벽체의 연결은 절곡철근을 사용할 경우, 되펴기 시 철근의 강도를 보증할 수 없으므로 절곡철근의 사용은 지양하여야 한다.

④ 지하연속벽 벽체에 작용하는 하중은 주로 토압과 수압이며 본체 구조물로 사용하는 경우에는 각종 구조물하중에 대한 검토가 필요하다.

⑤ 지하연속벽 시공 시 주변지반의 침하 및 거동을 최소화하고 영구벽체로서 안정된 지하구조물을 형성하기 위한 트렌치 내에 사용하는 안정액의 조건은 굴착면의 안정성을 확보할 수 있도록 한다.

⑥ 콘크리트의 설계기준강도는 콘크리트 타설 시의 지하수의 유무와 특성에 따라 다음과 같이 감소시켜서 정하여야 한다.

　가. 지하수위가 없는 경우 : $0.875 f_{ck}$

　나. 정수 중에 타설하는 경우 : $0.800 f_{ck}$

　다. 혼탁한 물에 타설하는 경우 : $0.700 f_{ck}$

⑦ 철근의 피복은 부식을 고려하여 80mm 이상으로 한다.

⑧ 지하연속벽이 가설구조물로 이용되는 경우는 허용응력을 50 % 증가시켜서 사용하며, 지하연속벽이 본 구조물로 이용되는 경우는 콘크리트의 허용응력을 시공 중에는 25 % 증가시키고 시공 완료 후에는 증가시키지 않는다.

⑨ 지하연속벽의 변위 한계를 설계 시에 제시하여야 하며, 시공관리를 위해 지중경사계를 벽체 내에 설치토록 제시하여야 한다.

⑩ 지하연속벽 패널 사이로의 누수에 대비하여 배면지반에 차수대책을 제시하여야 한다.

**제8장**

# 지보재의 설계

# 제8장

# 지보재의 설계

## 1. 지보재 설계에 사용하는 하중

지보재의 설계에 사용하는 하중은 벽체의 해석방법에 따라 관용계산법과 탄소성해석, FEM 등에서 산출한 반력을 사용한다.

관용계산법으로 설계하는 경우는 "제3장 설계에 관한 일반사항의 5. 토압 및 수압의 비교"에 "5.3 단면계산용 토압"에 표시한 것을 사용하여 최종굴착단계에 대하여 설계한다. 그림 8.1.1 과 같이 띠장 및 버팀대에 작용하는 힘은 최종굴착단계에 있어서 버팀대와 그 아래쪽 버팀대와 의 사이의 하중인 것을 고려하여

1. 하방분담법
2. 1/2분할법
3. 단순보법

등 3가지 방법으로 지보재 반력을 계산한다.

탄소성법과 유한요소법(유한차분법)으로 설계할 때는 굴착단계별 해석에서 가장 큰 반력 값 을 사용한다.

각 설계기준에서는 지보재 계산에 사용하는 하중에 대하여 명확히 구분되어 있지 않은데, 이것은 벽체의 단면력 계산 방법과 지보재의 계산 방법이 혼합되어 기재되어 있기 때문이다. 따라서 기준에서 사용하는 방법을 정리하면 표 8.1.1과 같다.

표 8.1.1에 보면 각 기준에서는 대부분이 경험토압을 사용하게 되어 있다. 그러나 일반적으로 설계에서는 탄소성법을 많이 사용하는데, 흙막이에 대한 설계 방법을 탄소성법으로 하였을 때는 굴착단계별로 산출된 반력 중에서 최대 반력을 사용한다. 따라서 설계기준에 의하여 설계할 때는 탄소성법으로 산출된 반력과 경험토압에 의해 계산된 반력 값을 비교하여 불리한 반력을 적용하는 것이 흙막이의 안전을 위해서 바람직할 것이다.

표 8.1.1 관용계산법에 있어서 설계기준의 하중산출방법

| 설계기준 | 단면산정용 하중 | 시공단계 | 하중산출방법 |
|---|---|---|---|
| 가설흙막이 설계기준 | 경험토압 | 굴착완료 후 | 단순보법, 연속보법 |
| 구조물기초설계기준 | 경험토압 | 굴착완료 후 | 단순보법 |
| 도로설계요령 | 단면산정용 측압 | 굴착완료 후 | 하방분담법 |
| 철도설계기준 | 경험토압 | 굴착완료 후, 최하단 버팀대 설치직전 | 단순보법 |
| 가설공사표준시방서 | 경험토압 | 굴착완료 후 | 하방분담법, 1/2분할법, 단순보법 |

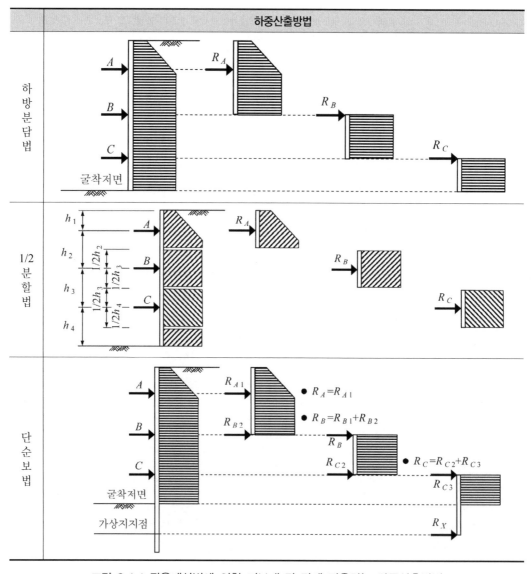

그림 8.1.1 관용계산법에 의한 지보재 각 단에 작용하는 하중산출방법

# 2. 띠장의 설계

## 2.1 띠장에 작용하는 하중

띠장에 작용하는 하중은 벽체의 단면 계산에서 구한 버팀대 위치에서의 최대 반력을 사용한다. 탄소성법으로 해석할 때는 각 굴착단계에서 구한 버팀대 위치에서의 최대 반력을 사용하고, 관용계산법으로 계산할 때는 그림 8.1.1의 방법에서 구한 최대 반력을 사용한다. 이 경우에 주의할 점은 해석은 일반적으로 단위 m당(1.0m)으로 계산하는 경우가 많으므로 엄지말뚝일 경우에는 말뚝간격으로 환산한 반력을 사용하여야 한다.

띠장은 벽체 계산에서 구한 최대의 반력 값을 사용하여 벽체의 종류에 따라 버팀대를 지점으로 하는 단순보 또는 3경간 연속보로 보고 이 중에서 불리한 조건의 휨모멘트 및 전단력에 대하여 설계한다. 일반적으로 연속보보다는 단순보일 경우가 불리한 경우가 많으므로 단순보로 설계하는 것이 바람직하다. 특히 띠장은 이음을 설치하지 않는 것이 좋지만 흙막이 규모에 따라 이음을 설치할 때는 단순보로, 양호한 이음 구조일 때는 연속보로 설계한다. 각 설계기준에는 표 8.2.1과 같은 계산 방법이 규정되어 있다.

**표 8.2.1 각 설계기준의 띠장계산방법**

| 구분 | 가설흙막이 설계기준 | 구조물 기초설계기준 | 도로설계요령 | 철도설계기준 | 가설공사 표준시방서 |
|------|------|------|------|------|------|
| 단순보 | ○ | ○ | ○ | ○ | ○ |
| 연속보 | ○ | ○ | | ○ | |

### (1) 엄지말뚝의 경우

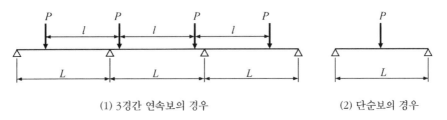

(1) 3경간 연속보의 경우　　　　(2) 단순보의 경우

**그림 8.2.1 엄지말뚝 흙막이의 띠장에 작용하는 하중**

여기서,　　$L$ : 지간 길이 (버팀대의 간격)

$l$ : 하중 간격 (엄지말뚝 수평 간격)

$P$ : 엄지말뚝에 작용하는 반력

엄지말뚝의 경우에는 그림 8.2.1과 같이 하중(엄지말뚝에서의 집중하중)을 이동시키면서 띠장에 발생하는 최대 휨모멘트 및 전단력을 구하여 단면을 결정한다.

## (2) 연속벽체의 경우

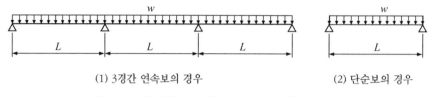

(1) 3경간 연속보의 경우          (2) 단순보의 경우

**그림 8.2.2** 연속벽체 흙막이의 띠장에 작용하는 하중

하중은 등분포하중으로 취급하여 3경간 연속보 또는 단순보로 보고, 최대 휨모멘트 및 전단력은 표 8.2.2에 의하여 계산한다. 연속벽체의 경우는 될 수 있으면 단순보로 설계한다.

**표 8.2.2** 등분포하중에 의한 단면력

| 구분 | 최대휨모멘트 (kN·m) | 최대전단력 (kN) |
|---|---|---|
| 단순보 | $M_{max} = \dfrac{1}{8}wL^2$ | $S_{max} = \dfrac{1}{2}wL$ |
| 3경간 연속보 | $M_{max} = \dfrac{1}{10}wL^2$ | $S_{max} = \dfrac{1}{2}wL$ |

## 2.2 띠장의 설계 지간

띠장의 설계 지간은 버팀대를 지점으로 하는 순 간격을 지간으로 하는데, 버팀대와 띠장 사이에 사보강재를 설치할 때는 버팀대와 사보강재는 같은 단면을 사용하는 것을 조건으로 하여 다음과 같이 설계 지간을 구한다.

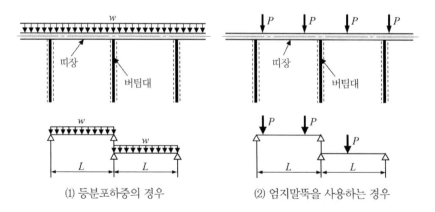

(1) 등분포하중의 경우          (2) 엄지말뚝을 사용하는 경우

**그림 8.2.3** 사보강재가 없는 경우의 띠장의 설계지간

## (1) 사보강재가 없는 경우

사보강재를 설치하지 않는 경우는 그림 8.2.3과 같이 버팀대 사이를 지점으로 하는 지간을 사용한다. 단, 엄지말뚝을 사용하는 경우 특히 간격이 넓을 때는 말뚝 위치의 지보재 반력을 집중하중으로 하여, 하중을 이동시켜 휨모멘트 및 전단력이 최대가 되도록 재하한다.

## (2) 사보강재를 설치하는 경우

연속벽체는 그림 8.2.4, 엄지말뚝은 그림 8.2.5와 같이 사보강재를 설치할 경우의 설계 지간 이다. 사보강재의 설치 각도에 따라서 다르게 적용한다.

- 사보강재를 45°로 설치할 때의 설계 지간 : $L = L_1 + L_2/2 + L_2/2 = L_1 + L_2$

- 사보강재를 30°, 60°로 설치할 때의 설계 지간 : $L = L_1$

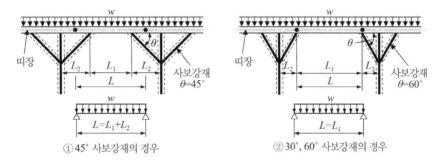

**그림 8.2.4** 사보강재를 설치하는 경우의 설계지간(연속벽체의 경우)

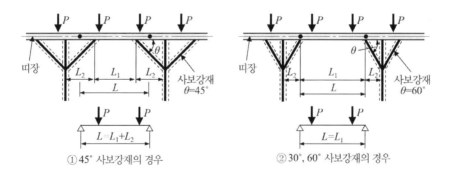

**그림 8.2.5** 사보강재를 설치하는 경우의 설계지간(엄지말뚝의 경우)

## (3) 단부의 설계 지간

단부에 코너 사보강재를 설치할 때는 그림 8.2.6 및 그림 8.2.7과 같이 잭을 설치한 경우와 양단을 완전히 고정한 경우로 구분하여 설계 지간을 설정한다.

- 단부에 유압잭 등을 설치할 때의 설계 지간 : $L = L_1$
- 단부를 고정하는 경우의 설계 지간 : $L = L_1 + L_2/2$

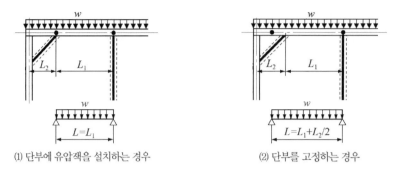

(1) 단부에 유압잭을 설치하는 경우    (2) 단부를 고정하는 경우

**그림 8.2.6** 단부에 사보강재를 설치하는 경우의 설계지간(연속벽체의 경우)

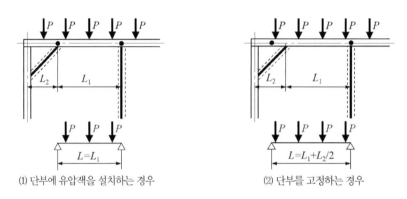

(1) 단부에 유압잭을 설치하는 경우    (2) 단부를 고정하는 경우

**그림 8.2.7** 단부에 사보강재를 설치하는 경우의 설계지간(엄지말뚝의 경우)

## (4) 다중으로 사보강재를 설치하는 경우

설계기준이나 지침에는 다중으로 사보강재를 설치할 때, 띠장에 관한 규정이 없어 소홀히 다룰 수 있다. 따라서 다중 사보강재를 설치할 때는 가장 외측에 설치하는 사보강재를 기준으로 그림 8.2.8과 같이 설계 지간을 설정한다.

- 다중사보강재를 설치할 때의 설계지간 : $L = L_1 + L_2 + L_3/2$

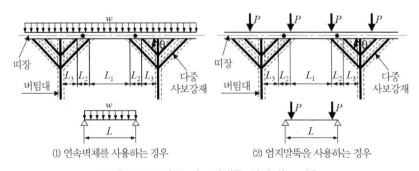

(1) 연속벽체를 사용하는 경우    (2) 엄지말뚝을 사용하는 경우

**그림 8.2.8** 다중 사보강재를 설치하는 경우

## 2.3 축력을 고려한 띠장의 설계

단부에 설치하는 띠장은 축력이 작용하기 때문에 그림 8.2.9와 같이 힘과 압축을 동시에 받는 부재로 설계하여야 한다. 띠장에 작용하는 축력은 그림 8.2.10과 같이 버팀대나 사보강재의 배치를 고려하여 큰 쪽의 분담 폭으로 산출한다. 이때 온도변화에 의한 축력 증가도 고려하여야 한다.

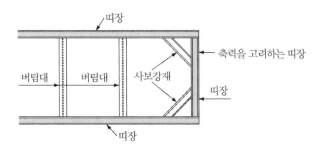

**그림 8.2.9 축력을 고려하는 띠장**

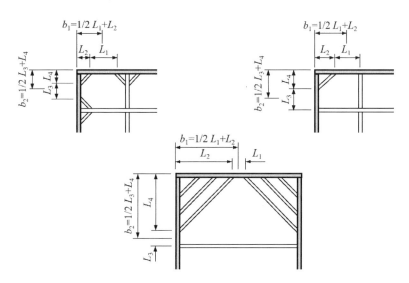

**그림 8.2.10 축력을 고려한 띠장의 축력분담 폭**

## 2.4 띠장의 단면검토

띠장은 일반적으로 휨모멘트를 받는 부재이지만 단부에 설치하는 띠장은 축력을 받기 때문에 휨모멘트만 작용하는 경우와 축력과 휨모멘트가 작용할 때 단면 검토를 한다.

### 2.4.1 응력검토

#### (1) 휨모멘트만 작용하는 경우

$$f = \frac{M}{Z} \le f_a \tag{8.2.1}$$

#### (2) 휨모멘트와 축력이 작용하는 경우

$$f = \frac{N}{A_w} + \frac{M}{Z} \le f_a \tag{8.2.2}$$

여기서,  $f$ : 휨응력 (MPa)

$M$ : 최대 휨모멘트 (N·mm)

$Z$ : 띠장의 강축방향 단면계수 (mm³)

$N$ : 최대 축력 (N)

$A_w$ : 띠장의 WEB 단면적 (mm²). $A = (H-2t_f) \times t_w$ (그림 8.2.11 참조)

$f_a$ : 허용휨응력 (MPa)

#### (3) 띠장의 연직방향에 대한 응력 검토

흙막이앵커나 네일 등과 같은 지보재는 경사각을 가지고 배치되기 때문에 띠장에 연직력이 작용하게 되므로 이럴 때 위의 (8.2.1)식과 (8.2.2)식과 더불어 연직방향에 대하여 응력을 검토하여야 한다. 이 경우에는 띠장의 단면적 $A_w$는 플랜지 단면적을 사용하며, 단면계수는 약축방향 단면계수를 사용하여 계산한다. 연직방향의 검토방법은 "6.2 앵커의 띠장계산"에서 상세하게 설명하도록 한다.

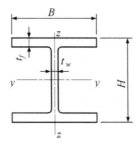

그림 8.2.11 띠장의 단면적

### 2.4.2 전단검토

$$v = \frac{S}{A_w} \le v_a \tag{8.2.3}$$

여기서,    $v$ : 전단응력 (MPa)

   $S$ : 최대전단력 (N)

   $A_w$ : 띠장의 WEB 단면적 (mm²). $A = (H-2t_f) \times t_w$ (그림 8.2.11 참조)

   $v_a$ : 허용전단응력 (MPa)

## 2.4.3 설계기준의 띠장 단면검토

각 설계기준에서 띠장의 단면 검토에 대한 기준을 살펴보면 구조물기초설계기준은 위의 (8.2.1)~(8.2.3)식이 규정되어 있다. 도로설계요령에는 아래와 같은 계산식을 사용하도록 규정되어 있는데, 휨응력 $f$는 단순보에 의한 연속벽체로, 전단력 $v$은 단면적(높이에 대한)의 85%를 적용하고 있다.

$$f = \frac{wl^2}{8Z}, \quad v = \frac{S}{0.85ht} \tag{8.2.4}$$

여기서,    $f$ : 휨응력 (MPa)

   $w$ : 띠장에 작용하는 하중 (kN/m)

   $l$ : 지간 길이 (m)

   $Z$ : 단면계수 (m³)

   $v$ : 전단응력 (MPa)

   $h$ : 플랜지 높이 (m)

   $t$ : 웨브의 두께 (m)

## 2.4.4 좌굴검토

띠장은 휨과 모멘트를 동시에 받는 부재이므로 면내 및 면외에 대한 안정검토를 하여야 하는데, H형강은 비틀림 강성이 낮으므로 자중과 연직하중에 의한 휨작용면 외측의 횡방향좌굴(면외좌굴)을 검토한다.

$$\frac{f_c}{f_{caz}} + \frac{f_{bcy}}{f_{bagy}\left(1 - \frac{f_c}{f_{Ey}}\right)} \leq 1 \tag{8.2.5}$$

$$f_c + \frac{f_{bcy}}{\left(1 - \frac{f_c}{f_{Ey}}\right)} \leq f_{cal} \tag{8.2.6}$$

여기서,　　$f_c$ : 축방향 압축응력 (MPa)

$f_{bcy}$ : 강축둘레($y$축)에 작용하는 휨모멘트에 의한 휨압축응력 (MPa)

$f_{caz}$ : 약축둘레($z$축)의 허용축방향 압축응력 (MPa)

$f_{bagy}$ : 국부좌굴을 고려하지 않은 강축둘레의 허용휨 압축응력 (MPa)

$f_{Ey}$ : 강축둘레($y$축)의 오일러 좌굴응력 (MPa)

$$f_{Ey} = \frac{1,200,000}{\left(\ell/r_y\right)^2} \tag{8.2.7}$$

$\ell$ : 유효좌굴길이 (mm)

$r_y$ : 강축둘레($y$축)의 단면2차반경 (mm)

$f_{cal}$ : 국부좌굴응력에 대한 허용응력 (MPa)

일반적으로 각 설계기준에는 (8.2.5)식만 규정되어 있고, (8.2.6)식은 규정되어 있지 않은 식인데, 이 식은 국부좌굴응력을 검토하는 것으로 버팀대를 설치할 때, 띠장의 국부좌굴에 대한 안정성을 동시에 검토하는 것이 바람직하다.

## 2.5 기타 띠장에 관한 사항

띠장은 흙막이에서 작용하는 하중을 균등하게 전달할 수 있는 구조로 설계하여야 하는데, 흙막이벽과 띠장 사이에는 그림 8.2.12와 같이 모르타르 또는 콘크리트 등에 의하여 공극이 없도록 하여 흙막이벽에서 작용하는 하중을 띠장에 균등하게 전달되도록 한다.

버팀대와의 접합부에는 큰 압축력이 작용하므로 H형강 등을 띠장으로 사용할 때는 그림

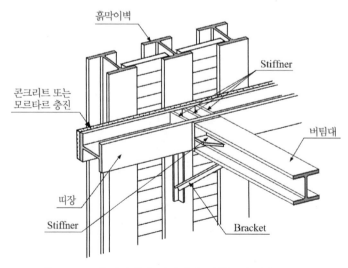

**그림 8.2.12** 흙막이벽과 띠장과의 접합부에 대한 구조 예

8.2.13과 같이 웨브가 국부적으로 좌굴이나 변형이 발생하는 경우가 있다. 따라서 이와 같은 상황이 발생할 가능성이 있는 경우에는 그림 8.2.12와 같이 해당 부분에 강재 또는 콘크리트 등에 의한 보강재(Stiffner)를 설치한다.

띠장의 이음 부분은 내력적으로 약한 부분이 되기 때문에 그림 8.2.14와 같이 띠장에 발생하는 단면력이 작은 위치에 설치하여야 한다. 또한 이음 간격은 6m 이상, 이음 구조는 고장력볼트를 사용하는 것이 좋다.

그리고 띠장을 계산할 때, 띠장을 여러 단에 걸쳐 설치하는 경우에 대표단(최대반력이 발생한 단)에 대해서만 계산하는 경우가 있는데, 될 수 있으면 모든 설치 단에 대하여 검토하는 것이 좋다.

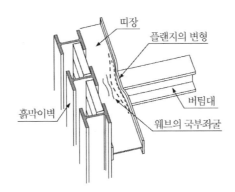

**그림 8.2.13** 버팀대와의 접합부에서의 국부파괴

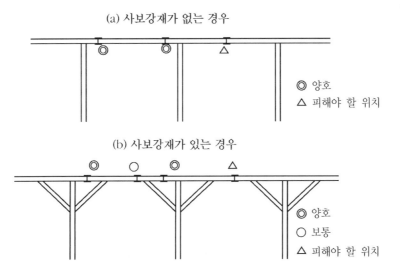

**그림 8.2.14** 띠장의 이음 위치

# 3. 버팀대의 설계

버팀대는 띠장에서의 하중이 균등하게 작용하는 구조로 하여 압축력에 대하여 안전하여야 하며, 좌굴이 생기지 않는 구조로 한다. 버팀대는 축력과 모멘트가 작용하는 부재이므로 축방향 압축력과 휨모멘트를 동시에 받는 부재로 설계한다.

## 3.1 버팀대의 축력

버팀대에 작용하는 축력은 토압 및 수압, 온도하중 등이 있다.

### (1) 토압 및 수압에 의한 축력

#### 1) 연속벽체의 경우

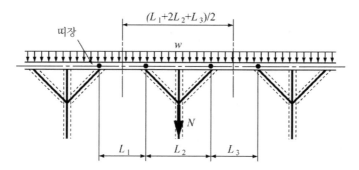

**그림 8.3.1** 버팀대에 축력으로 재하되는 하중(연속벽체의 경우)

그림 8.3.1과 같이 연속벽체일 때, 띠장에 작용하는 하중과 버팀대 분담 폭을 곱하여 산출하는데 아래 식으로 계산한다.

$$N = w\frac{(L_1 + 2L_2 + L_3)}{2} \tag{8.3.1}$$

여기서,　　$N$ : 버팀대에 작용하는 축력 (kN)

　　　　　　$w$ : 토압 및 수압에 의한 지보공 반력 (kN/m)

　　　$L_1 \sim L_3$ : 각 지간 (m)

구조물기초설계기준과 도로설계요령에는 아래의 (8.3.2)식이 규정되어 있는데, 이 식은 그림 8.3.1에서 $L_1$과 $L_3$이 다른 경우가 있을 수 있으므로 (8.3.1)식을 사용하는 것이 좋다.

$$N = w\frac{(L_1 + L_2)}{2} \tag{8.3.2}$$

2) 엄지말뚝의 경우

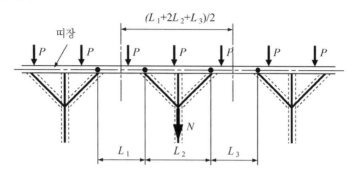

**그림 8.3.2** 버팀대에 축력으로 재하되는 하중(엄지말뚝의 경우)

$$N = n \cdot P \tag{8.3.3}$$

여기서,　　$N$ : 버팀대에 작용하는 축력 (kN)

　　　　　$n$ : 버팀대 1본(분담 폭 내)에 작용하는 반력의 개수 (개)

　　　　　$P$ : 토압 및 수압에 의한 지보공 반력 (kN)

　　$L_1 \sim L_3$ : 각 지간 (m)

### (2) 온도변화에 의한 축력

버팀대는 온도변화에 의한 축력 증가로 120 kN을 고려한다. 각 설계기준이나 지침의 온도하중은 "제3장 3.4 온도변화의 영향"에 상세하게 기재되어 있으니 참조하기를 바란다.

### (3) 연직하중

휨모멘트를 계산할 때의 하중은 버팀대 자중을 포함한 실제 하중으로 하고, 연직방향 좌굴길이를 지간으로 하는 단순보로 계산한다. 여기서 실제 하중을 알 수 없을 때는 버팀대 자중을 5 kN/m 정도 고려한다.

## 3.2 버팀대의 좌굴길이

### (1) 연직방향 좌굴길이

버팀대의 강축둘레 좌굴 즉, 연직방향에 대한 변형을 고려할 때는 표 8.3.1에 표시한 3가지 값 중에서 최대 길이를 유효좌굴길이로 한다. 이 표는 각 기준을 정리한 것이다.

구조물기초설계기준에는 표 8.3.1의 내용 중에서 (2)와 (3)의 방법이 규정되어 있는데 1.5∼2.0배의 할증이 없이 좌굴길이를 계산하도록 규정되어 있으며, 도로설계요령에서는 (1)의 방법만 규정되어 있다.

### 표 8.3.1 버팀대의 연직방향 좌굴길이

| (1) 중간말뚝만 설치하는 경우 | (2) 수직, 수평이음재를 설치하는 경우 | (3) 중간말뚝 및 이음재를 설치하는 경우 |
|---|---|---|
| | | |
| $l_1$, $l_2$, $l_3$ 중에서 최대 길이로 한다. | $1.5l_1$, $2.0l_2$, $1.5l_3$ 중에서 최대 길이로 하며, 이 값이 버팀대의 총길이 $L$보다 큰 경우는 $L$로 한다. | $1.5l_1$, $1.5l_2$(단, 이 값이 $l_1+l_2$를 초과할 때에는 $(l_1+l_2)$와 $l_3$ 중에서 최대 길이로 한다. |

### 표 8.3.2 버팀대의 수평방향 좌굴길이

| 버팀대 고정부재 A단 | 버팀대 고정부재 B단 | 고정점간 거리 | 좌굴길이 | 버팀대 고정부재 A단 | 버팀대 고정부재 B단 | 고정점간 거리 | 좌굴길이 |
|---|---|---|---|---|---|---|---|
| 띠장 | 띠장 | | $L$ | 직교하는 버팀대 | 직교하는 버팀대 | | $1.5 \cdot L$ |
| 띠장 | 직교하는 버팀대 | | $1.5 \cdot L$ | 사보강재 | 직교하는 버팀대 | | $1.5 \cdot L$ |
| 띠장 | 중간말뚝 | | $L$ | 사보강재 | 사보강재 | | $L$ |
| 중간말뚝 | 중간말뚝 | | $L$ | 띠장 | 수평이음재 | | $2.5 \cdot L$ |
| 중간말뚝 | 직교하는 버팀대 | | $1.5 \cdot L$ | 수평이음재 | 중간말뚝 | | $2.5 \cdot L$ |
| 사보강재 | 중간말뚝 | | $L$ | 수평이음재 | 수평이음재 | | $2.5 \cdot L$ |

철도설계기준에는 (2), (3)의 방법이 규정되어 있으며, 고속철도기준은 3가지 방법이 기재되어 있다. 따라서 연직방향 좌굴길이는 표 8.3.1의 중간말뚝과 수직, 수평이음재의 설치 상황에 따라 계산하는 것이 바람직하다.

### (2) 수평방향 좌굴길이

버팀대의 약축둘레 횡좌굴, 즉 수평방향의 변형을 고려할 때는 교차하는 버팀대, 이음재 및 중간말뚝에 의한 구속 효과를 고려하여 표 8.3.2와 같이 산출한다.

각 설계기준에는 연직방향과 수평방향의 좌굴길이에 대하여 구분하여 규정한 기준도 있지만, 구분하지 않은 기준도 있다. 또한 수평방향 좌굴길이 산출 방법에서 사보강재를 고려한 방법이 기재되어 있지 않아서 각 기준의 내용을 정리하여 일본가설지침에 기재되어 있는 내용을 참고로 하여 표 8.3.2와 같이 12가지 케이스로 정리하였다.

## 3.3 버팀대의 단면 검토

버팀대의 단면 검토는 축방향력과 휨모멘트를 받는 상황에 따라 다음과 같이 검토한다.

### (1) 축방향 압축력만 작용하는 경우

$$f_c = \frac{N}{A} \le f_{ca}$$

(8.3.4)

여기서,　　$f_c$ : 축방향 압축응력 (MPa)

　　　　　$N$ : 최대 축력 (N)

　　　　　$A$ : 버팀대의 단면적 (mm$^2$)

　　　　　$f_{ca}$ : 허용 축방향 압축응력 (MPa)

### (2) 축방향 압축력과 휨모멘트가 동시에 작용하는 경우

$$f_c = \frac{N}{A} + \frac{M}{Z} \le f_{ca}$$

(8.3.5)

여기서,　　$f_c$ : 축방향 압축응력 (MPa)

　　　　　$N$ : 최대 축력 (N)

　　　　　$A$ : 버팀대의 단면적 (mm$^2$)

　　　　　$M$ : 최대 휨모멘트 (N·mm)

　　　　　$Z$ : 버팀대의 단면계수 (mm$^3$)

　　　　　$f_{ca}$ : 허용 축방향 압축응력 (MPa)

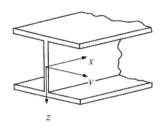

**그림 8.3.3** H형강의 좌표

## (3) 좌굴 검토(안정성 검토)

 H형강을 버팀대로 사용할 때는 그림 8.3.3과 같이 플랜지가 상하가 되도록 설치하는 것이 대부분이다. H형강은 비틀림 강성이 낮으므로 자중과 연직하중에 의한 휨 작용면 외측의 수평방향좌굴(면외좌굴)을 검토한다. 다만 버팀대에 지장물 등에 의한 연직하중이 작용할 때는 연직방향좌굴(면내좌굴)도 동시에 검토한다.

### 1) 수평방향의 좌굴검토(면외좌굴)

$$\frac{f_c}{f_{caz}} + \frac{f_{bcy}}{f_{bagy}\left(1 - \dfrac{f_c}{f_{Ey}}\right)} \leq 1 \tag{8.3.6}$$

$$f_c + \frac{f_{bcy}}{\left(1 - \dfrac{f_c}{f_{Ey}}\right)} \leq f_{cal} \tag{8.3.7}$$

여기서,　　$f_c$ : 축방향 압축응력 (MPa)

　　　$f_{bcy}$ : 강축둘레($y$축)에 작용하는 휨모멘트에 의한 휨압축응력 (MPa)

　　　$f_{caz}$ : 약축둘레($z$축)의 허용축방향 압축응력 (MPa)

　　　$f_{bagy}$ : 국부좌굴을 고려하지 않은 강축둘레의 허용휨 압축응력 (MPa)

　　　$f_{Ey}$ : 강축둘레($y$축)의 오일러 좌굴응력 (MPa)

$$f_{Ey} = \frac{1,200,000}{\left(\ell/r_y\right)^2} \tag{8.3.8}$$

　　　$\ell$ : 유효좌굴길이 (mm)

　　　$r_y$ : 강축둘레($y$축)의 단면2차반경 (mm)

　　　$f_{cal}$ : 국부좌굴응력에 대한 허용응력 (MPa)

## 2) 연직방향의 좌굴검토(면내좌굴)

$$\frac{f_c}{f_{caz}} + \frac{f_{bcz}}{f_{bao}\left(1 - \dfrac{f_c}{f_{Ez}}\right)} \le 1 \tag{8.3.9}$$

$$f_c + \frac{f_{bcz}}{\left(1 - \dfrac{f_c}{f_{Ez}}\right)} \le f_{cal} \tag{8.3.10}$$

여기서,  $f_c$ : 축방향 압축응력 (MPa)

$f_{bcz}$ : 약축둘레($z$축)에 작용하는 휨모멘트에 의한 휨압축응력 (MPa)

$f_{caz}$ : 약축둘레($z$축)의 허용축방향 압축응력 (MPa)

$f_{bao}$ : 국부좌굴을 고려하지 않은 허용휨압축응력의 상한값 (MPa)

$f_{Ez}$ : 약축둘레($z$축)의 오일러 좌굴응력 (MPa)

$$f_{Ez} = \frac{1,200,000}{\left(\ell / r_z\right)^2} \tag{8.3.11}$$

$\ell$ : 유효좌굴길이 (mm)

$r_z$ : 약축($z$축) 둘레의 단면2차반경 (mm)

$f_{cal}$ : 국부좌굴응력에 대한 허용응력 (MPa)

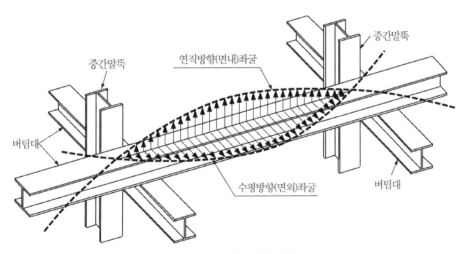

**그림 8.3.4** 버팀대의 좌굴

# 4. 사보강재의 설계

사보강재는 띠장의 지간을 작게 한다거나, 버팀대의 좌굴길이를 짧게 하려고 설치하는 부재로 띠장에 작용하는 토압 및 수압, 온도변화에 의한 축력 외에 자중에 의한 휨모멘트를 고려하여 설계한다. 설계기준에는 까치발 용어를 사용하고 있다.

사보강재는 코너부에 설치하는 코너 사보강재와 버팀대에 설치하는 버팀대 사보강재로 구분할 수 있는데, 코너 사보강재는 흙막이 전체의 강성을 확보하기 위해서는 설치하는 것이 좋다. 버팀대 사보강재는 굴착 규모가 큰 경우에는 버팀대의 본수를 증가시키지 않고 띠장의 계산 지간을 짧게 하는 것이 가능해서 효과적이지만, 굴착 규모가 작은 경우에는 반드시 효과적이라고 말할 수 없다. 설치 각도는 45°로 설치하는 것이 보통인데, 설계기준에서는 사보강재 설치 각도가 45° 이내이면 사보강재에 의한 구속을 고려하고, 45°를 초과하면 버팀대 설치 간격을 적용하도록 하고 있다. 또한 사보강재는 다중으로 설치하는 경우도 있지만 이에 대한 설계기준에 명시되어 있지 않다.

## 4.1 사보강재에 작용하는 축력

### (1) 연속벽체의 경우

사보강재는 일정한 각도를 가지고 설치되는 부재이므로 작용하는 축력은 그림 8.4.1과 같이 축력분담 폭을 고려하여 (8.4.1)식으로 산출한다. 또한 다중으로 사보강재를 설치할 경우의 축력분담 폭은 그림 8.4.2와 같이 고려한다. 따라서 사보강재에 발생하는 축력은 다음 식으로 계산한다.

$$N = \frac{B \cdot w}{\cos\theta} \tag{8.4.1}$$

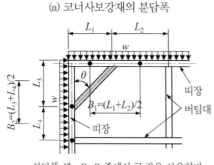

(a) 코너사보강재의 분담폭

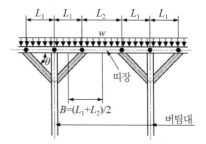

(b) 버팀대사보강재의 분담폭

분담폭 $B$는 $B_1$, $B_2$ 중에서 큰 값을 사용한다

**그림 8.4.1** 사보강재(1중)의 축력분담 폭(연속벽체의 경우)

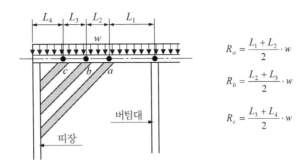

$$R_a = \frac{L_1 + L_2}{2} \cdot w$$

$$R_b = \frac{L_2 + L_3}{2} \cdot w$$

$$R_c = \frac{L_3 + L_4}{2} \cdot w$$

**그림 8.4.2** 다중배치의 사보강재가 부담하는 하중(3중 예)

여기서,  $N$ : 사보강재에 발생하는 축력 (kN)

$B$ : 축력분담 폭 (m)

$w$ : 지보재의 반력 (kN/m)

$\theta$ : 사보강재의 설치 각도 (°)

### (2) 엄지말뚝의 경우

엄지말뚝을 사용하는 경우는 다음과 같다.

$$N = \frac{R}{\cos\theta} \tag{8.4.2}$$

여기서,  $N$ : 사보강재에 발생하는 축력 (kN)

$R$ : 지보재의 반력 (kN)

$\theta$ : 사보강재의 설치 각도 (°)

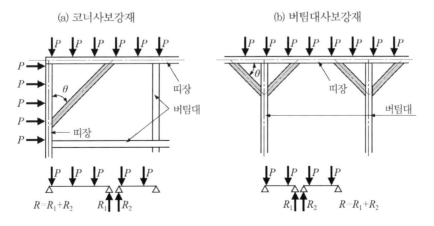

**그림 8.4.3** 사보강재(1중)의 축력분담 폭(엄지말뚝의 경우)

표 8.4.1 설계기준의 사보강재 축력계산 식

| 설계기준명 | 축력계산 식 | 비고 |
|---|---|---|
| 구조물기초설계기준 | $N = \dfrac{\sqrt{2}}{2}(L_1 + L_2) \cdot w$ | 여기서, $N$ : 사보강재의 축력 (kN) |
| 도로설계요령 | $N = 0.7(L_1 + L_2) \cdot w$ | $L_1 \sim L_2$ : 각 지간길이 (m) <br> $w$ : 띠장의 단위길이당 작용하는 하중 (kN/m) |
| 철도설계기준 | $N = \dfrac{1}{2}(L_1 + L_2) \cdot w \cdot \dfrac{1}{\sin\theta}$ | $\theta$ : 사보강재의 설치각도(°) |

한편, 각 설계기준이나 지침에도 사보강재의 축력을 계산하는 식이 규정되어 있는데, 표 8.4.1과 같다. 표의 계산식을 보면 구조물기초설계기준과 도로설계요령은 같은 계산식인데, 이것은 사보강재의 설치 각도를 45°로 고정하여 설치하였을 때의 계산식이다. 이 계산식으로 사용하게 되면 그림 8.4.1과 같이 축력분담 폭이 다른 경우나, 설치 각도가 45°가 아닌 경우는 이 식의 적용이 곤란하므로 (8.4.1)식으로 계산한다.

그리고 각 설계기준에는 다중 사보강재에 관한 규정이 수록되어 있지 않으므로 다중 사보강재를 설치할 때는 그림 8.4.2를 참조하여 설계한다. 그리고 그림 8.4.1의 $L_1$과 $L_2$의 비율이 1:1~1:2의 범위가 되도록 하는 것이 좋은데, 이것에 대한 사항은 "제10장 7. 띠장 및 사보강재의 검토"에 상세하게 수록되어 있으니 참조하기를 바란다.

## 4.2 사보강재의 단면 검토

사보강재의 단면 검토는 축방향력과 휨모멘트를 받는 상황에 따라 "3. 버팀대의 설계"의 "3.3 버팀대의 단면 검토"와 같은 방법으로 검토한다. 다만, 사보강재는 띠장과 버팀대와의 설치부(접합부)에 대하여 볼트접합을 할 때에는 전단에 대하여 저항할 수 있는 구조로 할 필요가 있으므로 이 부분에 대해서는 별도로 검토한다.

(1) 수평방향의 좌굴 검토(면외좌굴)

$$\frac{f_c}{f_{caz}} + \frac{f_{bcy}}{f_{bagy}\left(1 - \dfrac{f_c}{f_{Ey}}\right)} \leq 1 \tag{8.4.3}$$

$$f_c + \frac{f_{bcy}}{\left(1 - \dfrac{f_c}{f_{Ey}}\right)} \leq f_{cal} \tag{8.4.4}$$

여기서,　$f_c$ : 축방향 압축응력 (MPa)

$f_{bcy}$ : 강축둘레($y$축)에 작용하는 휨모멘트에 의한 휨압축응력 (MPa)

$f_{caz}$ : 약축둘레($z$축)의 허용축방향 압축응력 (MPa)

$f_{bagy}$ : 국부좌굴을 고려하지 않은 강축둘레의 허용휨 압축응력 (MPa)

$f_{Ey}$ : 강축둘레($y$축)의 오일러 좌굴응력 (MPa)

$$f_{Ey} = \frac{1,200,000}{\left(\ell/r_y\right)^2} \tag{8.4.5}$$

$\ell$ : 유효좌굴길이 (mm)

$r_y$ : 강축둘레($y$축)의 단면2차반경 (mm)

$f_{cal}$ : 국부좌굴응력에 대한 허용응력 (MPa)

## (2) 연직방향의 좌굴 검토(면내좌굴)

$$\frac{f_c}{f_{caz}} + \frac{f_{bcz}}{f_{bao}\left(1 - \dfrac{f_c}{f_{Ez}}\right)} \leq 1 \tag{8.4.6}$$

$$f_c + \frac{f_{bcz}}{\left(1 - \dfrac{f_c}{f_{Ez}}\right)} \leq f_{cal} \tag{8.4.7}$$

여기서,　$f_c$ : 축방향 압축응력 (MPa)

$f_{bcz}$ : 약축둘레($z$축)에 작용하는 휨모멘트에 의한 휨압축응력 (MPa)

$f_{caz}$ : 약축둘레($z$축)의 허용축방향 압축응력 (MPa)

$f_{bao}$ : 국부좌굴을 고려하지 않은 허용휨압축응력의 상한값 (MPa)

$f_{Ez}$ : 약축둘레($z$축)의 오일러 좌굴응력 (MPa)

$$f_{Ez} = \frac{1,200,000}{\left(\ell/r_z\right)^2} \tag{8.4.8}$$

$\ell$ : 유효좌굴길이 (mm)

$r_z$ : 약축($z$축) 둘레의 단면2차반경 (mm)

$f_{cal}$ : 국부좌굴응력에 대한 허용응력 (MPa)

## (3) 전단력

$$S = N \cdot \cos\theta \tag{8.4.9}$$

여기서,　$S$ : 사보강재의 전단력 (kN)

$N$ : 사보강재에 발생하는 축력 (kN)

$\theta$ : 사보강재의 설치 각도 (°)

(4) 볼트 개수

사보강재 설치부의 볼트 개수는 다음 식으로 계산한다.

$$n = \frac{S}{\frac{\pi}{4} \cdot D^2 \cdot v_a} \tag{8.4.10}$$

여기서,   $n$ : 필요 볼트 개수 (개)

$S$ : 사보강재의 전단력 (N)

$D$ : 사용 볼트의 직경 (mm)

$v_a$ : 볼트의 허용전단응력 (MPa)

# 5. 중간말뚝의 설계

각 설계기준이나 지침에는 중간말뚝에 관한 규정이 없는 경우와 규정되어 있더라도 소홀히 다루는 부분이기도 하다. 가설흙막이 설계기준에는 다음과 같이 규정하고 있다.

(1) 중간말뚝은 버팀보의 좌굴 방지에 유효한 단면이어야 한다.

(2) 중간말뚝에 작용하는 연직하중은 자중, 버팀대 자중 및 적재하중, 노면복공으로부터의 하중(충격하중 포함), 매설물 매달기로부터의 하중으로 한다.

(3) 중간말뚝의 종방향 강성을 증가시키기 위해 중간말뚝 사이에 사재 등의 보강 부재를 조립한 경우에는 하중분배를 고려할 수 있다. 다만, 트러스 형태의 보강이 없는 중간말뚝은 단독으로 연직하중을 지지하는 것으로 한다.

(4) 중간말뚝에 작용하는 연직하중이 그 허용지지력을 넘지 않도록 하여야 한다.

(5) 중간말뚝은 지지력에 대한 검토를 하고 인발력이 발생하는 경우에는 이에 대해서도 검토하여야 한다.

## 5.1 중간말뚝에 작용하는 하중

중간말뚝에는 축방향 압축력(또는 인발력)과 편심모멘트가 작용한다. 복공을 설치할 때는 복공주형보에 재하되는 고정하중, 활하중 및 복공주형부재의 하중, 매설물 중량 등에 의하여 발생하는 최대 반력을 하중으로 작용시켜, 이 하중에 견디도록 말뚝의 지지력과 단면 등을 검토한다. 중간말뚝은 버팀대의 좌굴방지와 복공판을 설치할 때, 복공주형보에 의한 하중을 지지하는 것을 목적으로 설치하는 것이므로 일반적으로 축방향 연직력을 고려하여 설계한다. 중간말뚝에 작용하는 축방향 연직력은 다음의 사항을 고려한다.

① 노면 하중(충격 포함)

② 노면복공(복공판, 주형보 등) 자중

③ 매설물 자중

④ 중간말뚝의 자중, 버팀대 및 사보강재의 자중, 좌굴억제하중

①~②는 복공을 설치하는 경우에 해당되는 하중이므로 제3장의 "3. 하중"을 참고하기를 바라며, 여기서는 ④의 하중에 대해서는 설계기준이나 지침에 산출하는 방법이 규정되어 있지 않기 때문에 상세하게 산출 방법을 알아보고 중간말뚝의 지간에 관한 규정이 미흡하므로 이 부분에 대해서도 상세하게 설명하도록 한다.

## 5.2 중간말뚝의 지간

중간말뚝의 지간은 4가지로 구분되는데, 먼저 중간말뚝의 자중을 산출하기 위한 길이가 있으며, 두 번째는 중간말뚝의 좌굴을 계산하기 위한 설계 지간, 세 번째는 버팀대의 좌굴억제하중을 계산하기 위한 축력분담 폭($x$방향, $y$방향), 네 번째는 버팀대의 자중을 계산하기 위한 중량분담 폭($x$방향, $y$방향)이 있다.

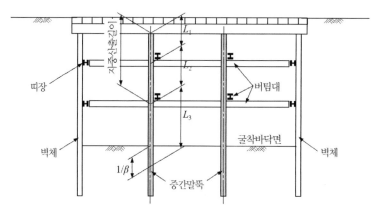

**그림 8.5.1** 중간말뚝의 설계 지간

### 5.2.1 중간말뚝 자중을 산출하기 위한 길이

중간말뚝의 자중을 계산하기 위한 길이는 좌굴을 계산하기 위하여, 필요한 것이므로, 좌굴을 계산할 구간의 상단까지를 길이로 한다. 일반적으로 좌굴을 계산하는 구간이 대부분 최하단 버팀대에서 굴착바닥면까지를 대상으로 하는 경우가 많으므로 말뚝의 상단에서 최하단 버팀대 설치 위치까지를 자중 산출 길이로 한다(그림 8.5.1 참조).

### 5.2.2 중간말뚝의 설계 지간

중간말뚝은 흙막이벽과는 다르게 굴착면보다 위쪽은 측면이 구속되어 있지 않기 때문에 좌굴을 고려하여야 한다. 허용축방향 압축응력 계산에 사용하는 유효좌굴길이는 그림 8.5.1과 같이 중간말뚝 상단에서 버팀대 교점간의 $L_1$, 버팀대 교점간의 $L_2$, 버팀대 교점과 $1/\beta$($\beta$는 말뚝의 특성치)까지의 사이를 $L_3$로 하여 계산한다. 일반적으로 좌굴지간은 가장 불리한 최하단 버팀대와 $1/\beta$까지의 길이를 최대 좌굴길이로 하는 경우가 많다.

### 5.2.3 버팀대의 축력분담 폭

버팀대의 좌굴억제하중을 계산할 때에 사용하는 축력분담 폭($LN_x$, $LN_y$)은 그림 8.5.2와 같이 버팀대의 축력분담 폭(3.2 버팀대의 좌굴길이 참조)을 사용한다.

### 5.2.4 버팀대의 중량분담 폭

버팀대의 자중을 계산할 때 사용하는 중량분담 폭($LW_x$, $LW_y$)은 그림 8.5.2와 같이 설계하는 중간말뚝에 해당하는 버팀대에 대하여 중간말뚝과 중간말뚝 사이의 전후(좌우) 1/2을 더한 길이로 한다. 또한 버팀대의 시작점과 끝점(띠장과의 접합부)은 띠장의 1/2점(띠장의 축선)을 중간말뚝이 설치된 지점으로 하여 계산한다.

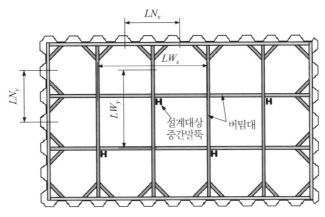

**그림 8.5.2** 중간말뚝에 작용하는 버팀대 좌굴길이

## 5.3 하중산출 방법

앞에서 언급한 중간말뚝에 작용하는 하중 중에서 중간말뚝의 자중, 버팀대 및 사보강재의 자중, 좌굴억제하중의 산출 방법은 다음과 같다.

(1) 버팀대 좌굴억제하중

$$N_1 = \frac{1}{50}\left\{\sum P_1 \cdot \left(LN_x + LN_y\right) + \sum P_2 \cdot \left(LN_x + LN_y\right)\right\}$$
(8.5.1)

여기서,     $N_1$ : 버팀대 축력에 의한 좌굴억제하중 (kN)

           $\Sigma_{P1}$ : 버팀대에 작용하는 반력 (kN/m)

           $\Sigma_{P2}$ : 버팀대에 작용하는 온도하중에 의한 축력 (kN)

           $LN_x$ : $x$방향 버팀대의 축력 분담 폭 (m)

           $LN_y$ : $y$방향 버팀대의 축력 분담 폭 (m)

(2) 버팀대의 자중 및 과재하중에 의한 하중

$$N_2 = \sum_1^n \left(w_x \cdot LW_x + w_y \cdot LW_y\right)$$
(8.5.2)

여기서,    $N_2$ : 버팀대 자중 및 과재하중에 의한 하중 (kN)

$LW_x$ : 중간말뚝에 작용하는 $x$방향 버팀대 자중의 작용 길이 (m)

$w_x$ : $x$방향 버팀대의 단위길이당 중량 (kN/m)

$LW_y$ : 중간말뚝에 작용하는 $y$방향 버팀대 자중의 작용 길이 (m)

$w_y$ : $y$방향 버팀대의 단위길이당 중량 (kN/m)

$n$ : 버팀대 설치 단수 (개)

### (3) 중간말뚝 자중

$$N_3 = w_a \cdot L_0 \tag{8.5.3}$$

여기서,    $N_3$ : 중간말뚝 자중 (kN)

$w_a$ : 중간말뚝의 단위길이당 중량 (kN/m)

$L_0$ : 중간말뚝 상단에서 최하단 버팀대까지의 길이 (m)

### (4) 중간말뚝에 작용하는 하중

$$N = N_1 + N_2 + N_3 \tag{8.5.4}$$

여기서,    $N$ : 중간말뚝에 작용하는 축방향의 합계하중 (kN)

$N_1$ : 버팀대 축력에 의한 좌굴억제하중 (kN)

$N_2$ : 버팀대 자중 및 과재하중에 의한 하중 (kN)

$N_3$ : 중간말뚝 자중 (kN)

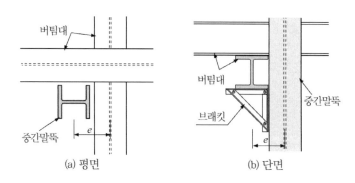

그림 8.5.3 버팀대의 편심거리

### (5) 중간말뚝에 작용하는 편심모멘트

$$M = (N_1 + N_2) \cdot e \tag{8.5.5}$$

여기서,    $M$ : 중간말뚝에 작용하는 편심모멘트 (kN·m)

$N_1$ : 버팀대 축력에 의한 좌굴억제하중 (kN)

$N_2$ : 버팀대 자중 및 과재하중에 의한 하중 (kN)

$e$ : 중간말뚝과 버팀대 사이의 편심거리 (m). 그림 8.5.3 참조

## 5.4 단면검토

중간말뚝은 휨과 압축력을 동시에 받는 부재로 설계한다.

(1) 중간말뚝에 작용하는 응력

$$f_c = \frac{N}{A} \le f_{ca} \tag{8.5.6}$$

$$f_b = \frac{M}{Z} \le f_{ba} \tag{8.5.7}$$

여기서, 　$f_c$ : 중간말뚝에 발생하는 압축응력 (MPa)

$N$ : 중간말뚝에 작용하는 압축력 (N)

$A$ : 중간말뚝의 단면적 (mm²)

$f_{ca}$ : 허용압축응력 (MPa)

$f_b$ : 중간말뚝에 발생하는 휨응력 (MPa)

$M$ : 중간말뚝에 작용하는 편심 휨모멘트 (N·mm)

$Z$ : 중간말뚝의 단면계수 (mm³)

$f_{ba}$ : 허용휨응력 (MPa)

(2) 좌굴검토

$$\frac{f_c}{f_{caz}} + \frac{f_{bcy}}{f_{bagy}\left(1 - \dfrac{f_c}{f_{Ey}}\right)} \le 1 \tag{8.5.8}$$

여기서, 　$f_c$ : 축방향 압축응력 (MPa)

$f_{bcy}$ : 중간말뚝에 작용하는 휨응력 (MPa)

$f_{caz}$ : 중간말뚝의 허용압축응력 (MPa)

$f_{bagy}$ : 국부좌굴을 고려하지 않은 허용휨응력 (MPa)

$f_{Ey}$ : 오일러 좌굴응력 (MPa)

$$f_{Ey} = \frac{1,200,000}{\left(\ell/r_y\right)^2} \tag{8.5.9}$$

$\ell$ : 유효좌굴길이 (mm)

$r_y$ : 단면2차반경 (mm)

## 5.5 중간말뚝의 보강에 의한 반력의 배분

중간말뚝에 그림 8.5.4처럼 적절한 강성을 갖는 브레이싱으로 연결되지 않을 때는 축방향 연직력을 중간말뚝 1개당 받는 하중으로 계산하여 설계할 수 있지만, 중간말뚝이 브레이싱으로 연결되었을 때는 $a$, $b$, $c$에 각각 표 8.5.1과 같이 양측의 말뚝에 분산시키는 것으로 고려한다.

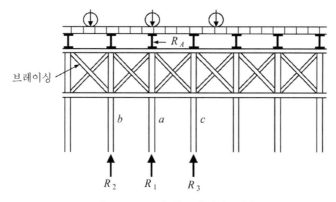

**그림 8.5.4** 중간말뚝 반력의 배분

중간말뚝의 허용지지력은 제6장에 설명되어 있는데, 측면말뚝과 중간말뚝은 하중이 작용하는 조건이 다르므로 구분하여 중간말뚝에 맞는 허용지지력으로 계산하는 것이 바람직하다. 상세한 것은 제6장을 참조하기를 바란다.

**표 8.5.1** 중간말뚝 반력의 배분

| 구분 | $R_1$ | $R_2$ | $R_3$ |
|---|---|---|---|
| 중간말뚝의 지간이 4m 이상일 경우 | $\frac{1}{2}R$ | $\frac{1}{4}R$ | $\frac{1}{4}R$ |
| 중간말뚝의 지간이 4m 이하일 경우 | $\frac{1}{3}R$ | $\frac{1}{3}R$ | $\frac{1}{3}R$ |

# 6. 흙막이앵커의 설계

각 설계기준이나 지침에는 지반앵커 또는 어스앵커라는 용어로 규정되어 있는데, 여기서는 흙막이앵커라는 용어로 사용한다. 가설흙막이 설계기준에는 다음과 같이 규정하고 있다.

(1) 앵커의 사용 목적, 사용기간 및 환경조건 등을 고려하여 부식방지에 관해 검토하여야 한다.

(2) 영구앵커는 정착지반의 장기적 안정성, 부식에 대한 안정성 및 공사 후 유지관리 방법 등을 검토하여야 한다.

(3) 앵커의 사용기간 중에도 그 성능이 안정되도록 하며, 사용 후 해체방법을 고려하여 설계하여야 한다. 특히, 사유지 등을 부득이 침범(어스앵커 등이 사유지에 설치되는 경우 등)할 경우, 사유재산권 침해가 최소화되는 공법을 우선 선정하고 이에 따른 보상 등을 고려하여야 한다.

(4) 지반앵커는 대상으로 하는 구조물의 규모, 형상, 지반조건을 고려하여 선정하고, 설계하중에 대해서 안전율이 고려된 인발저항력을 갖도록 설계하여야 한다.

(5) 앵커의 허용인장력은 앵커의 사용기간, 강재의 극한강도 및 항복강도를 고려하여 정한다.

(6) 지반앵커는 설계앵커력에 대해 안전율이 확보되는 양호한 지반에 정착하는 것으로 하고, 그 길이 및 배치는 토질 조건, 시공조건, 환경조건, 지하매설물의 유무, 흙막이 벽의 응력, 변위 및 구조체의 안정성을 고려하여 설계한다.

(7) 지반앵커의 초기긴장력은 지반조건, 흙막이벽의 규모, 설치기간, 시공방법 등을 고려하여 설계하여야 한다.

(8) 대좌 및 지압판은 설계 정착력에 대하여 강도를 갖고, 유해한 변형이 발생하지 않도록 설계한다.

(9) 앵커의 자유장은 예상 파괴면까지의 길이에 여유길이를 더하여 정한다.

(10) 인장형 앵커의 정착장은 앵커체와 지반과의 마찰저항장과 앵커강재와 그라우트체와의 부착저항장을 비교하여 큰 값으로 한다. 정착장 결정시에는 진행성 파괴를 고려하여야 한다.

(11) 정착부에서 지표면까지의 최소 높이가 확보되어야 한다.

(12) 흙막이벽과 앵커 전체를 포함한 안정성 검토를 하여야 한다.

(13) 앵커의 긴장력은 정착장치에 의한 감소와 릴렉세이션(relaxation)에 의한 감소를 고려하여 정한다. 제거식 앵커의 경우 강선이 피복되어 있으므로 자유장이 아닌 끝단의 내하체까지의 전체길이에 대한 늘음량을 고려하여야 한다.

(14) 앵커정착장이 위치하는 지반이 크리프(creep)가 우려되는 경우에는 지반 크리프(creep)에 의한 앵커력 손실을 고려하여 설계앵커력을 정하도록 한다.

(15) 설계 시 추정되는 극한인발저항력을 시공 시 확인하여 안전한 시공이 될 수 있도록 정착지반별 인발시험계획을 제시하여야 한다.

흙막이앵커는 대상 구조물의 규모, 기능, 지반조건, 환경조건 등을 고려하여 안전성, 경제성, 시공성을 확보하기 위하여 다음의 항목에 대하여 검토한다. 흙막이앵커는 위의 8가지 항목에 대하여 그림 8.6.1과 같은 순서에 의하여 설계한다. 각 설계기준에는 8가지 항목에 대하여 전부 규정된 기준이 없으므로, 기준별 해당 항목에 관한 규정을 기준으로 하여 참고 자료를 통하여 상세하게 설명하기로 한다.

① 앵커의 배치
② 설계 앵커력
③ 앵커체의 설계
④ 앵커 길이의 결정
⑤ 안정성의 검토
⑥ 시공 긴장력의 결정
⑦ 띠장의 설계
⑧ 앵커 두부의 설계

## 6.1 앵커의 설계

### 6.1.1 앵커의 배치

#### (1) 택지 조건 등에 대한 검토

인접도로나 인접 택지 아래에 앵커를 설치할 때는 사전에 그 관리자 또는 소유자의 승인이 필요하다. 앵커가 택지 내에 설치되어도 배면 지반의 지중 구조물이나 기존 구조물을 조사하여 앵커의 설치 각도와 길이를 결정하여야 한다.

#### (2) 정착층

정착부의 최소 토피는 표 8.6.1과 같이 4.5~5.0m 이상 확보하는 것이 좋다. 이것은 앵커의 인발저항력을 발휘할 수 있도록 어느 정도의 토피 중량을 확보할 필요가 있기 때문이며, 중장비 등의 주행에 의한 정착 지반의 교란을 최소한으로 억제할 필요가 있기 때문이다.

**표 8.6.1** 설계기준별 앵커의 배치 기준

| 기준별 | 자유장 | 정착장 | 여유장 | 최소깊이 | 비고 |
|---|---|---|---|---|---|
| 가설흙막이 설계기준 | 4.0m | 4.0m | 1.5m, 0.15$H$ 중 큰 값 | 4.0m | $H$는 굴착깊이 |
| 구조물기초설계기준 | 4.5m | 4.5m | 1.5m, 0.15$H$ 중 큰 값 | 5.0m | $H$는 굴착깊이 |
| 도로설계요령 | 4.0m | 3~10m | | | |
| 철도설계기준 | 4.0m | 3~10m | 1.5~2.0m | | |
| 고속철도설계기준 | | | 1.5~2.0m | | |
| 호남고속철도지침 | 4.0m | 3~10m | 0.15$H$ | 5.0m | |
| 가설공사표준시방서 | 4.5m | 4.5m | 1.5m, 0.2$H$ 중 큰 값 | 4.5m | |

주) 가설흙막이 설계기준은 앵커 설계기준(KDS 11 60 00 : 2020)의 값임

가설흙막이 설계기준에는 특별히 언급이 없지만 앵커 설계기준을 참고하도록 규정되어 있어 이 기준을 대상으로 설명한다.

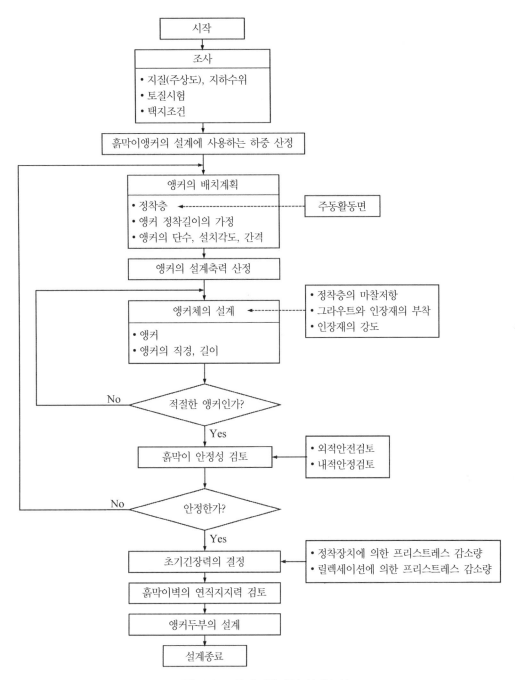

**그림 8.6.1 흙막이앵커의 설계순서**

## (3) 앵커의 단수(연직방향 Pitch)

앵커의 단수는 앵커 1본의 인발저항력, 흙막이벽의 응력·변형, 띠장의 강도, 시공성 및 경제성을 고려하여 결정한다. 일반적으로 앵커체 직경(천공 홀)의 3.5배 이상으로 한다.

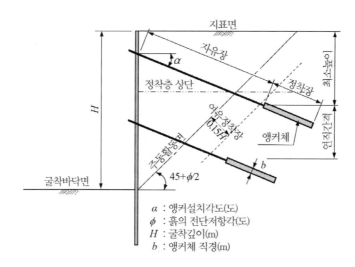

**그림 8.6.2 앵커의 배치**

### (4) 앵커의 간격(수평방향 Pitch)

앵커의 수평방향간격은 일반적으로 1.5~4.0m로 한다. 앵커의 간격이 좁은 경우에는 그룹효과에 의하여 앵커 1본당의 인발저항력이 감소되므로 주의한다.

### (5) 앵커의 설치각도(연직방향)

앵커의 설치 각도 $\alpha$는 보통 $10° \leq \alpha \leq 45°$ 범위로 한다.

### (6) 앵커의 수평각도

앵커의 설치 방향과 흙막이벽의 직각방향과 이루는 각도(앵커의 수평설치각도) $\theta$는 원칙적으로는 $\theta = 0°$로 한다.

이상과 같이 앵커의 배치에 대하여 설명하였지만, 각 기준이나 지침에는 비교적 앵커의 배치에 대해서는 상세하게 규정을 하고 있으므로 설계 주체별로 표 8.6.1과 같이 해당 항목에 대한 배치를 고려하여 설계하여야 한다.

### 6.1.2 설계 앵커력

### (1) 설계 축력

흙막이앵커의 설계 축력은 흙막이 해석에서는 지보공 반력이 단위 m당 계산되는 경우가 대부분이므로 본당 축력으로 환산하여 다음 식으로 계산한다.

$$T_0 = \frac{R_{max} \cdot a}{\cos\alpha \cdot \cos\theta} \tag{8.6.1}$$

여기서,    $T_0$ : 앵커의 설계축력 (kN/본)

$R_{max}$ : 단위길이당 지보공 최대반력 (kN/m)

$a$ : 앵커의 수평간격 (m)

$\alpha$ : 앵커의 설치각도 (°)

$\theta$ : 앵커의 수평각도 (°)

각 설계기준에는 앵커의 수평각도($\theta$)에 대한 언급이 없는데, 일반적으로 앵커의 수평방향 설치각도는 흙막이벽에 대하여 90°로 설치하지만 90°가 아닌 경우는 반드시 앵커의 수평각을 고려하여 (8.6.1)식으로 계산하여야 한다.

### (2) 흙막이앵커의 허용응력

흙막이앵커의 허용응력은 표 8.6.2와 같이 앵커의 극한하중($f_{pu}$)과 항복하중($f_{py}$) 중에서 작은 값으로 한다. 대부분의 설계기준에서는 표와 같은 값을 규정하고 있다.

**표 8.6.2** 앵커의 허용인장력 (kN/m²)

| 앵커의 종류 | | 사용기간 | 극한하중($f_{pu}$)에 대하여 | 항복하중($f_{py}$)에 대하여 |
|---|---|---|---|---|
| 가설 앵커 | | 2년 미만 | $0.65 \times f_{pu}$ | $0.80 \times f_{py}$ |
| 영구 앵커 | 평상시 | 2년 이상 | $0.60 \times f_{pu}$ | $0.75 \times f_{py}$ |
| | 지진 시 | 2년 이상 | $0.75 \times f_{pu}$ | $0.90 \times f_{py}$ |

### (3) 앵커의 PC강재 사용 가닥수

$$n = \frac{T_0}{P_a}$$

(8.6.2)

여기서,　　$n$ : 사용 가닥수 (개)

$T_0$ : 앵커의 설계 축력 (kN/본)

$P_a$ : PC강재 1개의 허용인장력 (표 8.6.2 참조)

## 6.1.3 앵커 길이의 설계

### (1) 정착장

앵커의 정착장은 다음 중에서 가장 큰 값을 사용한다.

① 앵커체와 지반과의 주면마찰저항 ($L_{af}$)

② 앵커체와 PC강재 사이의 부착력에 의한 길이 ($L_{as}$)

③ 최소정착장 ($L_{amin}$) (표 8.6.1 참조)

표 8.6.3 설계기준별 앵커의 주면마찰저항(kN/m²)

| 지반의 종류 | | | 구조물기초<br>설계기준 | 도로설계요령 | 철도설계기준 | 고속철도<br>설계기준 | 가설공사<br>표준시방서 |
|---|---|---|---|---|---|---|---|
| 암반 | 경 암 | | 1000~2500 | 1000~2500 | 1000~2500 | 1500~2500 | 1000~2500 |
| | 연 암 | | 600~1500 | 600~1500 | 600~1500 | 1000~1500 | 600~1500 |
| | 풍화암 | | 400~1000 | 400~1000 | 400~1000 | 600~1000 | 400~1000 |
| | 풍화토 | | – | – | – | 500~800 | – |
| 자갈 | N<br>값 | 10 | 100~200 | 100~200 | 100~200 | 100~200 | 100~200 |
| | | 20 | 170~250 | 170~250 | 170~250 | 170~250 | 170~250 |
| | | 30 | 250~350 | 250~350 | 250~350 | 250~350 | 250~350 |
| | | 40 | 350~450 | 350~450 | 350~450 | 350~450 | 350~450 |
| | | 50 | 450~700 | 450~700 | 450~700 | 450~700 | 450~700 |
| 모래 | N<br>값 | 10 | 100~140 | 100~140 | 100~140 | 100~140 | 100~140 |
| | | 20 | 180~220 | 180~220 | 180~220 | 180~220 | 180~220 |
| | | 30 | 230~270 | 230~270 | 230~270 | 230~270 | 230~270 |
| | | 40 | 290~350 | 290~350 | 290~350 | 290~350 | 290~350 |
| | | 50 | 300~400 | 300~400 | 300~400 | 300~400 | 300~400 |
| 점성토(c: 점착력) | | | 1.0c | 1.0c | 1.0c | 1.0~1.3c | 100c |

## 1) 그라우트와 지반과의 주면마찰저항에 의한 길이

$$L_{af} = \frac{T_0 \cdot F_s}{\pi \cdot D \cdot \tau_a} \qquad (8.6.3)$$

여기서,    $L_{af}$ : 앵커체와 지반과의 주면마찰저항에 의한 길이 (m)

         $T_0$ : 앵커체의 설계축력 (kN)

         $F_s$ : 안전율(표 8.6.4 참조)

         $D$ : 앵커체의 직경(천공직경) (m)

         $\tau_a$ : 앵커체와 지반 사이의 주면마찰저항(표 8.6.3 참조) (kN/m²)

표 8.6.4 설계기준별 앵커의 안전율

| 기준별 | 사용기간 2년 미만 | | 사용기간 2년 이상 | |
|---|---|---|---|---|
| | 토사 | 암반 | 평상시 | 지진 시 |
| 가설흙막이 설계기준 | 1.5 | | 2.5 | 1.5~2.0 |
| 구조물기초설계기준 | 2.0 | | 3.0 | |
| 도로설계요령 | 1.5 | | 2.0 | |
| 철도설계기준 | 1.5 | | 2.5 | |
| 호남고속철도지침 | 1.5~2.5 | | 1.5~2.0 | |
| 가설공사표준시방서 | 2.0 | 1.5 | 2.5 | |

## 2) 그라우트와 PC강재 사이의 부착력에 의한 길이

$$L_{as} = \frac{T_0}{n \cdot U \cdot f_a}$$
(8.6.4)

여기서,　　$L_{as}$ : 앵커체와 지반과의 부착력에 의한 길이 (m)

$T_0$ : 앵커체의 설계 축력 (kN)

$n$ : 앵커의 PC강선 가닥수 (개)

$U$ : 앵커체의 둘레길이(표 8.6.6 참조) (m)

$f_a$ : 허용부착응력 (kN/m²)

**표 8.6.5 주입재와 인장재의 허용부착응력(kN/m²)**

| 지반의 종류 | 장기허용 부착응력 | 단기허용 부착응력 |
|---|---|---|
| 토사 | 400 | 700 |
| 암반 | 700 | 1000 |

*출처 : 호남고속철도 설계지침(노반편)(5-102쪽)

　앵커의 허용부착응력에 대해서는 구조물기초설계기준에는 철근의 허용부착응력이 규정되어 있으며, 앵커에 대한 허용부착응력은 철도설계기준에는 표 8.6.6과 같이 규정되어 있고, 가설공사표준시방서에 표 8.6.7과 같이 규정되어 있다.

**표 8.6.6 앵커의 둘레길이 산출 예**

| 앵커의 종류 | 형상 | 둘레길이 |
|---|---|---|
| 이형 PC 강봉, 다중 PC 강연선 | ⊙ $d$ | $D \times \pi$ ($D$는 공칭직경) |
| PC 강연선, 이형 PC 강봉 | (형상) | 점선 길이 |
| | (형상) | 점선 길이와 둘레길이×본수에서 작은 쪽 |

*출처 : 일본터널표준시방서 개착공법·동해설(171쪽)

**표 8.6.7 강재와 콘크리트의 허용부착응력 (MPa)**

| 인장재의 종류 | 주입재의 설계기준강도 | 15 | 18 | 24 | 30 | 40 이상 |
|---|---|---|---|---|---|---|
| 가설 앵커 | PC 강봉, PC 강선, PC 강연선, 다중 PC 강연선 | 0.8 | 1.0 | 1.2 | 1.35 | 1.5 |
| | 이형 PC 강봉 | 1.2 | 1.4 | 1.6 | 1.8 | 2.0 |
| 영구 앵커 | PC 강봉, PC 강선, PC 강연선, 다중 PC 강연선 | – | – | 0.8 | 0.9 | 1.0 |
| | 이형 PC 강봉 | – | – | 1.6 | 1.8 | 2.0 |

*출처 : 가설공사표준시방서 〈표 6.5〉(151쪽)

### 3) 최소 정착장

표 8.6.1과 같이 설계기준별로 최소 정착장의 규정은 다르지만, 최소 4.5m 이상 확보하는 것이 좋다.

### (2) 자유장

앵커의 자유장($L_f$)은 다음 3가지 중에서 가장 큰 값으로 결정한다.

① 주동활동면에서 결정되는 길이　　: $L_{f1}$ (그림 8.6.3의 (a))
② 정착지반 깊이에서 결정되는 길이 : $L_{f2}$ (그림 8.6.3의 (b))
③ 최소 자유장에서 결정되는 길이　　: $L_{f\min}$ (표 8.6.1 참조)

$$L_f = \max(L_{f1}, \ L_{f2}, \ L_{f\min}) \tag{8.6.5}$$

### (3) 앵커 총길이

앵커의 총길이는 정착장($L_a$), 자유장($L_f$), 여유장($L_e$)을 전부 더한 길이로 한다.

$$L = L_a + L_f + L_e \tag{8.6.6}$$

## 6.1.4 안정성 검토

흙막이의 지보재로 앵커를 설치할 때, 소홀히 다루는 부분으로 안정성 검토가 있는데 가설흙막이 설계기준(앵커 설계기준)에는 앵커의 내적안정해석은 내적 파괴형태를 고려하도록 규정하고 있다.

이것은 일반적인 지반에서의 규정이므로 가설흙막이에서는 흙막이 벽체, 앵커, 지반 등 전부를 포함하여 안정을 검토하는데, 외적안정검토와 내적안정검토가 있다.

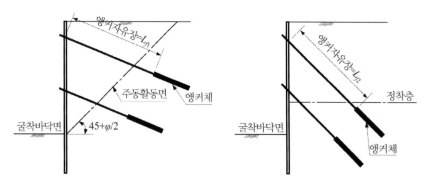

(a) 주동활동면에서 결정되는 길이　　　(b) 정착지반 깊이에서 결정되는 길이

**그림 8.6.3 앵커의 자유장**

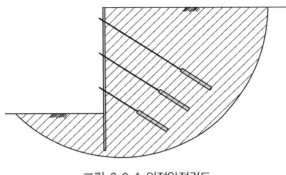

**그림 8.6.4** 외적안정검토

## (1) 외적안정검토

외적안정검토는 앵커와 흙막이벽을 포함한 지반 전체의 붕괴에 대한 안정을 검토하는 것으로 일반적으로 그림 8.6.4와 같이 원호 활동에 의한 사면안정해석을 실시한다. 외적안정검토는 연약한 지반이나 깊은 굴착일 경우에는 반드시 검토하여 안정성을 체크하여야 한다. 사면안정해석에 대한 사항은 생략하기로 한다.

## (2) 내적안정검토

내적안정검토는 흙막이벽과 앵커를 포함한 토괴 부분의 안정이다. 내적안정검토방법은 여러 가지가 있지만 그림 8.6.5와 같이 **Kranz**의 방법을 많이 사용하는데 이 방법은 다음과 같다.

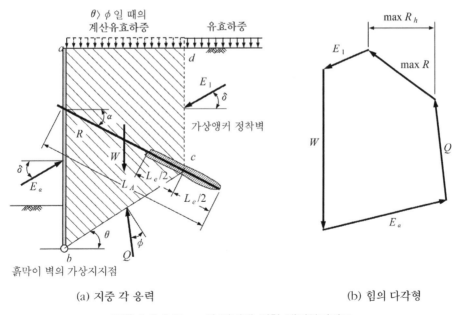

| (a) 지중 각 응력 | (b) 힘의 다각형 |

**그림 8.6.5** Kranz의 방법에 의한 내적안정검토

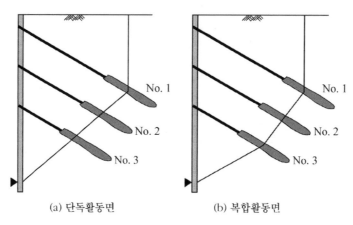

(a) 단독활동면          (b) 복합활동면

**그림 8.6.6** 단독 및 복합활동면의 구분

### 1) 안전성의 판정 방법

앵커 중앙점과 흙막이벽의 가상지지점을 이은 직선을 깊은 활동선이라고 가정하고 활동선상의 토괴 블록에 작용하는 힘의 균형으로부터 한계저항력의 수평성분을 구하고, 앵커수평분력과 비교하여 소정의 안전율을 만족하고 있는지 아닌지로 판정한다.

### 2) 검토 활동면의 결정

앵커 각 단마다의 단독 활동면(그림 8.6.6의 (a))의 경우에는 활동면 기준점(가상지지점, 굴착바닥면 중에서 어느 한쪽)과 앵커 중앙점을 이은 선분을 활동면으로 한다. 복합 활동면(그림 8.6.6의 (b))의 경우에는 활동면 기준점과 앵커 중앙점을 이은 꺾은선에 대해서 각 직선구간의 선분을 활동면으로 한다.

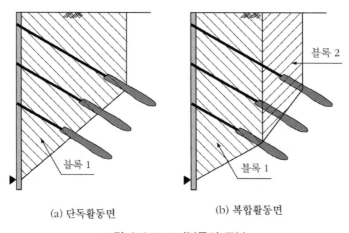

(a) 단독활동면          (b) 복합활동면

**그림 8.6.7** 토괴블록의 구분

### 3) 토괴 블록

그림 8.6.7과 같이 흙막이벽과 활동면으로 둘러싸인 부분을 토괴 블록으로 한다. 각 단마다

의 단독 활동면의 경우에는 토괴 블록이 1개지만, 복합 활동면의 경우에는 각각의 선분에 따라 토괴 블록이 여러 개로 나누어진다.

### 4) 토괴 블록에 작용하는 토압

토괴 블록의 토압은 단면계산용 토압(토압＋수압의 합계)을 사용하여 계산한다. 토압은 토층 경계, 앵커 중앙점, 활동면 기준점으로 분할하여 계산한다.

① 토괴 블록 좌측에 작용하는 토압

각 분할 구간의 토압을 산출하여 토괴 블록 왼쪽 아래까지의 합계로 한다.

$$E_{Lh} = \frac{(P_1 + P_2)h}{2} \qquad (8.6.7)$$

$$E_{Lv} = E_{Lh} \cdot \tan\delta \qquad (8.6.8)$$

여기서,     $E_{Lh}$ : 토괴 블록 좌측에 작용하는 토압의 수평분력 (kN/m)

          $E_{Lv}$ : 토괴 블록 좌측에 작용하는 토압의 연직분력 (kN/m)

          $P_1$ : 상단 토압 (kN/m$^2$)

          $P_2$ : 하단 토압 (kN/m$^2$)

          $h$ : 층 두께 (m)

          $\delta$ : 벽면마찰각 (°)

② 토괴 블록 우측에 작용하는 토압 ()

우측을 '가상앵커 정착벽'이라고 하는데, 각 분할 구간의 토압을 산출하여 토괴 블록 오른쪽 아래까지의 합계로 한다.

$$E_{Rh} = \frac{(P_1 + P_2)h}{2} \qquad (8.6.9)$$

$$E_{Rv} = E_{Rh} \cdot \tan\delta \qquad (8.6.10)$$

여기서,     $E_{Rh}$ : 토괴 블록 우측에 작용하는 토압의 수평분력 (kN/m)

          $E_{Rv}$ : 토괴 블록 우측에 작용하는 토압의 연직분력 (kN/m)

          $P_1$ : 상단 토압 (kN/m$^2$)

          $P_2$ : 하단 토압 (kN/m$^2$)

          $h$ : 층 두께 (m)

          $\delta$ : 벽면마찰각 (°)

### 5) 활동면에 작용하는 점착력

활동면에 작용하는 점착력은 활동면 중앙점에 있는 지층의 점착력 $C$를 사용해서 다음 식으로 구한다.

$$C_h = C \cdot L \cdot \cos\theta \qquad (8.6.11)$$

$$C_v = C \cdot L \cdot \sin\theta \qquad (8.6.12)$$

$$L = \sqrt{(X_R - X_L)^2 + (Y_R - Y_L)^2} \qquad (8.6.13)$$

여기서,     $C_h$ : 점착력의 수평분력 (kN/m)

         $C_v$ : 점착력의 연직분력 (kN/m)

         $C$ : 활동면(중앙점) 지층의 점착력 (kN/m²)

         $L$ : 활동면의 길이 (m)

    $X_L$, $Y_L$ : 토괴 블록 왼쪽 아래의 좌표 (m)

    $X_R$, $Y_R$ : 토괴 블록 오른쪽 아래의 좌표 (m)

         $\theta$ : 활동면의 경사각 (°)

### 6) 한계저항력의 수평성분

토괴 블록에 대한 한계저항력의 수평성분은 다음 식으로 구한다.

$$\max R_h = \frac{E_{Lh} - E_{Rh} + (W + E_{Rv} - E_{Lv}) \cdot \tan(\phi - \theta) + C_h}{1 + \tan\alpha \cdot \tan(\phi - \theta)} \qquad (8.6.14)$$

여기서, $\max R_h$ : 한계저항력의 수평성분 (kN/m)

       $E_{Lh}$ : 흙막이벽(토괴 블록 좌측)에 작용하는 토압의 수평분력 (kN/m)

       $E_{Lv}$ : 흙막이벽(토괴 블록 좌측)에 작용하는 토압의 연직분력 (kN/m)

       $E_{Rh}$ : 가상앵커 정착벽(토괴 블록 우측)에 작용하는 토압의 수평분력 (kN/m)

       $E_{Rv}$ : 가상앵커 정착벽(토괴 블록 우측)에 작용하는 토압의 연직분력 (kN/m)

        $W$ : 토괴 블록의 중량 (kN/m)

       $C_h$ : 활동면에 작용하는 점착력의 수평분력 (kN/m)

       $C_v$ : 활동면에 작용하는 점착력의 연직분력 (kN/m)

        $\phi$ : 활동면(중앙점)의 내부마찰각 (°)

        $\theta$ : 활동면의 경사각 (°)

        $\alpha$ : 앵커 설치 각도 (°)

### 7) 앵커 수평분력

앵커 수평분력은 앵커의 계산에서 얻어진 각 단에 대한 설계 축력의 수평분력 $P_{0h}$ (kN)를 각 단의 앵커 간격 $S$(m)로 나눠서 1m당의 앵커 수평분력 $P_{0h}$ (kN/m)로 한다. 토괴 블록의 우측에 쐐기모양의 토괴 블록을 고려한다. 활동면은 지표면까지 연속으로 꺾은선의 활동면이 된다. 쐐기 구역의 활동면은 토괴 블록 오른쪽 아래에서 시작되는 주동활동면으로 한다. 주동 활동면은 $45 + \phi/2$로 하고, $\phi$은 각 토층의 내부마찰각으로 한다.

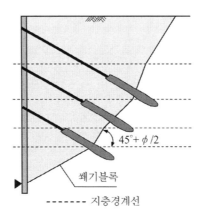

**그림 8.6.8 쐐기모양의 토괴블록**

토괴 블록에 작용하는 앵커 수평분력은 활동면을 형성하는 검토 앵커(군)와 다른 앵커와의 위치 관계에 의해서 앵커수평분력으로서 유효한 것을 전체 단에서 찾아내어 합계를 한다. 따라서 유효한 앵커는 다음과 같다.

- 활동면을 형성하는 검토 앵커(군).
- 앵커체 중앙점이 쐐기 구역 내에 있는 앵커.
- 단독활동면의 경우에는 다음 조건에 적합한 앵커. 즉, 복합활동면에는 적용되지 않는다. 앵커체 중앙점이 활동면보다 밑에 있는 앵커로 그 앵커의 쐐기구역을 가정했을 때, 검토 앵커 중앙점이 쐐기 구역의 외측에 있는 경우의 앵커. 그림 8.6.9의 왼쪽은 최하단 앵커의 쐐기 구역보다도 검토 앵커 중앙점이 외측에 있으므로 최하단 앵커를 유효 앵커로써 수 평성분을 고려한다. 그림 8.6.9의 오른쪽은 최하단 앵커의 쐐기 구역보다도 검토 앵커 중앙점이 내측에 있으므로 최하단 앵커는 무효 앵커로서 수평성분을 고려하지 않는다.

### 8) 안전율

검토 활동면에 대한 내적안정계산의 안전율은 다음 식으로 구한다.

$$F_s = \frac{\max R_h}{P_{0h}} \tag{8.6.15}$$

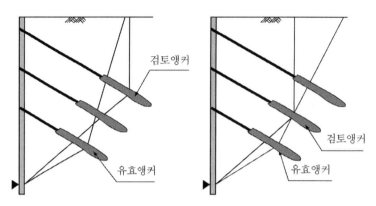

**그림 8.6.9** 검토앵커와 유효앵커

여기서,　　$F_s$ : 안전율 ≥ 1.5

　　　max $R_h$ : 한계저항력의 수평성분 (kN/m)

　　　$P_{0h}$ : 앵커수평분력 (kN/m)

## 6.1.5 앵커의 시공긴장력(Jacking force)

흙막이앵커의 시공 긴장력(초기긴장력)은 아래와 같이 두 가지에 대한 감소량을 고려하여 산정한다.

(1) 정착장치에 의한 프리스트레스 감소량

$$\Delta P_p = E_p \times \frac{\Delta l}{L} \times A_p \times N \qquad (8.6.16)$$

여기서,　　$\Delta P_p$ : 정착장치에 의한 프리스트레스 감소량 (N)

　　　$E_p$ : PC강재의 탄성계수 (MPa)

　　　$\Delta l$ : 정착장치의 PC STRAND 활동량. 3~6mm (3mm를 표준으로 함)

　　　$L$ : 앵커의 적용 자유장 (m) + 0.5m

　　　$A_p$ : PC강재의 단면적 (mm²)

　　　$N$ : PC강재의 사용 가닥수 (개)

(2) 릴렉세이션에 의한 프리스트레스 감소량

$$\Delta P_r = r \times f_{pt} \times A_p \times N \qquad (8.6.17)$$

여기서,　　$\Delta P_r$ : 릴렉세이션에 의한 프리스트레스 감소량 (N)

　　　$r$ : PC강재의 겉보기 Relaxation 값 (= 0.05)

　　　$f_{pt}$ : 손실이 일어난 후에 사용하중 상태에서의 응력 (MPa). 일반적으로 항복하중($f_{py}$)의 80%를 사용

$A_p$ : PC강재의 단면적 (mm$^2$)

$N$ : PC강재의 사용 가닥수 (개)

(3) 손실을 감안한 시공 긴장력

$$JF_{req} = T_0 + \Delta P_p + \Delta P_r \tag{8.6.18}$$

여기서,   $JF_{req}$ : 시공 긴장력 (kN)

$T_0$ : 앵커의 설계 축력 (kN)

$\Delta P_p$ : 정착장치에 의한 프리스트레스 감소량 (kN)

$\Delta P_r$ : 릴렉세이션에 의한 프리스트레스 감소량 (kN)

### 6.1.6 신장량(ELONGATION) 산정

$$L_e = \frac{JF_{req}}{E_p \times A_p \times N} \times L \tag{8.6.19}$$

여기서,     $L_e$ : 신장량 (mm)

$JF_{req}$ : 시공 긴장력 (N)

$L$ : 앵커의 적용 자유장 (mm) + 500mm

$E_p$ : PC강재의 탄성계수 (MPa)

$A_p$ : PC강재의 단면적 (mm$^2$)

$N$ : PC강재의 사용 가닥수 (개)

## 6.2 앵커의 띠장 계산

앵커의 띠장 계산은 버팀대 방식과는 조금 다르다. 버팀대 방식은 띠장의 수평방향으로만 검토하지만, 앵커의 경우는 앵커의 설계 축력에 의하여 수평방향은 물론이고, 연직방향에 대해서 검토하여야 한다. 띠장이 받는 하중이 엄지말뚝 벽일 경우에는 집중하중, 기타 벽체일 때에는 등분포하중을 받기 때문에 하중에 따라서 단순보 또는 3경간연속보로 설계한다.

### 6.2.1 단순보에 의한 방법

(1) 띠장의 수평방향 검토

이 방법은 일본토목학회 터널표준시방서 계산 예(터널 라이브러리 제4호)에 규정된 내용으로 앵커 간격을 단순보로 모델화하고 지보공 반력을 등분포하중으로 하여 다음 식으로 단면력 및 응력을 계산한다. 여기에서 띠장은 상하 2단으로 균등한 하중에 저항하는 것으로 한다.

$$f_b = \frac{0.5 \times M_{\max}}{Z_x} \le f_{ba} \tag{8.6.20}$$

$$v = \frac{0.5 \times S_{\max}}{A_w} \le v_a \tag{8.6.21}$$

여기서,  $f_b$ : 휨 응력 (MPa)

$M_{\max}$ : 최대휨모멘트$= R \times S_2 / 8$ (N·mm)

$S_{\max}$ : 최대전단력$= R \times S / 2$ (N)

$R$ : 지보공의 설계에 사용되는 하중 (N/mm)

$S$ : 앵커 간격 (mm)

$Z_x$ : 띠장의 강축방향 단면계수 (mm$^3$)

$f_{ba}$ : 허용휨응력 (MPa)

$v$ : 전단응력 (MPa)

$A_w$ : 띠장 웨브의 단면적$= (H{-}2t_f) \times t_w$ (mm$^2$) (그림 8.2.11 참조)

$v_a$ : 허용전단응력 (MPa)

앵커의 띠장은 흙막이벽에 접하고 있으나, 휨 작용에 대한 횡좌굴을 구속할 정도로 고정되어 있지 않다. 일반적으로 아래 방향은 브래킷 등으로 구속되어 있으나 위쪽방향은 구속이 없으므로 허용휨응력을 $L/b$(압축플랜지 고정점간 거리/압축플랜지 폭)에 따라서 저감할 필요가 있는데 다음과 같다(275 강재의 경우, 표 3.5.12 참조).

- $L/b \le 4.5$일 때 : $f_{ba} = 160 \times$할증계수
- $4.5 \le L/b \le 30.0$일 때 : $f_{ba} = \{160 - 2.9\,(L/b - 4.5)\} \times$할증계수

여기서, $L$ 은 앵커의 수평 간격 (mm)이며, $b$ 는 띠장의 플랜지 폭 (mm)이다.

## (2) 띠장의 연직방향 검토

브래킷 사이를 단순보로 모델화하여 설계축력의 연직성분을 집중하중으로 취급하여 다음 식으로 단면력 및 응력을 계산한다. 일반적으로 띠장은 하단만 하중에 저항하는 것으로 한다.

$$f_b = \frac{M_{\max}}{Z_y} \le f_{ba} \tag{8.6.22}$$

$$v = \frac{S_{\max}}{A_f} \le v_a \tag{8.6.23}$$

여기서,  $f_b$ : 휨응력 (MPa)

$M_{\max}$ : 최대휨모멘트  $M_{\max} = R_v \cdot S_b / 4$ (N·mm)

$Z_y$ : 띠장의 약축방향 단면계수 (mm³)

$R_v$ : 설계 축력의 연직성분= $P_{0v}$ (N)

$S_b$ : 브래킷 간격 (mm)

$f_{ba}$ : 허용휨응력 (MPa)

$v$ : 전단응력 (MPa)

$S_{max}$ : 최대전단력 $S_{max} = R_v / 2$ (N)

$A_f$ : 띠장의 플랜지 단면적= $2 \times B \times t_f$ (mm²) (그림 8.2.11 참조)

$v_a$ : 허용전단응력 (MPa)

### 6.2.2 3경간연속보에 의한 방법

(1) 수평방향 단면력의 산출

수평방향에 대해서는 앵커 간격($S$)을 지간으로 하는 3경간연속보로, 반력($R$)이 등분포하중으로 재하되어 있는 것으로 하여 단면력을 계산한다.

$$M_{max} = \frac{R \cdot S^2}{10} \qquad\qquad (8.6.24)$$

$$S_{max} = \frac{R \cdot S}{2} \qquad\qquad (8.6.25)$$

여기서, $M_{max}$ : 최대휨모멘트 (kN·m)

$S_{max}$ : 최대전단력 (kN)

$R$ : 지보공의 설계에 사용되는 하중(지보공 반력) (kN/m)

$S$ : 앵커 간격 (m)

다음으로 상기의 휨모멘트, 전단력을 사용하여 상·하단의 띠장 단면력을 산출한다.

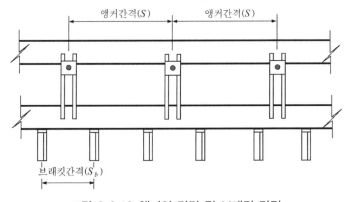

**그림 8.6.10** 앵커의 간격 및 브래킷 간격

### 1) 상단

상단분담률을 $\rho$%라고 하면

$$R_a = R \cdot S \cdot \rho/100$$

$$R_b = R \cdot S(1 - \rho/100)$$

따라서 $R_a$에 의한 휨모멘트 $M_{xup}$와 전단력 $S_{xup}$는 아래와 같다.

$$M_{xup} = \frac{M_{\max} \cdot \rho}{100} \tag{8.6.26}$$

$$S_{xup} = \frac{S_{\max} \cdot \rho}{100} \tag{8.6.27}$$

여기서,  $M_{xup}$ : 상단 띠장의 수평방향 최대휨모멘트 (kN·m)

$M_{\max}$ : 상·하단 띠장에 발생하는 수평방향 최대휨모멘트 (kN·m)

$\rho$ : 상단 띠장의 반력분담 율 (%)

$S_{xup}$ : 상단 띠장의 수평방향 최대전단력 (kN)

$S_{\max}$ : 상·하단 띠장에 발생하는 수평방향 최대전단력 (kN)

### 2) 하단

상단분담률을 $\rho$라고 하면, $R_b$에 의한 휨모멘트 $M_{xlow}$와 전단력 $S_{xlow}$는 아래 식과 같다.

$$M_{xlow} = M_{\max} \cdot \left(1 - \frac{\rho}{100}\right) \tag{8.6.28}$$

$$S_{xlow} = S_{\max} \cdot \left(1 - \frac{\rho}{100}\right) \tag{8.6.29}$$

여기서,  $M_{xlow}$ : 하단 띠장의 수평방향 최대휨모멘트 (kN·m)

$M_{\max}$ : 상·하단 띠장에 발생하는 수평방향 최대휨모멘트 (kN·m)

$\rho$ : 상단 띠장의 반력분담률 (%)

$S_{xlow}$ : 하단 띠장의 수평방향 최대전단력 (kN)

$S_{\max}$ : 상·하단 띠장에 발생하는 수평방향 최대전단력 (kN)

### (2) 연직방향 단면력의 산출

연직방향에 대해서는 브래킷 간격($S_b$)을 지간으로 하는 단순보로, 수평방향에는 반력이 연직방향으로 $P_0 \cdot \sin\alpha$가 각각의 집중하중으로 재하되어 있는 것으로 보고 단면력을 계산한다. 연직방향은 띠장을 상·하단으로 설치하므로 각각에 대하여 정착장치의 시공 방법에 따라 두 가지 방법으로 나누어 계산한다.

**1) 정착장치를 H형강에 용접하지 않는 경우**

① 상단

상단의 휨모멘트 및 전단력은 다음 식으로 계산한다.

$$M_{yup} = \frac{R_a \cdot \mu \cdot S_b}{4} \tag{8.6.30}$$

$$S_{yup} = \frac{R_a \cdot \mu}{2} \tag{8.6.31}$$

여기서,    $M_{yup}$ : 상단 띠장의 연직방향 최대휨모멘트 (kN·m)

$R_a$ : 상단 띠장의 설계에 사용하는 반력 (kN)

$R_a = R \cdot S \cdot \rho / 100$

$\rho$ : 상단 띠장의 반력분담률 (%)

$R$ : 지보공의 설계에 사용되는 하중(지보공 반력) (kN/m)

$S$ : 앵커 간격 (m)

$\mu$ : 마찰계수 (= 0.5)

$S_b$ : 브래킷 간격 (m)

$S_{yup}$ : 상단 띠장의 연직방향 최대전단력 (kN)

② 하단

$$M_{ylow} = \frac{(P_0 \cdot \sin \alpha) \cdot S_b}{4} - \frac{1}{2} \cdot \frac{R_a \cdot \mu \cdot S_b}{4} \tag{8.6.32}$$

$$S_{ylow} = \frac{P_0 \cdot \sin \alpha}{2} - \frac{1}{2} \cdot \frac{R_a \cdot \mu}{2} \tag{8.6.33}$$

여기서,    $M_{ylow}$ : 하단 띠장의 연직방향 최대휨모멘트 (kN·m)

$S_{ylow}$ : 하단 띠장의 연직방향 최대전단력 (kN)

$P_0$ : 설계 축력 (kN)

$\alpha$ : 앵커의 설치 각도 (°)

$\mu$ : 마찰계수 (= 0.25)

$R_a$ : 상단 띠장의 설계에 사용하는 반력 (kN)

$R_a = R \cdot S \cdot \rho / 100$

$\rho$ : 상단 띠장의 반력분담률 (%)

$R$ : 지보공의 설계에 사용되는 하중(지보공 반력) (kN/m)

$S$ : 앵커 간격 (m)

$S_b$ : 브래킷 간격 (m)

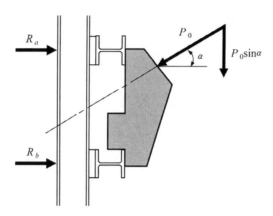

**그림 8.6.11** 연직방향 단면력 산출

### 2) 정착장치를 H형강에 용접할 경우(상, 하단 공통)

$$M_{yup} = M_{ylow} = \frac{1}{2} \cdot \frac{(P_0 \cdot \sin \alpha) \cdot S_b}{4} = \frac{(P_0 \cdot \sin \alpha) \cdot S_b}{8} \tag{8.6.34}$$

$$S_{yup} = S_{ylow} = \frac{1}{2} \cdot \frac{P_0 \cdot \sin \alpha}{2} = \frac{P_0 \cdot \sin \alpha}{4} \tag{8.6.35}$$

여기서,　$M_{yup}$ : 상단 띠장의 연직방향 최대휨모멘트 (kN·m)

$M_{ylow}$ : 하단 띠장의 연직방향 최대휨모멘트 (kN·m)

$S_{yup}$ : 상단 띠장의 연직방향 최대전단력 (kN)

$S_{ylow}$ : 하단 띠장의 연직방향 최대전단력 (kN)

$P_0$ : 설계 축력 (kN)

$\alpha$ : 앵커의 설치 각도 (°)

$S_b$ : 브래킷 간격 (m)

## 6.2.3 응력의 검토

상·하단 양쪽의 띠장에는 작용 앵커력의 연직성분에 의해서 강축방향은 물론이고 H형강의 약축방향에 대해서도 응력을 받기 때문에 이것에 대해서도 검토해야 한다.

### (1) 휨에 대한 검토

휨에 대해서는 "제3장 6.3.2 축방향력과 휨모멘트를 동시에 받는 부재"로 다음의 2가지 식으로 검토한다.

1) 휨 검토식-1

$$\frac{f_c}{f_{caz}} + \frac{f_{bcy}}{f_{bagy}\left(1 - \dfrac{f_c}{f_{Ey}}\right)} + \frac{f_{bcz}}{f_{bao}\left(1 - \dfrac{f_c}{f_{Ez}}\right)} \le 1 \tag{8.6.36}$$

여기에서 $f_c = 0.0$이기 때문에 아래 식으로 간략화할 수 있다.

$$\frac{f_{bcy}}{f_{bagy}} + \frac{f_{bcz}}{f_{bao}} \le 1.0 \tag{8.6.37}$$

여기서,    $f_{bcy}$ : 강축둘레에 작용하는 휨모멘트에 의한 휨 압축응력 (MPa)

$$f_{bcy} = \frac{M_x}{Z_x}$$

$f_{bcz}$ : 약축둘레에 작용하는 휨모멘트에 의한 휨 압축응력 (MPa)

$$f_{bcz} = \frac{M_y}{Z_y}$$

$f_{bagy}$ : 국부좌굴을 고려하지 않는 강축 주변의 허용 휨 압축응력 (MPa)

$f_{bao}$ : 국부좌굴을 고려하지 않는 허용 휨 압축응력의 상한값

$M_x$ : 띠장의 강축방향 휨모멘트 (kN·m)

$M_y$ : 띠장의 약축방향 휨모멘트 (kN·m)

$Z_x$ : 띠장의 강축방향 단면계수 (mm³)

$Z_y$ : 띠장의 약축방향 단면계수 (mm³)

2) 휨 검토식-2

$$f_c + \frac{f_{bcy}}{\left(1 - \dfrac{f_c}{f_{Ey}}\right)} + \frac{f_{bcz}}{\left(1 - \dfrac{f_c}{f_{Ez}}\right)} \le f_{cal} \tag{8.6.38}$$

여기에서 $f_c = 0.0$이기 때문에 아래 식으로 간략화할 수 있다.

$$f_{bcy} + f_{bcz} \le f_{cal} \tag{8.6.39}$$

여기서,    $f_{bcy}$ : 강축둘레에 작용하는 휨모멘트에 의한 휨 압축응력 (MPa)

$f_{bcz}$ : 약축둘레에 작용하는 휨모멘트에 의한 휨 압축응력 (MPa)

$f_{cal}$ : 양연지지판, 자유돌출판 및 보강된 판에 대하여 국부좌굴응력에 대한 허용응력 (MPa)

## (2) 전단검토

$$v = \frac{S_x}{A_w} \leq v_a \tag{8.6.40}$$

$$v = \frac{S_y}{A_f} \leq v_a \tag{8.6.41}$$

여기서,　　$v$ : 전단응력 (MPa)

　　$S_x$, $S_y$ : 각 검토방향의 전단력 (N)

　　$A_w$ : 띠장의 웨브 단면적 $= (H–2t_f) \times t_w$ (mm$^2$) (그림 8.2.11 참조)

　　$A_f$ : 띠장의 플랜지 단면적 $= 2(t_f \times B)$ (mm$^2$) (그림 8.2.11 참조)

　　$v_a$ : 허용전단응력 (MPa)

## 6.3 앵커 두부의 계산

가설흙막이 설계기준에는 인장재에 가해진 긴장력이 유지되도록 장착하는 부분을 말하는데, 앵커 두부에 대한 명확한 설계기준이 없다. 실제의 설계에서도 앵커 머리부의 설계를 생략하는 경우가 많다. 따라서 앵커 두부의 좌대 및 지압판에 대한 설계 방법을 설명한다.

### 6.3.1 좌대의 검토

좌대는 상, 하단의 띠장으로 지지되는 단순보로 모델화하고 다음 식에 의해서 필요 판 두께를 계산한다. 현재 설계에서는 좌대의 검토를 응력으로 하는 경우가 있는데, 응력검토보다는 필요 두께를 검토하는 것이 바람직하다. 일부 도서에는 대좌라는 용어로 사용된다.

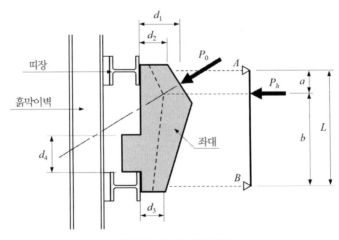

그림 8.6.12 좌대의 검토

(1) 휨모멘트에서 결정되는 필요 판 두께

$$t_1 = \left[\frac{M_{\max}}{2}\right] \times \left[\frac{6}{f_{ba} \cdot d_1^2}\right] \tag{8.6.42}$$

(2) 전단력에서 결정되는 필요 판 두께

$$t_2 = \left[\frac{S_{\max}}{2}\right] \times \left[\frac{1}{v_a \cdot d_2}\right] \tag{8.6.43}$$

$$t_3 = \left[\frac{R_B}{2}\right] \times \left[\frac{1}{v_a \cdot d_3}\right] \tag{8.6.44}$$

(3) 좌대 Hock부에서 결정되는 필요 판 두께

$$t_4 = \left[\frac{P_v}{2}\right] \times \left[\frac{1}{v_a \cdot d_4}\right] \tag{8.6.45}$$

이상으로부터, 필요 판 두께는 (8.6.42)~(8.6.45)식 중에서 최댓값으로 한다.

$$t = \max\{t_1, \, t_2, \, t_3, \, t_4\} \tag{8.6.46}$$

여기서,　　$t$ : 필요 판 두께 (mm)

　　　　$M_{\max}$ : 최대휨모멘트 $= P_h \times a \times b / L$ (kN·m)

　　　　$S_{\max}$ : 최대전단력 $= R_A = P_h \times b / L$ (kN)

　　　　$R_B$ : 지점반력 $= P_h \times a / L$ (kN)

　　　　$P_h$ : 앵커 설계 축력의 수평성분 (kN)

　　　　$P_v$ : 앵커 설계 축력의 연직성분 (kN)

　　　　$L$ : 상·하단의 띠장 간격 (m)

　　$a, \ b$ : 수평분력 작용 위치 (m)

　　　　$d_1$ : 수평분력 작용 위치의 폭 (m)

　　　　$d_2$ : 좌대의 상단 폭 (m)

　　　　$d_3$ : 좌대의 하단 폭 (m). $d_2$, $d_3$은 좌대의 상단, 하단측에서 생기는 전단력
　　　　　　에 의한 필요 판 두께를 구할 때의 좌대 폭으로 사용한다.

　　　　$d_4$ : 좌대의 Hock부 길이 (m)

　　　　$f_{ba}$ : 허용휨응력 (MPa)

　　　　$v_a$ : 허용전단응력 (MPa)

### 6.3.2 지압판의 검토

가설흙막이 설계기준에는 지압판은 강판 또는 프리캐스트 콘크리트, 현장타설 콘크리트 등을 사용할 수 있다. 또한 지압판은 앵커의 긴장력이 지반구조물 표면의 지반에 고르게 전달되도록 앵커 두부에 설치하는 구조물로서 지반구조물 표면과 밀착되어야 하며, 긴장력을 충분히 견딜 수 있도록 설계하여야 한다고 규정하고 있다.

지압판 설계는 좌대와 마찬가지로 전단력과 휨모멘트에 대하여 각각 필요 두께를 계산하여 이 중에서 큰 값을 지압판 두께로 한다.

(1) 전단력에 의한 필요 판 두께

$$t_s = \frac{P_0}{2 \times L_p \times v_a} \tag{8.6.47}$$

여기서,　　$t_s$ : 전단력에 의하여 결정될 지압판의 필요 두께 (mm)

　　　　　$P_0$ : 설계축력 (N)

　　　　　$L_p$ : 지압판의 변 길이 (mm)

　　　　　$v_a$ : 허용전단응력 (MPa)

(2) 휨모멘트에 의한 필요 판 두께

$$t_m = \sqrt{\frac{6M}{b_{eM} \cdot f_{sa}}} \tag{8.6.48}$$

여기서,　　$t_m$ : 모멘트에 의하여 결정될 지압판의 필요두께 (mm)

　　　　　$M$ : 단순보의 최대휨모멘트 (N·mm)

$$M = \frac{P_0 \times 10^3}{2} \times \frac{L_p - D_r}{2} = \frac{P_0 \times 10^3 (L_p - D_r)}{4}$$

　　　　$b_{eM}$ : 하중의 최소유효 분포길이 = $L_p - d$ (mm)

　　　　$f_{sa}$ : 허용휨응력 (MPa)

　　　　$P_0$ : 작용 최대하중 (N/개)

　　　　$D_r$ : 앵커헤드 또는 너트의 크기 (mm)

　　　　$L_p$ : 지압판의 치수 (mm)

　　　　$d$ : 지압판에 천공하는 구멍 직경 (mm)

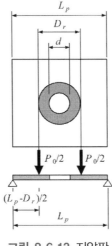

**그림 8.6.13** 지압판

## 6.4 브래킷의 검토

브래킷으로 등변 $L$ 형강을 사용할 때는 사재에 대한 응력검토를 한다. 사재의 단면력 및 응력은 다음 식으로 계산한다.

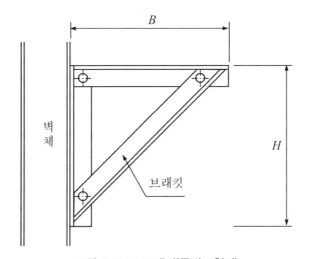

**그림 8.6.14** 브래킷(등변 L형강)

(1) 사재의 축력

$$N = \frac{P_V/2 + R_V/2}{\sin\theta} \tag{8.6.49}$$

여기서,　　　$N$ : 사재의 축력 (kN)

$P_V$ : 브래킷이 분담하는 띠장의 중량 $= Ws \times S / 2$ (kN)

$Ws$ : 띠장의 중량 (kN/m)

$S$ : 앵커의 설치 간격 (m)

$R_V$ : 설계 축력의 연직성분 $= P_{0V}$ (kN)

$\theta$ : 사재의 경사각 $= \tan^{-1}(H / B)$ (도)

$H,\ B$ : 브래킷의 치수 (그림 8.6.14 참조)

(2) 사재의 응력

$$f_c = \frac{N}{A} \le f_{ca} \tag{8.6.50}$$

$f_c$ : 사재의 압축응력 (MPa)

$N$ : 사재의 축력 (kN)

$A$ : 사재의 단면적 (mm$^2$)

$f_{ca}$ : 허용압축응력 (MPa)

# 제9장
## 주변지반의 영향검토

1. 흙막이에 의한 주변지반의 변형
2. 근접 정도의 판정
3. 주변지반의 영향검토

# 제**9**장
# 주변지반의 영향검토

이 장에서는 흙막이의 굴착으로 인하여 발생하는 주변지반 및 주변구조물의 영향에 대한 검토 방법에 대하여 설명한다.

## 1. 흙막이에 의한 주변지반의 변형

흙막이를 시공할 때, 주변지반 및 구조물에 미치는 영향은 대단히 중요한데, 특히 흙막이가 도로나 구조물, 지하매설물에 근접하여 시공할 때는 주의를 요한다. 주변지반 및 구조물의 변형에 대한 검토는 지반을 구성하는 흙의 성질이나 형상, 지하수위의 변화, 굴착 규모, 시공 방법, 보조공법 등에 관계가 있다. 또, 흙막이공의 변형에 따른 영향이 매우 크기 때문에 흙막이를 설계할 때는 반드시 주변지반의 변형에 대하여 검토하여야 한다.

### 1.1 굴착에 의한 변형의 종류

굴착에 따라 흙막이는 변형의 발생이 불가피한데, 흙막이에 있어서 굴착에 의한 변형의 종류는 토질에 따라서 전단변형과 압밀 변형이 있는데 다음과 같다.

#### (1) 점성토지반

점성토지반의 경우에는 투수계수가 작으므로 굴착 중에는 지중 응력의 변화가 배수를 수반하지 않는다고 보기 때문에 이때에 발생하는 지반의 변위가 전단에 의한 변형이다. 전단변형은 굴착에 따라 일시적으로 발생하는 현상이다. 굴착 후에는 굴착측의 지반과 배면측의 지반 사이에 수압 차이가 발생하므로 흙 속에 있는 간극수의 이동이 일어나 유효응력이 변하는 경우가 있다. 이때 발생하는 변형이 압밀에 의한 변형이며, 크기는 매우 작다. 또, 압밀에 의한 변형이 종료된 후에도 장기적으로 침하가 발생하는데 이것은 2차압밀에 의한 변형이다.

(2) 사질토지반

사질토지반을 굴착할 때는 차수성의 흙막이를 사용하여 지하수위를 저하하지 않고 시공하는 경우가 많다. 이 경우의 지반변형은 배수를 수반하지 않는 전단에 의한 변형이다. 또, 엄지말뚝 방식의 흙막이와 같이 개수성의 흙막이로 굴착하는 경우는 배수를 수반한 전단변형이 지반에서 일어난다. 사질토지반의 경우는 투수성이 좋으므로 이러한 경우의 변형도 굴착과 거의 동시에 일어나는 일시적인 변형이다.

## 1.2 주변지반의 변위 및 원인

흙막이 굴착공사 시공 과정에 있어서 주변지반 및 구조물의 변위와 그 요인은 표 9.1.1과 같이 여러 가지가 있는데 다음과 같이 정리할 수 있다.

① 굴착에 의한 변위 (흙막이벽의 변형에 의한 지반 변위)
② 지하수위 저하에 의한 변위 (점성토지반 및 느슨한 사질토지반의 변위)
③ 굴착바닥면의 변형에 의한 변위 (보일링, 히빙 및 라이징)
④ 흙막이 해체에 의한 변위 (지보재 해체에 의한 흙막이벽의 변형, 흙막이벽 및 중간말뚝의 해체에 의한 변위)

**표 9.1.1** 변위에 영향을 미치는 요인

| 구분 | 요인 | 변위와의 관계 |
|---|---|---|
| 흙막이벽 | 강성 | 일반적으로 벽체의 강성이 크면 변위는 작아진다. |
| | 근입깊이 | 어느 정도 이상의 근입깊이가 아니면 벽체 선단의 변위가 커져, 원지반의 변형이 커지게 될 가능성이 있다. |
| | 근입선단 조건 | 근입 선단이 단단한 지반에 타입되어 있으면 지반이 돌아 들어가는 것을 줄이는 것이 가능하다. |
| | 시공 순서 | 역타공법으로 시공하면 일반적으로 벽체의 변형은 작아진다. |
| 지보공 | 버팀대 | 버팀대의 강성이 커지면 벽체의 변형은 작아진다. 또한 버팀대와 띠장, 벽체와의 조화가 벽체의 변형을 좌우한다. |
| | 간격 | 간격이 좁으면 벽체의 변형은 작아진다. |
| | 선굴량(여굴량) | 여굴량이 작아지면 변형은 작아진다. 특히 1차 굴착깊이를 작게 하는 것이 좋다. |
| | 선행하중 | 버팀대의 선행하중 또는 앵커의 선행하중이 크면 벽체의 변형은 작아진다. 또한 과대한 선행하중은 토압의 증가, 휨응력의 증가하므로 위험하다. |
| 굴착바닥면 및 주변지반 | 안정계수 | 안정계수가 작아지면 지반의 변형량이 작아진다. |
| | 굴착바닥면 아래의 연약층 두께 | 층 두께가 크면 지반의 변형량은 커지게 된다. |
| | 지하수위 | 배면측 지하수위를 떨어트리면 주변지반의 변형이 커지게 된다. |

### 1.2.1 굴착에 의한 변위

흙막이벽의 변형을 산정하기 위해서는 일반적으로 탄소성법을 사용하지만, 입력값이 계산 결과에 큰 영향을 미치기 때문에 신중하게 검토하여야 한다.

흙막이벽의 변형에 의한 주변지반 및 구조물에 대한 영향은 굴착 과정에 따라 그림 9.1.1과 같이 된다. 1차 굴착에서는 흙막이 상단의 변형이 최대가 되는데, 이 때문에 지표면 지반의 침하도 흙막이벽에 가까운 쪽이 최대가 된다. 그 후의 굴착에서는 버팀대 등의 지보공이 설치되어, 흙막이벽은 지보공 설치 위치에서 수평 변위가 구속되기 때문에 굴착바닥면 부근에서 최대가 되는 활모양으로 변형이 발생한다. 이 때문에 지표면의 침하분포는 1차 굴착 시보다 흙막이벽에서 먼 위치까지 변형이 발생하는데, 지표면 방향에서 거의 90° 회전시키는 형상에 가깝게 변위가 발생한다.

이 경우에 흙막이의 최대 수평 변위는 지보공의 설치 위치에서도 발생하지만, 굴착바닥면 부근에서도 발생한다. 그러나 굴착바닥면 아래의 연약층이 두껍고, 근입길이가 긴 경우는 근입 부분에서 최댓값이 나타나는 것도 있다. 이것은 배면지반이 굴착측으로 회전하려는 형태의 변형이 일어나는 경우로 주변지반의 변형이 크며, 또한 영향범위도 넓어지므로 주의가 필요하다.

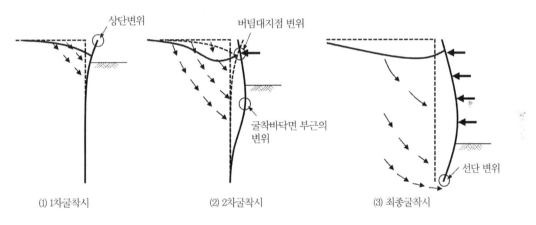

**그림 9.1.1** 굴착 과정에 의한 흙막이벽의 변형과 지반의 변위

### 1.2.2 지하수위 저하에 의한 변위

지하수위보다 아래를 굴착할 때는 굴착에 의하여 흙막이벽 주변지반의 지하수위가 저하하게 된다. 시공성, 안전성을 확보하기 위하여 깊은 우물공법(Deep well method) 등에 의하여 사전에 수위를 저하시키는 경우가 있다. 또한 굴착바닥면 아래에 모래자갈층과 같은 피압대수층이 있는 경우에도 굴착바닥면의 안정성을 확보하기 위하여 지하수위저하공법을 적용하는 경우가 있다. 이때 굴착대상지반에 점성토층이나 부식토층 등이 있는 경우에는 압밀침하가 발생할 가능성이 있다. 압밀침하는 대상층의 지하수위가 저하하기 전의 유효토괴압에 지하수위저하에

의한 유효응력의 증가분을 더한 값이 현 지반의 압밀항복응력보다 큰 경우에 발생한다. 예상되는 압밀침하량이 크고 주변의 영향이 우려될 때는 차수성이 큰 흙막이를 선정하는 등 지하수위가 저하되지 않도록 대책을 세워야 한다.

지하수위저하공법은 넓은 범위의 지하수위를 저하시키기 때문에 굴착 장소에 압밀대상층이 존재하지 않더라도 현장에서 떨어진 장소에 존재하는 점성토층의 압밀침하를 유발시킬 수 있다. 이와 같은 영향을 검토하기 위해서는 지하수위저하에 의한 영향범위를 현장양수시험이나 침투류해석 등을 사용하여 예측한다거나, 영향범위에 있는 점성토층의 유무를 사전에 조사하는 것이 중요하다. 이외에도 차수성의 흙막이를 설치하는 것에 따라 지하수 흐름이 차단되어 상류 쪽의 수위는 상승하고, 하류 쪽에서는 저하하는 경우가 있다. 이 경우에 하류 쪽에 점성토층이 존재하면 압밀침하가 발생할 가능성이 있으므로 흙막이의 시공에 따른 지하수의 흐름을 사전에 파악해 두는 것이 중요하다.

### 1.2.3 굴착바닥면의 변형에 의한 변위

히빙, 보일링, 라이징 등에 의한 굴착바닥면의 변화에 따라 주변 및 주변구조물에 대한 영향을 고려하여야 한다.

라이징은 굴착에 따른 배토 중량의 응력 해방에 수반하여 굴착바닥면 및 주변지반이나 구조물이 부상하는 현상이다. 부상하는 량은 굴착바닥면의 중앙부분이 가장 크고 흙막이벽에 가까울수록 작아지는 것이 일반적이다. 역타공법에 의한 시공에서는 슬래브를 지지하는 중간말뚝이 위쪽방향으로 부상하는 것에 의하여 슬래브에 예상외의 힘이 작용할 수 있으므로 주의가 필요하다. 또한 굴착바닥면 아래에 매설관이나 지하구조물이 있는 경우에 라이징에 의해 구조물에 변형이 발생할 수 있으므로 주의하여야 한다.

### 1.2.4 흙막이 해체에 의한 변위

흙막이공은 벽체, 중간말뚝, 지보재 등 강제 제품의 해체를 전제로 하여 계획된 것이다. 이와 같은 것을 해체할 때 발생하는 진동, 인발 후에 생기는 지반의 느슨함이나 공극에 의하여 주변지반에 변형이 일어나는 경우가 있다. 따라서 흙막이를 해체할 때는 진동이 작고 주변지반에 영향이 작은 공법을 검토하거나, 해체 후에 공극을 신속하게 되메우기를 하여 다짐을 하여야 한다.

## 1.3 주변지반 영향검토의 설계순서

흙막이 설계에서 주변지반의 영향을 검토하는 순서는 그림 9.1.2와 같다. 이것은 어디까지나 일반적인 흙막이에 대한 순서이므로 특수한 경우에는 이 순서를 감안하여 항목을 추가한다.

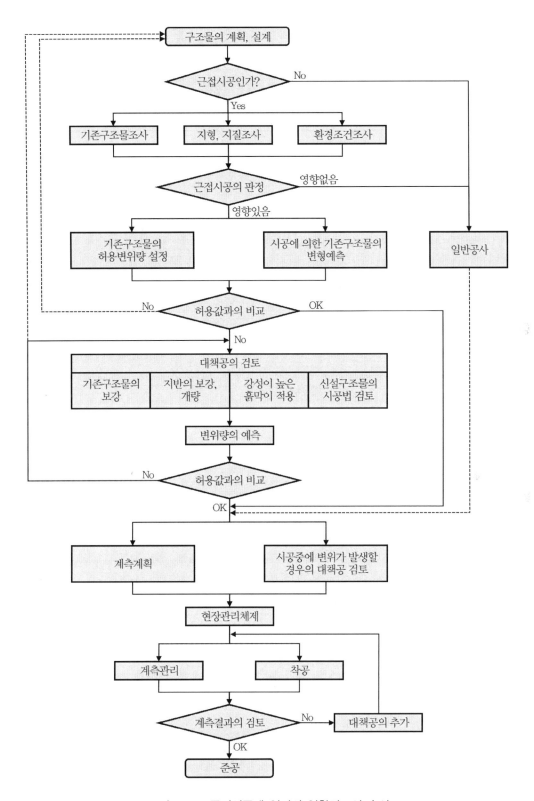

**그림 9.1.2** 근접시공에 있어서 영향검토의 순서

## 1.4 설계기준의 분석

국내의 각 설계기준에 주변 지반의 영향검토에 관한 내용을 규정하고 있는 기준은 표 9.1.2와 같다. 구조물기초설계기준을 제외하고 대부분 기준에는 근접시공에 관한 검토방법 등과 같은 상세한 내용이 수록되어 있지 않고, 검토항목에 대한 일반사항만이 수록되어 있다. 구조물기초설계기준에는 비교적 상세하게 규정되어 있지만, 근접정도의 판정에 관한 사항이 규정되어 있지 않은데, 근접 정도의 판정은 흙막이공사 주변에 인접구조물이 있는 경우에 영향을 미치는지에 대한 판정기준이다.

**표 9.1.2** 주변지반의 영향검토에 관한 각 기준의 내용

| 기준 | 규정 항목 |
|---|---|
| 가설흙막이 설계기준 | (1) 주변지반 침하예측방법<br>　• 이론적 및 경험적 추정방법 사용<br>(2) 배면지반 침하와 인접구조물에 대한 영향 예측<br>　• 실측 또는 계산으로 구한 흙막이벽의 변위로부터 주변지반 침하를 추정하는 방법<br>　• 버팀구조와 주변지반을 일체로 하여 구하는 유한요소법, 유한차분법<br>(3) 인접구조물에 대한 침하, 부등침하(각 변위), 수평변형률, 경사 등에 관한 허용값은 대상구조물에 따라 관련 구조물에 따라 관련 설계기준과 건축기준 등을 참고로 결정한다. |
| 구조물기초설계기준 | "7.8 근접시공"에 상세하게 수록<br>(1) 근접시공의 개요<br>(2) 주변지반의 침하예측방법<br>　• 유한요소법 및 유한차분법<br>　• Peck(1969)의 방법<br>　• Caspe(1966)의 방법<br>　• Clough et al.(1990)의 방법<br>　• Fry et al.(1983)의 방법 |
| 도로설계요령 | 설계계획에 "지하매설물 및 주변구조물에 대한 영향검토" 수록 |
| 고속철도설계기준 | "(6) 일반내용" 중에 주변구조물의 보호에 대한 항목과 허용변위 및 침하량에 대한 규정만 수록. 호남고속철도지침도 같은 내용을 수록 |
| 가설공사표준시방서 | "1.6.4 인접지반 침하량"에 검토항목만 수록 |

그림 9.1.3과 표 9.1.3은 각 기준에 공통으로 규정하고 있는 허용변위에 대한 내용인데, 그림 9.1.3은 Bjerrum이 제시한 것으로 부등침하로 인하여 건물의 피해를 예측할 수 있는 허용기준값으로 사용되고 있다. 표 9.1.3은 Sower가 구조물 종류별로 허용되는 최대허용침하량을 제안한 것이다.

표 9.1.4는 흙막이 설계와 시공(오정환, 2001)에 기재되어 있는 내용으로 제안자별로 인접지반의 지표침하량 및 침하 영향거리를 정리한 것이다.

표 9.1.3 구조물의 종류에 의한 허용침하량(Sowers, 1962)

| 침하상태 | 구조물의 종류 | 최대허용침하량 |
|---|---|---|
| 전체침하 | 배수시설<br>출입구<br>석적 및 조적구조<br>뼈대구조<br>굴뚝, 사이로, 매트 | 15.0~30.0cm<br>30.0~60.2cm<br>2.5~5.0cm<br>5.0~10.0cm<br>7.5~30.0cm |
| 전도 | 탑, 굴뚝<br>물품적재<br>크레인 레일 | 0.004S<br>0.01S<br>0.003S |
| 부등침하 | 빌딩의 벽돌벽체<br>철근콘크리트 뼈대구조<br>강 뼈대구조(연속)<br>강 뼈대구조(단순) | 0.005S~0.02S<br>0.003S<br>0.002S<br>0.005S |

주) S : 기둥 사이의 간격 또는 임의의 두 점 사이의 거리

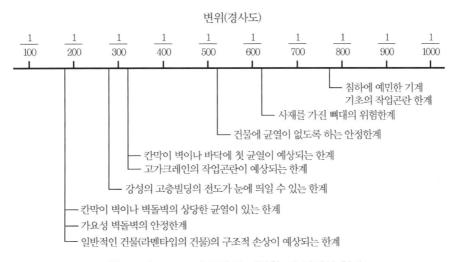

그림 9.1.3 Bjerrum(1963)이 제안한 각 변위의 한계

표 9.1.4 굴착으로 인한 인접지반의 지표침하량 및 침하영향거리

| 제안자<br>항목 | Peck<br>(1969) | St. John<br>(1975) | O'Rourke<br>(1976) | Clough & O'Rourke<br>(1990) | | 양구승(1996) | | 오정환(1997) | |
|---|---|---|---|---|---|---|---|---|---|
| 지표<br>최대침하량 | 0.5%H | 0.3%H | 0.3%H | 0.15%H | 0.3%H | 0.28%H | 0.25%H | 0.42%H | 0.10%H |
| 최대침하<br>영향거리 | 2.5H~<br>3.0H | 3.0H | 2.0H | 2.0H | 3.0H | 2.0H | 2.0H | 2.2H | 1.2H |
| 지반조건 | 느슨한<br>모래와<br>자갈 | 단단한<br>점토 | 단단한 점토층이<br>중간에 끼어있는<br>중간~조밀한<br>모래 | 모래 | 단단~매우<br>견고한<br>점토 | 실트질모<br>래와 모래 | 화강<br>풍화토 | 실트질모래<br>와 절리가<br>발달한<br>암반 | 조밀한<br>사질토,<br>JSP지반<br>보강 |

*출처 : 오정환 저, 『흙막이설계와 시공』(엔지니어즈, 2001), 114쪽

## 2. 근접 정도의 판정

흙막이에 있어서 대상 구간 부근에 구조물이 있는 경우에 주변지반의 영향을 검토하기에 앞서 먼저 근접 정도를 판정하여 영향이 있는지를 검토한다. 이 판정은 흙막이 구조물의 시공에 따른 주변구조물의 영향에 대한 목표를 표시하는 것이다. 이 판정에 의하여 영향이 없다면 주변구조물의 영향검토는 생략하여도 좋지만, 영향이 있다면 주변구조물에 대한 영향을 검토한다. 근접 정도의 판정은 흙막이의 변형에 의한 영향범위로 검토하는 것이 일반적인데, ①사질토지반의 영향범위, ②점성토지반의 영향범위, ③흙막이벽을 인발할 경우의 영향범위로 구분할 수 있다.

### 2.1 사질토지반의 영향범위

사질토지반에 있어서 주변지반의 영향범위는 그림 9.2.1과 같이 흙막이벽 상단에서 가상지지점까지의 깊이에 대한 가상파괴면으로 둘러싸인 부분(영역 Ⅱ)을 영향범위로 하여 (9.2.1)식으로 구한다.

- 영역 Ⅰ : 흙막이의 시공으로 지반에 영향이 미치지 않는다고 보는 범위
- 영역 Ⅱ : 흙막이의 시공으로 지반에 영향이 미친다고 보는 범위

$$L_x = \frac{d_y}{\tan(45 + \phi/2)} \tag{9.2.1}$$

여기서,  $L_x$ : 사질토지반의 영향범위 (m)

$d_y$ : 흙막이벽 가상지지점까지의 깊이 (m)

$\phi$ : 흙의 전단저항각 (°)

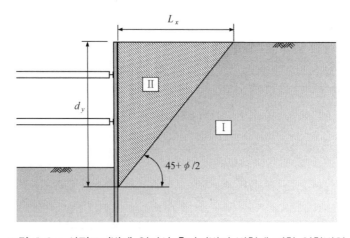

그림 9.2.1 사질토지반에 있어서 흙막이벽의 변형에 의한 영향범위

## 2.2 점성토 지반의 영향범위

점성토지반에 있어서 주변지반의 영향범위는 그림 9.2.2처럼 복잡한 형상인데, (9.2.2)식에 의하여 영향범위 $L_x$를 구한다.

- 영역 I : 흙막이의 시공으로 지반에 영향이 미치지 않는다고 보는 범위
- 영역 II : 흙막이의 시공으로 지반에 영향이 미친다고 보는 범위

$$L_x = \sqrt{2} \times d_y \qquad (9.2.2)$$

여기서,  $L_x$ : 점성토지반의 영향범위 (m)

$d_y$ : 흙막이벽 가상지지점까지의 깊이 (m)

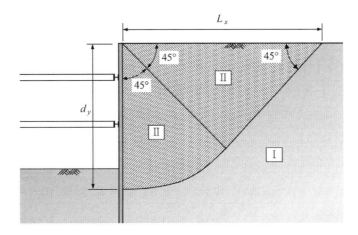

**그림 9.2.2** 점성토지반에 있어서 흙막이벽의 변형에 의한 영향범위

## 2.3 흙막이벽을 인발할 경우의 영향범위

흙막이벽을 인발할 때는 벽 전체 길이에 대한 가상파괴면으로 둘러싸인 부분(영역 II)을 영향범위로 하여 (9.2.3)식으로 구한다.

- 영역 I : 흙막이의 시공으로 지반에 영향이 미치지 않는다고 보는 범위
- 영역 II: 흙막이의 시공으로 지반에 영향이 미친다고 보는 범위

$$L_x = \frac{L_y}{\tan(45 + \phi/2)} \qquad (9.2.3)$$

여기서,  $L_x$ : 사질토에 의한 영향범위 (m)

$L_y$ : 흙막이벽 전체 길이 (m)

$\phi$ : 흙의 전단저항각 (°)

근접 정도를 판정할 때는 흙막이벽 배면에 위치한 구조물이나 매설물을 여러 개 지정하여 그 영역 II에 속하는지 아닌지를 판정하는 것이 좋다. 단, 그 구조물이나 매설물이 영역 II에 포함되지 않더라도 중요한 구조물인 경우는 주변지반의 영향을 검토하는 것이 바람직하다.

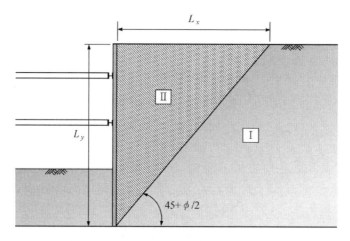

그림 9.2.3 흙막이벽을 인발할 경우의 영향범위

## 3. 주변지반의 영향검토

굴착공사에 의한 주변지반의 변형량을 사전에 예측하는 것은 상당히 어렵고 정확한 값을 계산하는 것은 더욱 곤란하다. 다음과 같이 주변지반의 지반변형을 추정하는 방법 등을 들 수 있다.

- 흙막이벽의 변형에 의한 지반변형의 추정
- 지하수위의 저하에 의한 지반침하의 추정
- 흙막이벽의 인발에 의한 지반침하의 추정
- 응력 해방에 의한 rebound의 추정

이 중에서 흙막이벽의 변형에 의한 지반변형의 추정을 가장 많이 사용하고 있는데, 흙막이벽의 변형에 의한 지반변형의 추정에는 아래와 같은 방법이 있다.

- 이론 및 과거의 실적으로부터 추정하는 방법
- 배면지반의 파괴면을 가정한 방법
- 수치해석에 의한 방법

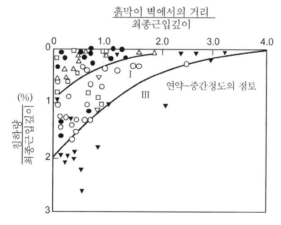

- I구역 : 모래 또는 연약~단단한 점토, 작업능률이 보통인 정도
- II구역 : 1) 매우 연약~연약한 점토
  - (1) 점토층이 굴착바닥면보다 깊거나 굴착바닥면 부근에 존재
  - (2) 점토층이 굴착바닥면보다 매우 깊은 곳까지 존재(단, $N_b < N_{cb}$ 상태)
  - 2) 시공 시에 문제가 있어 침하가 발생
- III구역 : 매우 연약~연약한 점토층이 굴착바닥면보다 매우 깊은 곳까지 존재(단, $N_b > N_{cb}$ 상태)

| | 구분 | 굴착깊이 (m) |
|---|---|---|
| ● | 시카고, 일리노이 | 9.5~19.2 |
| ○ | 오슬로, 노르웨이, 네덜란드 | 6.1~11.6 |
| − | 오슬로, 노르웨이, 네덜란드 | 19.8~10.7 |
| △ | 단단한 점토 및 점착력이 있는 모래 | 10.4~22.5 |
| □ | 점착력이 없는 모래 | 11.9~14.3 |

**그림 9.3.1** Peck의 흙막이벽 배면침하에 대한 예측

흙막이에 있어서 주변지반에 대한 영향검토를 추정하는 방법이 많은 것은 그만큼 추정이 어렵기 때문에 현장의 상황을 잘 파악하여 적용하는 것이 중요하다.

## 3.1 이론 및 과거의 실적으로부터 추정하는 방법

### 3.1.1 Peck의 방법

이 방법은 주변침하량을 개략적으로 구하는 방법 중에서 가장 많이 사용하는 것으로, 그림 9.3.1에 표시한 굴착깊이에서 무차원화한 침하량과 흙막이벽에서의 영향거리의 관계와 굴착계수와 최대침하량의 관계를 표시한 것이다.

또한 흙막이벽의 최대변형량과 최대침하량 관계도 참고값으로 사용되고 있다. 흙막이벽의 최대변형량과 최대침하량의 관계는 그림 9.3.2와 같다. 이 그림에 의하면 최대침하량은 일반적으로 최대변형량 이하가 되는 경우가 많은 것을 알 수 있다.

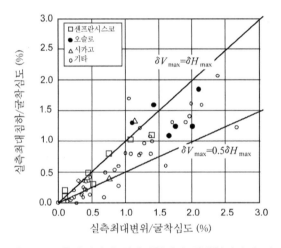

**그림 9.3.2** 흙막이벽의 최대변형량과 최대침하량의 비교

### 3.1.2 Clough 등의 방법

이 방법은 1990년 Clough & O'Rourke가 제안한 방법으로 구조물기초설계기준에 수록되어 있는 방법 중 하나이다.

이 방법은 모래지반, 매우 단단한 점토지반, 연약 또는 중간 정도의 점토지반에서 굴착하는 경우에 흙막이벽 배면에서부터의 거리별 침하량을 현장에서 측정한 실측값과 유한요소법으로 해석한 해석값으로 그림 9.3.3과 같이 제안한 방법이다. 이 방법은 말뚝의 종류에 상관없이 적용이 가능하다. 그림에서 $H$는 굴착깊이, $d$는 흙막이벽에서부터 떨어진 거리이다. $\delta_{vmax}$는 최대 침하량이고, $\delta_v$는 흙막이벽에서부터 임의 위치에서의 지표침하량이다.

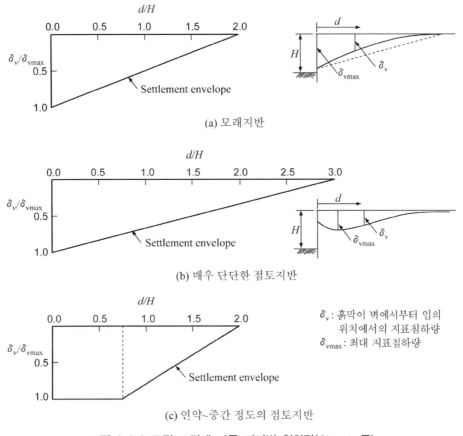

(a) 모래지반

(b) 매우 단단한 점토지반

$\delta_v$ : 흙막이 벽에서부터 임의
위치에서의 지표침하량
$\delta_{vmax}$ : 최대 지표침하량

(c) 연약~중간 정도의 점토지반

**그림 9.3.3** 토질 조건에 따른 거리별 침하량(Clough 등)

### 3.1.3 Fly 등의 방법

이 방법은 1983년 Fly & Rumsey가 제안한 방법으로 구조물기초설계기준에 수록되어 있다. 이 방법은 지반을 완전탄성 및 포화된 것으로 가정하여 실시한 유한요소해석 결과를 지반조건에 따라 확장시켜 아래와 같은 탄성식을 제안하였다.

$$\delta_h = \frac{\gamma H^2}{E}\left(C_1 K_0 + C_2\right) \tag{9.3.1}$$

$$\delta_v = \frac{\gamma H^2}{E}\left(C_3 K_0 + C_4\right) \tag{9.3.2}$$

여기서,　　$\delta_h$ : 수평방향의 변위

　　　　　$\delta_v$ : 수직방향의 변위

　　　　　$\gamma$ : 흙의 단위중량

　　　　　$H$ : 굴착깊이

$E$ : 지반의 탄성계수

$C_1 \sim C_4$ : 지표면에서 깊이에 따라 결정되는 계수(그림 9.3.4, 9.3.5 참조)

$K_0$ : 정지토압계수($=1 - \sin\phi$)

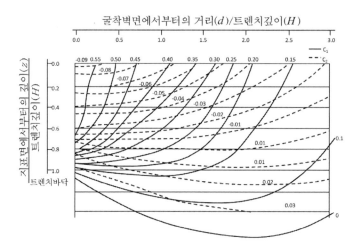

**그림 9.3.4 지반 변위의 예측 계수($C_1$, $C_2$)**

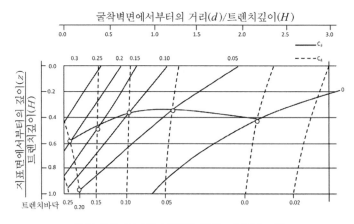

**그림 9.3.5 지반 변위의 예측 계수($C_3$, $C_4$)**

### 3.1.4 Caspe의 방법

이 방법은 굴착지반에 발생하는 침하량은 흙막이벽의 수평변위에 의하여 손실되는 체적과 같다는 이론을 바탕으로 침하-거리곡선으로 수평변위량을 구하는 방법으로 다음과 같은 단계로 침하량을 계산한다.

① 벽체의 수평방향 변위계산

② 벽체의 수평방향 변위를 합산하여 변위체적($V_s$)을 계산

③ 침하영향권의 수평방향거리 추정. 주로 점성토에 적용

- 굴착깊이 $H_w$의 계산
- 굴착영향거리의 계산 : $H_t$

$$H_t = H_p + H_w \tag{9.3.3}$$

- 침하영향거리의 계산 : $D$

$$D = H_t \cdot \tan\left(45° - \phi/2\right) \tag{9.3.4}$$

- 벽체에서의 표면침하량 계산 : $S_w$

$$S_w = \frac{2\,V_s}{D} \tag{9.3.5}$$

- 벽체에서 $x$만큼 떨어진 거리별 침하량 계산 : $S_i$

$$S_i = S_w \left(\frac{x}{D}\right)^2 \tag{9.3.6}$$

### 3.1.5 일본철도기준의 방법

이 방법은 일본의 재단법인 철도종합기술연구소에서 발행한『철도구조물 등 설계표준·동해설 개착터널』에 수록되어 있는 배면지반에 대한 침하량을 추정하는 방법이다. 이 방법은 2006년에 제정한『일본터널표준시방서 개착공법편』(사단법인토목학회, 2006년 7월)에서도 기재되어 있기도 하다.

이 방법은 현장에서 계측한 데이터에서 구한 주변지반의 변형에 대한 영향요인을 평가하여 설계계산에 사용하는 파라미터(주로 $N$값 및 흙막이벽의 강성)를 이용하여 굴착 시의 주변지반 변형을 간편하게 예측하기 위한 새로운 방법으로 그림 9.3.6과 같이 최대 침하량 $\delta_{y\max}$, 최대 침하량 발생위치 $L_{x\max}$를 간단한 방법으로 구할 수 있다.

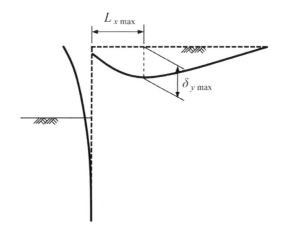

**그림 9.3.6** 최대침하량 및 최대침하 발생위치

## (1) 최대침하량의 추정

최대침하량은 추정 라인별로 최대침하량 추정 그림에서 계산한다.

### 1) 추정 라인

추정 라인은 근입선단지반의 강도에 의하여 다음 2가지 형태로 설정하는데, 근입선단의 지반 종류는 표 9.3.1과 같이 분류한다.

- I : 근입선단지반강도＝단단한 라인
- II : 근입선단지반강도＝중·연약한 라인

### 2) 최대침하량 추정그림

최대침하량은 상대강성을 구하여 그림 9.3.7의 추정도에서 구한다.

여기서, $X$축 : 상대강성 $\zeta$ ($10^6$ kN·m²/m)

　　　　$Y$축 : 주변지반 최대침하량/굴착깊이 (%)

**표 9.3.1 근입선단지반의 분류**

| 분류 | | 지반 | N 값 |
|---|---|---|---|
| II | 연약 지반 | 사질토 | 10 미만 |
| | | 점성토 | 5 미만 |
| | 중간정도 지반 | 사질토 | 10 이상 20 미만 |
| | | 점성토 | 5 이상 10 미만 |
| I | 단단한 지반 | 사질토 | 20 이상 |
| | | 점성토 | 10 이상 |

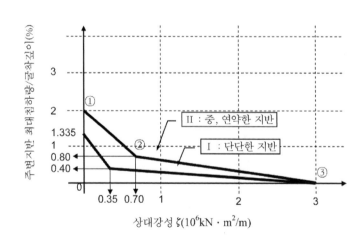

**그림 9.3.7 최대침하량 추정그림**

### 3) 상대 강성의 계산

상대 강성은 흙막이벽의 강성, 지반의 강도, 굴착깊이, 굴착 폭, 근입깊이에 의하여 다음 식으로 계산한다.

$$\zeta = \frac{\sum \left( \sqrt{N_i} \cdot H_i \right)}{H} \cdot \frac{l \cdot w}{H_e^2} \cdot EI \tag{9.3.7}$$

여기서,　　$\zeta$ : 상대 강성 ($\times 10^6 \mathrm{kN \cdot m^2/m}$)

$N_i$ : 배면측 $i$층의 $N$값 (m)

$H_i$ : 배면측 $i$층의 두께 (m)

$H_e$ : 굴착깊이(단, 배면측 지표면상단에서부터 굴착바닥면까지의 깊이) (m)

$H$ : 굴착깊이 + 근입깊이 (m)

$l$ : 근입깊이 (m)

$w$ : 굴착 폭 (m)

$E$ : 흙막이벽의 변형계수 ($\mathrm{kN/m^2}$)

$I$ : 흙막이벽의 단면2차모멘트 ($\mathrm{m^4}$)

### (2) 최대침하 발생위치 추정

최대침하량 발생위치는 다음과 같이 계산한다.

### 1) 추정 라인

추정 라인은 굴착 폭에 의해서 다음의 2가지 형태로 설정한다.
- Ⅰ : 굴착 폭이 30.0m 미만의 추정 라인
- Ⅱ : 굴착 폭이 30.0m 이상의 추정 라인

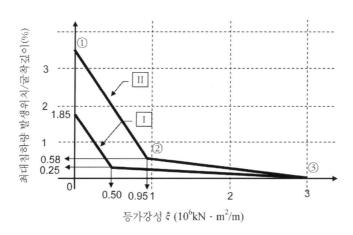

그림 9.3.8 최대침하 발생 위치 추정 그림

### 2) 최대침하량 발생위치 추정그림

최대침하량의 발생위치는 등가강성을 구하여 그림 9.3.8의 추정도에서 구한다.

여기서,    $X$축 : 등가강성 $\xi$ ($\times 10^6$kN·m$^2$/m)

           $Y$축 : 주변지반 최대침하 발생위치 / 굴착깊이

### 3) 등가강성

등가강성은 흙막이벽의 강성, 지반의 강도에 의하여 아래 식으로 계산한다.

$$\xi = \frac{\sum\left(\sqrt{N_i \cdot H_i}\right)}{H} \cdot EI \tag{9.3.8}$$

여기서,      $\xi$ : 등가강성 ($\times 10^6$kN·m$^2$/m)

          $N_i$ : 배면측 $i$층의 $N$값 (m)

          $H_i$ : 배면측 $i$층의 두께 (m)

          $H$ : 굴착깊이 + 근입깊이 (m)

          $E$ : 흙막이벽의 변형계수 (kN/m$^2$)

          $I$ : 흙막이벽의 단면2차모멘트 (m$^4$)

## 3.1.6 일본건축기준에 의한 방법

이 방법은 일본의 건축학회가 발행한 『흙막이설계시공지침』에 기재되어 있는 방식으로 흙막이벽의 변형에 의해 발생하는 침하량의 개략값을 계산하는 방법이다.

### (1) 1차 굴착 시(삼각형 분포)

$$A_{s1} = (0.5 \sim 1.0)A_{d1} \tag{9.3.9}$$

$$S_{max} = 2A_{s1}/L_0 \tag{9.3.10}$$

여기서,    $A_{s1}$ : 지표면의 침하면적 (m$^2$)

          $A_{d1}$ : 흙막이벽의 변형면적 (m$^2$)

        $S_{max}$ : 최대침하량 (m)

          $L_0$ : 지표면침하의 영향범위 = $(1.0 \sim 2.0)H$ (m)

          $H$ : 흙막이벽의 변위가 0(zero)인 지점까지의 깊이 (m)

### (2) 2차 굴착 이후 (사다리꼴 분포)

$$A_{sn} = (0.5 \sim 1.0)A_{dn} \tag{9.3.11}$$

$$S_{\max} = 2A_{sn}/(L_0 + L_1) \tag{9.3.12}$$

여기서,　$A_{sn}$ : 지표면의 침하면적 $(\text{m}^2)$

　　　　$A_{dn}$ : 흙막이벽의 변형면적 $(\text{m}^2)$

　　　$S_{\max}$ : 최대침하량 $(\text{m})$

　　　$L_0$ : 지표면침하의 영향범위 $=(1.0 \sim 2.0)\,H\,(\text{m})$

　　　$L_1$ : 사다리꼴 분포에서 일정한 침하량의 범위 $(\text{m})$. 일반적으로 굴착깊이 $H$ 정도

　　　$H$ : 흙막이벽의 변위가 0(zero)인 지점까지의 깊이 $(\text{m})$

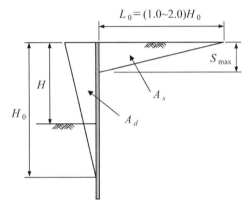

**그림 9.3.9** 1차 굴착 시의 지표면 침하량 모델

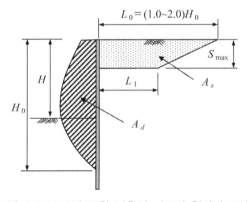

**그림 9.3.10** 2차 굴착 이후의 지표면 침하량 모델

## 3.2 배면 지반의 파괴선을 가정한 방법

각 굴착단계에서 흙막이벽의 변위에 따른 파괴선(활동선)을 가정하고, 그 파괴선에서의 흙막이벽 변위에서 배면 지반의 침하를 추정하는 방법이다. 이 방법은 점성토지반 또는 느슨한 사질토층의 경우에 흙의 전단변형에 의한 체적변화가 무시되는 경우에는 배면 지반의 침하량을 구하는 것으로 다음과 같은 순서로 검토한다.

우선 설계계산에 의해 산출 또는 실측된 각 굴착단계의 흙막이벽의 변형증가모드에 따라 배면 지반에 발생하는 파괴선을 그림 9.3.11과 같이 가정한다.

다음으로 흙은 파괴선을 따라 이동하는 것으로 가정하고, 흙막이벽의 각 굴착단계에서 증가한 변위에 따라 증가침하량을 추정한다. 이것을 누계한 것으로 배면지반의 침하량을 구한다. 단, 이 방법에 있어서는 지하수위 저하에 의한 압밀침하량은 포함되지 않기 때문에 압밀침하량은 별도로 검토하여야 한다.

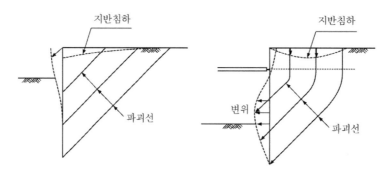

그림 9.3.11 벽체의 변위모드와 가정파괴선

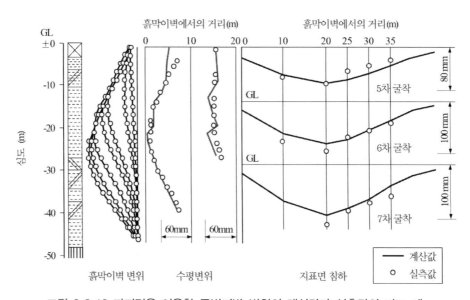

그림 9.3.12 파괴면을 이용한 주변지반 변위의 해석값과 실측값의 비교 예

## 3.3 수치해석에 의한 예측법

주변지반에 큰 변형이 예측되는 경우나 단면형상, 지반조건이 복잡하여 간편법을 적용할 수 없는 경우, 또는 주변에 도로나 철도, 건물 등 중요구조물이 근접해 있는 경우에는 유한요소법과 같은 수치해석으로 상세한 검토를 한다.

흙막이는 3차원으로 이루어진 구조물이기 때문에 상세히 검토할 때에는 3차원으로 수치해석을 하는 것이 바람직하다. 그러나 3차원 수치해석은 복잡하고 해석에 많은 시간을 요하기 때문에 일반적으로 2차원으로 검토를 한다.

해석할 때는 지반이나 흙막이공 등의 모델화나 경계조건의 설정이 해석값의 정밀도를 결정하는 큰 요인이 되기 때문에 확실한 현장 조건을 고려하여 결정하여야 한다.

수치해석법은 구성식이나 초기조건, 경계조건을 주는 것에 따라 다양한 해석을 할 수 있다. 일반적으로 사질토에 있어서는 비교적 간단하게 선형탄성해석에 의하여 거동을 계산하는 경우가 많다. 그러나 같은 사질토에 있어서도 흙은 전단에 따른 체적변화(Dilatancy특성)를 표시하는 비선형인 재료이므로 경우에 따라서는 흙 재료 고유의 구성모델이나 Drucker-Prager모델, Mohr-Coulomb모델 등을 이용한 탄소성해석, Dilatancy특성을 무시하고 간편하게 Duncun-Chang의 쌍곡선모델을 이용한 비선형탄소성해석을 하는 것도 있다.

점성토지반에서는 탄소성 또는 점탄소성해석을 하는 것이 많고, 과잉간극수압의 발생, 소산(消散)의 영향을 무시할 수 없는 경우에는 간극수의 거동을 고려한 흙과 물의 연동해석을 하는 것이 요망된다. 따라서 수치해석법을 사용한 지반의 거동해석은 다음과 같은 것이 있다.

### 3.3.1 해석의 종류

#### (1) 응력·변형해석

역학적인 균형에서 지반의 재하(載荷)나 제하(除荷)에 따른 응력, 변형상황을 구하는 것이며, 유한요소법을 사용하는 지반의 해석 중에서 비교적 좋은 해석방법의 하나이다.

개착공법의 시공에 있어서는 굴착에 따른 토괴의 제거에 의한 응력해방에 기인하는 문제의 해명에 사용한다. 해석은 2차원, 3차원이 있으며 해석목적에 따라서 사용이 나누어지지만, 일반적으로는 2차원해석을 많이 사용한다.

#### (2) 침투류해석

흙막이공의 설치나 굴착에 따른 지하수의 거동을 추정하는 경우에는 침투류해석을 한다. 이 침투류해석은 흙속에 있는 물의 흐름을 파악하는 것인데, 이것으로는 지반의 변형을 직접적으로 구할 수는 없지만 이 해석으로 구한 지반의 수위저하량 등을 이용하여 압밀계산을 하여 지반변위를 추측할 수 있다.

침투류해석은 2차원, 3차원해석 외에 중간적인 방법으로 평면적인 물의 흐름으로 유사(擬似)

하게 깊이방향에 대한 물의 흐름을 고려한 준3차원해석이 있다.

### (3) 토/수 연성연동·비연동해석

점성토지반의 경우에 과잉간극수압의 발생, 소산(消散)의 영향을 무시할 수 없는 지반에 대해서는 응력·변형해석과 침투류해석 두 개를 연동(커플링)시켜 해석을 하는 것이다. 이 경우에 흙과 물의 거동을 연동시킨 해석을 토/수 연동해석이라 한다. 이 해석은 흙의 역학적인 물성과 수리학적인 물성이 필요하다.

### 3.3.2 유한요소법의 해석방법

수치해석방법 중에서 일반적으로 많이 사용하는 것이 유한요소법(Finite Element Method)인데, 흙막이에 있어서는 아래와 같이 유한요소법을 구분할 수 있다.

① 지반과 흙막이벽 및 지보공 전체를 모델화하여 해석하는 방법
② 지반만을 모델화하고 별도의 탄소성법 등에 의하여 계산하는 방법
③ 굴착 시에 계측한 벽체변위를 입력하여 지반변형을 계산하는 방법

유한요소법은 각 굴착단계 등에서 단면력이나 변위의 증가를 계산하고, 이것을 포함한 것에서 임의점의 단면력과 변위를 구할 수 있으므로 각종 공법(버팀대 프리로드공법, 지반개량공법, 아일랜드공법 등)의 효과를 고려할 때 유효한 방법이다. 그러나 모델화 및 조건의 설정 등에 따라서 계산 결과가 크게 영향을 받을 수 있으므로 과거의 사례 등을 참고로 하여 충분히 검토하는 것이 필요하다.

유한요소법 등은 주변지반의 변형을 정밀도가 좋게 해석할 수 있는 방법이지만, 해석방법이 복잡하고 토질 파라미터의 설정에 전문적인 지식을 요하므로 설계 실무에 있어서 일반적인 예측방법으로 사용하기에는 무리가 따른다.

특히 가설구조에서의 지반이나 토질조사가 제대로 이루어지고 있지 않은 현 상태에서 유한요소법에 의한 해석은 계산결과의 검증이 확실하게 이루어져야 한다. 위에서 유한요소법을 3개의 방법으로 구분한 것은 이와 같은 이유에서인데, ②와 ③은 토질조사가 불확실한 경우라도 주변지반의 변형을 정확히 알기 위해서 탄소성법에 의한 계산 결과를 가지고 유한요소법으로 지반을 해석하여 변형값을 구하는 방법이다. 이 방법은 전체를 모델링한 유한요소법에 비하여 모델링이 비교적 간단하기 때문에 현장에서 계측 결과를 토대로 빠르게 피드백할 수 있는 장점이 있다.

여기서 흙막이를 유한요소법에 의하여 해석하는 경우의 모델화에 대하여 알아본다.

### (1) 요소

유한요소법에 사용하고 있는 요소특성은 상당히 많은 것이 제안되어 있다. 그 중에서 아래에 표시한 3종류가 실제로 지반해석에 많이 사용되고 있다.

### 1) 고체요소

일반적으로 사각형이나 삼각형형상을 사용한다. 특성으로는 탄성, 탄소성, 점탄소성 등 다양한 응력−변형의 관계를 도입하는 것이 가능하다. 지반모델은 거의 이 요소가 사용되고 있다. 2차원해석에 있어서 사각형요소 중, 일반적인 것은 4절점요소지만 8절점 아이소파라메트릭요소(Isoparametric element), 9절점 아이소파라메트릭요소가 있다(3차원에서는 8절점이 일반적이지만 20절점 아이소파라메트릭요소 등이 있다).

### 2) 선요소

빔요소나 트러스요소로 대표되는 1차원요소이다. 강널말뚝 등 축력과 휨에 저항하는 부재에는 빔요소, 흙막이앵커와 같이 축력만 작용하는 부재는 트러스요소가 사용된다.

### 3) 조인트요소

유한요소법은 해석대상을 연속체로 모델화하는 것이다. 따라서 면요소나 선요소만으로는 흙막이벽과 배면 지반의 침하 등, 불연속 거동을 나타내는 현상을 재현하는 것이 곤란하다. 이와 같이 경계면에 있어서 불연속성을 표현하기 위하여 사용되는 것이 조인트요소이며 수평, 연직방향의 마찰을 스프링으로 모델화하여 스프링의 강성으로 불연속의 정도를 표현한다.

### (2) 경계조건

해석모델에 있어서 경계조건은 해석이나 종류에 따라 다르다. 응력·변형해석에 있어서는 응력경계, 변위경계가 있는데 모든 경계조건에 이와 같은 경계조건을 설정하여야 한다. 일반적으로 변위경계를 지정하는 경우가 많은데, 해석 범위의 외측(경계)을 고정, 롤러, 자유 중에서 설정한다. 또 재하중 등의 외력을 강제변위로 하여 경계조건을 주는 경우도 있다. 일반적으로 지반과 흙막이벽 등의 구조물을 일체로 한 모델로 해석하는 것이 바람직하지만, 지반만을 유한요소법으로 모델화하고 흙막이벽의 변위를 별도의 탄소성법에 의해 구하여 그 변위를 지반에 강제변위로 주어 주변지반의 변형량을 구하는 방법이 사용되고 있다. 이 같은 경우에는 흙막이벽에 변위경계를 설정하여야 한다.

### (3) MESH 분할

요소와 경계조건을 기본으로 유한요소해석을 하기 위한 모델(MESH)을 작성하는데, MESH의 크기나 분할 방법에 따라 해석 정밀도와 시간이 정해진다. 해석 목적(예를 들면 흙막이벽 근처에서 지반의 변형, 인접구조물의 변형 등)에 따라 적절한 MESH분할(해석결과를 필요로 하는 부분 세분화 등)을 하는 것이 중요하다. 또한 경계에 따른 구속의 영향이 나타나지 않는 경우에 해석 목적의 대상 장소에 대하여 해석 AREA를 어느 정도 크게 하는 것이 필요하다.

# 제 10 장
## 설계참고자료

# 제10장

# 설계참고자료

이 장에서는 가설구조와 관련되어 설계에서 꼭 알아야 할 사항이나 참고 자료에 대하여 정리하여 소개하도록 한다. 즉, 설계에서 반드시 검토하여야 할 사항이지만 설계기준에는 없는 사항, 설계기준에는 규정되어 있지만 설계 방법이 제시되어 있지 않다거나, 설계에서 관행적으로 사용하는 계산식이나 기준을 잘못 알고 있는 적용 범위, 설계기준의 오기, 원래의 계산식이나 적용 기준의 오기 등 흙막이 전반에 걸쳐서 설계에서 반드시 알아야 할 사항을 정리하였다. 이 장에서 다루는 부분은 아래와 같다.

1. 양벽일체해석에 대하여 : 양벽일체해석에 대한 필요성 및 계산 방법과 실측데이터와의 비교를 통하여 양벽일체해석이 왜 필요한지를 설명
2. 양벽일체해석과 단벽해석의 비교 : 국내에서 판매하고 있는 흙막이 프로그램 중에서 양벽일체해석이 가능한 (주)베이시스소프트에서 개발한 TempoRW를 사용하여 단벽과 양벽해석의 차이를 비교
3. 정상성 검토에 대하여 : 이것은 말뚝의 길이에 대한 최적의 길이를 제시함으로써 안정성 확보와 동시에 경제성을 확보하기 위한 설계 방법
4. 흙막이앵커의 스프링정수에 대하여 : 각 설계기준에는 흙막이앵커의 스프링정수에 관하여 규정되어 있지 않기 때문에 올바른 스프링정수에 대하여 설명
5. 히빙검토방법의 비교 : 현장 조건에 적합한 히빙식을 선택할 수 있도록 여러 가지의 히빙식을 비교 검토한 자료
6. 축방향 압축력과 휨모멘트를 받는 부재의 설계 : 오일러공식에 대한 할증 여부
7. 띠장 및 사보강재의 검토 : 사보강재의 검토 식을 비교한 자료
8. 단차가 있는 흙막이 : 굴착바닥면에 단차가 있는 경우의 설계 방법
9. 보조공법의 설계에 관한 자료 : 보조공법 중에서 비교적 많이 사용되는 공법을 정리하여 일반적인 설계 방법을 소개한 자료

# 1. 양벽일체해석에 대하여

## 1.1 양벽일체해석의 필요성

현재 국내에서는 흙막이 구조물을 설계할 때 대부분이 탄소성해석에 의한 단벽계산을 사용하고 있는데, 좌우 조건이 다른 버팀대 구조에 의한 흙막이를 설계할 때도 한쪽 벽만을 대상으로 하여 해석하고 있다. 교량 구조물을 예로 들어보면, 반쪽만 모델링하여 설계하지는 않는다. 반쪽만 모델링하여 설계했다면 구조를 모르는 기술자로 낙인찍힐 수 있는 상황이 발생할 수도 있다. 그런데 흙막이 구조물을 반쪽만 설계하여도 문제를 제기하는 경우가 없다. 물론 좌우 조건이 완벽하게 일치한다면 반쪽만 설계해도 상관이 없겠지만, 설계에 있어서 좌우 조건이 일치하는 경우는 매우 드문 일이다. 그런데도 한쪽 벽만 해석하고 있다.

버팀대식 흙막이를 구조적으로 보면 라멘식 구조로 분류할 수 있다. 즉, 벽체(측벽 및 중간말뚝)와 띠장, 버팀대로 이루어진 복합구조이다. 그러나 라멘식 구조라도 교량과 같이 폭이 일정한 구조일 때는 단위 폭으로 해석해도 무방하지만, 흙막이에서는 말뚝의 배치 간격과 버팀대의 배치 간격이 다른 경우가 대부분이기 때문에 매우 복잡한 라멘구조가 형성된다. 이와 같이 복합적인 라멘구조 형태를 효과적으로 해석하기 위해서는 반드시 전체를 모델링하여 일체로 해석하는 것이 필요하다. 그러나 불행히도 국내에서는 양쪽 벽을 일체로 모델링하여 탄소성해석을 하는 흙막이 설계 프로그램이 없다. 더구나 흙막이는 교량과 같이 동일 재료(거동이 비슷한 재료)로 구성된 것이 아니고 복합재료로 구성되어 계산이 복잡하다.

근래에 들어서는 이런 불합리성을 인정하고 좌우 조건이 다른 경우에 유한요소법(FEM)에 따른 해석을 하고 있는데, 이 FEM해석에도 문제점은 있기 마련이다. 가장 큰 문제점은 지반의 정확한 물성값이다. 그러나 흙막이 설계를 보면 굴착깊이가 10m 이하인 경우가 90 %로 소규모 공사가 많아, 지반조사가 제대로 이루어지지 않고 있다.

흙막이 설계에 사용하는 지 반 물성값은 본체 구조물의 기초를 설계하기 위한 지반조사 결과로 흙막이를 설계하는 경우가 대부분이다. 이 물성값을 가지고 FEM에 의한 해석을 하게 되면 지반의 물성값에 따라 천차만별의 결과값이 산출되기 때문에 주의가 필요하다.

일본가설지침에 보면 FEM해석으로 양벽일체해석을 할 때의 유의 사항으로 "**FEM은 계산조건에 따른 격차가 크고, FEM의 결과를 그대로 설계에 사용할 때는 지반의 물성값 등의 모델화에 있어서 충분한 검토를 하여야 한다.**"라고 지적하고 있다. 따라서 현실에서는 지반조사가 제대로 이루어지지 않는 경우가 대부분이기 때문에 가정과 추정에 의한 물성값을 적용한 FEM해석은 의도와는 다른 해석 결과를 얻을 수 있어 신중하게 적용하여야 한다. 이와 같이 FEM이 주는 장점도 많지만, 계산 조건에 따른 격차가 심하므로 FEM으로 양벽일체해석을 하였을 때는 해석 결과에 대한 검증과 검토를 반드시 실시하여야 한다.

특히 좌우 양쪽의 조건이 다르다고 무조건 FEM해석을 할 수도 없고, 해석한다고 해도 FEM

에 의존한 구조설계는 제약이 따르게 마련이다. 따라서 어떤 것이 가장 합리적인 설계인가를 고민하지 않을 수 없다.

## 1.2 편토압이 작용하는 흙막이벽의 설계기준

편토압이 작용하는 흙막이벽에 대한 해석방법이나 설계 방법에 대한 자료가 국내에는 없지만 국내 시방서나 기준 등에 나와 있는 내용을 발췌하면 다음과 같다.

### (1) 시설물설계, 시공 및 유지 관리 편람(옹벽 및 흙막이공)

이 편람은 서울특별시에서 2001년 11월에 발행한 기준인데, 133쪽 "3.4.2 편토압에 의한 흙막이벽의 변형"에 보면 편토압이 발생하는 조건과 현상에 대하여 언급되어 있으며, "2) 편토압의 검토법"에 보면 다음과 같이 규정되어 있다.

> 지반이 비대칭인 조건의 편토압이나, 시공성에 의해 편토압과 편수압이 작용할 때는 기존의 흙막이 검토법으로 외력과 그 결과를 구할 수 있다.

이 편람에서 편토압이 작용하는 경우의 대책으로 "흙막이벽의 두께가 크고, 강성이 큰 것으로 하고, 버팀대 단수를 늘려 벽의 변형에 대응할 수 있도록 하고"라고 적고 있다.

### (2) 철도설계편람(토목편), 지하구조물

이 편람은 대한토목학회가 2004년 12월에 발행한 것으로 8~270쪽 "(10) 편토압"에는 아래와 같은 내용이 있다.

> 지하 터파기 현장 주변에서 말뚝의 타입, 인접지의 지하 터파기공사, 흙막이공 배면에서의 약액주입, 양측 배면에서 지하수위의 차이, 비대칭적인 터파기, 경사진 지반 등의 경우 편토압이 발생하며 이에 대한 검토가 필요하다.

이 편람에서도 편토압이 발생할 때는 검토가 필요하다고 되어 있는데, 구체적인 검토 방법에 대해서는 언급이 없어 아쉽다.

### (3) 일본 도로토공 가설구조물공지침

참고로 일본도로협회에서 1999년 3월에 발행한 지침에는 양벽일체해석에 대하여 비교적 상세하게 수록하고 있다. 이 지침의 54쪽에 "2-7-2 편토압이 작용하는 흙막이의 검토"에 의하면 다음의 사항을 규정하고 있다.

편토압이 작용하는 흙막이란 그림 10.1.1과 같이 흙막이벽 배면에 성토, 건물 및 하천 등이 있는 경우, 또는 상대하는 지질 상황이 다른 경우 등과 같이 내적 안정성을 가지고 있어도 각각의 하중 상태나 저항이 달라 비대칭적인 거동을 나타내는 흙막이를 말한다.

이와 같은 흙막이는 상대하는 면의 조건을 같게 가정한 설계법에서는 그 거동을 예측하지 못하고 과대한 변위나 응력의 발생 등, 위험한 상황이 발생하기 때문에 편토압의 정도에 따라서 그것을 고려한 설계를 할 필요가 있다.

일본에서는 가설지침 외에도 토목학회가 발행한 『터널표준시방서 개착공법』에는 구조가 비대칭인 흙막이공에 대하여 별도로 검토하도록 규정되어 있다.

현재 국내에서는 그림 10.1.1과 같은 상황에서의 흙막이 설계를 한쪽 벽만 대상으로 하여 설계하는 경우가 대부분인데, 한쪽 벽만 설계할 때는 과대한 변위나 응력의 발생 등 위험한 상황이 발생하는지 알 수 없으므로 지금까지 양벽일체해석에 대한 필요성을 느끼지 못한 것이다.

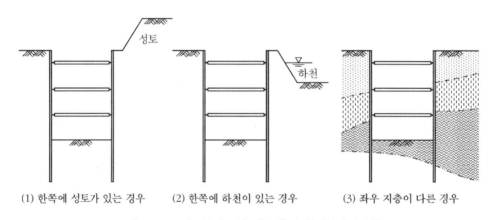

(1) 한쪽에 성토가 있는 경우     (2) 한쪽에 하천이 있는 경우     (3) 좌우 지층이 다른 경우

**그림 10.1.1** 편토압이 작용하는 흙막이(일본가설지침)

## 1.3 양벽일체해석에 의한 흙막이벽의 설계방법

자립식을 제외한 일반적인 흙막이에서는 대부분이 서로 마주 보는 형태의 흙막이 구조로 이루어져 있다. 하지만 서로 마주 보는 형태의 흙막이 구조가 좌우 조건이 똑같은 경우에는 관계 없지만, 대부분이 좌우가 다른 형태를 이루고 있다. 따라서 여기서는 편토압이 작용하는 흙막이벽에 대하여 양벽일체해석의 설계 방법을 소개한다.

편토압이 작용하는 흙막이벽의 설계 방법은 다음과 같은 것들이 있다.

1. 보-spring 모델에 의한 양측 흙막이벽의 일체해석
2. 유한요소법(FEM)을 이용한 해석
3. 마주 보는 벽의 영향을 고려한 흙막이 탄소성 법에 따른 해석
4. 상재하중만을 고려한 흙막이 탄소성 법에 따른 해석

이 방법의 개요와 유의점은 다음과 같다.

## (1) 보-spring 모델에 의한 양측 흙막이벽의 일체해석

보-spring 모델에 의한 양측의 흙막이벽과 버팀대를 모델화하고, 편토압이 작용하는 전체구조계의 비대칭인 거동에 대해서 벽의 변위에 따라서 작용 토압이 변화하는 과정을 고려하여 해석한다. 구체적인 계산 방법이나 가정에 대해서는 다음 쪽의 "1.4 양측 흙막이벽의 일체해석에 의한 검토 예"를 참조하기를 바란다.

## (2) 유한요소법(FEM)을 사용한 해석

주변의 지형이나 지층구성 및 흙막이를 적절하게 모델화하여 FEM을 사용하여 순차 해석을 하는 것으로, 주변 지반의 거동 등을 고려한 편토압이 작용하는 흙막이의 거동을 추정한다. 그러나 FEM은 계산 조건에 따라 결과의 격차가 크고, FEM의 결과를 그대로 설계에 사용할 때는 지반의 물성값 등의 모델화에 대하여 충분한 검토를 해야 한다.

## (3) 마주 보는 벽의 영향을 고려한 흙막이 탄소성 법에 따른 해석

일반적인 탄소성법에 의한 흙막이벽의 설계 방법을 사용해서 각각의 흙막이벽을 단독으로 계산하고, 버팀대 반력 차이를 가지고 편토압이 작용하는 흙막이 전체의 변위와 응력을 추정한다. 여기에서 이 버팀대 반력 차이에서 마주 보는 벽의 영향을 고려하는 방법으로는 다음에 나타내는 순서 등이 있다.

① 각각의 흙막이벽을 단독으로 계산하고 버팀대 반력 차이를 산출한다.
② 버팀대 반력 차이를 프리로드하중으로 전환해서 다시 편하중을 받는 벽의 마주 보는 쪽의 계산을 한다.
③ 마주 보는 벽의 각 버팀대 위치에 있어서 ①과 ②의 변위 차이를 산출한다.
④ ①에서 계산한 편하중을 받는 흙막이벽의 반력으로 ③에서 계산한 변위 차이가 증가하도록 각 버팀대 spring을 산출한다.
⑤ ④에서 산출한 spring을 사용해서 다시 편토압이 작용하는 흙막이벽을 계산한다.

## (4) 상재하중만을 고려한 흙막이 탄소성 법에 따른 해석

일반적인 탄소성 법에 따른 흙막이벽의 설계 방법을 사용해서 편하중이 재하 되는 벽을 단독으로 계산한다. 하중이 대칭인 흙막이로써 계산하기 때문에 마주 보는 벽의 영향은 고려할 수 없으며, 특히 한쪽 벽의 배면에 하천을 포함하는 경우 등, 배면 측의 수동저항이 수평지반과 비교해서 현저하게 작은 경우의 검토에는 사용할 수 없다, 단, 한쪽 벽 배면에 편하중이 재하 되는 경우 및 편토압의 정도가 작은 경우에는 마주 보는 벽도 같은 것을 사용하는 것으로도 안전한 설계를 할 수 있는 경우가 있다.

이상과 같이 편토압이 작용하는 흙막이벽의 4가지 설계 방법에 대하여 알아봤는데, 이 중에서 첫 번째인 "보-spring 모델에 의한 양측 흙막이벽의 일체해석"에 대하여 일본가설지침의 "참고자료-8. 편토압이 작용하는 흙막이의 검토 예"에 대하여 소개한다.

## 1.4 양측 흙막이벽의 일체해석에 의한 검토 예

보-spring에 의한 양쪽 흙막이벽과 버팀대를 모델화하여 편토압이 작용하는 전체 구조의 비대칭적인 거동에 대하여 벽이 변위에 따라서 작용하는 토압이 변하는 과정을 고려하여 해석한다.

### 1.4.1 검토 대상 흙막이

여기에서 검토하는 흙막이의 치수 및 토질 조건 등은 그림 10.1.2와 같다. 이 흙막이는 한쪽 (우측)의 흙막이벽에만 배면에 $50\ kN/m^2$의 과재하중에 의한 편하중이 작용하고 있다.

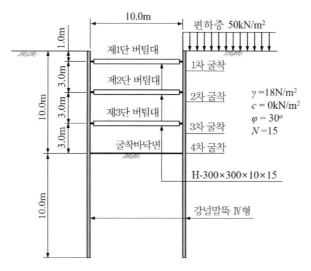

**그림 10.1.2 검토 대상 흙막이의 형상 및 치수**

### 1.4.2 기본적인 가정

편토압이 작용하는 흙막이는 마주하는 면(벽)의 하중 상태의 차이에 따라서 비대칭적인 거동을 보이기 때문에 변위 및 응력은 일반적인 대칭 흙막이와는 매우 다르다. 따라서 이와 같은 상태를 재현하기 위하여 다음과 같은 가정하에서 계산한다.

#### (1) 벽의 변위와 측압과의 관계

그림 10.1.3과 같이 굴착 전에는 각각의 벽 양쪽에 정지토압이 작용하고 있고, 굴착에 따라 발생하는 벽의 변위에 따라서 지반은 최대의 수동토압으로 저항하며, 주동토압을 최솟값으로

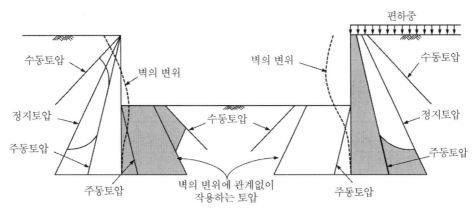

**그림 10.1.3** 벽의 변위와 측압과의 관계

하여 토압이 감소하는 것으로 가정한다. 좌우에 벽체가 있으나 각각의 벽체에 대해서는 탄소성 해석모델과 같은 방법으로 고려한다.

**(2) 지반스프링의 가정**

그림 10.1.4와 같이 spring을 굴착바닥면보다 얕은 곳에는 벽의 배면측에, 굴착바닥면보다 깊은 곳에는 벽의 배면측과 굴착면측에 각각 가정한다. 이러한 spring에는 벽의 변위에 따라서 수동토압과 정지토압의 차이를 상한으로 하는 반력, 혹은 정지토압과 주동토압의 차이를 상한 으로 하는 반력이 발생하는 것으로 한다. 좌우에 벽체가 있으나, 각각의 벽체에 대해서는 탄소 성해석모델과 같은 방법으로 고려한다.

여기에서 일반적으로 주동토압은 수동토압과 비교해서 아주 작은 변위가 작용하는 것으로 알려져 있는데, 실제의 거동을 재현하기 위해서는 이것을 고려하는 것이 바람직하다. 그러나

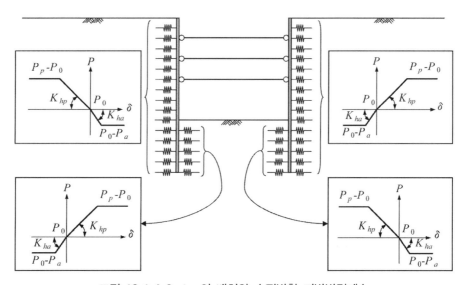

**그림 10.1.4** Spring의 배치와 수평방향 지반반력계수

주동측과 수동측의 spring값 차이에 대해서는 현재 상태에서 명확하게 규정된 것이 없으므로 주동측의 spring 정수(수평방향 지반반력계수)를 수동측의 10배로 가정하였다.

- 수동측의 수평방향 지반반력계수($K_{hp}$)

$$K_{hp} = 1/0.3 \, \alpha E_0 \left(B_h/0.3\right)^{-3/4}$$
$$= 1/0.3 \times 1 \times 2,800 \times 15 \times \left(10/0.3\right)^{-3/4}$$
$$= 10,000 \, \text{kN/m}^3$$

- 주동측의 수평방향 지반반력계수($K_{ha}$)

$$K_{ha} = 10 K_{hp}$$
$$= 100,000 \, \text{kN/m}^3$$

### (3) 벽의 변위와 측압의 이력

편토압이 작용하는 흙막이는 굴착에 따라서 벽의 변위 방향이 크게 변하는 경우가 있다. 이 때의 지반반력은 동일한 측압 경로를 따라가는 것이 아니고, 그림 10.1.5와 같이 변위의 방향이 변하면 이에 따른 반력의 발생 상황도 그때마다 변하게 된다.

즉, 그림 10.1.5에서는 1차 굴착에서 벽은 굴착면 측으로 크게 변형이 발생하여 배면측 토압이 주동토압이 된다고 가정한다. 다음에 2차 굴착에서 이 벽이 마주 보는 벽에 의해 배면측으로 밀릴 때에 벽의 변위가 주동측의 소성한계 위치로 돌아올 때까지 배면측에 반력이 발생하는

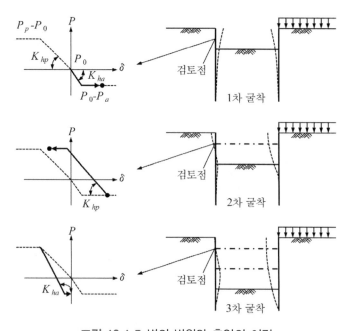

**그림 10.1.5 벽의 변위와 측압의 이력**

것이 아닌, 배면측으로 밀린 시점에서 배면측에는 지반의 압축에 의한 반력이 발생한다고 생각할 수 있다. 여기에서는 이와 같은 측압의 이력을 고려하였다.

(4) 측압

1) 정지측압

굴착 전에는 그림 10.1.6에 표시한 것처럼 배면측과 굴착측에는 같은 크기의 정지측압이 작용하는 것으로 한다.

2) 주동측압

배면측 및 굴착면측 모두 탄소성법에 의한 토압 및 수압은 주동측압을 사용한다.

3) 수동측압

배면측 및 굴착면측 모두 탄소성법에 의한 토압 및 수압은 수동측압을 사용한다.

4) 굴착바닥면 아래쪽 벽의 변위에 상관없이 작용하는 측압

굴착바닥면보다 아래쪽에 대한 벽의 변위에 상관없이 작용하는 측압으로서는 그림 10.1.6과 같이 굴착면 측에는 굴착면에서의 수동측압을 넘지 않는 범위에서 굴착전의 정지측압이 잔류하는 것으로 가정한다.

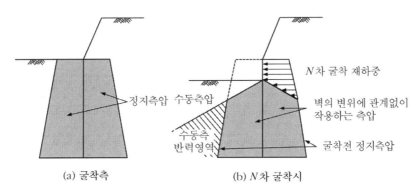

**그림 10.1.6** 굴착면보다 깊은 곳의 벽의 변위에 관계없이 작용하는 측압의 가정

일본가설지침 "2-9-5 탄소성법에 의한 흙막이벽의 설계"에서는 굴착면보다 아래쪽 벽의 변위에 상관없이 작용하는 토압으로서 굴착면에서의 정지측압을 가정하고 있다. 이 가정을 큰 편토압이 작용하는 흙막이벽에 적용하면 그림 10.1.7과 같이 1차 굴착에서의 단계부터 이 영향이 크게, 특히 점성토지반의 경우에는 근입 선단까지 이 영향이 미치기 때문에 변위가 매우 커져서 설계가 이루어지지 않을 때도 있다. 따라서 여기에서는 실측값을 감안해서 굴착 전의

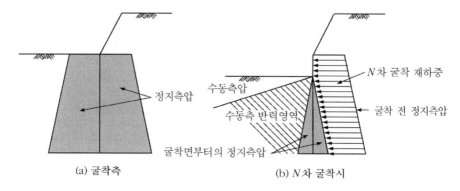

(a) 굴착측                    (b) $N$차 굴착시

**그림 10.1.7** 큰 편토압이 작용하는 흙막이 벽의 변위에 관계없이 작용하는 측압으로서 굴착면에서의
정지측압을 적용한 경우의 개념도

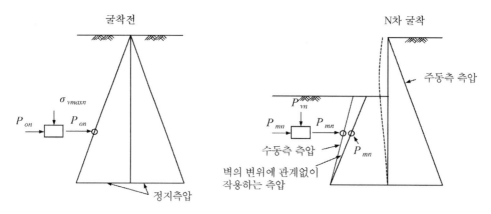

$P_{on}$ : $n$점의 굴착 전 정지측압(실측값)
$P_{pn}$ : $n$점의 수동측측압(실측값)
$y_n$ : $n$점의 벽 변위(실측값)
$P_{mn}$ : $n$점의 벽의 변위에 관계없이 작용하는 굴착지면의 측압($P_{mm} = P_{pn} - y_n \, k_{hn}$)
$k_{hn}$ : $n$점의 설계에 사용하는 수평방향 지반반력계수($N$값으로 추정)
$\sigma_{vmaxn}$ : $n$점의 굴착전의 유효연직하중(흙의 단위중량에서 추정)
$\sigma_{vn}$ : $n$점의 $N$차 굴착에 있어서 유효연직하중(흙의 단위중량에서 추정)
$OCR_n$ : $\sigma_{vmaxn} / \sigma_{vn}$

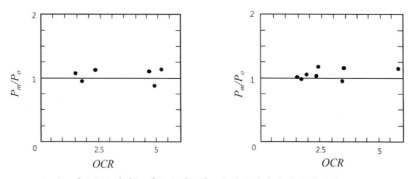

※ $P_m / P_o$ 가 1을 초과하는 것은 측정오차로 $k$치의 설정에 관한 차이임

**그림 10.1.8** 굴착면측의 실측에 의한 벽의 변위에 관계없이 작용하는 측압의 검토 예

정지측압이 잔류하는 것으로 가정하였다. 단, 이 가정은 그림 10.1.8에 표시한 실측값을 기준으로 한 검토 예로, 큰 편토압이 작용하는 흙막이를 감안한 것이지만 굴착측의 측압변화를 측정한 사례가 적기 때문에 일반적인 방법으로 확립된 것은 아니다. 따라서 편토압의 영향이 작다고 생각될 때는 굴착면에서의 정지측압을 가정하는 것이 안전상 바람직하다. 여기서 편토압의 영향이 적다고 생각되는 경우는 지층 조건의 변화나 상대하는 벽의 강성만 다른 경우 등이다.

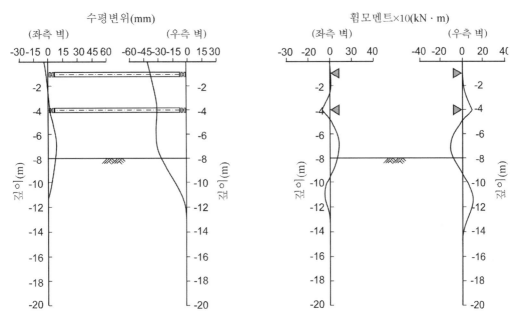

그림 10.1.11 3차 굴착의 변위와 휨모멘트

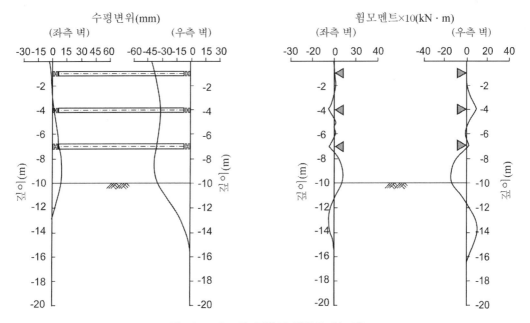

그림 10.1.12 4차 굴착의 변위와 휨모멘트

### 1.4.3 계산 결과

계산 결과는 그림 10.1.9~10.1.12에 표시하였다. 이 결과에 의하면 흙막이는 하중이 재하된 벽의 반대쪽으로 크게 기울어 전체적으로 비대칭적인 변위 및 응력이 발생하고 있어 편토압이 작용하는 흙막이의 거동과 응력을 재현하고 있다고 여겨진다.

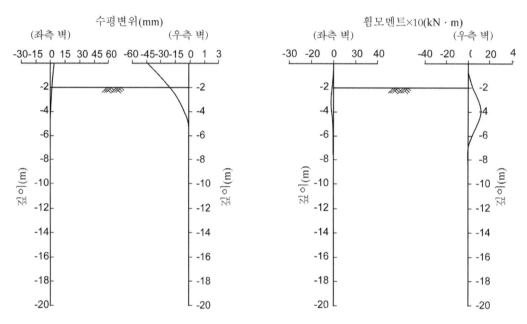

**그림 10.1.9** 1차 굴착의 변위와 휨모멘트

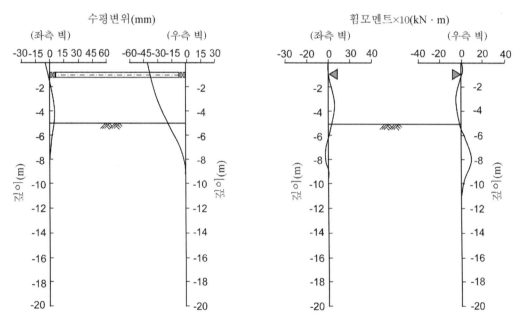

**그림 10.1.10** 2차 굴착의 변위와 휨모멘트

## 1.5 실측값과의 비교

그림 10.1.13, 표 10.1.1은 실측된 현장의 개요를 표시한 것이다. 이 현장은 지반을 한번 굴착한 후에 사면 부근에 흙막이 굴착을 시행한 곳으로써 한쪽에 편하중이 작용하는 상태이다.

여기에서는 이 편하중을 그림 10.1.13에 나타낸 것처럼 흙막이벽 선단부터 주동활동면을 가정하여 이 범위 내의 사면부의 단위길이당 중량($W$)을 흙막이벽 상단에서의 재하길이($L$)로 나눠 과재하중으로 환산하였다.

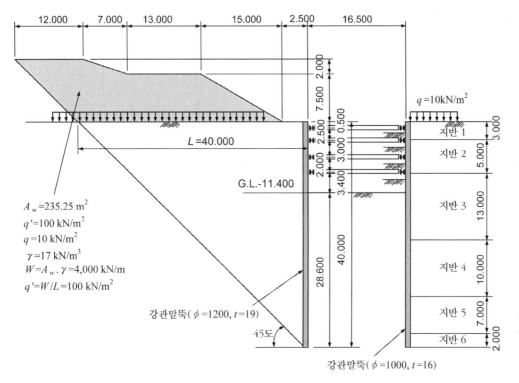

그림 10.1.13 실측 현장의 개요

**표 10.1.1 지반물성 값**

| 지층 No. | 토질명 | 층두께(m) | 평균 $N$값 | 단위중량(kN/m³) | 전단저항각(°) | 점착력(kN/m²) |
|---|---|---|---|---|---|---|
| 지반 1 | 사질토층 | 3.0 | 5 | 17 | 25 | – |
| 지반 2 | 실트질 점토층 | 5.0 | 3 | 14 | – | 30 |
| 지반 3 | 실트층 | 13.0 | 4 | 14 | 5 | 40 |
| 지반 4 | 모래실트층 | 10.0 | 7 | 15 | 10 | 30 |
| 지반 5 | 단단한 점토층 | 7.0 | 15 | 15 | – | 80 |
| 지반 6 | 자갈층 | 2.0 | 50 이상 | 19 | 37 | 10 |

이 현장에서는 흙막이벽의 변위와 버팀대 축력이 계측되어 있으므로 이 수치와 계산한 값을 비교한 결과를 그림 10.1.14와 그림 10.1.15에 표시하였다. 이것에 따르면 실측값과 비교하여 흙막이벽은 전체적으로 마주 보고 있는 면 쪽으로 변형이 크게 발생하였고, 버팀대 축력은 일부 작게 나타나고 있지만, 대체로 실제의 거동을 재현하고 있다고 볼 수 있다.

이상과 같이 양쪽 벽 일체해석에 대한 일본 자료를 소개하였는데 양벽일체해석에 의한 흙막이 프로그램을 사용하여 실제로 단벽해석과의 차이를 비교해 보도록 한다.

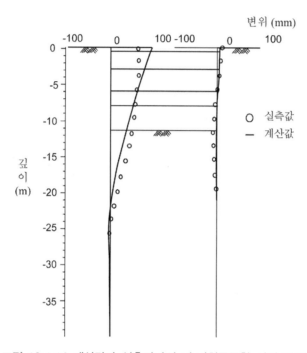

**그림 10.1.14** 계산값과 실측값과의 비교(최종굴착 시의 변위)

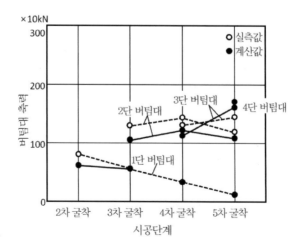

**그림 10.1.15** 계산 결과와 실측값과의 비교(버팀대 축력)

# 2. 양벽일체해석과 단벽해석의 비교

국내에서 시판되고 있는 소프트웨어 중에서 양벽일체해석을 할 수 있는 프로그램으로 (주)베이시스소프트에서 판매하는 TempoRW가 있다. 이 프로그램에는 제4장에서 소개한 일본의 구토목연구소(舊建設省土木研究所)에서 발표한 "대규모 흙막이벽의 설계에 관한 연구(大規模土留め壁の設計に関する研究)"에 의한 방법을 탑재하고 있다. 또한 이 프로그램에는 우리가 흔히 야마가타(山肩)의 확장법으로 알고 있는 나카무라(中村兵次)·나카자와(中沢章)방법도 함께 탑재되어 있어 이 두 가지의 방법으로 단벽해석과 양벽일체해석을 비교하였다.

## 2.1 비교설계를 위한 설계조건

### 2.1.1 가설구조물의 계획

(1) 단벽해석 모델

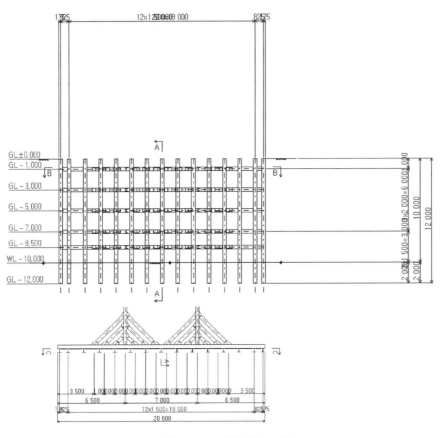

**그림 10.2.1** 단벽해석 모델

### (2) 양벽해석 모델

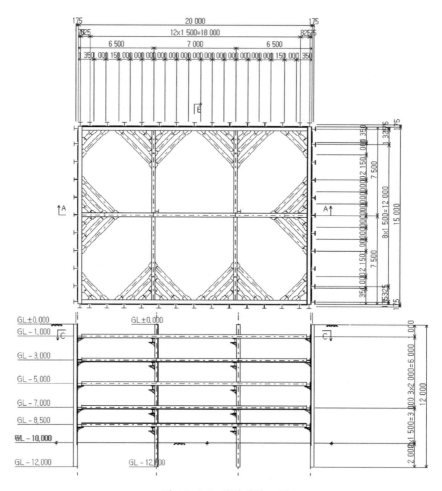

**그림 10.2.2** 양벽해석 모델

### 2.1.2 하중조건

- 과재하중 : 단벽해석에는 $q=50\ \text{kN/m}^2$, 양벽일체해석에는 앞쪽 벽에 $q=10\ \text{kN/m}^2$, 뒤쪽 벽은 $q=50\ \text{kN/m}^2$를 각각 재하한다.
- 온도변화의 영향 : 띠장, 버팀대 및 사보강재의 계산에는 온도변화에 의한 반력의 증가하 중으로 120 kN을 고려한다.

### 2.1.3 토압 및 수압

- 근입길이 결정용 토압 : Rankine-Resal식 사용
- 단면계산용 토압 : Terzaghi-Peck식 사용
- 수압 : 흙막이벽에 작용하는 수압은 G.L.−4.000 m에서의 정수압 분포로 한다.

## 2.1.4 토질 조건

**표 10.2.1 토질조건**

| 지층두께(m) | 지층종류 | 내부 마찰각$\phi(°)$ | 점착력 c $(kN/m^2)$ | 습윤단위중량 $\gamma$ $(kN/m^3)$ | 수중단위중량 $\gamma'$ $(kN/m^2)$ |
|---|---|---|---|---|---|
| 6.000 | 점성토 | 0.0 | 60.0 | 14.0 | 5.0 |
| 2.000 | 사질토 | 30.0 | 0.0 | 19.0 | 10.0 |
| 5.000 | 점성토 | 0.0 | 100.0 | 18.0 | 9.0 |
| 10.000 | 사질토 | 35.0 | 0.0 | 20.0 | 11.0 |

## 2.1.5 사용 재료

**표 10.2.2 각 부재의 사용재료**

| 부재 | 종류 | 규격 | 비고 |
|---|---|---|---|
| 흙막이벽(측벽) | 엄지말뚝 | H−350×350×12×19 | SS400 |
| 띠장 | 구조용 강재 | H−350×350×12×19 | SS400 |
| 버팀대 | 구조용 강재 | H−300×305×15×15 | SS400 |
| 중간말뚝 | 구조용 강재 | H−300×305×15×15 | SS400 |

## 2.1.6 기타 조건

- 굴착 폭 : 20.0×15.0 m
- 굴착깊이 : 10.0 m
- 엄지말뚝 간격 : 1.5 m
- 토압작용 폭
- 주동토압
  - a : 굴착면보다 위쪽의 토압작용 폭=1.5 m(엄지말뚝 설치 간격)
  - b : 굴착면보다 아래쪽의 토압작용 폭=0.35 m(엄지말뚝 플랜지 폭)
- 수동토압
  - b : 플랜지 폭×2배

## 2.2 해석 결과의 비교

단벽의 해석 결과 중에서 여기서는 예제를 수록하지 않았지만 배면측에 과재하중을 10 $kN/m^2$로 하였을 때에 대하여 양벽일체해석을 하였을 경우와도 비교하였다. 이 경우를 비교하는 이유는 단벽에 의한 설계를 두 번(과재하중의 값을 10 $kN/m^2$와 50 $kN/m^2$)으로 했을 때 있어서 양벽일체해석과 비교하기 위해서다. 따라서 여기에서 비교표는 다음에 대하여 변위, 모멘트, 전단력, 지보재 반력을 각각 비교하였다.

① Case-1 : 단벽해석(과재하중이 50 kN/m²일 경우)과 양벽(앞쪽 벽)의 비교
② Case-2 : 단벽해석(과재하중이 10 kN/m²일 경우)과 양벽(뒤쪽 벽)의 비교

## 2.2.1 단벽해석(과재하중 50 kN/m²일 경우)과 양벽(앞쪽 벽)의 비교

### (1) 변위의 비교

표 10.2.3 변위의 해석 결과 비교

| 굴착단계 | 단벽해석 | | 양벽해석 | | 비율(%)<br>(양벽/단벽) | 비고 |
|---|---|---|---|---|---|---|
| | 변위(mm) | 발생위치(m) | 변위(mm) | 발생위치(m) | | |
| 1차굴착 | −5.92 | 0.000 | −6.02 | 0.000 | 101.69 | |
| 2차굴착 | −6.09 | 0.000 | −10.53 | 0.000 | 172.91 | |
| 3차굴착 | −5.11 | 0.000 | −9.02 | 0.000 | 176.52 | |
| 4차굴착 | −4.81 | 0.000 | −7.91 | 0.000 | 164.45 | |
| 5차굴착 | −5.13 | 6.000 | −7.58 | −4.600 | 147.76 | |
| 최종굴착 | −5.26 | −6.500 | −7.85 | −5.600 | 149.24 | |
| MAX | −6.09 | 0.000 | −10.53 | 0.000 | 176.52 | |

최대 변위가 발생하는 단계는 2차 굴착에서 각각 6.09 mm와 10.53 mm가 발생하였지만 3차 굴착에서 176.52 %의 차이가 발생하였다. 평균적으로 양벽일체해석이 단벽해석보다 152 %나 변위가 많이 발생하였다.

### (2) 모멘트의 비교

표 10.2.4 모멘트의 해석 결과 비교

| 굴착단계 | 단벽해석 | | 양벽해석 | | 비율(%)<br>(양벽/단벽) | 비고 |
|---|---|---|---|---|---|---|
| | 모멘트<br>(kN·m/본) | 발생위치<br>(m) | 모멘트<br>(kN·m/본) | 발생위치<br>(m) | | |
| 1차굴착 | −72.530 | −2.400 | −71.440 | −2.400 | 98.50 | |
| 2차굴착 | −45.380 | −4.600 | −68.020 | −4.400 | 149.89 | |
| 3차굴착 | 46.750 | −4.500 | −54.820 | −8.000 | 117.26 | |
| 4차굴착 | 77.180 | −6.300 | −95.340 | −8.600 | 123.53 | |
| 5차굴착 | −83.070 | −9.900 | −97.990 | −9.800 | 117.96 | |
| 최종굴착 | −68.780 | −10.800 | −85.830 | −10.600 | 124.79 | |
| MAX | −83.070 | −9.900 | −97.990 | −9.800 | 149.89 | |

모멘트는 5차 굴착에서 각각 최대가 발생하였는데 2차 굴착에서 149.89 %로 양벽일체해석이 크게 발생하였다. 6단계를 평균하면 양벽일체해석이 단벽해석보다 122 %나 크게 발생하는 것으로 나타났다.

(3) 전단력의 비교

표 10.2.5 전단력의 해석 결과 비교

| 굴착단계 | 단벽해석 | | 양벽해석 | | 비율(%)(양벽/단벽) | 비고 |
|---|---|---|---|---|---|---|
| | 전단력(kN/본) | 발생위치(m) | 전단력(kN/본) | 발생위치(m) | | |
| 1차굴착 | −63.450 | −1.400 | −63.450 | −1.400 | 100.00 | |
| 2차굴착 | 57.240 | −1.000 | −65.440 | −3.400 | 114.33 | |
| 3차굴착 | 80.050 | −3.000 | 80.680 | −3.350 | 100.79 | |
| 4차굴착 | −112.480 | −7.900 | −111.960 | −7.800 | 99.54 | |
| 5차굴착 | −142.590 | −8.900 | −131.160 | −8.850 | 91.98 | |
| 최종굴착 | −132.220 | −9.900 | −117.360 | −9.800 | 88.76 | |
| MAX | −142.590 | −8.900 | −131.160 | −8.850 | 114.33 | |

전단력은 5차 굴착에서 최대가 발생하였는데, 88.76~114.33 %로 크게 차이가 없다. 그 이유는 단벽일 경우에는 양쪽 벽 중간점을 고정점으로 계산하고, 양벽일체해석일 경우에는 하중이 큰 쪽이 작은 쪽을 밀기 때문에 작은 쪽으로 벽체가 밀리는 현상에 의하여 상대적으로 전단력 값은 작은 값이 산출될 수 있기 때문이다.

## 2.2.2 단벽해석(상재하중 10 kN/m²일 경우)과 양벽(앞쪽 벽)의 비교

(1) 변위의 비교

표 10.2.6 변위의 해석 결과 비교

| 굴착단계 | 단벽해석 | | 양벽해석 | | 비율(%)(양벽/단벽) | 비고 |
|---|---|---|---|---|---|---|
| | 변위(mm) | 발생위치(m) | 변위(mm) | 발생위치(m) | | |
| 1차굴착 | −1.940 | 0.000 | 1.930 | 0.000 | 99.48 | |
| 2차굴착 | −1.950 | 0.000 | −0.590 | 0.000 | 30.26 | |
| 3차굴착 | −2.460 | −3.900 | −0.770 | −1.200 | 31.30 | |
| 4차굴착 | −3.200 | −5.300 | 0.860 | −6.600 | 26.87 | |
| 5차굴착 | −3.530 | −6.000 | 0.880 | −7.800 | 24.93 | |
| 최종굴착 | −3.610 | −6.500 | 0.680 | −9.000 | 18.84 | |
| MAX | −3.610 | −6.500 | 1.930 | 0.000 | 18.84 | Min |

단벽해석의 경우에는 주동토압에 의하여 굴착면 쪽으로 벽체의 변위가 일어나지만, 양벽일체해석의 경우에는 상대적으로 작은 하중이 작용하는 벽체이기 때문에 반대 현상인 수동토압의 형태가 되므로 배면측으로 변위가 발생한다. 즉, 버팀구조에 의한 작용력이 벽체에 Preload 하중으로 작용하기 때문에 그 하중의 크기에 따라서 벽체에는 주동이나 수동토압이 발생할 수 있다. 이러한 현상은 단벽으로 해석을 하면 찾아낼 수 없는 현상이다.

(2) 모멘트의 비교

**표 10.2.7** 모멘트의 해석 결과 비교

| 굴착단계 | 단벽해석 | | 양벽해석 | | 비율(%) (양벽/단벽) | 비고 |
|---|---|---|---|---|---|---|
| | 모멘트 (kN·m/본) | 발생위치 (m) | 모멘트 (kN·m/본) | 발생위치 (m) | | |
| 1차굴착 | −22.740 | −2.400 | 22.680 | −2.400 | 99.74 | |
| 2차굴착 | 22.620 | −2.500 | 32.140 | −1.350 | 142.09 | |
| 3차굴착 | 46.560 | −4.400 | 38.660 | −1.350 | 83.03 | |
| 4차굴착 | 57.750 | −6.100 | 43.940 | −3.350 | 76.09 | |
| 5차굴착 | −58.070 | −9.800 | 40.370 | −3.350 | 69.52 | |
| 최종굴착 | −50.950 | −10.700 | 34.770 | −3.350 | 68.24 | |
| MAX | −58.070 | −9.800 | 43.940 | −3.350 | 142.09 | |

모멘트는 초기굴착 단계에서는 양벽일체해석이 크게 나타나지만 굴착이 진행될수록 상대적으로 약한 벽 쪽에 작용하는 수동토압에 의하여 모멘트는 작은 값이 산출된다. 굴착 초기에는 142.09 %로 양벽일체해석이 큰 값을 나타내지만, 굴착 횟수에 따라서 점차 모멘트의 비율이 떨어진다. 양쪽을 비교하면 모멘트의 형태는 전혀 다른 형태임을 알 수 있다.

(3) 전단력의 비교

**표 10.2.8** 전단력의 해석 결과 비교

| 굴착단계 | 단벽해석 | | 양벽해석 | | 비율(%) (양벽/단벽) | 비고 |
|---|---|---|---|---|---|---|
| | 전단력 (kN/본) | 발생위치 (m) | 전단력 (kN/본) | 발생위치 (m) | | |
| 1차굴착 | −21.260 | −1.400 | 21.260 | −1.400 | 100.00 | |
| 2차굴착 | −35.650 | −3.500 | −62.700 | −1.350 | 175.88 | |
| 3차굴착 | 57.890 | −3.000 | −75.140 | −3.350 | 129.80 | |
| 4차굴착 | −79.540 | −7.900 | −77.500 | −3.350 | 97.43 | |
| 5차굴착 | −103.010 | −8.900 | −73.670 | −3.350 | 71.52 | |
| 최종굴착 | −99.030 | −9.900 | −74.390 | −7.350 | 75.12 | |
| MAX | −103.010 | −8.900 | −77.500 | −3.350 | 175.88 | |

전단력도 모멘트와 마찬가지이다. 2차 굴착에서 175.88 %로 양벽일체해석이 크게 나타났지만 굴착 횟수가 더할수록 상대적으로 양벽일체해석의 전단력은 단벽일 때보다 감소한다.

### 2.2.3 반력의 비교

(1) 단벽해석(상재하중 50 kN/m²일 경우)과 양벽(앞쪽 벽)의 비교

해석 결과를 보면 굴착깊이가 낮은 경우에는 양벽일체해석이 크게 나타나지만, 굴착깊이가

깊을수록 단벽해석이 큰 값으로 나타난다. 초기에는 양벽일체해석에서 하중이 크기 때문에 큰 값으로 나타났다가 지보재의 설치 단수에 따라서 마주 보는 벽체의 저항하는 힘으로 상대적으로 반력 값이 적게 산출되었다.

표 10.2.9 단벽해석(상재하중 50 kN/m²일 경우)과 양벽(앞쪽 벽)의 비교

| 굴착단계 | 구분 | 지보재 1 | 지보재 2 | 지보재 3 | 지보재 4 | 지보재 5 | 비고 |
|---|---|---|---|---|---|---|---|
| 2차굴착 | 단벽 | 72.920 | – | – | – | – | |
| | 양벽 | 75.330 | – | – | – | – | |
| | % | 103.30 | – | – | – | – | |
| 3차굴착 | 단벽 | 59.650 | 102.800 | – | – | – | |
| | 양벽 | 81.640 | 82.720 | – | – | – | |
| | % | 136.87 | 80.470 | – | – | – | |
| 4차굴착 | 단벽 | 48.270 | 109.820 | 79.070 | – | – | |
| | 양벽 | 72.510 | 98.140 | 67.170 | – | – | |
| | % | 150.22 | 89.36 | 84.95 | – | – | |
| 5차굴착 | 단벽 | 44.510 | 102.220 | 87.830 | 74.790 | – | |
| | 양벽 | 66.210 | 96.940 | 82.810 | 63.310 | – | |
| | % | 148.75 | 94.830 | 94.28 | 84.65 | – | |
| 최종굴착 | 단벽 | 43.270 | 97.350 | 82.800 | 95.640 | 70.270 | |
| | 양벽 | 62.250 | 94.940 | 85.520 | 87.630 | 57.940 | |
| | % | 143.86 | 97.52 | 103.28 | 91.62 | 82.45 | |
| MAX | 단벽 | 72.920 | 109.820 | 87.830 | 95.640 | 70.270 | |
| | 양벽 | 81.640 | 98.140 | 85.520 | 87.630 | 57.940 | |
| | % | 111.96 | 89.36 | 97.37 | 91.62 | 82.45 | |

### (2) 단벽해석(상재하중 10 kN/m²일 때)와 양벽(뒤쪽벽)의 비교

이 경우에는 양벽일체해석의 경우가 263.02～110.40 %로 전부 크게 나타났는데, 이 프로그램에서는 양벽일체해석을 할 때에는 좌우(전후) 반력 중에서 큰 값을 사용하기 때문이다. 즉, 상대적으로 불리한 조건의 반력값을 사용하게 되어 있다.

또한 이 프로그램에서는 반력값이 두 개가 계산되는데, 하나는 관용계산법, 하나는 탄소성법이다. 이렇게 만든 이유는 국내 대부분의 설계기준이나 시방서, 지침에 보면 굴착단계별 토압으로 계산한 값과 경험토압으로 계산한 값 중에서 큰 값을 사용하도록 규정하고 있기 때문이다. 그러나 현재는 대부분이 탄소성해석에 의한 값을 사용하고 있는데 관용계산법과 탄소성법에 따른 반력값을 비교하면 표 10.2.11과 같다.

가설 깊이별로 보면 관용계산법은 굴착깊이에 상관없이 반력이 일정한 패턴으로 산출되지만, 탄소성법은 깊이에 따라서 다른 양상을 보이고 있는데, 이것은 산출되는 반력이 측압의

표 **10.2.10** 단벽해석(상재하중 10 kN/m²일 때)과 양벽(뒤쪽 벽)의 비교

| 굴착단계 | 구분 | 지보재 1 | 지보재 2 | 지보재 3 | 지보재 4 | 지보재 5 | 비고 |
|---|---|---|---|---|---|---|---|
| 2차굴착 | 단벽 | 31.040 | – | – | – | – | |
| | 양벽 | 75.330 | – | – | – | – | |
| | % | 242.69 | – | – | – | – | |
| 3차굴착 | 단벽 | 24.480 | 56.660 | – | – | – | |
| | 양벽 | 81.640 | 82.720 | – | – | – | |
| | % | 333.50 | 145.99 | – | – | – | |
| 4차굴착 | 단벽 | 17.200 | 61.930 | 57.200 | – | – | |
| | 양벽 | 72.510 | 98.140 | 67.170 | – | – | |
| | % | 421.57 | 158.47 | 117.43 | – | – | |
| 5차굴착 | 단벽 | 15.170 | 56.970 | 63.900 | 53.280 | – | |
| | 양벽 | 66.210 | 96.940 | 82.810 | 63.310 | – | |
| | % | 436.45 | 170.16 | 129.59 | 118.83 | – | |
| 최종굴착 | 단벽 | 14.730 | 53.650 | 60.500 | 69.410 | 52.480 | |
| | 양벽 | 62.250 | 94.940 | 85.520 | 87.630 | 57.940 | |
| | % | 422.61 | 176.96 | 141.36 | 126.25 | 110.40 | |
| MAX | 단벽 | 31.040 | 61.930 | 63.900 | 69.410 | 52.480 | |
| | 양벽 | 81.640 | 98.140 | 85.520 | 87.630 | 57.940 | |
| | % | 263.02 | 158.47 | 133.83 | 126.25 | 110.40 | |

형태에 영향을 미치기 때문이다.

단벽과 양벽일체해석을 비교하면 관용계산법일 경우에는 양벽이 상대적으로 큰 값이 산출되고, 탄소성법은 초기에는 양벽이 크지만, 굴착깊이가 깊을수록 탄소성법이 작은 값이 산출된다. 또한 관용계산법과 탄소성법의 반력값을 비교하면 단벽해석의 경우에는 관용계산법이 평균적으로 적은 값이 산출되고 양벽일체해석의 경우에는 탄소성법이 큰 값으로 산출된다.

이와 같이 어떤 계산 방법을 사용하느냐, 어떤 구조모델을 사용하느냐에 따라 천차만별의 반력값이 산출되는데 그 편차가 최대 192 %에 이른다. 따라서 설계할 때는 이런 상황을 충분히 고려하여 반력값을 결정해야 하는데, **TempoRW**에서 반력값을 별도의 입력창으로 만든 이유가 바로 여기에 있다.

따라서 현장의 여건과 조건을 면밀히 분석하여 적절한 반력값을 사용하는 것이 흙막이 전체의 안정성에 지대한 영향을 미친다는 것을 명심해야 할 것이다.

### 2.2.4 결과분석

벽체(측벽)에 대한 계산 결과를 종합해 보면 변위는 양벽일체해석을 하는 경우가 152 %로 큰 값으로 나타났고, 모멘트는 양벽일체해석을 하는 경우가 122 %로 크게 산출되었으며, 전단

표 10.2.11 관용계산법과 탄소성법의 반력 비교

| 가설깊이 | 구분 | 관용계산법 | 탄소성법 | 비율(%) | 비고 |
|---|---|---|---|---|---|
| -1.00m | 단벽 | 72.50 | 66.16 | 109.58 | |
| | 양벽 | 139.15 | 81.64 | 170.44 | |
| | % | 191.93 | 123.40 | — | |
| -3.00m | 단벽 | 63.38 | 94.65 | 66.96 | |
| | 양벽 | 104.58 | 98.14 | 106.56 | |
| | % | 165.00 | 103.69 | — | |
| -5.00m | 단벽 | 73.0 | 94.98 | 76.85 | |
| | 양벽 | 131.21 | 85.52 | 153.43 | |
| | % | 179.74 | 90.04 | — | |
| -7.00m | 단벽 | 54.10 | 102.05 | 53.01 | |
| | 양벽 | 102.87 | 87.63 | 117.39 | |
| | % | 190.15 | 85.87 | — | |
| -8.50m | 단벽 | 69.18 | 76.21 | 90.77 | |
| | 양벽 | 103.44 | 57.94 | 178.53 | |
| | % | 149.52 | 76.03 | — | |

력은 양벽일체해석을 했을 경우가 99.23 %로 조금 작게 산출되었다.

산출 결과를 보면 흙막이 구조의 안전과 직결되는 변위가 상대적으로 많은 차이를 보이는데, 이 값은 상대적이기 때문에 편하중이 상대적으로 비교설계보다 더 큰 값이 작용한다면 더 많은 차이를 보일 것이다. 따라서 설계에서 가장 주안점을 두어야 하는 안전을 위해서는 양벽일체해석으로 변위를 체크하여 거기에 맞는 대책을 세워야 할 것이다.

탄소성해석에 의하여 반력 값을 계산하였을 때, 양벽일체해석이 단벽보다 95.8%로 작은 값이 산출되었으나, 굴착깊이에 따라 초기에는 양벽일체해석이 크고, 깊이가 깊을수록 작아지는 등, 다른 양상을 보이고 있으므로 설계에서는 최대값을 나타내는 지보재 단에 대해서만 검토를 하지 말고 각각의 단마다 전부 지보재를 검토하는 것이 바람직하다고 판단된다. 또한 설계에 사용할 반력값을 결정할 때는 관용계산법, 탄소성법에서 산출한 반력값을 비교하여 상대적으로 불리하게 산출된 값으로 설계에 적용하는 것이 흙막이 구조의 안정성을 확보할 수 있을 것으로 보인다.

단벽해석과 양벽일체해석의 거동은 해석 결과가 확연히 다른 양상을 나타내고 있으므로 설계에 있어서 해석 이론의 차이에 의하여 생기는 결과값의 차이는 어쩔 수 없지만, 구조체의 잘못된 관행에 의한 해석은 크나큰 오점을 남길 수 있다. 교량을 반쪽만 해석할 수 없듯이 흙막이 구조물도 이제는 양벽일체해석을 하여야 할 것이다.

아래의 그림은 단벽해석과 양벽일체해석에 대한 계산결과 그림이다. 그림이 작아서 구별이 쉽지는 않지만, 양벽일체해석의 경우는 좌우 벽을 동시에 표시하였으므로 좌우가 확연히 다른 것을 알 수 있다.

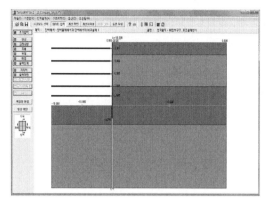

그림 10.2.3 단벽해석의 모델

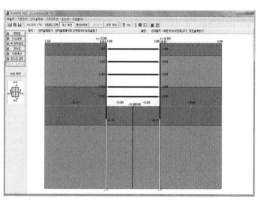

그림 10.2.4 양벽일체해석의 모델

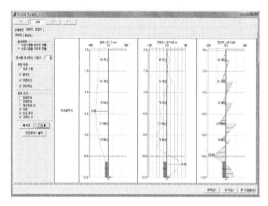

그림 10.2.5 단벽해석에 의한 해석결과(최종굴착 시)

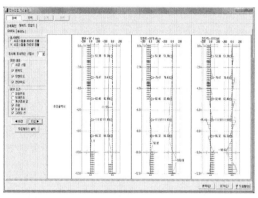

그림 10.2.6 양벽일체해석에 의한 해석결과(최종굴착 시)

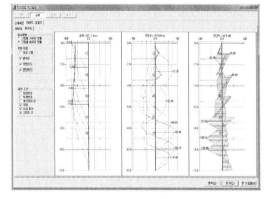

그림 10.2.7 단벽해석에 의한 각 굴착단계별 중첩도

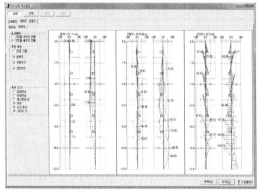

그림 10.2.8 양벽일체해석에 의한 각 단계별 중첩도

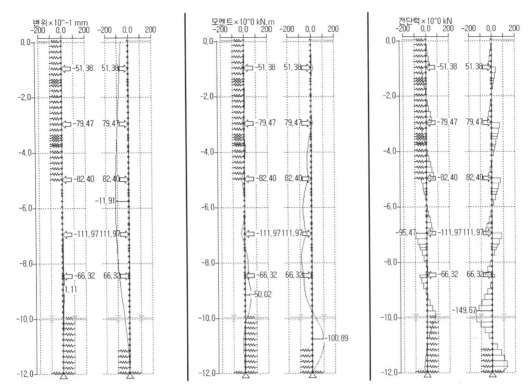

**그림 10.2.9** 양벽일체해석에 의한 해석결과(최종굴착 시)

위의 그림은 양벽일체해석에 의한 최종굴착 시를 확대한 것이다. 그림에서 좌측은 변위의 결과인데, 좌측 벽과 우측 벽의 변위가 확연히 다른 것을 알 수 있다. 모멘트와 전단력도 마찬가지로 과재하중이 재하된 우측 벽에 큰 값이 나타나는 것을 알 수 있다.

## 3. 정상성 검토에 대하여

흙막이에서 벽체의 근입깊이를 계산할 때 여러 가지 검토 조건 중에서 가장 불리한(길이가 긴) 깊이를 사용하게 되어 있는데 결정된 근입깊이가 적정한지, 안정적인지, 경제적인지 검증하는 방법이 현재는 없다.

정상성(定常性 : Stationary) 검토라는 것은 일본의 수도고속도로공단(首都高速道路公団)에서 발행한 『수도고속도로 가설구조물 설계요령(首都高速道路仮設構造物設計要領)』(2003년 5월)에 기재되어 있는 항목 중에서 근입깊이 결정 항목에 포함되어 있다.

가설구조에서 경제성을 요구할 때 일반적으로 흙막이공법으로 비교하는 경우가 대부분이다. 하지만 경제성을 비교할 때 흙막이공법만이 아닌 말뚝의 길이에 대한 최적의 길이를 제시함으로써 안정성 확보와 동시에 경제성을 확보하기 위한 것이 정상성 방법이다. 이 기준에서 근입깊이를 결정할 때 검토하는 항목은 다음과 같다.

   ① 최소 근입깊이

   ② 굴착바닥면의 안정에서 정하는 깊이

   ③ 토압 및 수압의 평형에서 정하는 근입깊이(평형깊이의 1.2배)

   ④ 지지력에서 정하는 깊이

   ⑤ 취성파괴를 방지하기 위해, 필요한 근입깊이

5가지 방법 중에서 ①~④의 방법은 제7장의 "2. 근입깊이의 결정방법"에서도 언급한 일반적으로 근입깊이를 결정할 때 검토하는 항목인데, ⑤의 방법은 다소 생소한 방법이다. 이 방법이 정상성 검토 방법인데 그 내용을 소개하면 다음과 같다.

강도가 높은 지반(개량 지반 등 포함)을 굴착할 때 탄소성법으로 해석할 때, 흙막이 벽체가 취성적인 파괴를 일으키기 쉬우므로 이 파괴에 대한 안정성을 검토하는 것이 정상성 검토이다.

탄소성법으로 흙막이벽을 계산하면 그림 10.3.1과 같이 근입부에 탄성영역과 소성영역이 계산된다. 바로 이 탄성영역과 소성영역을 가지고 탄성영역률(근입길이에 대한 탄소성영역 길이의 비율)을 구하여 이 탄성영역률이 표 10.3.1에 표시한 값 이상이 되도록 근입깊이를 정하고 있다.

종래, 대규모 흙막이의 근입깊이를 결정할 때 설계계산에 사용하는 입력조건(지반 조건, 작용측압 등)의 불확실성에 대하여 안정성을 지나치게 고려한 계산 결과의 상태를 확인할 수 있다. 그러나 판단기준이 정상적이기 때문에 설계자에 의한 판단이 잘못된 예를 볼 수 있었다. 그래서 기 납품된 설계도서로 정상성의 판정을 하기 위하여 결정된 근입깊이를 정상성의 관점으로 다시 검토한 결과, 안정성에 영향을 미치는 정상성의 결여를 확인할 수 있었다.

흙막이벽의 단면을 결정할 때 흙막이 근입깊이를 약간 길게 하면 휨모멘트나 흙막이의 변위

**표 10.3.1 탄성영역률**

| | 지반 | 탄성영역률 |
|---|---|---|
| 굴착면측 근입부의 지반 | 사질토지반 | 10% |
| | 점성토지반 | 10% |
| | 지반개량토 | 50% |

주) 지반개량토의 경우에는 굴착바닥면 아래에 있어서 개량두께에 대한 탄성영역의 비율로 한다.

가 감소하여 흙막이 벽체를 한 단계 아래의 규격으로 경감시킬 수 있다. 따라서 흙막이벽 단면을 결정할 때 경제적인 흙막이 설계를 목적으로 한다면 흙막이 근입깊이를 발생모멘트에 주는 영향을 안정도 판정 그래프를 이용하여 검토하면 효과적이다.

매립지 등 연약한 점성토 지반에 있어서는 예상한 것보다 큰 측압이 작용하거나 큰 변위가 발생하는 경우가 있다. 이 같은 경우에는 이미 시공된 예, 계측 결과 등의 자료를 참고로 하여 토질 정수나 수동저항 등을 적절히 평가하여 근입깊이를 결정하는 것을 원칙으로 하지만, 토질 조사가 충분히 이루어지지 않은 경우나, 유사한 시공 실적이 적은 경우에는 근입깊이 결정방법의 하나로 ①~⑤의 검토 항목에다 추가로 아래에 표시하는 방법에 따라 근입깊이를 결정하는 것이 좋다.

정상성으로 정하는 근입깊이는 버팀대 반력, 버팀대 휨모멘트, 흙막이 변위 등이 급속히 변하지 않고 동시에 허용치를 초과할 우려가 없는지 확인하는 것이 있다. 이때의 구체적인 근입깊이의 결정은 다음과 같이 한다.

① 정상성 이외의 조건에서 결정되는 흙막이 근입깊이 $L_t$에 대하여 대체로 $L_t \pm 1m$ 정도의 범위에서 근입깊이를 변화시켜도 버팀대의 반력 및 휨모멘트, 흙막이벽의 변위 등의 값이 급속히 변하지 않고, 동시에 그 값이 허용치를 초과할 우려가 없는 것으로 판단되면 $L_t$에 있어서 정상인 것으로 한다.

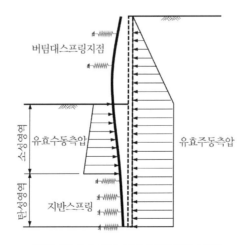

**그림 10.3.1 탄소성법 구조계의 모델**

② 정상성 이외의 조건에서 결정되는 흙막이의 근입깊이 $L_t$에 대하여 대체로 $L_t±1\text{m}$ 정도의 범위에서 근입깊이를 변화시켰을 때 버팀대의 반력 및 휨모멘트, 흙막이벽의 변위 등의 값이 급속히 변하고 동시에 그 값이 허용 상한치에 가깝거나 초과할 때는 정상으로 판단할 수 없다.

이 경우에는 공학적으로 정상적인 상태로 판단될 때까지 근입깊이를 늘리는 것으로 한다. 안정도 판정 그래프를 사용할 때는 다음 사항에 유의한다.

③ 그래프의 가로축은 반드시 굴착바닥면 부근의 위치에서부터 그려 전체의 경향을 한눈에 알아볼 수 있도록 한다. 검토할 근입깊이 부분만 확대해서 그리지 않는다.

④ 그래프에는 버팀대의 허용축방향 압축응력, 최대저항 휨모멘트, 허용최대 변위량 등을 그려 각각의 허용치에 대하여 그래프가 어떻게 변하고 있는지를 파악하여 정상성의 판정을 한다.

위에 의하여 결정된 근입깊이로 버팀대의 반력 및 휨모멘트, 흙막이벽의 변위 등을 허용치와

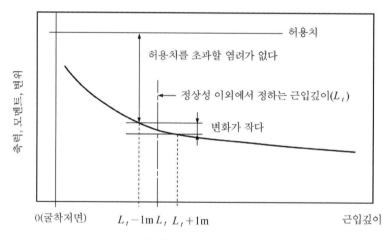

(a) $L_t$에서 정상으로 판단할 수 있는 경우의 예

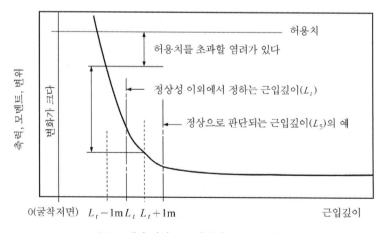

(b) $L_t$에서 정상으로 판단할 수 없는 경우의 예

**그림 10.3.2** 정상성으로 결정하는 근입깊이

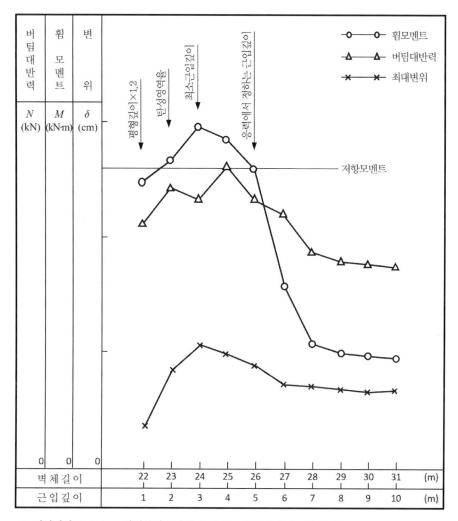

**그림 10.3.3** 안정도판정 그래프를 사용하여 흙막이벽 응력을 검토한 예

※ 평형깊이×1.2=1m, 탄성영역률에서 정해지는 근입깊이=2m의 경우
※ 저항모멘트를 올릴 것인지, 근입깊이를 늘릴 것인지 경제성을 고려하여 결정하는 것

각각 비교하여 매우 작은 경우에는 흙막이, 버팀대 등의 단면을 줄여 흙막이 설계를 다시 하는 등 가설구조물이 안전과 동시에 경제적이 되도록 설계한다.

앞에서 소개한 (주)베이시스소프트에서 개발한 TempoRW에는 정상성검토를 할 수 있도록 내장되어 있는데, 검토 예를 소개하면 다음과 같다.

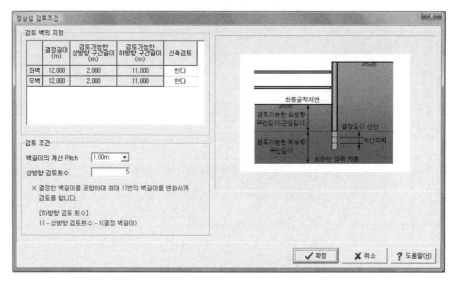

**그림 10.3.4 정상성검토의 입력화면**

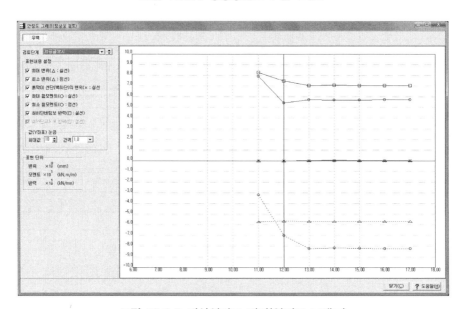

**그림 10.3.5 정상성검토 결과(안정도 그래프)**

그림 10.3.5에서 보면 설계에서는 말뚝 길이를 12.0m로 하였지만, 정상성 검토 결과에서는 13.0m로 하는 것이 안전한 것으로 계산되었다. 즉, 휨모멘트와 반력, 변위 등의 값이 일정하게 변하는 길이가 13.0m부터이므로(13.0m 이하는 변화가 심하다) 벽체 길이는 13.0m가 보다 안전하다.

# 4. 흙막이앵커의 스프링정수에 대하여

흙막이 구조물을 탄소성 해석으로 설계할 때 적용하는 스프링정수에 대하여 각 설계기준에는 명확하게 설명되어 있지 않아서 참고로 제7장의 "3. 단면력의 계산 3.3.2 일본기준"에 버팀대 및 흙막이앵커의 스프링정수를 소개하였다.

그중에서 흙막이앵커의 스프링정수는 설계기준에 정확히 규정되어 있지 않지만, 『구조물기초설계기준 해설』(2009, 3. 한국지반공학회)에 흙막이앵커에 대한 스프링정수 계산식이 기재되어 있는데, 이 계산식과 제7장에서 소개한 일본기준과 차이가 난다. 따라서 여기서는 두 기준에서 사용하는 흙막이앵커의 스프링정수 계산식이 왜 차이가 있는지 알아본다.

## 4.1 계산식의 비교

가설구조물을 굴착단계별 탄소성법에 의하여 설계할 때 흙막이앵커에 사용하는 수평방향 스프링정수는 한국의 가시설분야 시방서나 기준에 그 내용이 없어 어떤 식을 어떻게 적용해야 하는지가 명확히 확립되어 있지 않아서 스프링정수를 어떤 계산식을 사용하느냐에 따라서 탄소성해석에 대한 신뢰성에 문제가 될 소지가 있다. 아무리 탄소성해석 이론이 좋다고 해도 적용하는 설계 정수가 올바르지 않다면 계산 결과는 신뢰할 수 없을 것이다.

구조물기초설계기준과 일본기준에 흙막이 스프링정수에 대하여 아래와 같은 계산식이 규정되어 있다.

- 계산식 1 : 구조물기초설계기준

$$K_b = \frac{AE_s}{SL}\cos i \qquad (10.4.1)$$

여기서,　　$K_b$ : 버팀대 또는 앵커의 수평방향 스프링정수

　　　　　$A$ : 버팀대 또는 앵커의 단면적

　　　　　$E_s$ : 버팀대 또는 앵커의 탄성계수

　　　　　$S$ : 버팀대 또는 앵커의 간격

　　　　　$L$ : 길이 또는 자유장

　　　　　$i$ : 앵커의 경사각

- 계산식 2 : 일본기준

$$K_a = \frac{A_s \cdot E_s \cdot \cos^2 \alpha}{\ell_{sf} \cdot b} \qquad (10.4.2)$$

여기서,　　$K_a$ : 흙막이앵커의 수평방향 스프링정수 (kN/m/m)

$A_s$ : 인장재의 단면적 (m²)

$E_s$ : 인장재의 탄성계수 (kN/m²)

$l_{sf}$ : 인장재의 자유장 (m)

$\alpha$ : 수평방향에서의 설치 각도 (°)

$b$ : 수평방향의 앵커 간격 (m)

## 4.2 계산식의 유도

흙막이앵커의 경우 두 식의 차이가 있는데, 왜 차이가 발생하는지를 알아보기로 한다.

일반적으로 굴착단계별 탄소성해석은 벽체의 변위를 고려한 해석이다. 그림 10.4.1에 보면 굴착에 따라서 벽체가 굴착면 측으로 변위가 발생하게 되면 앵커는 $x$ 만큼 수평으로 이동하게 된다. 즉, $x \cdot \cos \alpha$ 만큼 앵커가 늘어나게 되는데, 이때의 앵커는

$$P = E \cdot A \cdot x \cdot \cos \alpha / L \tag{10.4.3}$$

라는 응력이 발생한다. 이 응력의 수평성분은 $P_x = P \times \cos \alpha$ 이므로

$$P_x = E \cdot A \cdot x \cdot \cos^2 \alpha / L \tag{10.4.4}$$

가 된다. 계산하고자 하는 스프링정수를 $K$ 라고 하면

$$P_x = K \cdot x \tag{10.4.5}$$

$E \cdot A \cdot x \cdot \cos^2 \alpha / L = K \cdot x$ 에서

$$K = E \cdot A \cdot x \cdot \cos^2 \alpha / L \tag{10.4.6}$$

이 된다. 따라서 (10.4.6)식을 (10.4.1)식과 같이 스프링정수로 정리하면 (10.4.7)식과 같이 된다.

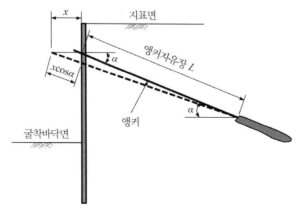

**그림 10.4.1** 흙막이앵커의 스프링정수 계산

$$K_b = \frac{A \cdot E_s}{S \cdot L} \cos^2 \alpha \tag{10.4.7}$$

## 4.3 결론

(10.4.1)식과 유도한 (10.4.7)식을 비교하면 앵커의 각도에 대한 처리가 다르게 계산되는데, 일본기준인 (10.4.2)식과 같은 결과의 계산식이 유도되었음을 알 수 있다.

(10.4.1)식을 사용하면 스프링값이 과대하게 평가되어 흙막이벽의 변위를 억제하는 결과가 되기 때문에 실제의 계산값보다 작은 값이 산출될 가능성이 있어 앵커로 시공된 흙막이에서는 안전에 영향을 줄 수 있다. 따라서 굴착단계별해석에 의한 탄소성해석에서는 앵커의 변위에 따른 영향을 고려하여 보다 안전한 설계가 되도록 스프링정수의 올바른 적용이 필요하다. 또한 버팀대에 대한 스프링정수도 엄밀한 의미에서는 앵커와 구분되어야 하므로 같은 계산식을 사용해서는 안 된다.

## 4.4 각종 스프링정수

앞에서도 언급하였지만, 국내의 각 설계기준이나 지침에는 스프링정수에 관한 규정이 명확하지 않거나 기재되어 있지 않기 때문에 일본의 기준에는 어떻게 사용하고 있는지 알아본다.

(1) 버팀대 스프링정수

  A. 강재의 경우

$$K_s = \alpha \cdot \frac{2AE}{\ell \cdot s} \tag{10.4.8}$$

  B. 콘크리트의 경우

$$K_c = \frac{2AE}{\ell(1+\phi_c)s} \tag{10.4.9}$$

여기서, $K_s$, $K_c$ : 버팀대 스프링정수 (kN/m/m)

  $A$ : 버팀대 단면적 (m²)

  $E$ : 버팀대 탄성계수 (kN/m²)

  $\ell$ : 버팀대 길이(굴착 폭) (m)

  $s$ : 버팀대 수평 간격 (m)

  $\alpha$ : 버팀대의 느슨함을 나타내는 계수. $\alpha$=0.5~1.0으로 하며, 일반적으로 잭 등으로 느슨함을 제거한 경우는 $\alpha$=1.0으로 한다.

  $\phi_c$ : 콘크리트의 크리프계수

### (2) 회전스프링정수

이 스프링은 일본터널표준시방서 개착공법에 규정되어 있는 것으로 역타공법의 슬래브를 흙막이벽과 강결하는 경우에 사용하는 회전스프링정수이다.

$$K_\theta = \eta \frac{E \cdot I}{l_n} \qquad (10.4.10)$$

여기서,　　$K_\theta$ : 슬래브 콘크리트의 회전스프링정수 (kN/m/m)

　　　　　　$\eta$ : 흙막이벽에 인접한 중간지점의 고정 상태에 따라 정해지는 정수 ($3 \le \eta \le 4$, 완전 고정인 경우는 4로 한다)

　　　　　　$E$ : 버팀대의 탄성계수(콘크리트) (kN/m²)

　　　　　　$I$ : 슬래브 콘크리트의 단면2차모멘트 (m⁴)

　　　　　　$l_n$ : 흙막이벽 중심에서 인접한 중간지점까지의 거리 (m)

### (3) 해체 시의 스프링정수

이 스프링은 일본수도고속도로공단에서 발행한 『수도고속도로 가설구조물 설계요령(首都高速道路仮設構造物設計要領)』(2003년 5월)에 기재되어 있는 것으로 흙막이 해체 시에 버팀대를 구조물(콘크리트구체)로 교체할 때 사용하는 스프링정수이다.

#### 1) 헌치부의 스프링정수

콘크리트 구체로 교체하는 경우의 헌치부 스프링정수는 그림 10.4.2와 같이 벽체를 하부슬래브 상면을 지점으로 하는 캔틸레버로 보고 다음 식으로 구한다.

$$K_h = \frac{3EI}{H^3} \qquad (10.4.11)$$

여기서,　　$K_h$ : 헌치부의 스프링정수 (kN/m/m)

　　　　　　$E$ : 헌치부의 탄성계수 (kN/m²)

　　　　　　$I$ : 헌치부의 단면2차모멘트 (m⁴)

　　　　　　$H$ : 헌치부의 높이 (m)

#### 2) 스프링정수의 보정

슬래브, 헌치의 스프링정수는 전부 고정단에 접속된 단일스프링으로 산출된다. 그러나 본래 헌치부의 스프링은 슬래브에 접속되어 있어서 슬래브의 변위에 영향을 미친다. 그래서 이 스프링의 합성 작용을 고려하여 보정을 한다.

지점반력 $P_1$과 $P_2$가 같은 경우를 그림 10.4.3에 표시하였다.

• 보정 후의 슬래브 스프링정수

$$K_{sh} = \frac{1}{\dfrac{2}{K_s}}$$
(10.4.12)

• 보정 후의 헌치부 스프링정수

$$K_{hh} = \frac{1}{\dfrac{2}{K_s} + \dfrac{1}{K_h}}$$
(10.4.13)

여기서,     $K_{sh}$ : 보정 후의 슬래브 스프링정수 (kN/m/m)

          $K_{hh}$ : 보정 후의 헌치부 스프링정수 (kN/m/m)

          $K_s$ : 버팀대의 스프링정수 (kN/m/m)

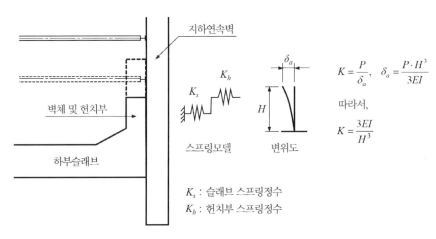

$$K = \frac{P}{\delta_a}, \quad \delta_a = \frac{P \cdot H^3}{3EI}$$

따라서,

$$K = \frac{3EI}{H^3}$$

$K_s$ : 슬래브 스프링정수
$K_h$ : 헌치부 스프링정수

**그림 10.4.2 헌치부의 스프링모델**

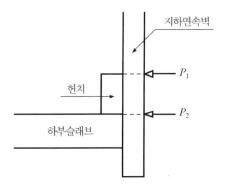

**그림 10.4.3 지점반력 개요**

하부슬래브 두께에 대해서는 분포스프링을 설정하는 등 적절한 평가를 할 필요가 있으며, 교체하는 것에 따라 구체에 휨모멘트가 발생할 때는 잔류응력에 유의하여야 한다.

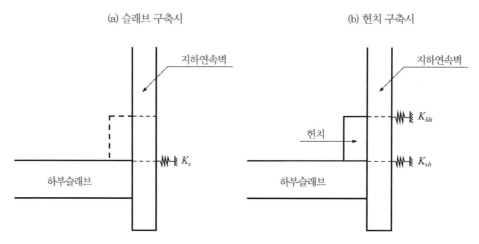

그림 10.4.4 슬래브 및 헌치부 스프링

# 5. 축방향 압축력과 휨모멘트를 받는 부재의 설계

제3장에 보면 "6.3.2 축방향 압축력과 휨모멘트를 받는 부재"에 관한 내용이 있다. 이 계산식은 강재 지보재에서 축력과 휨모멘트를 동시에 받는 부재에 대하여 안정검토를 하는 것으로 『도로교설계기준 해설』(대한토목학회·교량설계핵심기술연구단, 2008)에 "3.4.3 축방향력 및 휨모멘트를 받는 부재(166쪽)"에는 축방향력이 압축인 경우에 아래의 식으로 부재 또는 판의 국부좌굴 발생 여부를 검토하도록 규정되어 있다.

$$\frac{f_c}{f_{caz}} + \frac{f_{bcy}}{f_{bagy}\left(1 - \dfrac{f_c}{f_{Ey}}\right)} + \frac{f_{bcz}}{f_{bao}\left(1 - \dfrac{f_c}{f_{Ez}}\right)} \leq 1 \tag{10.5.1}$$

$$f_c + \frac{f_{bcy}}{\left(1 - \dfrac{f_c}{f_{Ey}}\right)} + \frac{f_{bcz}}{\left(1 - \dfrac{f_c}{f_{Ez}}\right)} \leq f_{cal} \tag{10.5.2}$$

여기서,　　$f_c$ : 단면에 작용하는 축방향력에 의한 압축응력 (MPa)

$f_{bcy}, f_{bcz}$ : 각각 강축($y$축) 및 약축($z$축) 둘레에 작용하는 휨모멘트에 의한 휨압축응력 (MPa)

$f_{caz}$ : 표(제3장의 표 3.6.6~표 3.6.9)에 의한 약축($z$축)방향의 허용축방향압축응력 (MPa)

$f_{bagy}$ : 표(제3장의 표 3.6.6~표 3.6.9)의 국부좌굴을 고려하지 않은 강축($y$축) 둘레의 허용휨압축응력 (MPa)

$f_{bao}$ : 국부좌굴을 고려하지 않은 허용휨압축응력의 상한값 (MPa)

$f_{cal}$ : 양연지지판, 자유돌출판 및 보강된 판에 대하여 국부좌굴응력에 대한 허용응력 (MPa)

$f_{Ey}, f_{Ez}$ : 각각 강축($y$축) 및 약축($z$축)둘레의 허용오일러 좌굴응력 (MPa)

$$f_{Ey} = \frac{1,200,000}{\left(\ell/r_y\right)^2} \tag{10.5.3}$$

$$f_{Ez} = \frac{1,200,000}{\left(\ell/r_z\right)^2} \tag{10.5.4}$$

$\ell$ : 각 장에 규정되어 있는 유효좌굴길이 (mm)

$$r_y, \ r_z : 각각 \ 강축(y축) \ 및 \ 약축(z축)둘레의 \ 단면2차반경 \ (mm)$$

위와 같이 부재의 안정검토에 (10.5.1)식과 (10.5.2)식으로 검토하도록 되어 있는데, 여기서 문제가 되는 것은 오일러의 좌굴응력에 대하여 할증을 주느냐 안 주느냐에 대한 사항이다.

도로교설계기준(2008)의 "(3) 허용응력의 증가"에 보면 "부하중(副荷重)에 허용응력을 증가시킬 때는 허용응력 $f_{ta}$, $f_{ca}$, $f_{ba}$ 및 $f_E$를 각각 증가시키는 것으로 한다."로 규정되어 있다. 즉, 허용응력은 할증을 줄 수 있는데, (10.5.3)식과 (10.5.4)식의 오일러 좌굴응력 계산식을 허용좌굴응력으로 볼 것인지, 좌굴응력으로 볼 것인지가 문제가 된다. 허용좌굴응력으로 보면 이 기준에 의하여 허용응력의 할증을 주어 계산하는 것이 올바른데, 좌굴응력으로만 보면 할증을 해서는 안 된다.

일본기준을 보면 (10.5.1)식~(10.5.4)식과 같은 계산식이 규정되어 있는데, 오일러의 응력은 허용응력이 아닌 것으로 규정되어 있다. 즉, 설계에서는 오일러의 좌굴응력에 할증계수를 곱하지 않고 사용하고 있다.

고속철도설계기준에는 오일러의 좌굴응력에 대하여 아래와 같이 규정하고 있는데, 철도의 경우에는 오일러의 좌굴응력을 할증하지 않은 값을 사용하고 있다.

- 선로근접의 경우 : $f_{Ey} = \dfrac{960,000}{(\ell/r)^2}$ (10.5.5)

- 일반의 경우 :  $f_{Ey} = \dfrac{1,100,000}{(\ell/r)^2}$ (10.5.6)

시중에서 판매되고 있는 책자와 구조물기초설계기준에는 오일러의 좌굴응력 값을 할증하여 사용하고 있다 보니, 대부분의 설계에서도 할증을 주어 계산하고 있다. 하지만 오일러의 좌굴응력은 할증을 주지 않고 계산하는 것이 부재의 안전을 위하여 바람직할 것이다.

그리고 대부분의 설계기준에서는 (10.5.1)식만 기재되어 있는데, 국부좌굴이 발생할 가능성이 있는 부재에 대해서는 (10.5.2)식에 의한 좌굴검토도 동시에 검토하여야 한다.

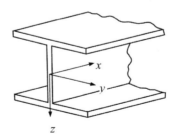

**그림 10.5.1** 강축 및 약축방향

# 6. 히빙검토방법의 비교

흙막이에서 사용하는 각 히빙의 검토 방법에 대해서는 제5장에서 설명하였는데, 설계기준이나 지침 등에서는 히빙의 방법 중에서 한 가지만이 수록되어 있거나, 여러 가지 방법을 수록한 예도 있는데, 설계자 측면에서 보면 여러 개의 방법 중에서 어떤 것을 사용해야 하는지, 이 현장에는 어떤 방법을 사용해야 하는지 고민해야 하는 경우가 있다. 물론 사전 조사를 철저히 하여 현장에 적합한 방법을 찾는 것이 무엇보다도 중요하지만, 설계단계에서는 안정 검토에 필요한 사전 조사를 철저히 할 수 없는 경우가 대부분이므로 가장 적합한 방법으로 최적의 설계를 하기는 매우 어려운 실정이다. 설계기준이나 지침 등에는 구체적으로 토질이나 수질, 현장 상태 등 특정 현장에 적합한 적용성에 대한 언급이 없으므로 각 제안식의 비교검토를 통하여 선택의 폭이나 방향에 참고 자료를 제공하고자 한다.

히빙에 대한 검토 방법의 비교는 일본의 철도설계기준인 철도구조물등 설계표준·동 해설 개착터널(鐵道構造物設計標準·同解說 開削トンネル)의 부속자료 : 굴착흙막이공의 설계(付屬資料 : 掘削土留めの設計)에 수록한 "참고자료 1 각종 히빙식에 검토"에 있는 내용을 발췌하여 소개한다.

## 6.1 비교검토 식

비교검토에 사용한 방법은 제5장에서 제시한 대표적인 검토 방법 중에서 표 10.6.1과 같이 7가지 방법으로 비교검토를 하는 것으로 하였다.

### (1) Peck의 안정계수

이 방법은 굴착바닥면을 가상 지표면으로 한 경우에 지지력의 문제로 다룬 것이다. 굴착바닥면보다 위쪽의 지반은 그 강도를 무시한 과재하중으로 보고 굴착바닥면보다 깊은 면에 작용하는 것으로 생각하여, 굴착깊이가 깊어짐에 따라 지지력의 파괴가 발생하는 것으로 하기 때문에 안정계수 $N_b$와 지반의 거동과의 관계를 다음과 같이 분류하고 있다.

- $N_b$<3.14 : 굴착바닥면의 위쪽방향 변위는 거의 탄성적이고 그 양도 매우 작다.
- $N_b$=3.14 : 소성영역이 굴착바닥면의 코너에서 발생하기 시작한다.
- 3.14<$N_b$<5.14 : 소성영역이 확대되어 간다.
- $N_b$=5.14 : 저면의 파괴가 발생

### (2) Terzaghi-Peck의 방법, Tschebotarioff의 방법, Bjerrum-Eide의 방법

이 방법들은 기본적으로 Peck의 안정수와 같이 지지력이론에 의하여 검토하는 것으로 Peck의 안정계수에 $H$(굴착깊이)/$B$(굴착 폭)의 영향(배면측의 전단력)을 추가한 것이다. 또, Peck의

**표 10.6.1 히빙 검토방법의 비교**

| No. | 검토방법 | 검토식 | 필요안전율 | 비고 |
|---|---|---|---|---|
| ① | Peck의<br>안정계수 | $N_b = \dfrac{\gamma H}{c}$ | $N_b \leq 5.14$ | |
| ② | Terzaghi-Peck<br>의 방법 | $F_s = \dfrac{5.7c}{\gamma_t H - \dfrac{\sqrt{2}cH}{B}}$ | $F_s \geq 1.5$ | |
| ③ | Tschebotarioff의<br>방법 | $F_s = \dfrac{5.14c}{H\left(\gamma_t - \dfrac{c}{B}\right)}$ | $F_s \geq 1.5 \sim 2$ | 길이방향을 반무한길이로<br>가정한 식 |
| ④ | Bjerrum−Eide의<br>방법 | $F_s = \dfrac{(5.1 \sim 7.5)c}{\gamma_t H} = \dfrac{N_b \cdot S_u}{\gamma_t H + q}$ | $F_s \geq 1.2$ | $L$(길이방향)을 무시한 식.<br>$B$가 무한길이일 때 5.1<br>$H/B$가 3 이상이면 7.5 |
| ⑤ | 일본건축학회<br>구기준식(1988) | $F_s = \dfrac{2\pi c}{\gamma_t H}$ | $F_s \geq 1.2$ | |
| ⑥ | 도로설계요령<br>방식 | $F_s = \dfrac{2c}{\gamma_t r} + \dfrac{2\pi c}{\gamma_t H}$ | $F_s \geq 1.2$ | ⑤식에 배면저항을 고려한 것 |
| ⑦ | 일본건축학회<br>수정식(2002) | $F_s = \dfrac{2\left(\dfrac{90 + \cos^{-1}(h/r)}{180}\right)\pi c}{\gamma_t H}$ | $F_s \geq 1.2$ | $h$ : 바닥면에서 최하단<br>버팀대까지의 거리 |

주) 표의 식은 점착력의 강도 증가가 없는 경우의 식이다.

안정계수와 같이 굴착바닥면 아래의 점착력을 고려할 수 없는 방법이다.

Bjerrum−Eide의 방법에 있어서는 $H/B$의 값에 의해 $N_b$값이 변하는데, $H/B=0$일 때 $N_b=5.1$, $H/B=3.0$ 이상일 때 $N_b=7.5$로 하고 있다.

각 검토식에서 굴착 폭 $B$가 무한대로 커질수록 $F$(안전율)는 최솟값이 되며, $B$의 값이 작아 $H/B$가 커지게 되면 $F$는 커지는 것을 알 수 있다.

표 10.6.2는 Peck의 안정계수와 비교하기 위하여 $B$를 무한대로 가정한 경우의 각 검토식을 표시하였다. 이 검토 식에서 굴착 폭이 무한 길이의 경우에 히빙의 안전율이 $F=1$로 되는 극한 상태를 부여하는 $N_b$는 $5.1 \sim 5.7$로 거의 같은 값을 나타내고 있다.

### (3) 도로설계요령방식, 일본건축학회구기준식, 일본건축학회수정식

이 검토식은 기본적으로는 굴착바닥면 또는 최하단 버팀대와 흙막이벽의 교점을 회전지점으로 한 원호활동면을 가정한 것으로 점착력의 변화를 고려할 수 있는 검토 방법이다.

일본건축학회구기준식은 점착력의 변화가 없는 단면에서 원호반경에 상관없이 서로 층을 이루고 있는 다층지반에서는 반경을 정하는 방법에 따라서 결과가 다르게 산출된다.

**표 10.6.2** Peck의 안정계수로 환산한 검토식

| No. | 검토방법 | 검토식 | Peck의 식으로 변환 |
|---|---|---|---|
| ① | Peck의 안정수 | $N_b = \dfrac{\gamma H}{c}$ | $\dfrac{\gamma H}{c} = N_b$ |
| ② | Terzaghi-Peck의 방법 | $F_s = \dfrac{5.7c}{\gamma \cdot H}$ | $\dfrac{\gamma \cdot H}{c} = \dfrac{5.7}{F}$ |
| ③ | Tschebotarioff의 방법 | $F_s = \dfrac{5.14c}{\gamma \cdot H}$ | $\dfrac{\gamma \cdot H}{c} = \dfrac{5.14}{F}$ |
| ④ | Bjerrum−Eide의 방법 | $F_s = \dfrac{5.1c}{\gamma \cdot H}$ | $\dfrac{\gamma \cdot H}{c} = \dfrac{5.1}{F}$ |

도로설계요령방식은 ⑤일본건축학회구기준식에 토괴 배면의 전단력을 고려한 것으로 반경 $r$에 따라서 그 결과가 다르게 된다. 점착력의 변화가 없는 경우에는 반경 $r$이 커질수록 안전율은 낮아지고, $r$을 무한대로 하면 ⑤일본건축학회구기준식과 같은 결과가 된다. 따라서 굴착지반이 균일한 점성토 지반일 경우에는 $r=B$(굴착 폭)일 때에 안전율은 최소가 된다. 단, 서로 층을 이루고 있는 다층지반일 경우에는 반경에 따라 다른 결과가 산출된다.

일본건축학회수정식은 최하단 버팀대를 회전지점으로 하여 모멘트의 균형에 의하여 검토하는 방법으로 가설구조의 형식에 따라 안전율은 아래와 같이 다른 경우가 있다.

- 단일 층인 지반에서는 최소반경 $r$이 되는 원호로 최소안전율을 표시하며, $r$이 클수록 높은 안전율을 나타낸다. 이 때문에 일반적으로 흙막이벽의 근입 선단을 지나는 원호로 검토한다.
- 굴착바닥면에서 최하단 버팀대까지의 거리 $h$에 의하여 안전율이 달라지는데, $h$가 작을수록 안전율은 커지고, $h$가 클수록 안전율은 작아진다.

## 6.2 히빙에 대한 각 검토방법의 비교계산

계산은 굴착깊이 15m을 기본으로 하여, 각각의 굴착깊이에 대하여 굴착 폭 $B$를 변화시켜 $H/B$=0, 0.5, 1.0, 2.0, 2.5로 한 5가지 케이스의 굴착단면을 가정하였다. 또, 각 $H/B$에 대하여 사용하는 지반의 점착력은 ① Peck의 안정계수에 대한 검토 방법을 기본으로 하여 $N_b$=3.0, 3.14, 4.0, 5.0, 6.0, 7.0, 8.0을 주는 것으로 설정하였다.

비교는 표 10.6.1의 ①~⑦식 전부를 표 10.6.3에 표시한 케이스에 대하여 계산하였다. 또한 일본건축학회수정식에 대해서는 회전지점을 주는 최하단 버팀대 위치를 굴착바닥면에서 3.0m, 근입깊이 3.0m로 하여 회전반경을 가정하였다.

주어진 경우의 단면으로 각 검토식에 의하여 산출된 안전율을 비교하였다.

**표 10.6.3** 계산케이스($H$=15m 단면)

| 굴착깊이 | 굴착형상 $H/B$ ($B$) | 점착력 (kN/m²) | ①식에 의한 $N_b$ |
|---|---|---|---|
| 15m | $H/B$=0 (무한대)<br>$H/B$=0.5 (30m)<br>$H/B$=1.0 (15m)<br>$H/B$=2.0 (7.5m)<br>$H/B$=2.5 (6.0m) | 78.4 | 3.00 |
| | | 74.9 | 3.14 |
| | | 58.9 | 4.00 |
| | | 47.1 | 5.00 |
| | | 39.2 | 6.00 |
| | | 33.6 | 7.00 |
| | | 29.4 | 8.00 |

### 6.2.1 지반 종별과 안전율의 관계

그림 10.6.2～10.6.6에 각 굴착 폭($B$)별로 각 검토식으로 계산한 안전율을 비교하여 지반 종류별($N_b$)로 표시하였다.

#### (1) Case-1 : H/B=0일 때

굴착 폭을 무한대로 하였을 때의 각 검토식이 주는 안전율은 대체로 다음과 같은 순서가 되는데 $N_b$=5가 히빙에 대한 안정의 경계선이라고 하면, ③Tschebotarioff의 방법, ④Bjerrum-Eide의 방법, ⑦일본건축학회수정식에 의한 검토에서는 $N_b$=5일 때 $F$=1.0 정도가 되어 안정하지 않는 결과가 나왔다. 이에 비하여 ⑤일본건축학회구기준식, ⑥도로설계요령방식은 $F$=1.25 정도의 안전율이 계산되었는데, 대체로 ①Peck의 안정계수와 같은 안전율을 주는 것으로 나타났다. ②Terzaghi-Peck의 방법은 ①Peck의 안정계수보다도 약간 작은 안전율을 나타내고 있다.

#### (2) Case-2 : H/B = 0.5일 때

$H/B$=0.5로 하였을 때의 각 검토식의 안전율은 지반 종류($N_b$)에 의하여 그 순서가 바뀐 것을

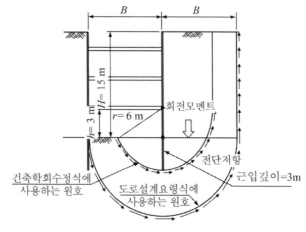

**그림 10.6.1** 계산단면의 개략도

알 수 있다. 가장 위험한 검토식은 ⑥도로설계요령방식이며 가장 안전한 검토식은 ⑦일본건축학회수정식으로 나타났으며, ②Terzaghi-Peck의 방법은 $N_b$값에 의한 변동이 가장 큰 것을 알 수 있다. 또한 다른 검토식은 ①Peck의 안정계수를 중심으로 대체적으로 비슷한 안전율을 주는 것으로 나타났다. ⑥도로설계요령방식에서는 $N_b$=6일 때 $F$=1.2 정도가 되어 안정된 결과를 나타냈다.

### (3) Case-3, 4, 5 : H/B=1.0, 2.0, 2.5일 때

$H/B$=1.0, 2.0, 2.5일 때 각 검토식이 주는 안전율은 지반 종류($N_b$)에 의하여 그 순서가 변동되었는데, $N_b$=5 이하의 히빙에 대하여 안정한 것으로 여겨지는 지반 종류별($N_b$)로 차이가 크게 나타났다. 또, ②Terzaghi-Peck의 방법, ③Tschebotarioff의 방법, ⑥도로설계요령방식의 토괴 배면의 전단력을 고려한 검토식에서 그 변동이 크게 나타났는데, $B$가 작고 $H/B$가 커질수록 그 경향이 강해짐을 알 수 있다.

이것에 비하여 다른 검토식은 $B$의 차이에 의한 $F$의 차이가 없고, 굴착 형상에 의한 $F$의 차이도 없어 ①Peck의 안정수를 중심으로 거의 같은 안전율을 나타내는 것임을 알 수 있다. 단, 굴착 형상에 따라 계수를 변화시키고 있는 ④Bjerrum-Eide의 방법에서는 약간 큰 안전율을 보이고 있으며, ⑦일본건축학회수정식에서는 안전율이 가장 작은 안전한 검토식인 것으로 나타났다. 굴착 폭이 가장 작은 $H/B$=2.5의 케이스를 보면, 그림 10.6.6에서 ②Terzaghi-Peck의 방법, ③Tschebotarioff의 방법에서는 $N_b$=7에서도 $F$=1.5 정도의 안전율이 되어 히빙에 대하여 안정한 결과로 나타났다.

이러한 영향은 굴착 폭 $B$가 작아질수록 현저하게 나타나므로 ②, ③의 방법에서는 굴착 폭이 작은 경우에는 위험한 검토라고 말할 수 있다. 또한 ⑥도로설계요령방식에서도 ②, ③의 방법과 같이 극단적이지는 않지만, 이러한 경향이 있어 토괴 배면의 전단력을 고려한 방법이 다른 방법에 비하여 굴착 폭이 작은 경우에는 위험측이 된다는 것을 알 수 있다.

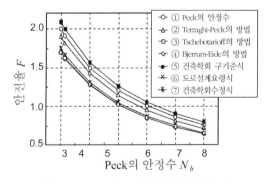

**그림 10.6.2** *H/B*=0일 때의 안전율 비교

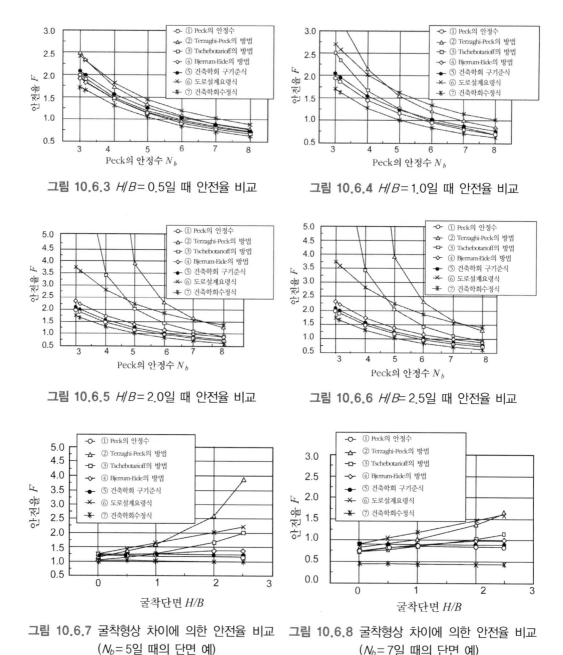

그림 10.6.3 $H/B=0.5$일 때 안전율 비교

그림 10.6.4 $H/B=1.0$일 때 안전율 비교

그림 10.6.5 $H/B=2.0$일 때 안전율 비교

그림 10.6.6 $H/B=2.5$일 때 안전율 비교

그림 10.6.7 굴착형상 차이에 의한 안전율 비교 ($N_b=5$일 때의 단면 예)

그림 10.6.8 굴착형상 차이에 의한 안전율 비교 ($N_b=7$일 때의 단면 예)

## 6.2.2 굴착 형상에 의한 안전율의 비교

굴착 형상의 차이에 의한 안전율의 비교를 그림 10.6.7, 10.6.8에 표시하였다. 이 그림은 히빙에 대하여 안정적이라고 판단되는 $N_b=5$와 안전이 확보되지 않는 것으로 판단되는 $N_b=7$의 지반 종별을 대표로 표시하였다.

이 그림에서 $N_b$=5의 지반에서는 $H/B$=1.0 이상의 형상에서 ⑦일본건축학회수정식은 안전율 $F$=1.2보다 작게 나타나지만, 다른 방법에서는 거의 안정된 결과를 나타내는 것에 반하여 $N_b$=7의 지반에서는 $H/B$=1.0 이상의 형상에서 ①Peck의 안정계수, ⑤일본건축학회구기준식은 거의 같은 $F$=0.7~0.8 정도, ⑦일본건축학회수정식에서는 $F$=0.45로 매우 작지만, 다른 방법에서는 $F$=1.0 이상으로 히빙파괴의 극한상태 또는 안정 상태를 나타내는 안전율이 된다.

## 6.3 결론

이상과 같이 검토 결과를 정리하면 다음과 같다.

① 히빙에 대한 안전율은 토괴 배면의 전단력을 고려하는지 안 하는지에 따라 매우 다르게 나타났는데, 전단력을 고려하는 검토 방법에서는 굴착 폭이 작은 경우에 과대한 안전율이 주어지기 때문에 $N_b$=7에서도 안정적인 결과가 나타났다.

② 배면의 전단저항을 고려하지 않으면 안전율 $F$는 굴착형상(폭)에 관계없이 굴착깊이만의 영향을 받는다.

③ 일본건축학회수정식은 가설흙막이의 구조 조건을 가장 잘 반영(버팀대 위치, 근입깊이)시킨 방법이지만, 현실적인 형상인 $H/B$=0.5~2.5의 조건에서 가장 안전한 결과로 나타났다. 따라서 가장 안전한 검토방법은 ⑦일본건축학회수정식이다.

일반적으로 Peck의 안정계수로 검토하는 것은 실적이 풍부하기 때문인데, 그러나 이 실적은 비교적 얕은 지반의 굴착과 관용계산법을 적용하는 경우라고 보기 때문에 히빙 파괴가 우려되는 점성토지반을 깊은 곳까지 굴착할 때는 ⑦건축학회수정식에 의하여 검토할 필요가 있다. 즉, ①Peck의 안정계수에 의하여 검토한 결과, 안정을 확보할 수 없을 때, 그 대책으로 깊이에 따른 점착력의 증가를 고려하거나, 지반개량을 할 때는 ①Peck의 안정계수에서 실시가 곤란하므로 ⑤ ⑥ ⑦의 방법 중에서 검토하는 것으로 하지만, 불확정 요소를 고려하는 검토가 되기 때문에 가장 안전한 방법인 ⑦일본건축학회수정식에 의하여 검토하는 것이 좋다.

일본건축학회수정식은 제5장에 상세하게 소개하였으니 참조하기를 바란다.

# 7. 띠장 및 사보강재의 검토

띠장의 설계에 있어서 사보강재가 설치되어 있는 경우는 버팀대 및 사보강재 각 지점조건을 고려한 단순보 및 연속보로 설계하게 되어 있는데, 연속보로 설계하게 되면 계산이 복잡하므로 일반적으로 설계기준에는 계략 식을 사용하고 있다(제8장 참조).

일본의 철도설계기준인 철도구조물 등 설계표준·동 해설 개착터널(鐵道構造物設計標準·同解說 開削トンネル)의 부속 자료 : 굴착 흙막이공의 설계(付屬資料 : 掘削土留めの設計)에 수록한 "참고 자료 10 띠장 및 사보강재의 검토"에 보면 연속보에 대하여 개요 식을 유도한 자료가 있어 소개하도록 한다.

개량식의 유도는 모델케이스에서의 골조구조해석에서 산출한 결과와 개략 식으로 구한 단면력을 비교하였다. 또, 사보강재에 작용하는 축력에 대해서도 같은 방법으로 검토하였다.

## 7.1 띠장의 단면력

### 7.1.1 골조구조해석

띠장과 사보강재는 그림 10.7.1과 같이 모델링하여 표 10.7.1과 같이 케이스별로 치수를 다르게 주어 골조구조해석을 실시하여 최대휨모멘트를 $M_F$, 최대전단력을 $S_F$를 산출하였다.

**1) 구조해석 모델 및 사용 재료의 단면 제원**

**표 10.7.1** 골조구조해석 모델 치수

| Case | Case 1, 2 | | | | | | Case 3, 4, 5, 6 | | | | |
|---|---|---|---|---|---|---|---|---|---|---|---|
| | ① | ② | ③ | ④ | ⑤ | ⑥ | ① | ② | ③ | ④ | ⑤ |
| $l_0$ | 4.5 | | | | | | 6.0 | | | | |
| $l_1$ | 1.5 | 1.7 | 1.9 | 2.1 | 2.3 | 2.5 | 2.0 | 2.4 | 2.8 | 3.0 | 3.4 |
| $l_2$ | 1.5 | 1.4 | 1.3 | 1.2 | 1.1 | 1.0 | 2.0 | 1.8 | 1.6 | 1.5 | 1.3 |
| $l$ | 3.0 | 3.1 | 3.2 | 3.3 | 3.4 | 3.5 | 4.0 | 4.2 | 4.4 | 4.5 | 4.7 |
| $\theta$ | Case 1=45°, Case 2=60° | | | | | | Case 3,5=45°, Case 4,6=60° | | | | |

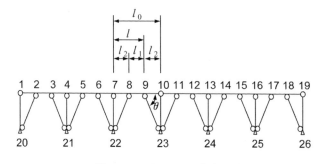

**그림 10.7.1** 골조구조해석 모델

### 2) 사용 재료의 단면 제원

**표 10.7.2 사용 재료의 단면 제원**

| 형상치수 (mm) | 단면적 $A$ (cm$^2$) | 단면2차모멘트 $I_x$ (cm$^4$) | 단면계수 $Z_x$ (cm$^3$) | 단면2차반경 $i_y$ (cm) |
|---|---|---|---|---|
| H–200×200× 8×12 | 63.53 | 4,720 | 472 | 5.02 |
| H–250×250× 9×14 | 92.18 | 10,800 | 867 | 6.29 |
| H–300×300×10×15 | 119.80 | 20,400 | 1,360 | 7.51 |
| H–350×350×12×19 | 173.90 | 40,300 | 2,300 | 8.84 |
| H–400×400×13×21 | 218.70 | 66,600 | 3,330 | 10.10 |

### 3) 검토 케이스별 사용 재료

**표 10.7.3 검토 케이스별 사용 재료**

| Case | W(kN/m) | | 띠장 | 버팀대 | 사보강재 |
|---|---|---|---|---|---|
| 1-1<br>2-1 | A | 300 | H–300 | H–300 | H–200 |
| | B | 500 | H–350 | H–350 | H–250 |
| | C | 750 | H–400 | H–400 | H–300 |
| 1-2<br>2-2 | A | 300 | H–300 | H–300 | H–300 |
| | B | 500 | H–350 | H–350 | H–350 |
| | C | 750 | H–400 | H–400 | H–400 |
| 3-1<br>4-1 | A | 170 | H–300 | H–300 | H–200 |
| | B | 300 | H–350 | H–350 | H–250 |
| | C | 430 | H–400 | H–400 | H–300 |
| 3-2<br>4-2 | A | 170 | H–300 | H–300 | H–300 |
| | B | 300 | H–350 | H–350 | H–350 |
| | C | 430 | H–400 | H–400 | H–400 |
| 5-1<br>6-1 | A | 250 | H–350 | H–300 | H–200 |
| | B | 400 | H–400 | H–350 | H–250 |
| | C | 550 | 2H–350 | H–400 | H–300 |
| 5-2<br>6-2 | A | 250 | H–350 | H–300 | H–300 |
| | B | 400 | H–400 | H–350 | H–350 |
| | C | 550 | 2H–350 | H–400 | H–400 |

## 7.1.2 비교식

비교식은 일반적으로 많이 사용하는 휨모멘트와 전단력에 대하여 각각 2가지의 계산식을 비교하는 것으로 하였다.

### 1) 휨모멘트

$$M_{C1} = \frac{W(l_1 + l_2)^2}{10} \qquad\qquad (10.7.1)$$

$$M_{C2} = \frac{Wl_0^2}{10} \qquad\qquad (10.7.2)$$

### 2) 전단력

$$S_{C1} = \frac{W(l_1 + l_2)}{2} \qquad\qquad (10.7.3)$$

$$S_{C2} = \frac{Wl_0}{2} \qquad\qquad (10.7.4)$$

## 7.1.3 해석 결과

### (1) 휨모멘트

각 검토 케이스에 대하여 지간비($l_1/l_2$)와 해석값($M_F$)/비교값($M_{C1}$, $M_{C2}$)과의 관계를 분석하면, 사보강재 각도에 의한 최대휨모멘트의 영향은 60°가 20% 정도 작았다. 또한 사보강재의 강성에 의한 영향은 버팀대와 같은 강재를 사용하는 경우와 응력계산 결과에서 부재(2rank 정도 작은 것)를 사용한 경우를 비교하였다. 최대휨모멘트의 영향은 최대 40% 정도 차이가 발생하였는데, 띠장 쪽이 모멘트에 대한 영향이 비교적 크다고 말할 수 있다.

### (2) 사보강재의 효과와 지간비에 의한 휨모멘트의 영향

#### 1) $M_F/M_{C1}$의 경우(해석값/비교식1)

| 사보강재의 효과 | $M = \alpha_1 \times M_{C1} = 0.55 \times W \times (l_1+l_2)/10$<br>$\alpha = M_F/M_{C1}$ |
|---|---|
| ($l_1/l_2$)의 영향 | 일반적으로 ($l_1+l_2$)가 작은 쪽이 $M_F/M_{C1}$의 값이 커진다.<br>※ $1.0 \leq (l_1+l_2) \leq 2.0$에 있어서 $M_F/M_{C1}$의 범위<br>$M_F/M_{C1}$ : 0.25~0.50 (0.58)<br>[$\alpha_1 = 0.55$일 때의 비율 $M/M_F$  45%~90% (105%)] |

#### 2) $M_F/M_{C2}$의 경우(해석값/비교식2)

| 사보강재의 효과 | $M = \alpha_2 \times M_{C2} = 0.25 \times W \times l_1^2/10$<br>$\alpha_2 = M_F/M_{C2}$ |
|---|---|
| ($l_1/l_2$)의 영향 | $1.0 \leq (l_1+l_2) \leq 2.0$의 범위에서는 $M_F/M_{C2}$의 값은 거의 일정하다.<br>※ $1.0 \leq (l_1+l_2) \leq 2.0$에 있어서 $M_F/M_{C2}$의 범위<br>$M_F/M_{C2}$ : 0.12~0.23 (0.26)<br>[$\alpha_2 = 0.25$일 때의 비율 $M/M_F$  48%~92% (104%)] |

이상에 의하여 $1.0 \leq (l_1/l_2) \leq 2.0$의 범위에서는 식(10.7.2)의 $l_0$을 $l_0/2$로 한 다음 식으로 나타낼 수 있다.

$$M = \frac{W(l_0/2)^2}{10} = \frac{Wl_0{}^2}{40}$$ (10.7.5)

또한 버팀대와 사보강재의 강성이 다른 경우나, $(l_1/l_2)$가 전술한 범위 외의 경우에는 식 (10.7.1)을 사용하여도 안전하다고 할 수 있다.

### (3) 전단력

각 검토 케이스에 있어서 지간비 $(l_1/l_2)$와 해석값$(S_F)$/비교값$(S_{C1}$ 및 $S_{C2})$과의 관계를 분석하면 다음과 같다.

| | |
|---|---|
| 사보강재 각도의 영향 | $l_0$=4.5m의 경우에 강성이 작고 $1.0 \leq (l_1/l_2) \leq 1.5$의 범위에서는 최대전단력의 영향은 60° 쪽이 10% 정도 작아진다.<br>$l_0$=6.0m의 경우에 강성이 작고 $1.0 \leq (l_1/l_2) \leq 1.3$의 범위에서는 최대전단력의 영향은 60° 쪽이 8% 정도 작아진다. |
| 사보강재 강성의 영향 | $1.5 < (l_1/l_2)$에 있어서는 강성의 영향은 거의 없다. |

### (4) 사보강재의 효과와 지간비 $(l_1/l_2)$에 의한 전단력의 영향

#### 1) $S_F/S_{C1}$의 경우(해석값/비교식1)

| | |
|---|---|
| 사보강재의 효과 | $S = \alpha_1 \times S_{C1} = 0.70 \times W \times (l_1 + l_2)/2$<br>$\alpha = S_F/S_{C1}$ |
| $(l_1/l_2)$의 영향 | $1.3 \sim 1.5 < (l_1/l_2)$에서는 $S_F/S_{C1}$의 값은 지간비에 비례한다.<br>※ $1.0 \leq (l_1/l_2) \leq 2.0$에 있어서 $S_F/S_{C1}$의 범위<br>$\quad S_F/S_{C1}$ : 0.57~0.70 (0.71)<br>$\quad [\alpha_1 = 0.70$일 때의 비율 $S/S_F$  82%~100% (102%)] |

#### 2) $S_F/S_{C2}$의 경우(해석값/비교식2)

| | |
|---|---|
| 사보강재의 효과 | $S = \alpha_1 \times S_{C2} = 1.2 \times W \times (l_0/2)/2 = 1.2 \times W \times l_0/4$<br>$\alpha_2 = S_F/S_{C2}$ |
| $(l_1/l_2)$의 영향 | ※ $1.0 \leq (l_1/l_2) \leq 2.0$에 있어서 $S_F/S_{C2}$의 범위<br>$\quad S_F/S_{C2}$ : 0.76~1.07<br>$\quad (1.0 \leq (l_1/l_2) \leq 2.0$일 때의 비율 $S/S_F$  63%~89%) |

이상의 결과에 따라 전단력은 $1.0 \leq (l_1/l_2) \leq 2.0$의 범위에 대하여 (10.7.6)식으로 나타낼 수 있다.

$$S = \frac{1.2W(l_0/2)}{2} = \frac{0.6Wl_0}{2} \tag{10.7.6}$$

또한 버팀대와 사보강재의 강성이 다른 경우나, $(l_1/l_2)$가 전술한 범위 외의 경우에는 식 (10.7.3)에 의하여 계산하면 해석값$(S_F)$을 초과하지는 않는다.

### 7.1.4 간편식

휨모멘트 및 전단력의 검토 결과에 의하여 사보강재가 있는 띠장 부재는 전단으로 결정되는 것을 고려하여 단면력은 아래의 간편식으로 정리할 수 있다.

1) $1.0 \leq (l_1/l_2) \leq 2.0$의 범위

$$M_{max} = \frac{Wl_0^2}{40} \tag{10.7.7}$$

$$S_{max} = 0.3Wl_0 \tag{10.7.8}$$

2) 1) 이외의 범위

$$M_{max} = \frac{W(l_1 + l_2)^2}{10} \tag{10.7.9}$$

$$S_{max} = \frac{W(l_1 + l_2)}{2} \tag{10.7.10}$$

여기서,  $M_{max}$ : 최대휨모멘트 (kN·m)

$S_{max}$ : 최대전단력 (kN)

$W$ : 벽체에서의 등분포하중 (kN/m)

$l_1,\ l_2,\ l_0$ : 지간 길이 (m)

## 7.2 사보강재의 축력

(1) 골조구조해석

앞에서 기술한 모델케이스로 골조구조해석을 하여 축력 $N_F$를 산출하였다.

(2) 비교식

$$N_C = \frac{W(l_1 + l_2)}{2\sin\theta} \tag{10.7.11}$$

### (3) 축력에 대한 해석결과 비교

각 검토 케이스에 대한 해석 결과는 지간비 $(l_1/l_2)$와 해석값$(N_F)$/비교값$(N_C)$과의 관계를 분석하면, 각도에 의한 영향은 축력에 대해서는 60° 쪽이 당연히 작아지지만, 해석값$(N_F)$/비교값 $(N_C)$에서는 그리 차이가 발생하지 않았다. 즉, 골조구조해석에서도 축력은 $1/\sin\theta$에 비례하는 것을 알 수 있다. 또한 강성에 의한 영향은 강성이 큰 쪽이 최대 7% 정도 큰 것으로 나타났다.

### (4) 지간비 $(l_1/l_2)$에 의한 영향

| 축력 | $N=\alpha_1\times N_C=1.2\times W\times(l_1+l_2)/2\sin\theta=0.6\times W\times(l_1+l_2)/\sin\theta$ $\alpha_1=N_F/N_C$ |
|---|---|
| $(l_1/l_2)$의 영향 | ※ $1.0\leq(l_1/l_2)\leq2.0$에 있어서 $N_F/N_C$의 범위 $N_F/N_C$ : 0.99~1.19 ($\alpha_2=1.20$일 때의 비율 $N/N_F$　83~99%) |

### (5) 간편식

위의 검토 결과에 따라 일반적으로 사용하는 $1.0\leq(l_1/l_2)\leq2.0$의 범위에 있어서 사보강재에 작용하는 축력은 아래의 간편식으로 정리할 수 있다.

$$N = \frac{0.6(l_1 + l_2)W}{\sin\theta} \qquad (10.7.12)$$

여기서, 　　$N$ : 사보강재에 작용하는 축력 (kN)

　　　　$l_1,\ l_2$ : 각 지간 길이 (m)

　　　　　$W$ : 띠장의 단위길이당 작용하는 하중 (kN/m)

　　　　　$\theta$ : 사보강재의 설치 각도 (도)

# 8. 단차가 있는 흙막이

흙막이를 계획하다 보면 부득이하게 그림 10.8.1이나 그림 10.8.2와 같은 형상을 갖는 흙막이로 해야 하는 경우가 있다. 이 같은 경우에 기존의 탄소성법을 적용하여 해석해도 되는지, 유한요소법으로 해석해야 하는지의 방법과 적용성에 대하여 고민하지 않을 수 없다.

따라서 여기서는 그림 10.8.1과 같은 형상을 갖는 흙막이에 있어서 기존의 탄소성법을 이용하여 해석하는 방법을 소개한다. 이 방법은 일본의 수도고속도로공단(首都高速道路公団)에서 발행한 가설구조물설계요령(仮設構造物設計要領, 2003)에 수록되어 있는 사항으로 상세한 설계방법보다는 설계요령에 대하여 기술되어 있다.

## 8.1 굴착바닥면에 단차가 있는 흙막이

그림 10.8.1에 표시한 것과 같이 굴착바닥면에 단차를 설치할 때는 단차부의 폭과 높이와의 관계와 지반강도에 따라서 이 부분의 흙막이벽에 대한 수동저항을 기대하는 경우가 있다. 이처럼 단차부의 저항에 대하여 검토하는데, 이것을 고려하는 것이 흙막이의 경제성이나 합리성의 관점에서는 유리하다.

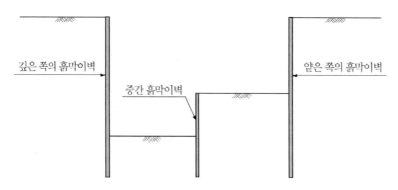

그림 10.8.1 굴착바닥면 한쪽에 단차를 설치하는 흙막이

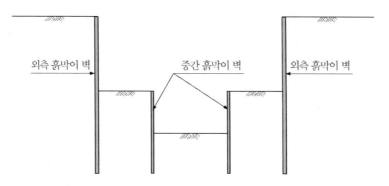

그림 10.8.2 굴착바닥면 중앙에 단차를 설치하는 흙막이

그림 10.8.2와 같은 형상은 단차부를 시공하기 전의 상태에서 외측 흙막이를 해석한 후에 단차부를 별도로 해석하는 경우가 일반적이므로, 여기서는 그림 10.8.1과 같이 한쪽에만 단차부가 있을 때 한하여 알아보기로 한다.

## 8.2 단차부의 저항

### 8.2.1 단차 내부의 저항

#### (1) 수동활동선이 중간 흙막이에 걸치지 않는 경우

단차 내부에 있어서 흙막이벽 임의의 위치(단차부 지표에서 깊이 $x_1$)에서의 수동활동선이 중간 흙막이에 걸치지 않는 위치에서의 단차부 극한수평저항은 단차부 지표에서 해당 위치까지의 수동토압으로 한다.

여기서 단차 내부의 지하수위 높이에 있어서는 중간 흙막이가 일반적으로 사용하는 엄지말뚝 형식인 것과 외부 흙막이에 작용하는 수동토압에 대한 안전을 고려하여 단차부 굴착바닥면과 같은 높이로 설정하는 것으로 한다.

#### (2) 수동활동선이 중간 흙막이에 걸치는 경우

단차부에 있어서 흙막이벽 임의의 위치에서의 수동활동선이 중간 흙막이에 걸치는 경우의 수동저항은 해당 위치에 있어서 단차부 지표의 수동토압으로 하지만, 토괴만의 저항을 넘어서는 반력은 중간 흙막이 쪽에 전달되는 것으로 한다.

### 8.2.2 단차부 하면 아래의 저항 특성

단차부 하면 아래의 저항 특성은 그림 10.8.3과 같이 단차부의 폭으로 저항을 구하는 심도에

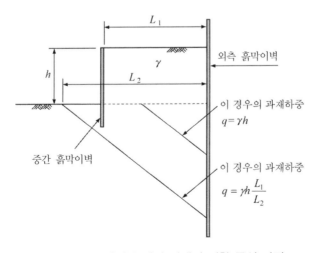

**그림 10.8.3** 단차부 하면 아래의 저항 특성 가정

따라 다음과 같이 가정한다.

### (1) 수동활동선이 단차부 지반 내에 있는 경우

단차부 하면 아래의 흙막이벽이 임의의 위치에 있어서 수동활동선이 단차부 지반 내에 들어가 있는 경우에는 단차부 지반의 단위중량과 높이의 곱을 과재하중으로 고려하여 단차부 저면 아래의 수동토압을 가정하는 것으로 한다.

### (2) 수동활동선이 단차부 지반 외에 있는 경우

단차부 하면 아래의 흙막이벽 임의의 위치에 있어서 수동활동선이 단차부 지반 외에 벗어나 있는 경우에는 단차부 총중량을 흙막이벽에서부터 수동활동선까지의 거리에서 제외한 것을 과재하중으로 고려하여 단차부 저면 아래의 수동토압을 가정하는 것으로 한다.

지금까지는 흙막이벽 전면에 단차지반이 존재하는 경우에 대한 단차부의 저항을 나타낸 것이지만, 그림 10.8.1과 같이 한쪽에만 단차부를 설치하는 경우, 특히 단차부의 높이가 다른 경우에는 흙막이벽의 반력을 버팀대를 통하여 마주 보는 단차부에 재하할 필요가 있다. 이처럼 단차부에는 대칭 흙막이를 가정한 기존의 해석방법으로 해석하게 되면 버팀대 반력이나 변위를 기대할 수 없으므로 대칭 흙막이의 계산으로는 위험한 설계가 될 수 있으므로 다음에 표시한 비대칭 흙막이로 계산을 하여 이 영향을 고려하여야 한다.

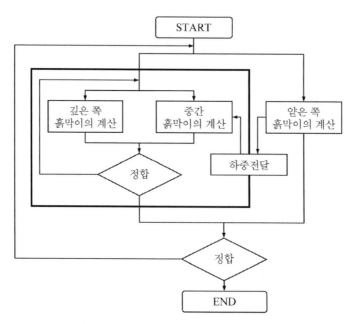

그림 10.8.4 단차가 있는 흙막이의 설계순서

**표 10.8.1 잔치부 토괴의 전단 저항**

| 사질토 ($\phi \neq 0$, c=0) | 점성토 ($\phi$=0, c≠0) |
|---|---|
| 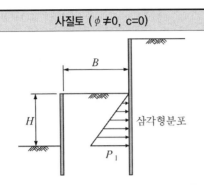 | 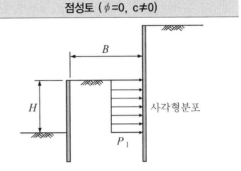 |
| 굴착바닥면의 직접전단을 고려하면 잔치부의 토괴가 갖는 강도는 다음 식으로 나타낸다. $$P_{s\,min} = \gamma \cdot H \cdot B \cdot \tan\phi$$ 삼각형분포를 가정하면 $$P_1 = 2\gamma \cdot B \cdot \tan\phi$$ | 굴착바닥면의 직접전단을 고려하면 잔치부의 토괴가 갖는 강도는 다음 식으로 나타낸다. $$P_{s\,min} = c \cdot B$$ 사각형분포를 가정하면 $$P_1 = c \cdot B / H$$ |
| ※ $B/H$가 충분히 크고 수동측압을 고려하는 경우는 다음 식으로 산출한다. $$P_p = \int K_p \cdot \gamma \cdot H \cdot dH$$ $$P_p = K_p \cdot \gamma \cdot H$$ | ※ $B/H$가 충분히 크고 수동측압을 고려하는 경우는 다음 식으로 산출한다. $$P_p = \int \left( K_p \cdot \gamma \cdot H + 2c\sqrt{K_p} \right) dH$$ $$P_p = K_p \cdot \gamma \cdot H + 2c\sqrt{K_p}$$ |

## 8.3 단차를 고려한 흙막이의 계산

그림 10.8.4는 단차가 있는 흙막이의 계산 순서를 표시한 것이다.

여기에 표시한 방법은 각각에 극한 수동토압을 상한값으로 하는 일반적인 탄소성법에 의한 것에다 다음에 표시하는 사항을 추가하여 해석한다.

(1) 얕은 쪽 흙막이벽의 계산에서 중간 흙막이벽의 계산에서의 하중 전달은 잔치부(굴착하지 않은 부분) 상단을 굴착바닥면으로 하여 얕은 쪽의 흙막이벽을 계산할 때, 잔치부의 수동저항이 표 10.8.1에 표시한 잔치부의 폭과 높이에 따른 토괴의 전단 저항을 초과하는 경우, 이것을 외력으로 하여 중간 흙막이벽에 재하 한다.

(2) 깊은 쪽의 흙막이벽과 중간 흙막이와의 계산을 맞추기 위해서는 다음의 계산을 추가한다.
　① 중간 흙막이벽의 계산
　② 깊은 쪽 흙막이벽의 계산
　③ ①과 ②의 버팀대 축력 차이를 프리로드하중으로 주어 중간 흙막이벽의 재계산
　④ ①과 ③의 변위 차이를 깊은 쪽 흙막이벽이 중간 흙막이벽을 누르는 양으로 가정한 버팀대 스프링의 보정
　⑤ ④를 반영한 깊은 쪽의 흙막이벽 계산

여기서, ①과 ③의 변위 차이를 깊은 쪽의 흙막이벽이 중간 흙막이벽을 누르는 것에 의하여 발생한 중간 흙막이 배면 지반의 영향을 고려하여, 이 변위 차이에 의해 깊은 쪽의 흙막이와 중간 흙막이와의 사이에 설치되는 버팀대 스프링을 저감한다.

$$K = \frac{P}{\delta_1 + \delta_2} \qquad\qquad (10.8.1)$$

여기서,     $K$ : 중간 흙막이 배면 지반의 영향을 고려한 버팀대 스프링 (kN/m)

               $P$ : ②의 계산에 의한 버팀대 축력 (kN)

               $\delta_1$ : ②의 계산에 의한 버팀대 위치에 있어서 흙막이의 변위 (m)

               $\delta_2$ : ①과 ③의 계산에 의한 버팀대 위치에 있어서 흙막이의 변위 차이 (m)

④의 계산에 있어서는 상기에서 산출된 깊은 쪽의 흙막이와 중간 흙막이와의 사이에 설치된 버팀대 스프링을 사용하여 흙막이를 계산한다.

(3) 깊은 쪽 흙막이벽의 계산과 얕은 쪽의 흙막이벽과의 이론적인 모순이 없도록 하는 것은 최종적으로는 모든 버팀대 축력을 비교하여 대체로 잘 맞는지를 확인한다.

이상과 같이 단차부가 있는 흙막이를 소개하였는데, 아직 이론적으로 확립된 것은 아니지만 하나의 설계 방법으로 제시된 것이므로 현장 여건상 한쪽에 단차부를 설치해야 할 때에는 여기서 제시한 방법으로 설계하는 것이 타당성이 있는 것으로 보인다.

# 9. 보조공법의 설계에 관한 자료

국내설계기준이나 지침에서 보조공법은 주로 차수 공법에 관한 규정만 수록되어 있고 다른 보조공법에 관해서는 규정이 없는 경우가 대부분이다.

따라서 일본의 토목학회가 발행한 『터널표준시방서 개착공법·동해설(トンネル標準示方書 開削工法·同解説)』에 기재되어 있는 자료 중에 하나로 히빙, 보일링, 라이징의 방지, 흙막이벽의 응력과 변형의 저감, 흙막이 벽 결손부 방호 및 트래비커빌리티의 향상에 관해서 실시하는 보조공법 중에서 비교적 많이 사용되는 공법을 정리하여 설계 방법을 소개한 자료이다.

이 자료는 일반적으로 보조공법은 지반개량공법이 많이 적용되고 있지만, 개량 후의 지반의 전단강도는 개량률 등을 고려하여 복합지반에 대한 전단강도의 산정 방법에 관하여 기술한 것이다.

## 9.1 히빙의 방지

히빙이 발생할 가능성이 있는 점성토지반에서 흙막이만으로 안정을 도모할 수 없는 경우에는 보조공법을 사용한다. 히빙방지의 대책으로 굴착바닥면 아래 지반의 전단저항력을 증가시키기 위하여 심층혼합처리공법이나 생석회말뚝공법 등에 의한 지반개량공법이 사용되는데, 히빙 방지를 위한 보조공법의 설계 순서는 그림 10.9.1과 같다.

히빙의 안정검토는 개량체의 강도를 고려하여 제5장에서 소개한 방법으로 계산한다. 복합지반의 평균전단강도의 산정에 필요한 지반개량의 개량률은 개량체의 배치에 따라 다르므로 개량 목적이나 경제성을 고려하여 결정할 필요가 있다. 복합지반의 평균전단강도는 (10.9.1)식으로 산정한다.

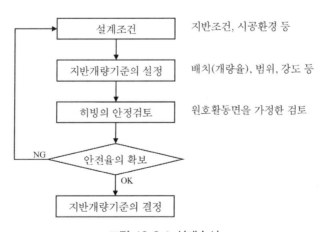

그림 10.9.1 설계순서

$$\bar{\tau} = c_p \alpha_p + \kappa\, c_0 \left(1 - \alpha_p\right) \tag{10.9.1}$$

여기서,　　$\tau$ : 복합지반의 평균전단강도

　　　　　$c_p$ : 개량체의 점착력

　　　　　$\alpha_p$ : 개량률 (표 10.9.1 참조)

　　　　　$\kappa$ : 개량체의 파괴변형에 대응하는 원지반강도의 저감률 (그림 10.9.2 참조)

　　　　　$c_0$ : 원지반의 점착력

심층혼합처리공법에 대한 개량체 배치에 있어서 기계교반공법은 일반적으로 2축식 시공기계가 적용되어 부분 겹침 배치로 하는 것이 많고, 또한 고압분사교반공법은 부분 겹침 또는 완전한 겹침 배치로 하는 경우가 많은데, 개량체 배치가 조밀한 경우, 접원 배치의 경우 및 겹침이 작은 배치의 경우는 굴착바닥면 아래의 활동선이 연직으로 되어 히빙 기동력에 의하여 개량체가 인발될 위험성이 있다. 또, 굴착 폭에 대하여 개량체 두께가 얇은 경우에는 개량체가 휨파괴를 일으킬 위험성이 있으므로 주의하여야 한다.

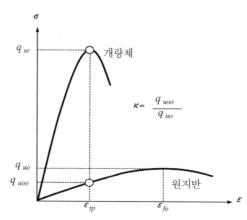

그림 10.9.2 개량체의 파괴변형에 대응하는 원지반강도의 감소율 $\kappa$

표 10.9.1 개량체의 배치 예

| 배치 | 정사각형 접원 배치 | 지그재그 접원 배치 | 부분 겹침 배치 | 완전 겹침 배치 |
|---|---|---|---|---|
| 개량률 | $\alpha_p = 79\%$ | $\alpha_p = 91\%$ | $\alpha_p = 92\sim99\%$ | $\alpha_p = 100\%$ |
| 배치도 | | | | |

## 9.2 보일링의 방지

지하수위가 높은 사질토지반의 있어서 보일링방지 대책으로 흙막이벽의 근입을 길게 하는 경우가 있다. 그러나 흙막이벽에서 근입을 길게 할 수 없는 경우는 보일링 방지의 대책으로 보조공법에 의해 근입을 연장하는 경우가 있다(그림 10.9.3). 이 경우의 흙막이벽과 개량체와의 겹침 길이 및 개량범위의 두께에 있어서는 1.5~2.0m 정도가 필요하다. 단, 굴착심도 및 수압 차이가 큰 경우에는 겹침 길이를 3.0m 이상으로 할 경우도 있다. 또한 다음의 보조공법을 사용하는 것에 따라 보일링의 방지대책을 할 수 있다.

    ① 작용수압의 저감(지하수위 저하공법)

    ② 투수계수의 개선(약액주입공법, 심층혼합처리공법 등)

작용수압의 저감은 흙막이벽 배면의 수위 또는 피압대수층의 수두를 저하시켜, 흙막이벽 하단에 발생하는 과잉간극수압을 감소시키는 것이다.

투수계수의 개선은 지반을 전면적으로 개량하여 굴착바닥면의 투수성을 도모하는 것이다. 흙막이벽의 근입 길이를 늘리는 것이 불가능하거나 주변 지반의 지하수위를 저하시킬 수 없는 경우에는 이와 같은 대책을 수립하여야 한다. 그러나 지반을 전면적으로 개량하는 것은 개량체 하면에 양압력이 작용하기 때문에 라이징에 대한 별도의 검토가 필요하게 된다.

**그림 10.9.3 보일링방지의 대책 예**

## 9.3 라이징의 방지

난투수층 아래에 피압대수층이 존재하여 라이징이 발생할 가능성이 있는 경우는 제5장에서 소개한 방법으로 라이징을 검토하지만, 흙막이만으로는 안정을 확보할 수 없을 수가 있다. 이 경우에는 보조공법에 따라 안정을 확보하는 설계를 하여야 한다. 라이징에 대한 보조공법에는 다음과 같은 것이 있다.

    ① 작용 수압의 저감(지하수 저하공법)

    ② 불투수층의 조성(심층혼합처리공법, 약액주입공법 등)

    ③ 흙막이벽과의 부착력 증가(심층혼합처리공법 등)

작용 수압의 저감에 의한 대책으로서는 그림 10.9.4의 (a)에 표시한 것처럼 깊은 우물 등의 배수홀에 의하여 난투수층 하면의 양압력을 저하시키는 것이다. 단, 주변지반의 지하수위가 저하하는 것에 의한 영향이나 배수처리방법 등에 주의가 필요하다.

불투수층의 조성에 의한 방법으로서는 그림 10.9.4의 (b)에 표시한 것과 같이 흙막이벽 하단에 심층혼합처리공법이나 약액주입공법 등에 의해 불투수층을 조성하여 개량체 위쪽의 토괴중량을 증가시켜 라이징에 대한 안전성 향상을 도모하는 것이다. 흙막이벽과의 부착력 증가에 의한 대책으로서는 그림 10.9.4의 (c)에 표시한 것과 같이 굴착바닥면 아래를 전부 개량하여 벽과의 마찰저항의 증대를 기대하는 것이다. 이것은 굴착 폭이 좁은 수직갱 등에 사용된다.

흙막이벽과의 부착력 증가에 의한 라이징 방지대책으로서의 보조공법에 대한 설계순서는 그림 10.9.5와 같다. 이 경우에 사용되는 보조공법은 고압분사교반공법 등이 있는데, 설계에서는 개량체 전체가 하면에서 작용하는 양압력에 의한 인발전단에 대하여 안전할 것, 개량체 자체의 휨 및 전단에 대하여 안전할 것 등을 검토한다. 개량체의 휨에 대한 검토는 개량체를 단순 지지된 보, 굴착 폭을 지간으로 하여 휨모멘트와 축력을 고려하여 계산한다(그림 10.9.6 참조). 설계에서는 개량체의 발생응력에 대하여 안전하도록 개량두께 및 강도를 설정하여야 한다. 또한

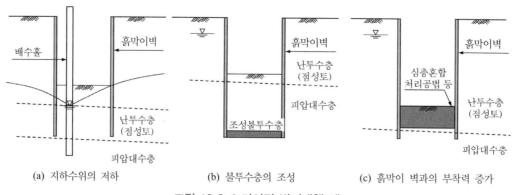

(a) 지하수위의 저하　　　(b) 불투수층의 조성　　　(c) 흙막이 벽과의 부착력 증가

**그림 10.9.4** 라이징 방지대책 예

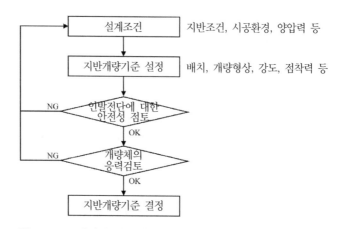

**그림 10.9.5** 라이징 방지대책의 설계순서(굴착바닥면의 경우)

축력은 측압으로 평가하여 설정하지만 과대하게 평가하면 위험측으로 되기 때문에 수압만을 고려하는 등 측압에 의한 축력의 설정에는 주의가 필요하다.

이외에 라이징의 검토 방법으로서 유한요소해석을 사용하는 경우가 있는데, 이 경우도 개량체의 허용응력 등을 포함한 검토방법이 확실하게 확립되어 있지 않기 때문에 적용에 있어서는 주의가 필요하다.

## 9.4 흙막이벽의 응력 및 변형의 저감

연약지반이 두껍게 퇴적된 경우로 흙막이벽에 큰 응력의 발생이 예상되는 경우나, 흙막이에 근접하여 중요 구조물이 있어 흙막이벽의 변위가 이것에 악영향을 미칠 가능성이 있는 경우에는 여러 종류의 보조공법으로 흙막이벽의 응력이나 변형을 감소시킬 필요가 있다.

흙막이벽의 응력이나 변형을 저감시키는 방법에는 다음에 표시한 방법이 있는데 주변 환경, 지반 조건 및 경제성 등을 고려하여 좀 더 합리적인 방법을 적용하도록 한다.

① 외력을 저감시키는 방법(지하수위 저하공법, 심층혼합처리공법 등)
② 수동토압 및 지반반력계수를 증가시키는 방법(생석회말뚝공법, 심층혼합처리공법 등)
③ 선행지중보를 설치하는 방법(심층혼합처리공법 등)

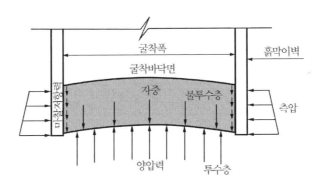

**그림 10.9.6** 라이징에 따른 휨에 대한 검토

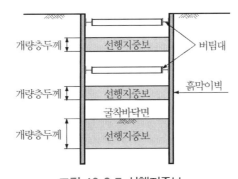

**그림 10.9.7** 선행지중보

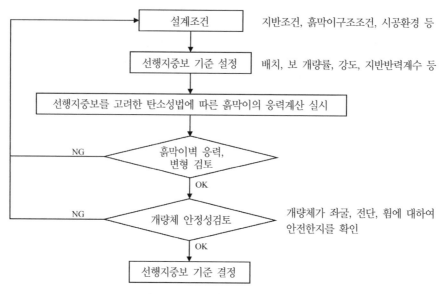

**그림 10.9.8** 선행지중보의 설계 순서

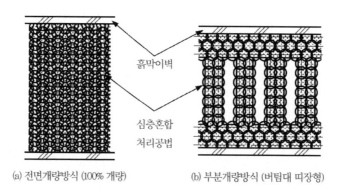

**그림 10.9.9** 선행지중보의 개량형상

위의 3가지 중에서 ③선행지중보를 설치하는 경우의 설계 방법은 다음과 같다.

선행지중보는 그림 10.9.7과 같이 굴착 전에 굴착내부지반의 일부를 개량하여 지반의 강도나 변형형상을 개선하여 흙막이벽의 변형을 억제하는 것이며, 최종 굴착바닥면 지반이나 굴착도중의 단계에 있어서 아래쪽 지반에 설치하는 것이 많다. 선행지중보에서는 심층혼합처리공법 (기계교반공법, 고압분사교반공법 및 이것을 병용한 공법)이 많이 사용된다.

선행지중보의 설계 순서를 그림 10.9.8에 표시하였는데, 설계에 있어서는 먼저 선행지중보인 개량체의 규격을 결정할 필요가 있다. 또 선행지중보에 생기는 최대지점반력에 대하여 개량체가 좌굴, 전단 및 휨에 대하여 안전한 것을 확인하여야 한다. 그리고 공법의 선정에 있어서 기계교반공법만으로는 개량체가 흙막이벽과 밀착되지 않기 때문에 고압분사교반공법 등을 병용할 필요가 있다. 또한 선행지중보 개량두께는 1.5m 이상으로 하는 것이 일반적이다.

## 9.5 흙막이벽 결손부 방호

연속된 흙막이벽이 기존지하매설물 등 장애물의 제약조건 때문에 불연속이 되어 결손부가 생길 때는 흙막이벽의 대체 또는 손실부 방호를 목적으로 한 보조공법의 설계를 한다. 이 경우, 흙막이벽과 동등 이상의 안전성을 갖는 것을 확인하여야 한다. 흙막이벽 결손부 방호에 사용하는 보조공법에는 심층혼합처리공법, 약액주입공법, 동결공법 등이 있다. 공법의 선정에 있어서는 결손의 규모, 지반조건, 환경조건 및 경제성을 고려할 필요가 있다.

손실부를 방호하는 방법으로는 지반강도를 증가시키는 방법이 있으며, 심층혼합처리공법 중에서 고압분사교반공법이 일반적으로 사용되고 있다. 이것은 흙막이벽 결손부의 배면 지반에 지반개량체를 조성하는 것으로 배면의 측압에 저항하는 것과 동시에 지수 및 차수도 목적으로 하고 있다(그림 10.9.11). 배면측에서의 측압이 지반개량체를 중간에 넣어 손실부 양단의 흙막이벽에 전달하는 것과 같은 흙막이벽 손실부 방호공의 설계할 때는 엄지말뚝 흙막이판 벽의 판 두께 계산 방법을 적용하는데, 기본적인 설계 순서는 그림 10.9.12와 같다. 특히 설계에 있어서는 다음 사항에 주의한다.

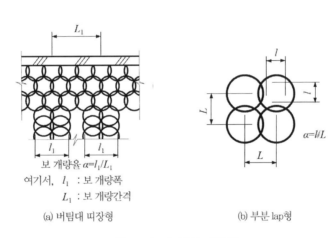

여기서, $l_1$ : 보 개량폭
$L_1$ : 보 개량간격

(a) 버팀대 띠장형

(b) 부분 lap형

**그림 10.9.10 보의 개량률**

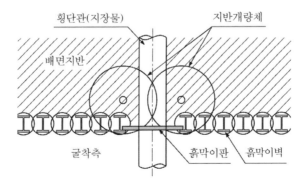

**그림 10.9.11 흙막이벽 결손방호공의 사례**

① 손실부 양단의 흙막이벽은 측압분담 폭이 커지게 되는 것을 고려하여 설계한다.
② 개량체는 흙막이벽과의 겹침을 확보하여 흙막이벽에 확실히 응력이 전달될 수 있도록 배치한다.
③ 흙막이벽의 손실부가 커서 복수의 개량체를 설치하는 경우는 손실된 흙막이벽에 완전히 겹치도록 하는 것을 기본으로 하고, 개량체 상호 겹쳐지는 부분에 대해서도 계산상 필요로 하는 개량두께를 확보한다.
④ 공법 및 개량 대상 지반에 따라서 개량강도 및 개량두께를 검토한다.

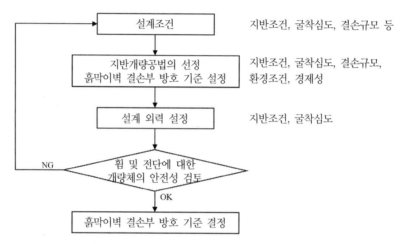

**그림 10.9.12 흙막이벽 결손부 방호공의 설계 순서**

## 9.6 트래피커빌리티의 향상

연약한 점성토지반의 굴착에는 굴착기계의 주행 등에 의해 굴착면이 반죽이 되어, 굴착 기계의 주행에 곤란이 생기는 경우가 있다. 또 굴착한 흙이 매우 예민한 점토의 경우에는 반죽이 되거나 운반에 따른 진동에 의하여 진흙처럼 되어 덤프트럭 등의 운반 능률이 저하되기도 한다. 이처럼 굴착작업의 워커빌리티, 트래피커빌리티 등의 향상에 대해 검토한다.

트래피커빌리티의 검토는 표 10.9.2에 표시한 목표치나 Meyerhof의 점착력과 콘지수와의

**표 10.9.2 건설기계의 주행에 필요한 콘지수 (kN/m²)**

| 건설기계의 종류 | 콘지수 $q_c$ |
|---|---|
| 초습지 불도저 | 200 이상 |
| 습지 불도저 | 300 이상 |
| 중형 보통 불도저 | 500 이상 |
| 대형 보통 불도저 | 700 이상 |
| 덤프트럭 | 1,200 이상 |

관계식에 의해 필요한 일축압축강도를 구하는 방법이 있다. Meyerhof의 점착력과 콘지수와의 관계식은 다음과 같다.

$$c_u = q_c / (9 \sim 10) \qquad (10.9.2)$$

따라서 트래피커빌리티의 확보에 필요한 점토의 일축압축강도는 다음 식으로 구한다.

$$c_u = q_u / 2$$
$$q_u = 2c_u = 2q_c / (9 \sim 10) \qquad (10.9.3)$$

여기서,　　$c_u$ : 지반의 점착력

　　　　　$q_c$ : 현장에 필요한 콘지수

　　　　　$q_u$ : 지반의 일축압축강도

일반적으로 트래피커빌리티의 향상을 목적으로 개량을 하는 곳에서 컨시스텐시도 동시에 만족하는 경우가 많다. 생석회말뚝공법을 적용한 경우에는 생석회말뚝 사이의 중간 지반의 함수비가 저하하여 흙의 컨시스텐시가 개선된다. 또한 굴착한 흙은 반응 후의 소석회와 혼합하여 물성이 개선되는 것을 고려할 수 있으므로 소석회와 섞은 흙의 물성에 있어서는 사전에 배합시험에서 확인하는 것이 좋다.

워커빌리티, 트래피커빌리티 향상의 대표적인 공법으로서 생석회말뚝공법 및 심층혼합처리공법 등이 있는데, 참고로 생석회말뚝공법의 적용 범위는 표 10.9.3과 같다.

**표 10.9.3 생석회말뚝의 표준적인 적용범위**

| 항목 | 적용범위 |
|---|---|
| 대상 지반 | 기본적으로 연약한 점성토지반 |
| 말뚝 직경 | 타설직경 : 0.4m, 팽창직경 : 0.5~0.55m |
| 타설간격 (정사각형 배치) | 1.0m~2.0m |
| 타설 길이 | 표준시공 25m 이하, 이음 시공에서는 45m 이하 |

# 참 고 문 헌

1. 가시설물 설계 일반사항(KDS 21 10 00), 가설흙막이 설계기준(KDS 21 30 00), 가설교량 및 노면복공 설계기준(KDS 21 45 00), 가설흙막이 공사(KCS 21 30 00) : 2024

2. 한국도로공사(2001), 제3권 도로설계요령 교량, 한국도로공사, 한국도로공사

3. 서울특별시(2001), 시설물설계, 시공 및 유지관리편람(옹벽 및 흙막이공), 서울특별시

4. 백영식·오정환(2001), 흙막이설계와 시공, 도서출판 엔지니어즈

5. 전성기(2003), 토류구조물 설계실무편람, 도서출판 과학기술

6. 대한토목학회(2004), 철도설계기준(노반편), 사단법인 대한토목학회, 노해출판사

7. 대한토목학회(2004), 철도설계편람(토목편) 지하구조물, 대한토목학회

8. 한국철도시설공단(2005), 고속철도설계기준(노반편), 한국철도시설공단

9. 이성민(2005), 도시철도기술자료집(2) 개착터널, 서울특별시 지하철건설본부, 이엔지·북

10. 한국건설가설협회(2006), 가설공사표준시방서, 사단법인 한국건설가설협회, 이엔지·북

11. 서울시지하철건설본부(2006), 서울지하철3호선 설계기준

12. 한국철도시설공단(2007), 호남고속철도 설계지침(노반편), 한국철도시설공단

13. 오정환·조철현 공저(2007), 흙막이공학, 구미서관

14. (주)베이시스소프트(2007), 가시설 굴착단계별 관용법, 탄소성법에 의한 양벽일체해석 프로그램 매뉴얼, (주)베이시스소프트

15. 한국지반공학회(2009), 구조물기초설계기준·해설, 사단법인 한국지반공학회, 구미서관

16. 대한토목학회·교량설계핵심기술연구단(2010), 도로교설계기준 해설, 기문당

17. 대한토목학회(1998), 土木用語辭典, 사단법인 대한토목학회, 技文堂

18. 山肩邦男·八尾真太郎(1967) : 掘削にともなう鋼管矢板壁の土圧変動(その1：実測の目的とその結果)：土と基礎, Vol.15, No.5, pp.29~38

19. 山肩邦男·八尾真太郎(1967) : 掘削にともなう鋼管矢板壁の土圧変動(その2：実測結果に関する考察)：土と基礎, Vol.15, No.6, pp.7~16

20. 山肩邦男·吉田洋次·秋野OO(1969) : 掘削工事における切ばり土留め機構の理論的考察, 土と基礎, Vol.17, No.9, pp.33~45

21. 川崎孝人·橋場友則·玉木·免出 泰(1971) : 連續地下壁に作用する土圧の測定結果と根入れ部の受動土圧に関する考察, 土と基礎, Vol.19, No.1, pp.9~13

22. 中村兵次, 中沢 章 :「掘削工事における土留め壁応力解析」土質工学論文報告集, 第12券4号, 1972. 12

23. 森重龍馬 :「地下連続壁の設計計算」土木技術, Vol. 30. No. 8, 1975. 8

24. 最新斜面・土留め技術總覽編集委員会(1991), 最新斜面・土留め技術總覽, (株)産業技術サービスセンター

25. よくわかる仮設構造物の設計(2000), 福井次郎 외 7인 공저, 山海堂

26. 鉄道綜合技術研究所(2001), 鉄道構造物設計標準・同解説－開削トンネル, 鉄道綜合技術研究所, 丸善株式会社

27. 日本道路協会(2001), 道路土工－仮設構造物工指針, 社団法人 日本道路協会, 丸善株式会社出版事業部

28. 首都高速道路公団(2003), 仮設構造物設計要領, 首都高速道路公団

29. 土木学会トンネル工学委員会(2006), トンネル標準示方書 [開削工法]・同解説, 社団法人 土木学会, 丸善(株)

30. 東, 中, 西日本高速道路株式会社(2006), 設計要領 第二集 橋梁建設編

31. 日本建築学会(2002), 山留め設計施工指針, 社団法人 日本建築学会, 株式会社技報堂

32. 日本建築学会(2017), 山留め設計指針, 社団法人 日本建築学会, 東京印刷

가시설물 설계기준(KDS 21 00 00)에 따른 개정판

# 실무자를 위한
# 흙막이 가설구조의 설계

초판 발행 | 2025년 1월 10일

지은이 | 황승현
펴낸이 | 김성배
펴낸곳 | (주)에이퍼브프레스

책임편집 | 최장미
디자인 | 안예슬
제작 | 김문갑

출판등록 | 제25100-2021-000115호(2021년 9월 3일)
주소 | (04626) 서울특별시 중구 필동로8길 43(예장동 1-151)
전화 | 02-2274-3666(대표)   팩스 | 02-2274-4666
홈페이지 | www.apub.kr

ISBN   979-11-94599-00-5 93530